高等院校培养应用型人才
电子技术类课程系列规划教材

电子技术与EDA技术实验及仿真

主　编　郭照南　孙胜麟
参　编　刘　俊
主　审　陈意军

中南大学出版社

内容简介

本书是参照原国家教委颁布的《高等工业学校基础课程基本要求》和《高等学校工程专科电子技术基础课程基本要求》，并考虑面向21世纪教学改革的要求，在保证进行基本实验操作的基础上，注重加强设计性综合应用能力、创新能力、计算机应用能力的培养，将各个实验内容与应用计算机技术分析仿真结合起来。

主要内容为：电子技术基础实验知识，模拟电子电路的实验、设计与仿真，数字电子电路的实验、设计与仿真、EDA技术的实验与仿真以及附录（包括常用电子测量仪器，常用元器件、集成电路使用说明等）。

实验内容和难易程度覆盖了不同层次的教学要求，可根据需要灵活选用。本书使用的电子线路仿真软件是EWB5.0。该软件具有仿真直观、简单易学、操作方便等诸多优点。

本书可作为高等学校本科电气信息类和高等学校工程专科电器类、电子类等专业电子技术基础实验教材，也可作为电子爱好者的学习参考工具书。

高等院校培养应用型人才
电子技术类课程系列规划教材编委会

总 序

随着我国科学技术不断地发展、完善，以及教育体系不断地更新，社会用人单位对高校人才培养模式提出了更高更新的要求，复合型、创新型、实用型人才日益受到用人单位的青睐。这种发展趋势必将会使高校的人才培养模式面临着新的挑战，这就意味着如何提高高等学校毕业生的实际工作能力显得尤为重要。诚然，除了努力加强实践教学之外，还应着力加强和推进理论教学及其教材的建设与更新，显然，它是提高高等学校教学质量的一个必不可少的重要环节。根据教育部、财政部《关于实施高等学校本科教学质量与教学改革工程的意见》的文件精神，启动“万种新教材建设项目，加强新教材和立体化教材建设”工程，积极组织好教师编写新教材。

鉴于此，中南大学出版社特邀请湖南省及外省部分高等学校从事电工电子技术教学、实验和应用研究的教授、专家和教学第一线的骨干教师、高级实验师组成教材编委会，编写了电工电子技术等系列教材。

本系列教材的主要特点为：

1. 充分吸取了教学改革、课程设置与教材建设等方面的经验成果，在内容的选材上(如例题和习题)力求理论紧密联系实际、注重实用技术的讲解和实用技能的训练。同时也能较好地反映出电子电气信息领域的最新研究成果，体现了电子电气应用领域的新知识、新技术、新工艺与新方法。

2. 根据专业特点，对传统教材的内容进行了精选、整合、优化，以满足理论教学与实验教学的需求。同时，注意到与相关课程内容之间的衔接，从而保证了教学的系统性，有利于理论教学。

3. 编写与电子技术类课程设计相配套的指导性教材，有利于实践性教学。

4. 该系列教材中，基本概念的阐述较清晰，层次分明，语言表述做到了通俗易懂，有利于学生自学。

目前，我国高等教育的模式还有赖于日趋完善，教材体系尚未完全建立，教材编写还处于不断探索的阶段，仍需要我国高等学校的广大教师持之以恒、不懈地努力、辛勤地耕耘，编写出更多更好的能满足新形势下教学需要的实用教材。

我相信并殷切地期望该系列教材的出版，它不仅会受到广大教师的欢迎，满足教学的需要，而且还将会对我国高等学校的教材建设起到积极的促进作用。最后，预祝《高等院校培养应用型人才电子技术类课程系列规划教材》出版项目取得成功，为我国高等教育事业和信息产业的蓬勃发展与繁荣昌盛培土施肥。同时，也恳切地希望广大读者、同仁，对该系列教材的不足之处提出中肯的意见和有益的建议，以便再版时更正。

谨识

教育部中南地区高等学校电子电气基础课教学研究会理事长

武汉大学电子信息学院　教授/博士生导师

前　言

本书是参照原国家教委颁布的《高等工业学校基础课程教学基本要求》和《高等学校工程专科电子技术基础课程基本要求》，并考虑面向21世纪教学改革的要求，在保证进行基本实验操作的基础上，注重加强设计性综合应用能力、创新能力、计算机应用能力的培养，将各个实验内容与应用计算机技术分析仿真结合。基础实验与基本实验方法全书配有示范教学片，以方便于全开放实验教学方式下，学生通过观看与思考，便可了解最基本的实验技能。从而为进一步的电子实验、动手能力和创造能力的培养打下一个良好的基础。在注重能力培养方面，全书设有多项综合性、设计性的实验内容和计算机辅助分析与设计实验内容。全书分为四个部分：

第1部分：电子技术基础实验知识；

第2部分：模拟电子电路的实验、设计与仿真（实验20个）；

第3部分：数字电子电路的实验、设计与仿真（实验20个）；

第4部分：EDA技术基础实验与仿真（实验12个）；

第5部分：附录（包括常用电子测量仪器，常用元器件、集成电路使用说明等）。

实验内容和难易程度覆盖了不同层次的教学要求，可根据需要灵活选用。本书使用的电子线路仿真软件是EWB5.0。该软件具有仿真直观、简单易学、操作方便等诸多优点。

本书可作为高等学校本科电气信息类和高等学校工程专科电器类、电子类等专业电子技术基础实验教材。

参加本书编写工作的有：孙胜麟（第1部分、第2部分实验，第3部分实验1~8、11~20，第5部分内容）；刘俊（第3部分实验9、10和该实验操作示范教学片的录像以及有关实验的仿真内容）；郭照南（第4部分实验）。全书第4部分由郭照南校对、定稿，其余部分由孙胜麟负责统稿以及示范教学片的录像与编辑。此外，全书第1部分与第2部分中两个实验操作示范教学片的录像是由李立完成的；湖南工程学院电工电子教研室、电工电子实验中心的老师为本书的编写提供了很多资料，特此表示感谢。

本书由湖南工程学院陈意军教授、周京广副教授、李立教授、杨跃龙教授审阅，并提出许多宝贵意见和修改建议。在此，致以衷心的感谢。

由于我们的水平有限，书中难免有错误和不妥之处，敬请读者批评指正。

编　者

2011年12月

目 录

第 1 部分 电子技术基础实验知识

第 2 部分 模拟电子电路实验、设计与仿真

基础实验

设计与综合实验

第 3 部分 数字电子电路实验、设计与仿真

基础实验

设计与综合实验

第 4 部分 EDA 技术基础实验与仿真

第5部分 附 录

第 1 部分　电子技术基础实验知识

一、电子技术基础实验的目的和意义

科学实验是近代科学发展的一个重要手段。因此，现代科学研究则更普遍、更深入地运用了实验。电子技术基础是一门实践性很强的技术基础课程，这在原国家教委批准的《高等工业学校电子技术基础木课程教学基本要求》和《高等学校工程专科基础课程教学基本要求》都有明确要求。它的任务是使学生获得电子技术方面的基本理论、基本知识和基本技能，培养学生分析问题和解决问题的能力。为此，在系统学习本学科理论知识的同时，必须通过实验方法，进行系统的电子技术基础的基本技能的训练，来巩固知识、加深理解、增强分析和解决实际问题的能力。

电子技术实验通常按培养学生能力要求分为验证性、综合性、设计性与探索性实验。整个认识过程是由特殊到一般、由一般到特殊。近代电子技术越来越呈现出系统集成化、设计自动化、用户专业化和测试智能化的趋势。因此在电子技术实验中，加强计算机辅助分析与设计是必需的，也是必要的。

总之，电子技术实验应先突出基本技能，综合应用能力、创新能力和计算机应用能力的培养，以适应 21 世纪培养应用型与研究型人才的要求。

二、电子技术基础实验的基本要求

尽管电子技术各个实验的目的和内容不同，但为了培养学生良好的学风，充分发挥学生的主动性，促使其独立思考、独立完成实验并有所创新，我们对电子技术实验的准备阶段、进行阶段、完成阶段和实验报告分别提出下列基本要求。

1. 实验前准备

为避免盲目性，参加实验者应对实验内容进行预习。要明确实验目的、要求，掌握有关电路的基本原理（设计性实验则要完成设计任务），拟出实验方法和步骤，设计实验表格，对思考题做出解答，初步估计（或分析）实验结果（包括参数和波形），最后做出预习报告。实验前，教师要检查预习情况，并对学生进行提问，预习不合格者不能进行实验。

2. 实验进行

（1）实验者要自觉遵守实验室规则。

(2)根据实验内容合理布置实验现场。仪器设备和实验装置安放要适当。按实验方案搭接实验电路和测试电路。

(3)认真记录实验条件和所得数据、波形(并分析判断所得数据、波形是否正确)。发生故障应独立思考，耐心排除，并记下排除故障的过程和方法。

(4)发生事故应立即切断电源，并报告指导教师和实验室有关人员，等候处理。

(5)实验结束，先断开电源，暂不拆线，待认真检查实验结果没有遗漏和错误后，请指导教师验收签字之后再拆除线路，复归仪器设备，将导线整理成一束，清理好实验台。

师生的共同愿望是做好实验，保证实验质量。这里所谓做好实验，并不是要求在实验过程中不发生问题，一次成功。实验过程不顺利，不一定是坏事，常常可以从分析故障中增强独立工作能力。相反，“一帆风顺”也不一定有所收获。所以做好实验的意思是独立解决实验中所遇到的问题，把实验做成功。

3. 实验报告

实验报告是实验工作的全面总结，其质量好坏不但是实验教学完成的凭证，也对实验交流、成果推广或学术评价起着至关重要的作用，因而实验报告要简明、工整和真实。

(1)报告内容

①实验名称、日期、单位、实验者。

②实验目的。

③实验原理与说明。

④实验任务及实验步骤。

⑤实验仪器设备：实验者应该列表记录所用仪器设备的名称、型号、规格、数量、编号等，以便整理数据发现问题时可以按编号仪器设备查对核实。

⑥实验结果及处理：这部分内容是根据原始记录整理而成的，主要包括数据、图表及计算。所有数据应一律采用国际单位。

⑦实验结论与分析或体会：这部分是实验报告的重点。

报告内容中第①至第⑤项应在预习中完成，并写出预习报告。

(2)报告要求

实验报告应选用规定的实验报告纸，曲线和图形的绘制用坐标纸。要求实验报告文理通顺，简明扼要，字迹端正，图表清晰，分析合理，结论正确。

完整的实验报告应该附有指导教师签字的原始记录。

三、电子线路的调试

实践表明，一个电子装置，即使按照设计的电路参数进行安装，往往也难以达到预期的效果。这是因为人们在设计时，不可能周全地考虑各种复杂的客观因素(如元件值的误差、器件参数的分散性、分布参数的影响等),必须通过安装后的测试和调整来发现和纠正设计方案的不足，然后采取措施加以改进，使装置达到预定的技术指标。因此，掌握调试电子电路的技能，对于每个从事电子技术及其有关领域工作的人员来说，是很重要的。

下面介绍一般的调试方法和注意事项。

1. 调试前的直观检查

电路安装完毕，通常不宜急于通电，先要认真检查一遍。检查内容包括：

(1)连线是否正确

检查电路连线是否正确，包括错线(连线一端正确，另一端错误)、少线(安装时完全漏掉的线)和多线(连线的两端在电路图上都是不存在的)。查线的方法通常有两种：

方法一：按照电路图检查安装的线路。

这种方法的特点是，根据电路图连线，按一定顺序逐一检查安装好的线路，由此可以较容易查出错线与缺线。

方法二：按照实际线路来对照电路图进行查线。

这是一种以元件为中心进行查线的方法。把每个元件(包括器件)引脚的连线一次查清，检查每个去处在电路图上是否存在。这种方法不但可以查出错线和缺线，而且容易查出多线。

为了防止出错，对于已查过的通常应在电路图上做标记，最好用指针式万用表“Ω×1”挡，或数字式万用表“欧姆挡”的蜂鸣器来测量，而且直接测量元、器件引脚，这样可以同时发现接触不良的地方。

(2)元、器件安装情况

检查元、器件引脚之间有无短路，连接处有无接触不良，二极管、三极管、集成件和电解电容极性等是否连接有误。

(3)电源供电(包括极性)、信号源连接线是否正确。

在通电前，断开一根电源线，用万用表检查电源端对地(⊥)是否存在短路。电路通过上述检查并确认无误后，就可进行调试。

2. 调试方法

调试方法包括调整和测试两个方面。所谓电子电路的调试，是以达到电路设计指标为目的而进行的一系列的测量—判断—调整—再测量的反复进行过程。

为了使调试顺利进行，设计的电路图上应当标明各点的电位值相应的波形图以及其他主要数据。

调试方法通常采用先分别调，然后联调(总调)。

(1)通电观察。把经过准确测量的电源接入电路。观察有无异常现象，包括有无冒烟、是否有异常气味、手摸元器件是否发烫、电源是否有短路现象等。如果出现异常，应立即切断电源，待排除故障后才能再通电。然后测量电路总电源电压和各器件的引脚的电源电压，以保证元、器件正常工作。通过通电观察，电路初步工作正常，才可转入正常调试。

另外，应注意一般电源在开关的瞬间往往会出现电压上冲的现象，集成电路又最怕过电压的冲击，所以一定要养成先开启电源、后连接电路的习惯，在实验中途也不要随意将电源关掉。

(2)静态调试。交流、直流并存是电子电路工作的一个重要特点。因此，电子电路的调试有静态调试和动态调试。静态调试是指在没有外加信号的条件下所进行的直流测试和调整过程。例如，通过对模拟电路的静态工作点、数字电路中的各输入和输出端的高、低电平值的静态测试，可以及时判断电路工作情况，并及时调整电路参数，使电路工作状态符合设计要求。

(3)动态调试。动态调试是在静态调试的基础上进行的。调试的方法是在电路的输入端输入适当频率、幅值的信号，通常是循着信号的流向逐级检测有关的波形、参数和性能指标。通过调试，最后检查功能块和整机的各种指标(如信号的幅值、波形形状、相位关系、增益、输入阻抗和输出阻抗等)是否满足设计要求。如必要，再进一步对电路参数做出合理的修正。

3. 调试中注意事项

调试结果是否正确在很大程度上受测量正确与否和测量精度的影响。为了保证调试的效果，必须减小测量的误差，提高测量的精度。为此，需注意以下几点。

(1)正确使用测量仪器的接地端。凡是使用接地端与机壳的电子仪器进行测量，仪器的接地端应和放大器的接地端连接在一起，否则仪器机壳引入的干扰不仅会使放大器的工作状态发生变化，而且将使测量结果出现误差。另外多台测量仪器之间也要共地。

(2)在信号比较弱的输入端，尽可能用屏蔽线连线。将屏蔽线的外屏蔽层接到公共地线上，在频率比较高时要设法隔离连接分布电容的影响，例如用示波器测量时应该使用有探头的测量线，以减少分布电容的影响。

(3)测量电压所用仪器的输出阻抗必须远大于被测量处的等效阻抗。因为，若测量仪器输出阻抗小，则在测量时会引起分流，给测量结果带来很大误差。

(4)被测信号的频率不可以超出测量仪器的带宽，否则，测试结果就不能反映放大器的真实情况。

(5)要正确选择测量点。用同一台测量仪器进行测量时，测量点不同，仪器内阻引进的误差大小将不同。例如，对于图 1－1－1 所示电路，测 c_1 点电压 U_{c1}，若选择 e_2 为测量点，测得 U_{e2}，根据 $U_{c1}=U_{e2}+U_{BE2}$求得的结果，可能比直接测 c_1 点得到的 U_{c1}的误差要小得多。所以出现这种情况，是因为 R_{e2} 较小，仪器内阻引进的测量误差小。总之，测量仪器内阻 R_0 要远大于被测点的等效电阻 R_i。

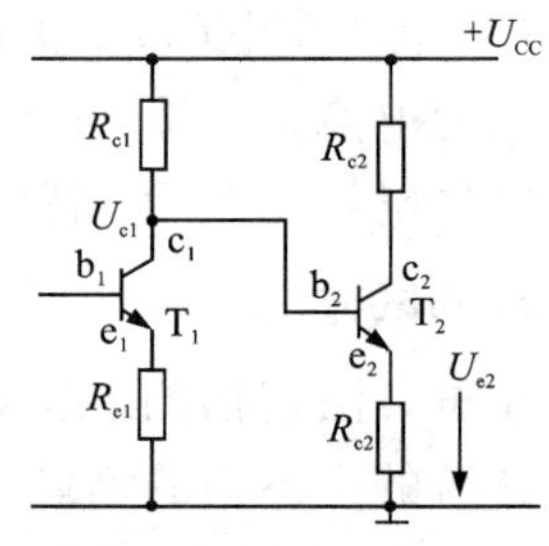

图 1－1－1 被测电路

(6)测量方法要方便可行。需要测量某电路的电流时，一般尽可能不直接测电流，而是通过测量该电路上的电压。因为测量电压不必改动被测电路，测量方便。如需知道某一支路的电流值，则通过测量该支路上电阻两端的电压，经过换算而得到。

(7)调试过程中，不但要认真观察和测量，还要善于记录。记录的内容包括实验条件、观察的现象、测量的数据、波形和相位关系等。只有有了大量的可靠实验记录并与理论结果加以比较，才能发现电路设计上的问题，完善设计方案。

(8)调试时出现故障，要认真查找故障原因，切不可一遇故障解决不了就拆掉线路重新安装。因为重新安装的线路仍可能存在各种问题，如果是原理上的问题，即使重新安装也解决不了问题。应当把查找故障、分析故障原因，看成一次好的学习机会，通过它来不断提高自己分析问题和解决问题的能力。

四、故障检查的方法

故障是不期望但又是不可避免的电路异常工作状况。分析、寻找和排除故障是电气工程人员必备的实际技能。

对于一个复杂的系统来说，要在大量的元器件和线路中迅速、准确地找到故障是不容易的。一般故障诊断过程，就是从故障现象出发，通过反复测试，作出分析判断，逐步找出故障的过程。

1. 常见的故障现象

放大电路没有输入信号，而有输出波形；放大电路有输入信号，但没有输出波形，或者波形异常。

串联稳压电源无电压输出，或输出电压过高且不能调整，或输出电压不稳定等。

振荡电路不产生振荡；计数器不能正确计数等。

2. 检查故障的一般方法

查找故障的顺序可以从输入到输出，也可以从输出到输入。常见的方法如下。

(1) 直接观察法

直接观察法指直接利用人的视、听、嗅、触摸等作为手段来发现问题，寻找和分析故障。

检查仪器的选用和使用是否正确；电源电压的等级和极性是否符合要求；元、器件的引脚有无接错、漏接、相碰等情况；布线是否合理；印刷版有无断线；元、器件有无发烫、冒烟，变压器有无焦味等。

此法简单，也很有效，可作初步检查时用，但对比较隐蔽的故障却无能为力。

(2) 检查静态工作状态

可测量电路中元、器件的直流工作状态，电源电压和线路中的电阻值等，通过测得值与正常值的比较，来判断电路是否存在故障。

(3) 信号寻迹法

在电路中，沿着电压信号的流向，用示波器由前级到后级（或者相反），逐级观察波形、幅值的变化情况，如果哪一级异常，则故障就在该级。

(4) 对比法

怀疑某一电路存在问题时，可将此电路的参数与工作状态相同的正常电路的参数（或理论分析的电流、电压、波形等）进行逐一对比，从中找出电路中的不正常情况，进而分析故障原因，判断故障点。

(5) 部件替换法

在同型号的仪器中，用正常的部件、接插件等替换故障仪器的相应部件，可快速缩小故障范围，以便进一步查找故障。

(6) 旁路法

当有寄生振荡现象，可以利用适当容量的电容器，选择适当的检查点，将电容器的两端临时连接在被检查点与参考接地点之间，如果振荡消失，就表明振荡是产生在此附近或前级电路中。否则就在后面，再移动检查点寻找之。

应该指出的是，旁路电容器的电容量要适当，不宜过大，只要能较好地消除有害信号即可。

(7)短路法

就是采取临时性的将一部分电路短路连接来寻找故障的方法。例如，将电路中的电感临时性的短路，判断电感是否开路。短路法对检查断路性故障有效。但要注意对电源(电路)是不能采用短路法的。

(8)断路法

断路法用于检查短路故障最有效。断路法也是一种使故障怀疑点逐步缩小范围的方法。例如，某稳压电源，因为接入一带有故障的电路，使输出电流过大。我们采取依次断开电路中某一支路的办法来检查故障。如果断开该支路后，电流恢复正常，则故障就发生在此支路。

(9)暴露法

有时故障不明显，或时有时无，一时很难确定，此时可采用暴露法。检查电路有无虚焊，采取对电路进行敲击就是暴露法的一种。另外还可以让电路长时间工作一段时间，然后再来检查电路是否正常。这种情况下往往有些临界状态的元器件经不住长时间工作，就会暴露出问题来，然后对症处理。

实际调试时，寻找故障原因的方法多种多样，以上仅列举了几种常用的方法。这些方法的使用可根据设备条件、故障情况灵活掌握，一般情况下对故障的常规做法是：

①先用直接观察法，排除明显的故障；

②再用万用表(或示波器)检查电路的静态、动态工作状态；

③信号寻迹的方法，是对各种电路普遍适用而简单直观的方法，在动态调试中广为应用。

五、故障分析举例

1. 单管放大电路故障分析

下面以单管放大电路为例，说明故障分析的过程与方法。

当电源加上后，在输入端输入一个1kHz的正弦波信号，观察输出端信号，发现没有波形。

下面介绍用电压法和信号法查找故障点的步骤。

1)用电压法查找故障点

用电压表通过测各点的电压查找故障点，检查步骤如下：

(1)测电源电压是否加入到电路中，如图1-1-2所示测得的U_{CC}为11.8V，正常。

(2)移动电压表的负极，如图1-1-3所示，测得U_{CC}为0V，不正常，因此判断为电源地与电路地的连线断(图中绿色线)。

(3)更换断线后，电源正常加入电路中，此时输出端有波形输出，但仍不正常，如图1-1-4所示。

(4)关闭电源，检查电路的连线，确保连线正确。

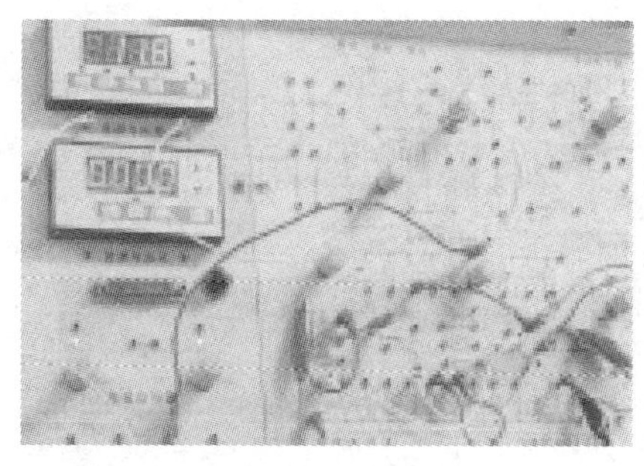

图1-1-2　测 U_{CC} 电压

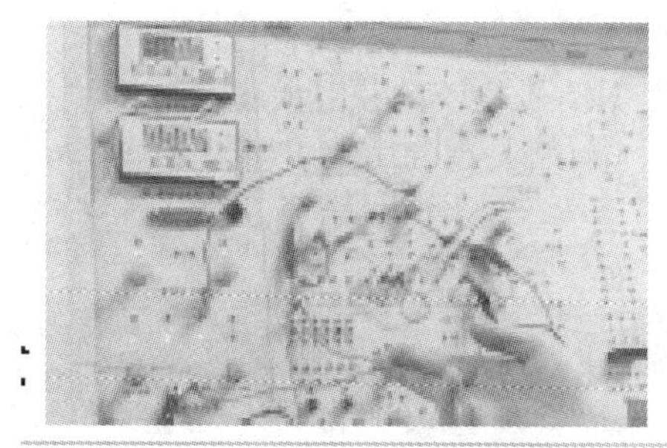

图1-1-3　找到故障线

(5)打开电源，测量电路导线的连接。

①测基极的电位，如图1-1-5所示，正常。测量与基极相连通的所有点的电位，也正常。

②测输出发射极的电位，如图1-1-6所示，正常。测量与发射极端相连的点电位也正常。

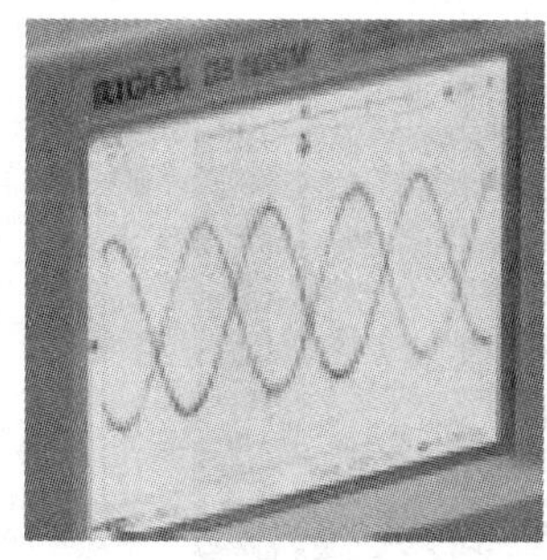

图1-1-4　输出波形

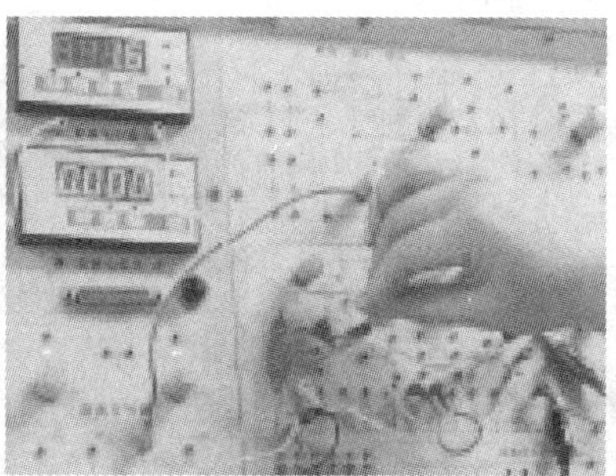

图1-1-5　测基极的电位

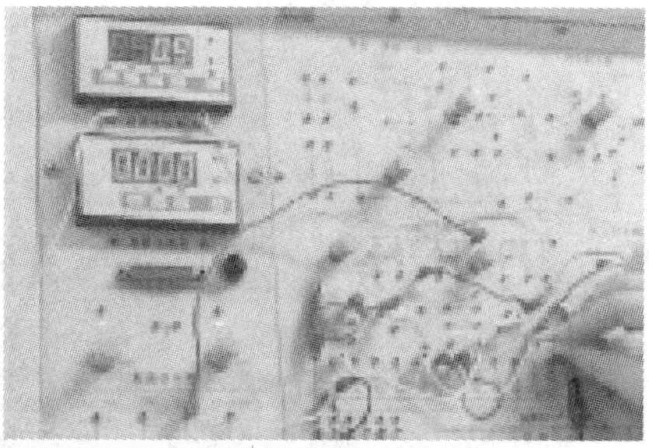

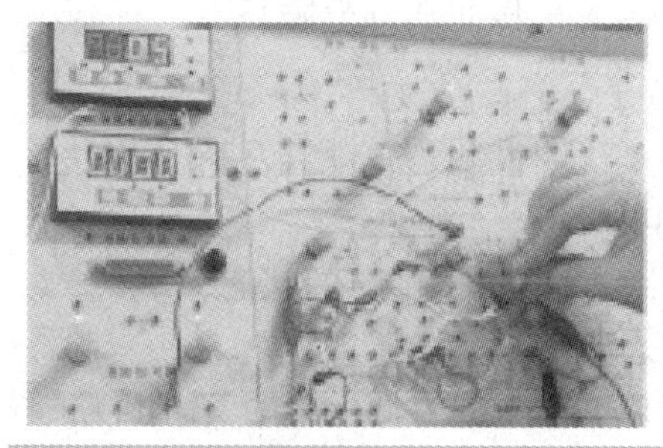

图1-1-6　测量发射极的电位

③测量集电极端的电位，为0.9V，如图1-1-7所示，而与集电极相连的另一端的电位为11.7V，说明连接这两点的导线断路。

④更换断线后，输出端的波形正常，如图1-1-8所示。

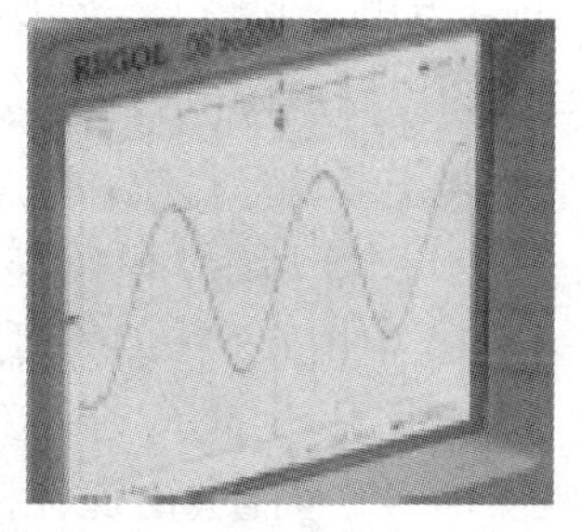

图1-1-7　测量集电极的电位

图1-1-8　输出端正常时的波形

2）用信号法查找故障点

根据信号的流向，用示波器分别测试各点的波形来判断故障。

（1）测输入级的波形，如图 1－1－9、图 1－1－10 所示，说明信号已正常地输入。

图 1－1－9　在输入级处测试

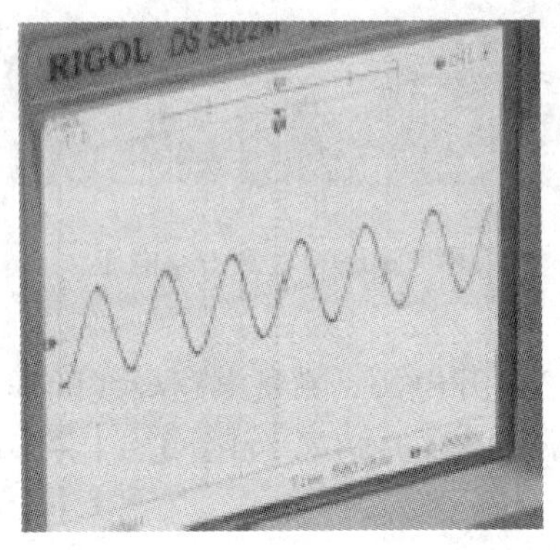

图 1－1－10　在输入级测到的波形

（2）测三极管的基极的波形也正常，如图 1－1－11、图 1－1－12 所示。

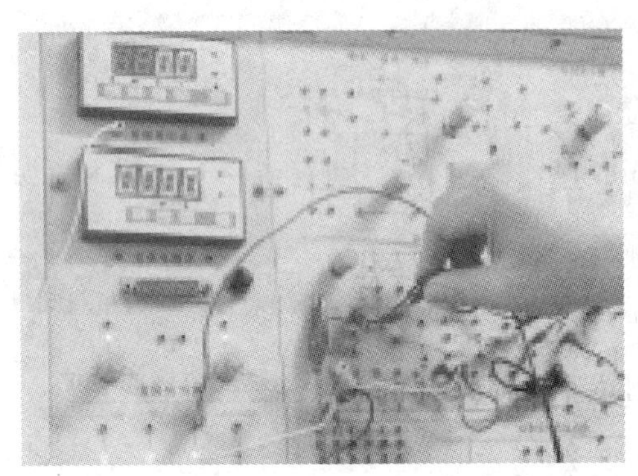

图 1－1－11　在三极管的基极处测试

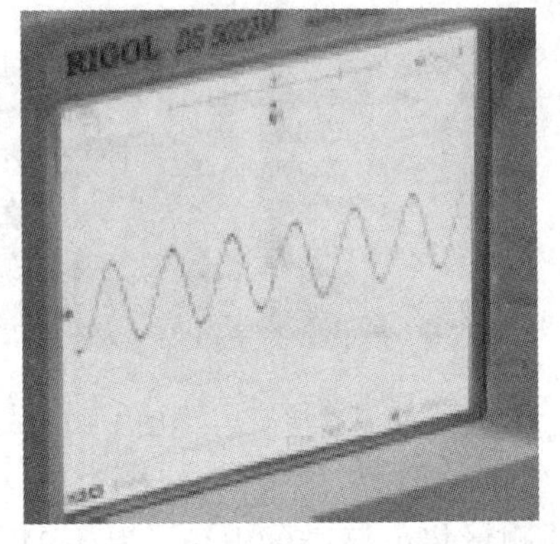

图 1－1－12　在三极管基极测到的波形

（3）说明前面的线路正常，如果在三极管的基极测不到波形，说明输入级到三极管基极有故障（如断线或电容开路）。按此方法依次测各点的波形，从而找到故障点。

2. 组合逻辑电路故障分析

以一个监视交通信号灯工作状态的逻辑电路为例，说明检测逻辑电路故障的方法。电路原理图如图 1－1－13 所示，电路连线图如图 1－1－14 所示。

图 1－1－13 中用 R、Y、G 分别表示红、黄、绿三个灯（即一组灯）的状态，并规定灯亮时为 1，不亮时为 0。用 L 表示故障信号，正常工作时 L 为 0，发生故障时 L 为 1。

在实验操作时，可能会出现各种故障，如当输入 R、G、Y 都为低电平时，输出为高电平，即输出指示灯会亮，但此时输出指示灯却没亮，说明电路存在故障。

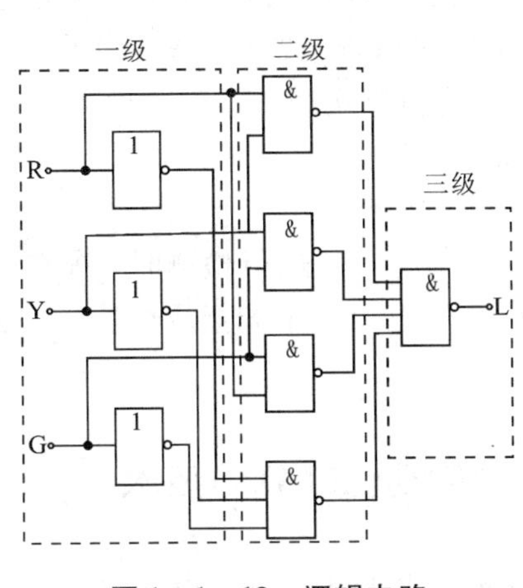

图1－1－13　逻辑电路

图1－1－14　电路连线图

对于组合逻辑电路故障，我们通常采用指示灯法或电压法来进行检测，找到故障点。

1)指示灯法

指示灯亮代表高电平，指示灯灭代表低电平。我们可用一条导线，一端接指示灯，另一端分别去碰触各检测点，根据指示灯的亮灭情况来找到故障点。

检测思路如下：

(1)对电路进行分级，逐级检查。如图1－1－13所示，把电路分为三级。

(2)在各级芯片电源正常的情况下，分别检测各个门电路的输入及输出的逻辑状态，以判断是线路故障(接错线或存在断线)还是门电路(芯片)有问题。

例如：我们分别用指示灯的输入端碰触三个非门电路的输入端，指示灯都不亮，说明三个非门的输入端加入的是低电平，如图1－1－15所示。再用指示灯的输入端去碰触三个非门的输出端，指示灯也都亮，说明三个门电路都正常，如图1－1－16所示。如果在碰触某个门的输出端时，指示灯不亮，说明该门电路或该门电路的负载(下级电路)有问题。

图1－1－15　电路的分级检查

图1－1－16　电路再检查

(3)对于门电路(芯片),如输入正常、输出不正常时,可断开门输出负载,以断定是此门电路(芯片)有问题,还是该门电路的负载(后级电路)有问题。如输入为低电平、输出也为低电平,当断开负载后,指示灯亮了,说明该非门电路正常,是后级电路存在故障。

(4)对于后级电路也采用分别检测输入及输出的方法进行判定。

(5)检查时可由前级向后级检查,也可从后级向前级检查。

2)电压法

就是通过测量输入、输出点电压的方法来判定故障。用电压法进行检测时,排查故障的思路与指示灯法相同,只不过是测出了各点的具体电压值。电压法不如指示灯法简便,但是比较准确。

六、电子技术实验中的计算机辅助分析与设计自动化(EDA)技术

随着电子技术与计算机专业技术的发展,越来越呈现出系统集成化、设计自动化、用户专业化和测试智能化的态势。电子设计自动化(EDA)技术使得电子线路的设计人员能在计算机上完成电路的功能设计、逻辑设计、性能分析、时序测试直至印制电路板的自动设计等。这是一种准确、快捷、高效、经济的设计方法。因此在电子技术实验中,掌握一种或多种电路分析和设计软件,即通过虚拟电子工作台,对实验线路分析与设计是必要的,也是必需的。

目前在电子技术中,通常使用的电路仿真软件有 PSPICE、EWB、MULTISIM 等软件。本实验教材中只着重介绍 EWB5.0(Electronics Workbeneh5.0)的使用。对于其他的电子电路仿真软件,读者可参考其他书籍。

虚拟电子工作台(EWB)是加拿大"Interactive Image Technologies"于 20 世纪 80 年代末、90 年代初推出的电路分析与设计性软件。它具有界面形象,操作方便,采用图形方式创建电路的特点。对元器件既提供了理想模型和实际模型,又可以对它设置不同的故障。所用仪器其外形和操作方法与实际仪器使用很相似,因此非常适合电子实验的需要和运用。有关 EWB5.0 软件的详细介绍,见附录中的内容。

第2部分　模拟电子电路实验、设计与仿真

基础实验

实验2-1　常用电子仪器的使用

在电子技术实验里，测试和定量分析电路的静态与动态的工作状况时，最常用的电子仪器有示波器、低频信号发生器、直流稳压电源、晶体管毫伏表、数字式（或指针式）万用表等，如图2-1-1所示。

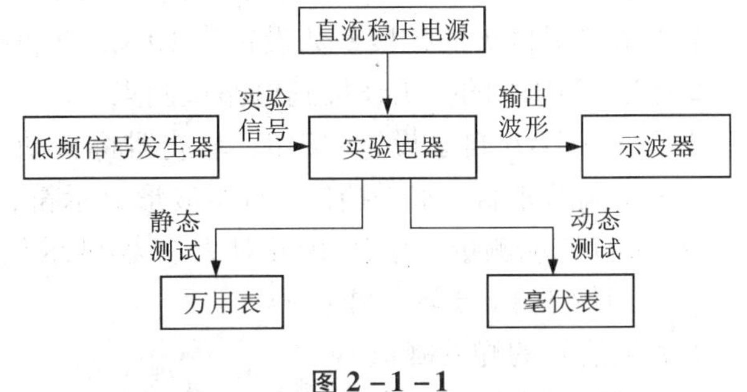

图2-1-1

- 直流稳压电源：为电路提供能源。
- 低频信号发生器：为电路提供各种频率和幅度的输入信号。
- 示波器：用来观察电路中各点的波形，以监视电路是否正常工作，同时还用于测量波形的周期、幅度、相位差及观察电路的特性曲线等。
- 晶体管毫伏表：用于测量电路的输入、输出信号电压的有效值。
- 数字式（或指针式）万用表：用来测量电路的静态工作点和直流信号的值。

一、实验目的

通过实验，学会常用仪器的操作与使用，初步掌握用示波器测量交流电压的幅值、频率和脉冲信号等有关参数，初步学会EWB5.0的使用。

二、实验内容及步骤

1. 稳压电源的使用

接通电源开关，由“TRACKING”模式组合按键，选择“INDEP”(独立)模式，按下“OUTPUT”输出开关，调节“粗调”与“细调”旋钮或“VOLTAGE”旋钮使两路电源分别输出 +5V 和 +12V，用数字式(或指针式)万用表“DCV”挡，测量输出电压的值。

2. 低频信号发生器(EE1641B1 – A、TFG1905B)与毫伏表(DF1930A)的使用

将信号发生器频率旋钮调至 1kHz 正弦波，调节“输出调节”旋钮，使仪器面板的电压表指示于 16V(p – p)，分别置衰减开关(分贝)于 0dB、20dB、40dB、60dB，用毫伏表分别测出相应的电压值。

如果使用 TFG1905B 型信号发生器，首先由“Shift + Sine”键选择正弦波，再通过“Freq”或“Ampl”键，确定调节项目(例如频率、电压)。

最后，由“ADJUST”调节旋钮调节(可通过“←”、“→”键改变调节位)。或通过小键盘的数字键，选择好所需数值 + 单位[MHz、kHz、Hz、Vrms、mVrms、V(p – p)、mV(p – p)等]键确定。

3. 使用示波器(DS5022M 或 GDS – 1062A)测量简单信号

(1)欲迅速显示该信号，请按如下步骤操作(示波器的面板说明见附录图)：

①将菜单中探头的扩展系数设定为 10 ×，并将探头上的衰减开关设定为 10 ×。

②将通道 CH1 的探头连接到电路被测点。

③按下 AUTO(自动设置)按钮，示波器将自动设置使波形显示达到最佳。在此基础上，可以进一步调节垂直、水平挡位，直至波形显示符合要求。

(2)进行自动测量。示波器可对大多数显示信号进行自动测量。欲测量信号的频率、峰 – 峰值，请按如下步骤操作：

①测量信号的峰 – 峰值

按下 MEASURE 按钮以显示自动测量菜单。

按下 1 号菜单操作键选择信道：CH1。

按下 2 号菜单操作键选择测量类型：电压测量。

按下 2 号菜单操作键选择测量参数：峰 – 峰值。

此时，可以在屏幕左下角出现信号峰 – 峰值的显示。

如果使用 GDS – 1062A 型示波器，当按下 Measure 键后，测量结果就已显示在菜单条中并且持续更新。当要改变测量项目，请按相应的菜单键，重复按 F3。选择测量类型：电压(Voltage)或时间(Time)，旋转“VARIABLE”旋钮选择测量项目；按“上页”或“Previous Menu”键确认所选项目并返回测量结果视图。

例如：将信号发生器输出频率为 1kHz，输出电压 U(p – p)为 16V、1.6V、160mV、16mV 的正弦波信号送入示波器(使用 EE1641B1 – A 时衰减器置于表 2 – 1 – 1中的位置)，其测量结果填入表 2 – 1 – 1中。

表 2－1－1　测量电压表

信号源输出衰减/dB	0	20	40	60
信号源输出电压/V				
测电压峰－峰值/V				
测电压有效值/V				

②测量信号的频率

按下 3 号菜单操作键选择测量类型：时间测量。

按下 2 号菜单操作键选择测量参数：频率。

此时，可以在屏幕下方出现信号频率的显示。

例如：按表 2－1－2 所示频率由信号发生器输出(16V)正弦波信号，用示波器测出周期、频率。将测量结果填入表 2－1－2 中。

注意：测量结果在屏幕上的显示会随被测信号的变化持续更新。

表 2－1－2　测量频率、时间表

信号源输出频率/kHz	1	5	10	100
测信号周期/ms				
测信号频率/kHz				

4. 用万用表检测晶体管

(1)用万用表判断二极管(如 2AP9、2CP1)的性能与电极。

(2)用万用表判断三极管(如 3DG12、3DAX31)的电极与管型。

5. 初步进行 EWB5.0 直流工作点分析和瞬间状态分析

如图 2－1－2 电路，在进行直流工作点分析时，电路中的交流电源将被置零，电容开路，电感短路。

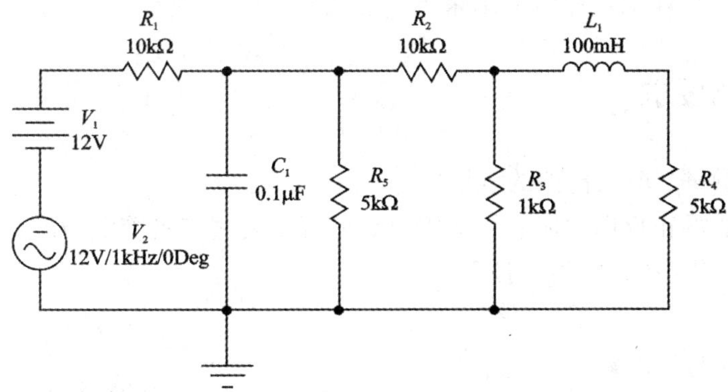

图 2－1－2　电路图

(1)在电子工作台上创建图 2-1-2 电路，仿真电路与直流工作点分析如图 2-1-3 所示。

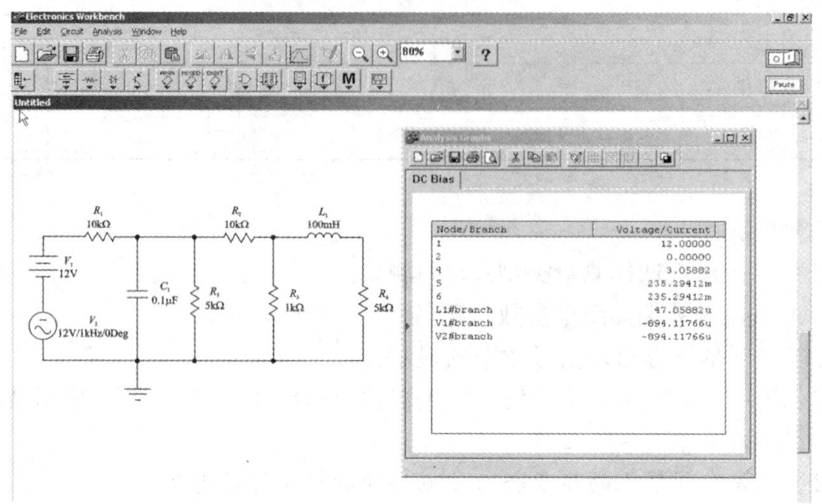

图 2-1-3 仿真电路与直流工作点分析

(2)选定“电路”(Circuit)栏中的“作图任选项”(Schematic Options)，选定“显示节点”(Show Nodes)，把电路的节点标志(ID)显示在电路图上。

(3)在“分析”(Analysis)栏内选定“直流工作点”(DC Operating Point)，电子工作台会自动把电路中所有节点的电压值和电源支路的电流显示在“分析”(Analysis)栏中的“显示图”(Display Graph)中。如图 2-1-3 所示。

(4)选定“分析”(Analysis)栏中的“瞬态分析”(Transient)项；根据对话框(见附录 C 中，图 C-17)的要求，设置参数(主要设置起、始时间和被分析的节点 a，其他项可采用默认值)；最后，按“仿真”(Simulate)键，即可在显示图上获得被分析节点(a)的瞬态波形。

上述“瞬态分析”，也可使用示波器，把它的输入端直接连到需要观察的节点 a 上，打开仿真可得到相同的结果。

(5)比较实验值与理论计算值的结果。

三、实验报告要求

(1)整理实验数据，填入自拟的表格中。

(2)记录二极管的正反向电阻；总结用 500 型万用表测三极管电极的方法。

(3)记录、分析节点(a)的瞬态波形。

四、思考题

(1)用示波器观察信号波形时，要达到下列要求，应调节哪些旋钮？

①波形稳定；

②改变示波器屏幕上所视波形的周期数；

③改变示波器屏幕上所视波形的幅度。

(2)现有一个正弦信号，其峰－峰值 $U_{IPP}=3V$，$f=1kHz$，若想在 DS5022M 型示波器荧光屏上显示 6 个完整周期的正弦电压，高度为 6(格)，试问：示波器的时基旋钮(Scale)“s/div”、Y 轴灵敏度旋钮(Scale)“V/div”应处于什么位置?

(3)如何用 DS－5022 进行“电压测量”、“时间测量”？试举例说明。

相关链接　用万用表检查晶体管

1. 用万用表判断二极管的质量与极性

根据二极管单向导电特性，在万用表欧姆挡量程“×100”或“×1k”处，用红表笔与黑表笔分别接触二极管的两个电极，表笔经过两次对二极管的交换测量，若测量的结果电阻有明显的差异，则可认定被测二极管是好的；测量结果呈现低电阻时黑表笔所接电极二极管的正极，另一端为负极；万用表面板示意图和等效电路如图 2－1－4 所示。

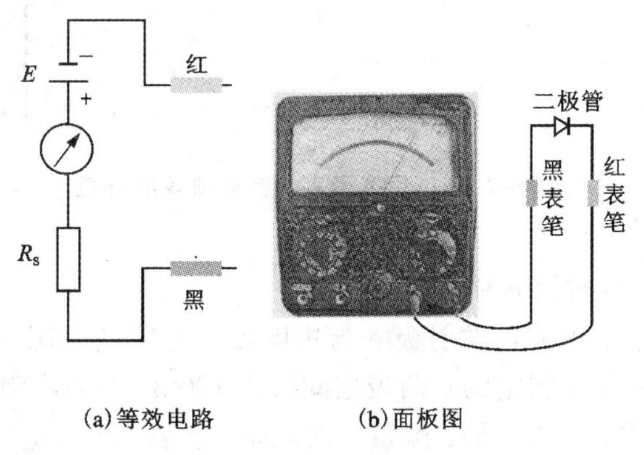

(a)等效电路　(b)面板图

图 2－1－4　万用表

因万用表内部电池的正极连接黑表笔，而电池的负极连接红表笔。所以，黑表笔对外带正电压，红表笔对外带负电压，测量结果可对照表 2－1－3 来对二极管的质量做出判断。

表 2－1－3　二极管质量检查表

正向电阻	反向电阻	管子好坏
几百欧姆到几千欧姆	几千欧姆到几百千欧姆	好
0	0	短路损坏
∞	∞	开路损坏
正、反向电阻比较接近		管子失效

表 2－1－3 中规定的只是大致范围。实际上二极管的正、反向电阻不仅与被测管有关，

还与万用表型号有关。若 $R\times1\mathrm{k}$ 挡的欧姆中心值不同，虽然电池电压均为1.5V，但向二极管提供的电流却不相等，反映的电阻值就有一定的差异。若选用 $R\times100$ 挡、$R\times1\mathrm{k}$ 挡，则欧姆挡位越低时向被测管提供的电流愈大，测出的电阻值愈小。

2. 用万用表判断三极管的电极与质量

(1)判断晶体三极管基极b

如图2－1－5所示，以NPN型晶体三极管为例，用黑表笔连接某一个电极，红表笔分别接触另外两个电极，若测量结果阻值都较小，经过表笔交换测量后若测量结果阻值都较大，则可断定第一次测量中黑表笔所接电极为基极；反之，若测量结果阻值一大一小相差很大，则证明第一次测量中黑表笔接的不是基极，应更换其他电极重测。

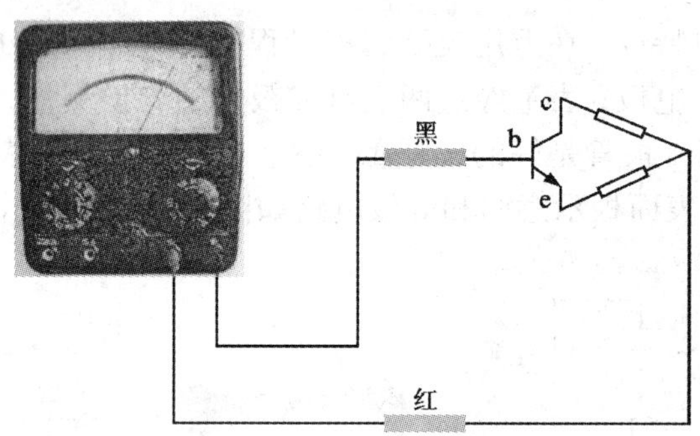

图2－1－5　用万用表判断晶体管的基极

(2)判断晶体三极管发射极e和集电极c

确定三极管基极b后，再测量发射极e与集电极c之间的电阻，如图2－1－6，以NPN型晶体管为例，在已知的b与假定的c两极之间接入100kΩ左右电阻。黑表笔接假定的集电极c，用万用表 $R\times1\mathrm{k}$(或 $R\times100$)极，测量一次电阻；然后，再假定另一极为c极，用同样方法，重测一次，两次测量的结果应不相等，其中电阻值较小的一次为偏置正常，正常偏置对于NPN型晶体管，红表笔接的是发射极e，黑表笔接的是集电极c；对于PNP管，黑表笔接的是发射极e，而红表笔接的是集电极c。

按正常接法晶体管的集电极c与发射极e之间通过的电流较大，测出的电阻值就小，因为管子内部的结构是不对称的；反之，测出的电阻值就大。另外，若集电极c和发射极e被错误接入电路后放大倍数会明显降低。由于三极管的 $U_{(\mathrm{BR})\mathrm{CEO}}$ 比 $U_{(\mathrm{BR})\mathrm{CBO}}$ 要小得多，故当集电极c、发射极e被错误接入电路中使用时很容易将发射结击穿。

(3)估测晶体三极管电流放大系数 β

估测三极管电流放大系数的连线如图2－1－6所示。在三极管的b、c间接入电阻 $R_b=100\mathrm{k}\Omega$，分别测出 $R_b=\infty$ 和 $R_b=100\mathrm{k}\Omega$ 时，c、e极之间电阻值变化的大小来判断 β 的大小。对于PNP型晶体管，将表笔交换位置，测法相同。

(4)估测穿透电流 I_{CEO} 的大小

按图2－1－5将基极b断路，测量c、e极之间电阻，如果测量电阻值较大(几兆欧)，则证明 I_{CEO} 较小，管子能正常工作。对于PNP管则调换表笔位置，测法相同。

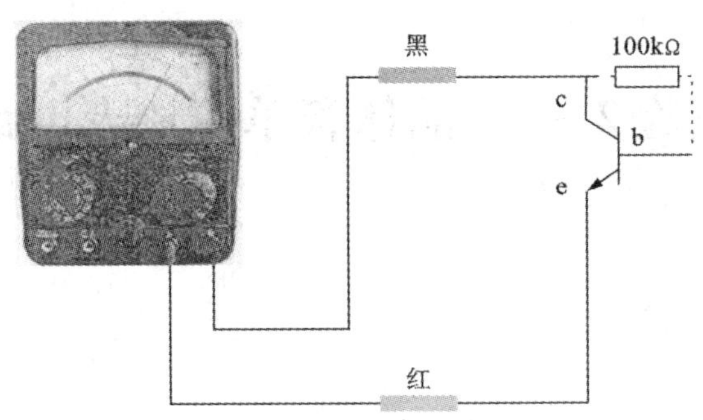

图 2-1-6　用万用表估测 β 和 I_{CEO}

(5)用万用表判别三极管类型

若已知红表笔所连接的是基极，而黑表笔分别接触另外两个电极，电阻都较大的证明是 NPN 管，反之则可判定是 PNP 管。

(6)用两个手指捏住 b、c 两极(但不要使 b、c 两极直接相碰)，人体电阻亦可代替图 2-1-6中的 100kΩ 电阻的作用，如图 2-1-7 所示。

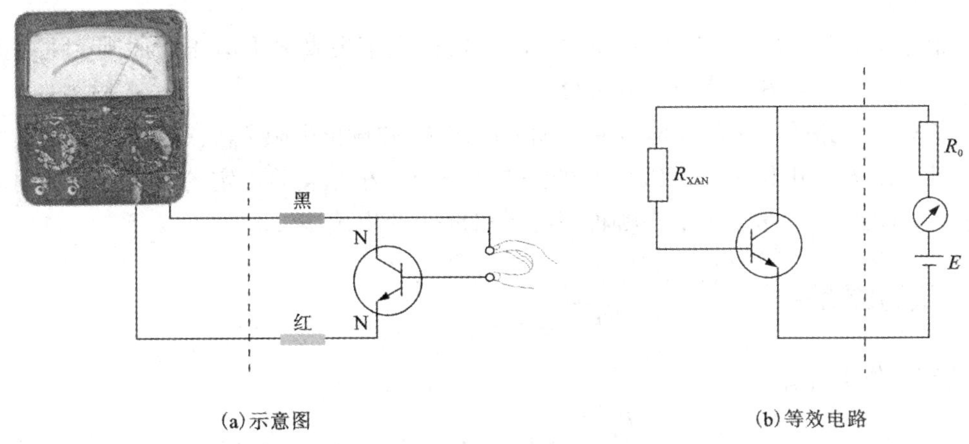

(a)示意图　(b)等效电路

图 2-1-7　判断三极管脚示意图

实验 2－2 晶体管单管放大电路

一、实验目的

(1)掌握单级共射放大电路静态工作点的测量和调整方法。

(2)了解电路参数变化对静态工作点的影响。

(3)掌握单级共射放大电路动态指示(A_u、R_i、R_0)的测量方法。

(4)学习通频带的测量方法。

二、预习要求

(1)认真阅读《电子技术基础》(模拟部分)有关章节，熟悉单级共射放大电路静态工作点的设置。

(2)根据实验(图2－2－1)所示参数，以获得最大不失真输出电压为原则，估算静态工作点$Q(I_{CQ}$、$U_{CEQ})$。设$\beta=50$，$R_P=60\text{k}\Omega$。

(3)估算该电路的电压放大倍数A_u、输入电阻R_i和输出电阻R_0。

(4)计算出$R_P=0$和$R_P=200\text{k}\Omega$时的静态工作点。根据实验给定的U_i，判断输出电压在哪种情况下可能产生饱和失真，在哪种情况下可能会产生截止失真。

三、实验原理

1. 静态工作点计算

$$\left.\begin{aligned}
&U_B=\frac{R_{b2}}{R_{b1}+R_{b2}}\cdot V_{CC}\quad U_E=U_B-0.7\\
&I_E=\frac{U_E}{R_e}=\frac{U_B-0.7}{R_e}\quad I_C\approx I_E\\
&U_C=V_{CC}-R_{C1}\cdot I_C=V_{CC}-R_{C1}\frac{U_B-0.7}{R_e}\\
&U_{CE}=U_C-U_E
\end{aligned}\right\}\qquad(2-2-1)$$

2. 电压放大倍数

$$\left.\begin{aligned}
&A_u=\frac{U_0}{U_i}=\frac{\beta\cdot R_L'}{r_{be}}\quad \text{其中：}R_L'=R_L/\!/R_C\\
&r_{be}=r_{b'b}+(1+\beta)\frac{26(\text{mV})}{I_{EQ}(\text{mA})}=300+(1+\beta)\frac{26(\text{mV})}{I_{EQ}(\text{mA})}
\end{aligned}\right\}\qquad(2-2-2)$$

3. 输入电阻 R_i 和输出电阻 R_0

$$\left.\begin{aligned} R_i &= r_{be} // R_b = r_{be} // R_{b1} // R_{b2} \\ R_0 &\approx R_C \end{aligned}\right\} \qquad (2-2-3)$$

4. 实验电路

实验参考电路如图 2－2－1 所示。该电路采用自动稳定静态工作点的分压式基极偏置电路，其温度稳定性好。三极管选 I_{CEO} 很小的硅管 3DG6 或 9011，电位器 R_P 用来调整静态工作点。

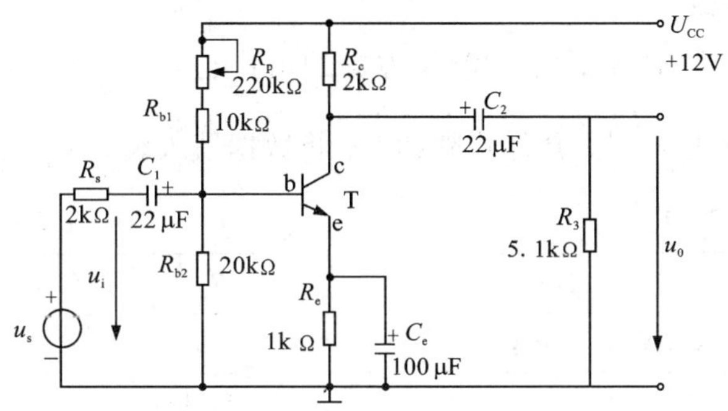

图 2－2－1　三极管单管放大电路

接线步骤

①晶体管放大电路的地线与电源的地线相连；

②③④晶体管的基极接 10kΩ 电阻一端，同时接入输入电容 22μF 的正极和 20kΩ 的电阻；

⑤晶体管的集电极接入 2kΩ 的电阻；

⑥晶体管的发射极接入 1kΩ 的电阻和 100μF 的电容(电阻与电容是并联状态)；

⑦晶体管的集电极接入输出电容 22μF 的正极；

⑧输入端电容 C_1 串入一个 2kΩ 电阻；

⑨打开电源，晶体管放大电路的电源端接入一个 +12V 的电源；

⑩直流电压表的负端接地；

⑪直流电压表的正端为待测端，此时状态为测试晶体管集电极的电压。

四、实验内容

1. 测量静态工作点

在半导体三极管放大器的图解分析中已经介绍，为了获得最大不失真的输出电压，静态工作点应选在输出特性曲线上交流负载线的中点。若工作点选得太高，易引起饱和失真，而选得太低，又易引起截止失真。实验中，如果测得 $U_{CEQ} < 0.5V$，说明三极管已饱和；如测得

$U_{CEQ} \approx U_{CC}$，则说明三极管已截止。对于线性放大电路，这两种工作点都是不合适的，必须对其调整。在图 2－2－1 电路中，调节 R_P 使 $U_C \approx 6 \sim 8V$。用直流电压表分别测量如下各工作点电压。将放大状态的静态工作点记录于表 2－2－1 中。

(1)直流电压表的正极接晶体管的集电极，此时测量集电极 U_C 的电压值。

(2)直流电压表的正极接晶体管的基极，此时测量基极 U_B 的电压值。

(3)直流电压表的正极接晶体管的发射极，此时测量发射极 U_E 的电压值。

(4*)直流电压表的正极接晶体管的集电极，负极接发射极，此时测量集电极与发射极之间 U_{CEQ} 的电压值。

2. 测量电压放大倍数

从信号发生器送入 $f = 1kHz$，$U_i = 30mV$ 左右的正弦电压，用于交流电压表测量输出电压 U_0。计算电压放大倍数 $A_u = \frac{U_0}{U_i}$。具体步骤如下，将数据填入表 2－2－2 中。

表 2－2－1

测　量			计算
U_{CEQ}	U_E/V	U_B/V	I_C/mA

表 2－2－2

R_L/Ω	U_i/mV	U_0/V	A_u
∞			
5.1kΩ			

(1)输入 1kHz 的正弦波信号 $U_S = 30mV$，用示波器观察 U_0 的波形。

(2)在 U_0 最大不失真时，用交流毫伏表测出 U_0 值，当 R_L 为∞时，观察示波器，测量值读表。

(3)增加负载电阻 $R_L = 5.1k\Omega$，观察示波器，测量值见毫伏表的读数。

(4)改变电阻值 $R_L = 2k\Omega$，观察示波器，测量值见毫伏表的读数。

(5)改变毫伏表的输入端，测量输入电压值。

3. 了解由于静态工作点设置不当，给放大电路带来的非线性失真现象

调节电位器 R_P，分别使其阻值减少或增加，观察输出波形的失真情况，分别测出相应的静态工作点，将结果填入表 2－2－3 中。

表 2－2－3

工作状态	输出波形	静态工作点		
		U_{CEQ}/V	U_{BEQ}/V	$I_{CQ}(\approx \frac{U_E}{R_e})$/mA
饱和失真				
截止失真				
放大				

4. 测量输入电阻 R_i 及输出电阻 R_0

(1)测量输入电阻 R_i

测量原理图如图 2－2－2 所示，在放大电路与信号源之间串联接入一个固定电阻 $R_S=2\mathrm{k}\Omega$，在输出电压波形不失真的条件下，采用交流毫伏表测量 u_s 及相应的 u_i 值，并按下式计算 R_i：

$$R_i=\frac{u_i}{u_s-u_i}\cdot R_s \qquad (2-2-4)$$

(2) 测量输出电阻 R_0

测量原理如图 2－2－3 所示，在输出电压波形保持不失真的情况下，测量出带负载时的输出电压 u_{0L}，空载时的输出电压 u_0，按下式计算 R_0：

$$R_0=\left(\frac{u_0}{u_{0L}}-1\right)\cdot R_L \qquad (2-2-5)$$

5. 测量通频带 BW

打开 EWB5.0，按图 2－2－1 所示的方式连接电路，在最佳工作条件下，测试单管共发射极放大电路的通频带。

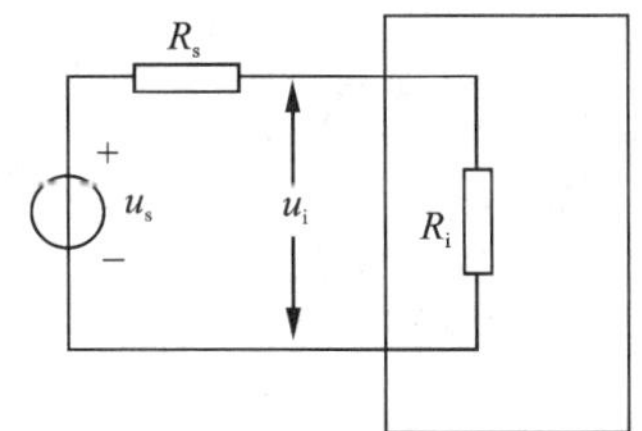

图 2－2－2　输入电阻测量的原理框图

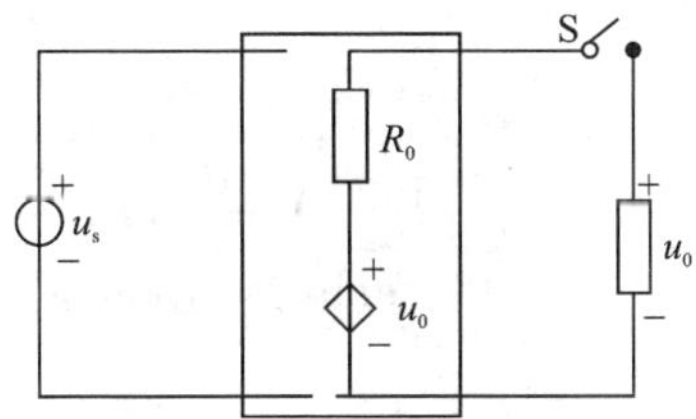

图 2－2－3　输出电阻测量的原理框图

6. 测量单管共发射极放大电路的通频带

方法 1：

(1) 当输入信号 $f=1\mathrm{kHz}$，$u_i=30\mathrm{mV}$，$R_t=5.1\mathrm{k}\Omega$ 时，在示波器上测出放大电路中频的输出电压 U_{OPP}（或计算出电压增益）。

(2) 增加输入信号的频率（保持 $u_i=30\mathrm{mV}$ 不变），此时输出电压将会减小，当其下降到中频区输出电压的 0.707 倍（－3dB）时，信号发生器所指示的频率就为放大电路的上限频率 f_H。

(3) 同理，降低输入信号的频率（保持 $u_i=30\mathrm{mV}$ 不变），输出电压同样会减小，当其下降到中频区输出电压的 0.707 倍（－3dB）时，信号发生器所指示的频率就为放大电路的上限频率 f_H。

(4) 通频带 $BW=f_H-f_L$。

方法 2：交流频率分析

(1) 打开仿真软件创建好需要进行分析的电路图 2－2－4 后，确定输入信号的幅度和相位，同时选择“分析”（Analysis）中的“交流频率”（AC Frequency）。

(2) 在对话框中，确定需要分析的电路节点、分析的起始频率（F-start）、终点频率（F-stop）、扫描形式（Sweep Type）、显示点数（Number Points）和纵向尺度（Vertical Scale）。

(3) 按“仿真”（Simulate）键，即可在显示图 2－2－5 上获得被分析节点的频率特性波形。按“ESC”键，将停止仿真的运行。

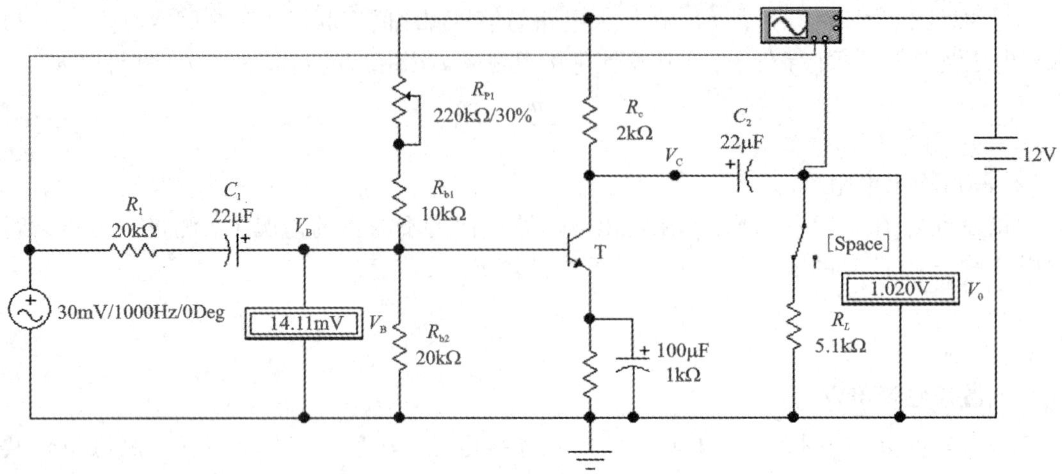

图 2-2-4 单管共发射极放大电路

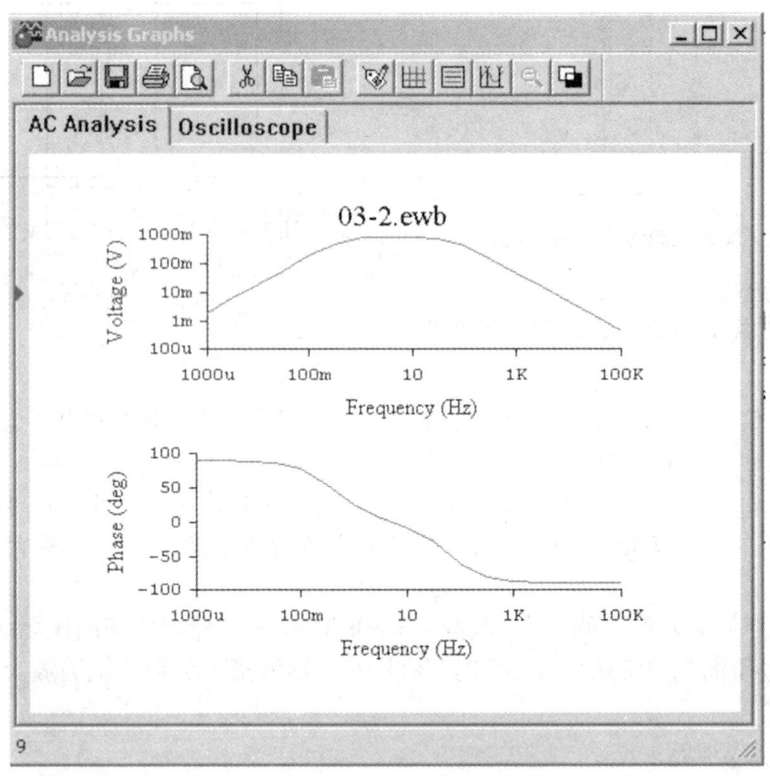

图 2-2-5 AC 频率分析曲线

(4)分析频率特性曲线，确定放大器的通频带 BW，并与实际测量值进行比较。

注意：在选择“交流频率”(AC Frequency)之前，可选择“直流工作点”(DC Operating Point)。

六、实验报告

(1)认真记录和整理测试数据，按要求填入表格并画出波形图。

(2)对测试结果进行理论分析，找出产生误差的原因。

(3)总结应用 EWB5.0 进行交流频率分析的步骤。

七、思考题

(1)放大电路的静态测试与动态测试有何区别?

(2)在观察放大器的输出波形时，为什么要强调放大器、信号源和示波器的共地问题?

(3)本实验中若出现图 2-2-6 所示失真波形，试判断它们各属于哪种类型的失真。

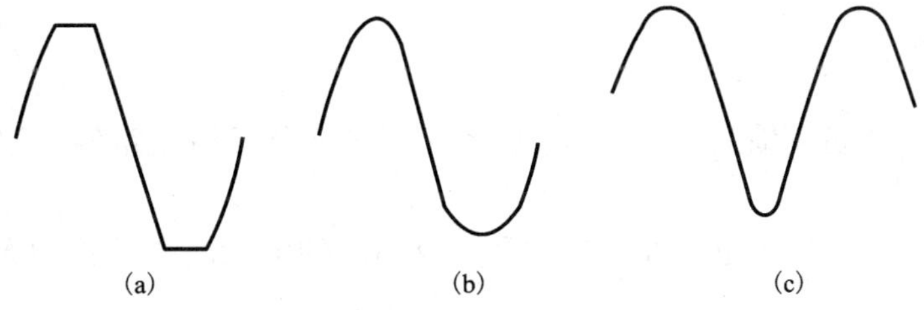

图 2-2-6　几种失真的输出电压波形

(4)测量放大器静态工作点时，如果测得 $U_{CEQ}<0.5V$，说明三极管处于什么工作状态?如果 $U_{CEQ}\approx U_{CC}$，三极管又处于什么工作状态?

(5)图 2-2-1 所示电路中，上偏置固定电阻 R_{b1} 起什么作用?既然有了 R_P，不要 R_{b1} 可否?为什么?

实验2-3 反馈放大电路

一、实验目的

（1）了解负反馈对放大电路的影响。
（2）掌握放大电路开环、闭环特性的测试方法。
（3）进一步熟悉常用电子仪器的使用方法。

二、预习要求

（1）复习电压串联负反馈的有关章节，熟悉电压串联负反馈电路的工作原理以及对放大电路性能的影响。

（2）估算图2-3-1所示电路在有反馈和无反馈时的电压放大倍数的大小，设$\beta_1=\beta_2=50$，$R_p=60\text{k}\Omega$。

（3）估算图2-3-1所示电路在有反馈和无反馈时的输入电阻和输出电阻。

（4）自拟实验记录表格。

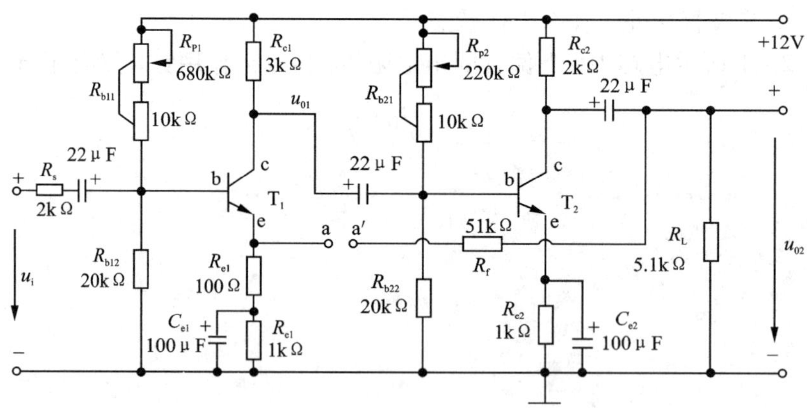

图2-3-1 电压串联负反馈放大电路

三、实验原理

负反馈放大电路有四种基本类型：电压串联负反馈、电流串联负反馈、电压并联负反馈和电流并联负反馈。反馈信号取样于输出电压的，称电压反馈；取样于电流的，则称电流反馈。若反馈网络与信号源、基本放大电路串联连接，则称为串联反馈，其反馈信号为u_f，比

较式为 $u_{id}=u_i-u_f$，此时信号源内阻越小，反馈效果越好；若反馈网络与信号源，基本放大电路并联连接，则称为并联反馈，其反馈信号为 i_f，比较式为 $i_{id}=i_i-i_f$，此时信号源内阻越大，反馈效果越好。

交流负反馈虽然降低了放大电路的放大倍数，但可稳定放大倍数、减小非线性失真、展宽通频带。电压负反馈能减小输出电阻、稳定输出电压，从而提高带负载能力；电流负反馈能增大输出电阻、稳定输出电流。串联负反馈能增大输入电阻，并联负反馈能减小输入电阻。应用中常根据欲稳定的量，对输入、输出电阻的要求和信号源负载情况等选择反馈类型。

1. 由两级共发射极放大器组成电压串联负反馈放大电路

实验电路如图2-3-1所示。本实验仅对"电压串联"负反馈进行研究。实验电路由两级共发射极放大电路引入电压串联负反馈，构成负反馈放大电路，反馈电阻 $R_f=51\text{k}\Omega$。

2. 电压串联负反馈放大器性能的影响

(1)引入负反馈降低了电压放大倍数

$$\dot{A}_{uF}=\frac{\dot{A}_u}{1+\dot{A}_u\dot{F}_u} \tag{2-3-1}$$

式中：$\dot{F}_u$是反馈系数；$\dot{F}_u=\frac{\dot{U}_f}{\dot{U}_0}=\frac{R_{e1}}{R_{e1}+R_f}$；$\dot{A}_u$是放大器无级间反馈（即 $U_f=0$，但要考虑反馈网络阻抗的影响）时的电压放大倍数，其值可由图2-3-2所示交流等效电路求出。

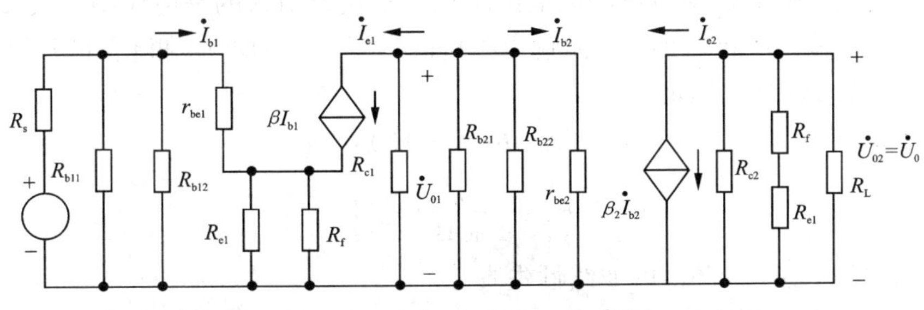

图2-3-2　求 A_u 的交流等效电路

设 $R_{b11}/\!/R_{b12}\gg R_s$，则有

$$\dot{A}_{u1}=-\frac{\beta_1R'_{L1}}{R_s+r_{be1}+(1+\beta_1)R'_{e1}}$$
$$\dot{A}_{u2}=-\frac{\beta_2R'_{L2}}{r_{be2}} \tag{2-3-2}$$
$$\dot{A}_u=\dot{A}_{u1}\cdot\dot{A}_{u2}$$

式中：第一级交流负载电阻

$$R'_{L2}=R_{e1}/\!/R_{i2}=R_{e1}/\!/R_{b21}/\!/R_{b22}/\!/r_{be2} \tag{2-3-3}$$

第二级交流负载电阻

$$\left.\begin{aligned}R'_{L2}&=R_{e2}/\!/(R_f+R_{e1})/\!/R_L\\R'_{e1}&=R_{e1}/\!/R_f\end{aligned}\right\} \tag{2-3-4}$$

从式$\dot{A}_{uf}=\frac{\dot{A}_u}{1+\dot{A}_u\dot{F}_u}$中可知，引入负反馈后，电压放大倍数$\dot{A}_{uf}$比没有负反馈的电压放大倍数$\dot{A}_u$降低了$(1+\dot{A}_u\dot{F}_u)$倍，并且$|1+\dot{A}_u\dot{F}_u|$愈大，放大倍数降低愈多。

(2)负反馈可提高放大倍数的稳定性

$$\frac{dA_f}{A_f}=\frac{1}{1+AF}\cdot\frac{dA}{A} \tag{2-3-5}$$

该式表明：引入负反馈后，放大器闭环放大倍数 A_f 的相对变化量$\frac{dA_f}{A_f}$比开环放大倍数的相对变化量$\frac{dA}{A}$减少了$(1+AF)$倍，即闭环增益的稳定性提高了$(1+AF)$倍。

(3)负反馈可扩展放大器的通频带。引入负反馈后，放大器闭环时的上、下限截止频率分别为：

$$f_{Hf}=|1+\dot{A}\dot{F}|f_H \qquad f_{Lf}=\frac{f_L}{|1+\dot{A}\dot{F}|} \tag{2-3-6}$$

可见，引入负反馈后，f_{Hf}向高端扩展了$|1+\dot{A}\dot{F}|$倍，f_{Lf}向低端扩展了$|1+\dot{A}\dot{F}|$倍，从而使通频带得以加宽。

(4)负反馈对输入阻抗、输出阻抗的影响比较复杂。不同的反馈形式，对阻抗的影响不一样。一般而言，串联负反馈可以增加输入阻抗，并联负反馈可以减小输入阻抗；电压负反馈将减少输出阻抗，电流负反馈将增加输出阻抗。本实验引入的是电压串联负反馈，所以对整个放大器而言，输入阻抗增加了，而输出阻抗降低了。它们增加和降低的程度与反馈深度$(1+AF)$有关，在反馈环内满足

$$\left.\begin{aligned}R_{if}&=R_i(1+AF)\\R_{0f}&\approx\frac{R_0}{1+AF}\end{aligned}\right\} \tag{2-3-7}$$

(5)负反馈能减小反馈环内的非线性失真。

综上所述，在放大器引入电压串联反馈后，不仅可以提高放大器放大倍数的稳定性，还可以扩展放大器的通频带，提高输入电阻和降低输出电阻，减小非线性失真。

四、实验内容

1. 调整静态工作点

- **步骤**

(1)按电路图2-3-1连线。

接线步骤

①晶体管放大电路的地线和电压表的地线接到电源端的地线；

②第一级三极管的基极接一个10kΩ，一个20kΩ的电阻，再接一个22μF的电容；

③第一级三极管的集电极接一个 3kΩ 的电阻和一个 22μF 的电容；

④第一级三极管的发射极接一个 100Ω 的电阻，电阻的另一端再并一个 100μF 的电容和一个 1kΩ 的电阻；

⑤第二级三极管的基极接一个 20kΩ，一个 10kΩ 的电阻，再接 22μF 电容的另一端；

⑥第二级三极管的集电极接一个 22μF 的电容和一个 2kΩ 的电阻；

⑦第二级三极管的发射极接一个 1kΩ 的电阻和一个 100μF 的电容。

(2)连接 α，α' 点，使放大器处于反馈工作状态。经检查无误后接通电源。调整 R_{P1}、R_{P2}，使 $U_{c1}\approx 6\sim 8V$，$U_{c2}\approx 6\sim 8V$，测量各级静态工作点。

(3)将测量得到的各数值，填入表 2-3-1 中。

表 2-3-1

待测参数	U_{E1}	U_{B1}	U_{C1}	U_{E2}	U_{B2}	U_{C2}
计算值						
测量值						
相对误差						

2. 观察负反馈对放大倍数的影响

● **步骤**

(1)从信号源输出 U_i，频率为 1kHz，幅度小于 2mV(保证输出波形不失真)的正弦波(仪器装置见下图)。

(2)在输出电压波形最大不失真时，输出端先不接负载，分别测量电路在无反馈(α 与 α' 断开)与有反馈工作时(α 与 α'连接)空载下的输出电压 U，然后输出端接上负载。重复上述步骤。

(3)将测得结果填入表 2-3-2 中，并计算电路在无反馈与有反馈工作时的电压放大倍数 A_u。

表 2-3-2

工作方式 \ 待测参数		U_i/mV	U_0/mV	A_u(测量)	A_u(理论)
无反馈	$R_L=\infty$				
	$R_L=5.1k\Omega$				
有反馈	$R_L=\infty$				
	$R_L=5.1k\Omega$				

3. 观察负反馈对放大倍数稳定性的影响

$R_L=5.1\text{k}\Omega$，改变电源电压将U_{CC}从12V变到10V，分别测量电路在无反馈与有反馈工作状态时的输出电压(注意波形是否失真)与相应的A_u和A_{uf}，并通过下列公式计算电压放大倍数的稳定性。相关数值填入表2－3－3中。

表2－3－3

工作方式＼待测参数		$U_{CC}=12\text{V}$		$U_{CC}=10\text{V}$	
		U_0/V	A_u	U_0/V	A_u
无反馈					
有反馈					

$$\left.\begin{aligned}&\frac{A_u(12\text{V})-A_u(10\text{V})}{A_u(12\text{V})}\times 100\%=\\&\frac{A_{uf}(12\text{V})-A_{uf}(10\text{V})}{A_{uf}(12\text{V})}\times 100\%=\end{aligned}\right\}\qquad(2-3-8)$$

4. 观察负反馈对波形失真的影响

电路在无反馈状态下，$U_{CC}=12\text{V}$，$R_L=5.1\text{k}\Omega$，逐渐加大输入信号($f=1\text{kHz}$)的幅度，用示波器观察输出波形出现临界失真时的情况，记录U_i、U_0和U_{OP-P}值，填入表中。

电路接入反馈(α与α'连接)，其他参数不变，测量U_0和U_{OP-P}值，填入表2－3－4中。

然后再逐渐加大输入信号的幅度，使输出波形出现临界失真(达到与无反馈状态时相同值)，再测量U_i、U_0和U_{OP-P}值，填入表2－3－4中。对比以上两种情况，得出结论。

表2－3－4

工作方式＼待测参数	U_i/mV	U_0/V	U_{OP-P}/V
无反馈	临界：	临界：	
有反馈	U_i同无反馈：		
	临界：	临界：	

5. 具有电压串联负反馈的直流放大电路

负反馈放大电路性能的改善与反馈深度$(1+AF)$的大小有关，其值越大，性能改善越显著。当$(1+AF)\gg 1$时，称为深度负反馈。深度串联负反馈的输入电阻很大，深度并联负反馈的输入电阻很小，深度电压负反馈的输出电阻很小，深度电流负反馈的输出电阻很大。在深度负反馈放大电路中，$x_i\approx x_f$，即$x_{id}\approx 0$，因此可引出两个重要概念，即深度负反馈放大电路中基本放大电路的两输入端可以近似看成短路和断路，称为“虚短”和“虚断”。利用“虚短”和“虚断”可以很方便地求得深度负反馈放大电路的闭环电压放大倍数。

实验电路如图2－3－2所示。

(1)放大倍数 A_{uf} 的测量

图 2－3－3 是一个放大倍数很高(F007 开环增益≥90dB)，带有深度电压负反馈的直流放大器，其反馈系数为：

$$F_u=\frac{U_F}{U_0}=\frac{R_2}{R_2+R_f} \tag{2-3-9}$$

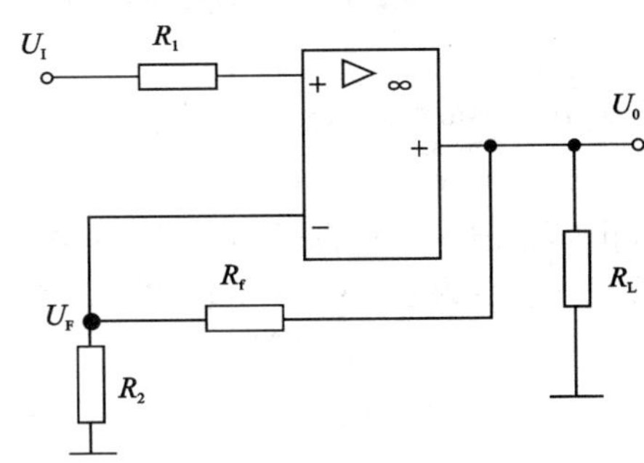

图 2－3－3　具有电压串联负反馈的直流放大电路

电压放大倍数为：

$$A_{uf}=\frac{A_u}{1+A_uF_u} \tag{2-3-10}$$

式中：A_u 表示电路开环时的电压放大倍数。

当 $|1+A_uF_u|\gg 1$，有：

$$A_{uf}=\frac{1}{F_u}=1+\frac{R_f}{R_2} \tag{2-3-11}$$

具体步骤如下：

①按图 2－3－3 接线，图中 $R_f=10\text{k}\Omega$、$R_2=2\text{k}\Omega$、$R_1=R_2/\!/R_f$、$R_L=\infty$，检查无误后接通电源。

②调零。将输入端接地($U_i=0$)，调节调零电位器，使输出电压等于零。F007 的调零电位器(100kΩ)的两端连接 F007 的 1、5 脚之间，其中心滑动端连接 4 脚。

③在输入端输入不同数值的直流电压 U_I，测出相对应的各输出电压 U_0，填入表 2－3－5 中，并计算放大倍数 A_{uF}。

表 2－3－5　放大倍数测试

U_I/V		0.2	0.4	0.8	1
U_0/V	理论值				
	实测值				
A_{uf}	理论值				
	实测值				

(2)通频带 BW_f 的测量

F007 的开环带宽(-3dB)为:

$$BW \approx f_H = 7Hz \qquad (2-3-12)$$

式中:f_H 为开环时上端截止频率。当加深度负反馈之后,其闭环带宽(-3dB)为:

$$BW_f \approx f_{Hf} = f_H(1 + A_u F_u) \qquad (2-3-13)$$

式中:f_{Hf}为闭环时上端截止频率;A_u 为电路开环时的电压放大倍数。

具体步骤如下:

①按图 2-3-2 接线:图中 $R_f = 100k\Omega$,R_1、R_2、R_L 数值同上,检查无误后接通电源。

②调零:方法同上。

③f_{Hf}测量:在输入端输入正弦信号 u_i,在保持 $U_i = 0.1V$ 不变的条件下,改变输入信号频率;在放大器输出不失真的情况下,按表 2-3-6 所给出的 f 值,测量输出电压 U_0 的峰-峰值,确定 f_{Hf}。

表 2-3-6 通频测试 $U_i = 0.1V$ $f_{Hf} = ?$

f/Hz	7	10	20	100	200	500	1kΩ	2kΩ	5kΩ	10kΩ	20kΩ	30kΩ	
U_0/V													
A_{uf}													

注:f_{Hf}是指从 3Hz 开始处下降到 $0.70A_{uf}$时,对应的输入信号频率。

(3)仿真分析多级负反馈放大电路

①由 CF324 双运放构成的两级负反馈放大电路如图 2-3-4 所示,要求进行以下分析:判别各级运放各构成什么类型的交流负反馈,并指出反馈元件,求出各级电压增益的大小;判别级间构成什么类型的交流负反馈,并指出反馈元件,根据电路元件参数估算闭环增益。

②按图 2-3-4 接线,检查接线无误后,接通正、负电源电压 ±10V。

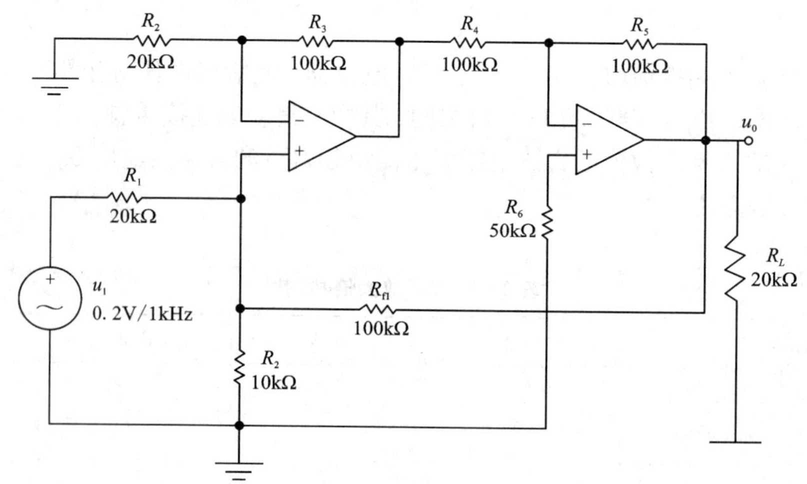

图 2-3-4 两级反馈放大电路

③开环测试。将 R_{f1} 支路断开，使放大电路处于开环状态。输入端 u_i 接入频率为 1kHz、有效值为 0.2V 的正弦信号，用示波器观察输入电压 u_i 及输出电压 u_0 应为同频率的正弦波。用交流毫伏表分别测出 u_i、u_0 的有效值，并根据测试结果计算出开环增益 A_{uo}。

④闭环测试。将 R_{f1} 接入电路，使放大电路处于闭环状态。适当调整输入电压 u_i 使输出电压达到开环时的数值，然后用交流毫伏表分别测出 u_i、u_0 的有效值，并根据测试结果计算出闭环增益 A_{uf}。

6. 应用 EWB 软件对负反馈进行分析

(1)进入 Electronics Workbench 编辑主窗口，按照图 2-3-1 所示参数创建好电路，其中 T 采用 2N222(或用默认值)。

(2)静态工作点分析

根据 R_P 的初值，逐渐改变 R_P 的值，观察静态工作点的变化，记录电路的最佳工作点电压，填在表 2-3-1 中。

(3)分析无(有)负反馈时的电压放大倍数

用示波器(Oscilloscope)记录输入、输出波形，计算不同负载时有、无负反馈时的电压放大倍数，如图 2-3-5、图 2-3-6 所示，填表 2-3-2。

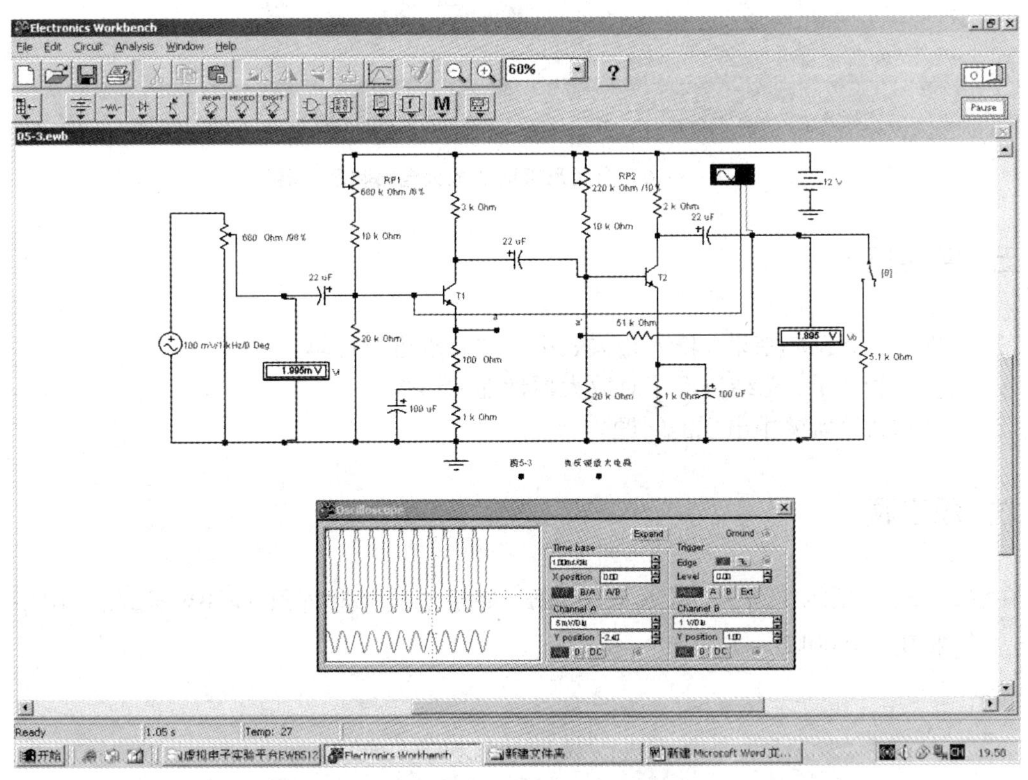

图 2-3-5　无负反馈时的放大电路与示波器

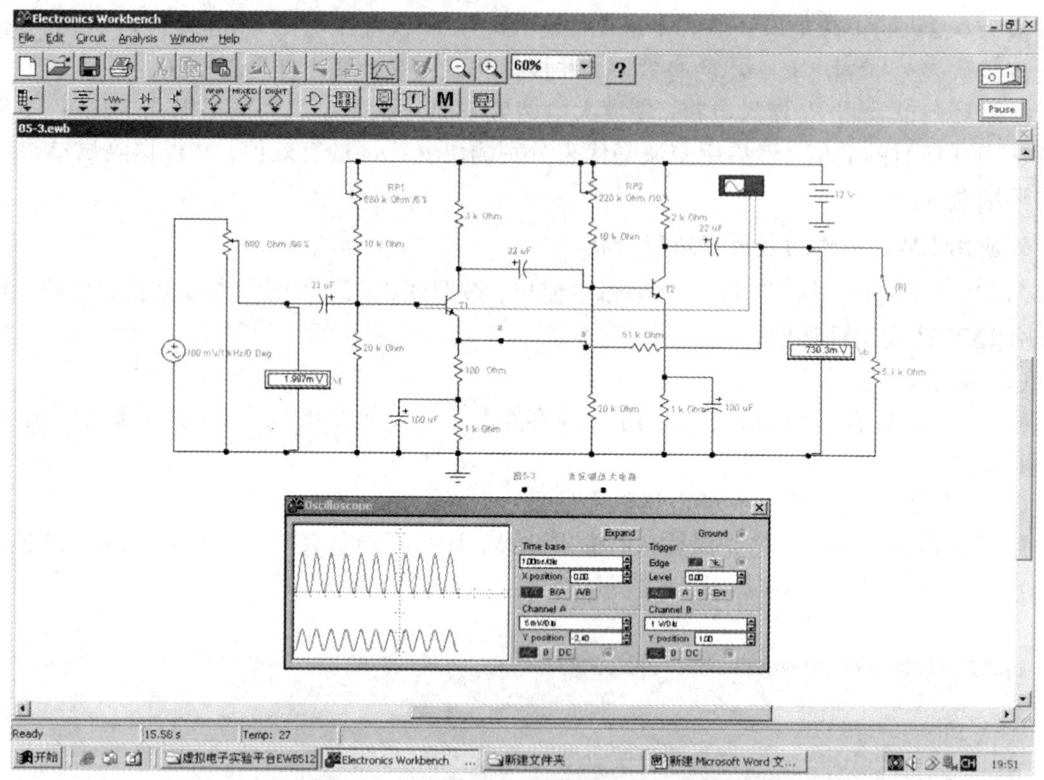

图 2－3－6　有负反馈时的放大电路和示波器

五、实验报告

(1)整理实验数据和结果，填入相关表中并按要求进行计算。
(2)分析实验结果，总结负反馈对放大器性能的影响。
(3)记录和讨论实验中出现的问题。

六、思考题

在图 2－3－3 所示电路中，取 $R_f = 100\text{k}\Omega$，如果增益－带宽积 $A \cdot \text{BW} = 2.5 \times 10^5$，带宽 $\text{BW} = ?$ 如果 $\text{BW} = 500\text{kHz}$，$R_f = ?$

实验 2－4　集成运算放大器的基本运算电路(一)

一、实验目的

(1)掌握集成运算放大器的正确使用方法;
(2)掌握用集成运算放大器构成基本运算电路的方法;
(3)进一步学习正确使用示波器 DC、AC 输入方式观察波形的方法。

二、预习要求

(1)复习由运算放大器组成的反相比例、反相加法、比例减法、比例积分运算电路的工作原理。
(2)写出上述运算电路的 u_I、u_O 关系表达式。
(3)实验前计算好实验内容中的有关理论值,以便与实验测量结果比较。
(4)自拟实验数据表格。

三、实验原理

本次实验采用 CF741 集成运算放大器,各引出端的排列顺序和功能如图 2－4－1 所示。

1. 反相比例运算电路

在图 2－4－2 中设(CF741)集成运算放大器为理想情况下,

$$u_O = -\frac{R_f}{R_1}u_I \tag{2-4-1}$$

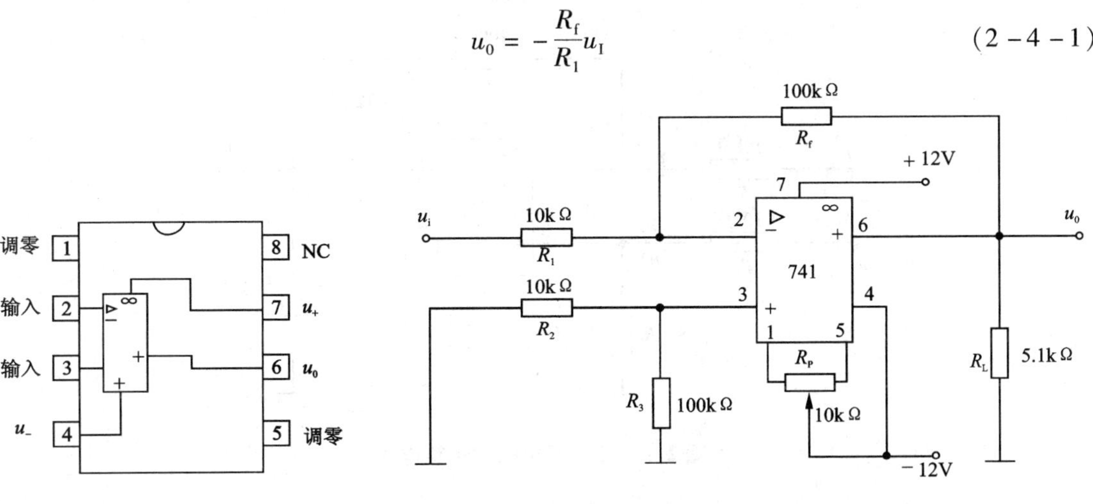

图 2－4－1　CF741/MA741

图 2－4－2　反相比例运算电路

其输入电阻

$$R_{if} \approx R_1, \; R' = R_2 /\!/ R_3 = R_f /\!/ R_1$$

由上式可知，选择不同的电阻比值，就改变了运算放大器的闭环增益 A_{uf}。

在选择电路参数时应考虑：

(1)根据增益，确定 R_f 与 R_1 的比值，即：

$$A_{uf} = -\frac{R_f}{R_1} \tag{2-4-2}$$

(2)具体确定 R_f 与 R_1 的值。

若 R_f 太大，则 R_1 亦大，这样容易引起较大的失调温漂；若 R_f 太小，则 R_1 亦小，输入电阻 R_i 也小，不能满足高输入阻抗的要求。一般取 R_f 为几十千欧至几百千欧。

若对放大器的输入电阻已有要求，则可根据 $R_i = R_1$，先确定 R_1，再求 R_f。

(3)为减小偏置电流和温度变化引起参数漂移的影响，一般取 $R' = R_f /\!/ R_1$。由于反相比例运算电路属于电压并联负反馈，其输入、输出阻抗均较低。

接线步骤

①运算放大器电路的接地端与电源的地线相连；

②运算放大器的输出端接一个反馈电路，电阻的另一端接反相输入端；

③运算放大器的同相端接一个10kΩ电阻，电阻的另一端再接地；

④运算放大器的同相端再接一个100kΩ电阻，电阻的另一端接地；

⑤运算放大器的5管脚接调零电位器的一个固定端，1管脚接另外一个固定端，可调端接到负电源端；

⑥运算放大器电路的电源正负端接±12V的电源。

2. 同相比例运算电路

图2-4-3电路是同相比例运算电路，在理想情况下：

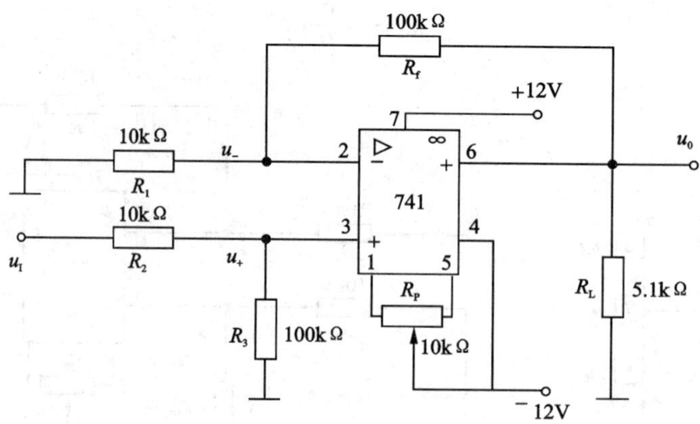

图2-4-3　同相比例运算电路

$$u_0 = \frac{R_f}{R_1} u_I \tag{2-4-3}$$

四、实验内容

1. 调零

依照图 2－4－2 电路，将输入端接地（$u_I = 0$）调节 R_P，使输出端 $U_0 =$（小于 ±10mV），运算放大器调零之后，在后面的实验中均不再调零。

2. 反相比例运算电路

图 2－4－2 电路中，按表 2－4－1 在输入端加入给定的 u_I（$f = 1$kHz 的正弦波）峰－峰值，计算和测量对应的 A_u、u_0 值。记录输出、输入波形如图 2－4－4 所示。

表 2－4－1

u_i/V（p－p）	0.2	0.4	0.5	0.6	0.8
理论值 u_0/V					
测量值 u_0/V					
测量计算值 A_u					

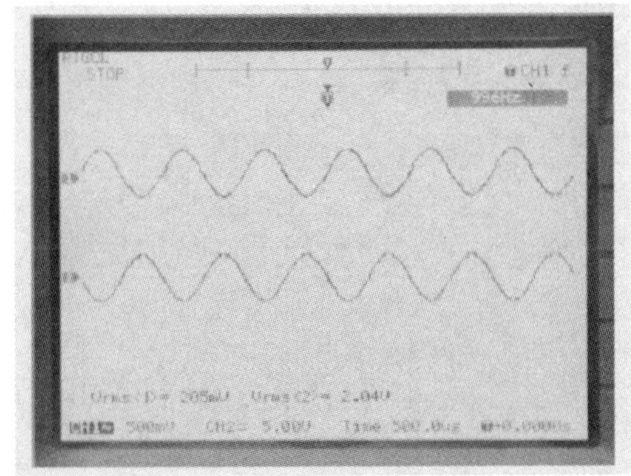

调节电位发生器，使输入信号为200mV，波形如图所示

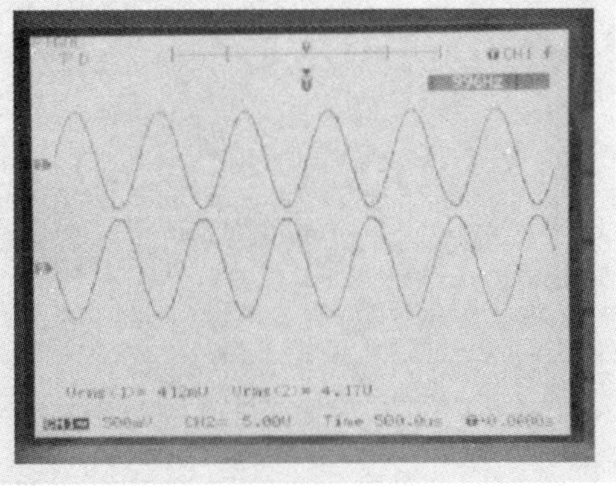

调节电位发生器，使输入信号为400mV，波形如图所示

图 2－4－4　反相比例运算电路输出、输入波形

3. 同相比例放大电路

按图 2－4－3 接线。根据电路参数，按给定的 u_I（$f = 1$kHz）峰－峰值，计算和测量出相对的 A_u、u_0 值。并把计算和测量数据填入表 2－4－2 中。

表 2－4－2

u_i/V(p－p)	0.2	0.4	0.5	0.6	0.8
理论值 u_0/V					
测量值 u_0/V					
测量计算值 A_u					

五、实验报告

(1)整理实验数据，填入记录表格中。

(2)记录和描绘 u_I 和 u_0 的波形。

(3)记录实验过程中出现的故障并分析原因，说明解决的方法与过程。

六、思考题

(1)若输入信号与放大器的同相端连接，当信号正向增大时，运算放大器的输出是正还是负？

(2)若输入信号与放大器的反相端连接，当信号负向增大时，运算放大器的输出是正还是负？

实验 2－5　集成运算放大器的基本运算电路(二)

一、实验目的

进一步掌握集成运算放大器组成的比例加法、减法、积分等运算电路的基本工作原理和测量方法。

二、实验原理与内容

本实验采用 CF324 集成运算放大器和外接电阻、电容等构成基本运算电路。运算放大器具有高增益、高输入阻抗的直接耦合放大器。它外加反馈网络后，可实现各种不同的电路功能。如果反馈网络为线性电路，运算放大器可实现加、减、微分、积分运算；如果反馈网络为非线性电路，则可实现对数、乘法、除法等运算；除此之外还可组成各种波形发生器，如正弦波、三角波、脉冲波发生器等。

1. 加法电路

• 原理

图 2－5－1 所示为反相输入加法实验电路。

当运算放大器开环增益足够大时，其输入端均可通过 R_1、R_2 转换成电流，实现代数相加运算，其输出电压：

$$u_0 \approx -\left(\frac{R_f}{R_1}u_{I1}+\frac{R_f}{R_2}u_{I2}\right) \qquad (2-5-1)$$

为使输入电阻平衡，图中要求 $R' = R_1 /\!/ R_2 /\!/ R_f$。

元件参数：$R_1 = R_2 = 10\text{k}\Omega$、$R_f = 100\text{k}\Omega$、$R' = R_1 /\!/ R_2 /\!/ R_f$。

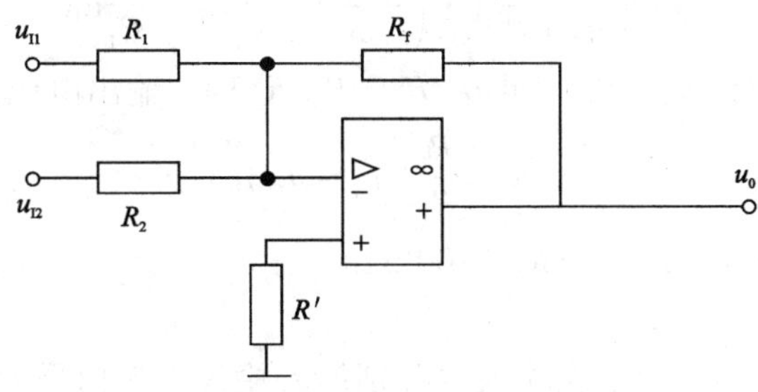

图 2－5－1　反相比例加法电路

• **步骤**

按图2-5-1所示组装电路，在输入端分别加入直流信号 U_{I1} 和 U_{I2}，用电压表测量表2-5-1中所指定的各电压值，计算放大倍数。

表2-5-1 电压测量值

U_{I1}/V	0.1	0.3
U_{I2}/V	0.2	0.2
$U_{I1}+U_{I2}$		
U_0(实测值)		
A_u(实测值)		

接线步骤

①运算放大器的接地端和电压表的接地端接电源地线端；

②输出端接一个反馈电阻 R_f，电阻的另一端接到反相输入端，反相输入端再并接两个10kΩ电阻，电阻的另一端分别接输入信号；

③同相端接一个电阻 R'，电阻的另一端接地；

④11脚接一个-12V的电源；

⑤4脚接一个+12V的电源。

• **测试**

把调好的两个输入信号接进电路的输入端，电压表再接电路的输出端，观察电压表的读数，实现加法功能。

2. 减法电路

(1)差动放大器实现减法

• **原理**

图2-5-2为差动放大器实现减法的实验电路，在理想情况下：

$$u_0=\left(\frac{R_3}{R_2+R_3}\right)\cdot\left(\frac{R_1+R_f}{R_1}\right)\cdot u_{I1}-\frac{R_f}{R_1}u_{I2} \tag{2-5-2}$$

当选取电阻值 $R_1=R_2$，$R_3=R_f$ 满足 $R_f/R_1=R_3/R_2$ 时，输出电压简化为：

$$u_0=\frac{R_f}{R_1}(u_{I1}-u_{I2}) \tag{2-5-3}$$

元件参数：$R_1=R_2=10\text{k}\Omega$，$R_f=R_3=100\text{k}\Omega$。

• **步骤**

按图2-5-2所示连接电路，在输入端分别加入输入直流信号 U_{I1}、U_{I2}，测出表2-5-2中指定的各电压值，计算出放大倍数。

表 2－5－2　电压测量值

U_{I1}/V	0.1	0.2
U_{I2}/V	0.2	0.1
$U_{I1}-U_{I2}$		
U_0(实测值)		
A_u(实测值)		

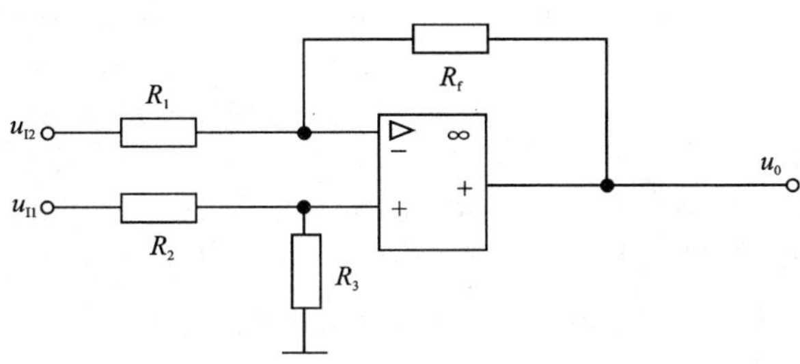

图 2－5－2　差动放大器

• **测试**

调一个 0.1V 的电压和一个 0.2V 的电压，然后把调好的数据接到输入端，电压表接到输出端，观察电压表的读数，看是否实现减法功能。

(2)用反相求和(加法)实现减法

• **原理**

图 2－5－3 利用反相求和(加法)电路实现减法运算，理想情况下，第一级为反相放大器，若 $R_{f1}=R_1$，则 $u_{01}=-u_{I1}$，第 2 级为反相加法器，有

$$u_0=-\frac{R_{f2}}{R_2}(u_{01}+u_{I2})=\frac{R_{f2}}{R_2}(u_{I1}-u_{I2}) \qquad (2-5-4)$$

若 $R_2=R_{f2}$，则上式变为：

$$u_0=u_{I1}-u_{I2} \qquad (2-5-5)$$

• **步骤**

若按图 2－5－3 连线，$R_2=100\text{k}\Omega$，在输入端加入直流信号 U_{I1}、U_{I2}，同样测出表 2－5－2中指定的各电压值，计算放大倍数。

3. 积分电路

• **原理**

如图 2－5－4 所示，当运算放大器开环电压增益足够大时，可认为 $i_R=i_C$。其中：$i_R=\frac{u_1}{R_1}$，$i_C=-C\frac{du_0(t)}{d(t)}$，将 i_R、i_C 代入，并设电容两端初始电压为零，可导出：

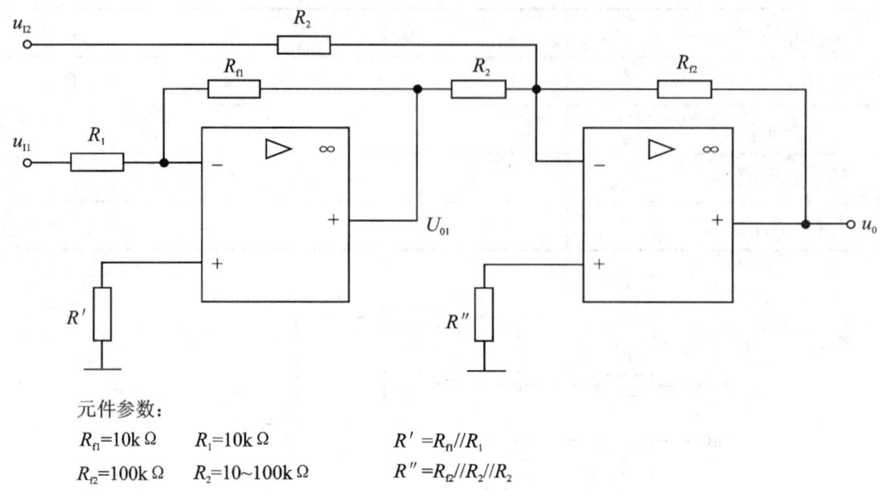

图 2-5-3 用加法器构成减法电路

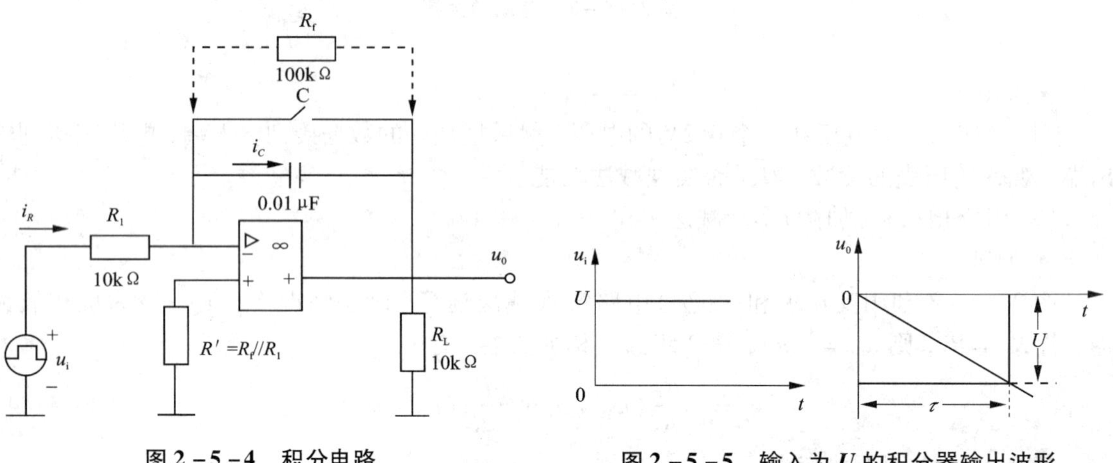

图 2-5-4 积分电路 **图 2-5-5 输入为 U 的积分器输出波形**

$$u_0 \approx -\frac{1}{R_1 C}\int_0^t u_I(t)\,dt \tag{2-5-6}$$

当输入信号 $u_I(t)$ 为幅度 U 的阶跃电压时，则有

$$u_0(t) \approx -\frac{1}{R_1 C}\int_0^t U dt(t) = -\frac{U}{R_1 C}t \tag{2-5-7}$$

元件参数：$R_1 = R_L = 10\text{k}\Omega$、$R_f = 100\text{k}\Omega$、$R' = R_1 // R_f$、$C = 0.01\mu\text{F}$（或 2200pF、6800pF）。此时输出电压 $u_0(t)$ 的波形是随时间线性下降的，如图 2-5-5 所示。

实际电路中，通常在积分电容两端并联反馈电阻 R_f，用做直流负反馈，目的是减小集成运算放大器输出端的直流漂移。但是 R_f 的加入将对电容 C 产生分流作用，从而导致积分误差。为克服误差，一般须满足 $R_f C \gg R_1 C$。C 太小，会加剧积分漂移，但 C 增大，电容漏电也随之增大。通常取 $R_f > 10R_1$、$C < 1\mu\text{F}$（涤纶电容或聚苯乙烯电容）。

本实验所有集成运算放大器 CF324 的原理电路图和外引线排列如图 2-5-9 所示。

- **测试**(见下图)

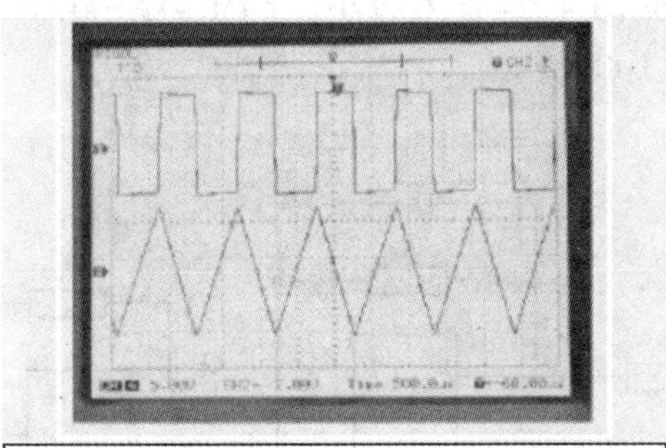

接入示波器，观察波形，如上图所示。1为输入 u_1 波形，2为输出 u_0 波形，形成积分关系记录在坐标纸上，标出幅值、周期。

4. 求和积分器的分析与仿真

(1)求和积分器实验电路如图 2－5－6 所示，图中 $R_3=500\text{k}\Omega$，$C=1\mu\text{F}$。设集成运算放大器为理想运算放大器。试根据图中所给元件参数，估算 R_1 和 R_2 的阻值。

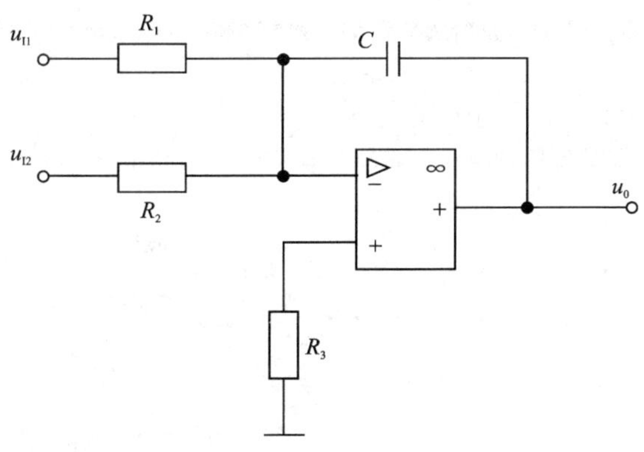

图 2－5－6　求和积分电路

(2)用 EWB5.0 对电路进行仿真，分析电路的工作原理，写出 U_0 的表达式。若输入信号 $U_{I1}=U_{I2}=1\text{V}$，在时间 $t=15\text{s}$ 的范围内，画出求和积分器的输出特性曲线，分别估算 $U_{I1}=0\text{V}$，$U_{I2}=1\text{V}$；$U_{I1}=1\text{V}$，$U_{I2}=0\text{V}$；$U_{I1}=U_{I2}=1\text{V}$ 时的输出电压 U_0 的值。

(3)组装电路，自拟实验步骤，选择实验仪器及设备，验证(2)项中所得出的结论。

(4)注意严格选配电阻 R_1、R_2 及 R_3。参照积分电路实验的调零方法，使积分器的积分零漂最小。

(5)观察 $U_{I1}=0\text{V}$，$U_{I2}=1\text{V}$；$U_{I1}=1\text{V}$，$U_{I2}=0\text{V}$；$U_{I1}=U_{I2}=1\text{V}$ 时的积分现象，然后将 u_{I1} 和 u_{I2} 均接地，在 $t=15\text{s}$ 的时间内，观察求和积分器的零漂，测 $u_{I1}=u_{I2}$ 时的输出特性曲线，计算实测的漂移值(单位为：mV/s)。

5. 积分微分电路的仿真分析

(1)积分微分运算电路如图 2－5－7 所示。图中 $R_1=R_2=R_3=R_4=R_5=10\text{k}\Omega$，$R_3=1\text{M}\Omega$，$C_1=C_2=0.1\mu\text{F}$，$C_2=1000\text{pF}$。

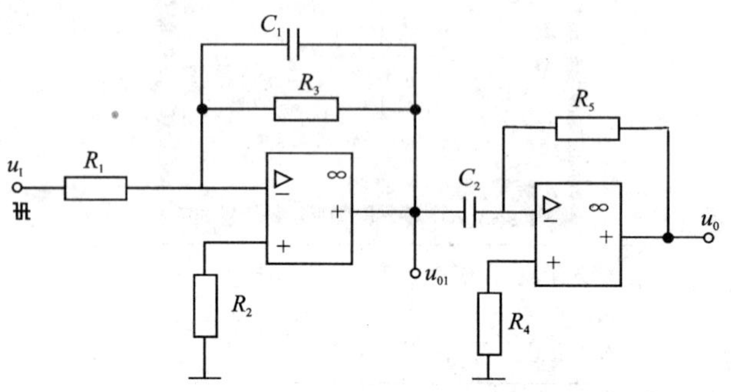

图 2－5－7　积分－微分电路

(2)启动仿真软件分析电路的工作原理，试说明 C_1、C_2、R_3、R_5 在电路中的作用。若输入一定幅值一定频率的方波信号，试定性画出 u_0 与 u_{01} 的波形，如图 2－5－8 所示。

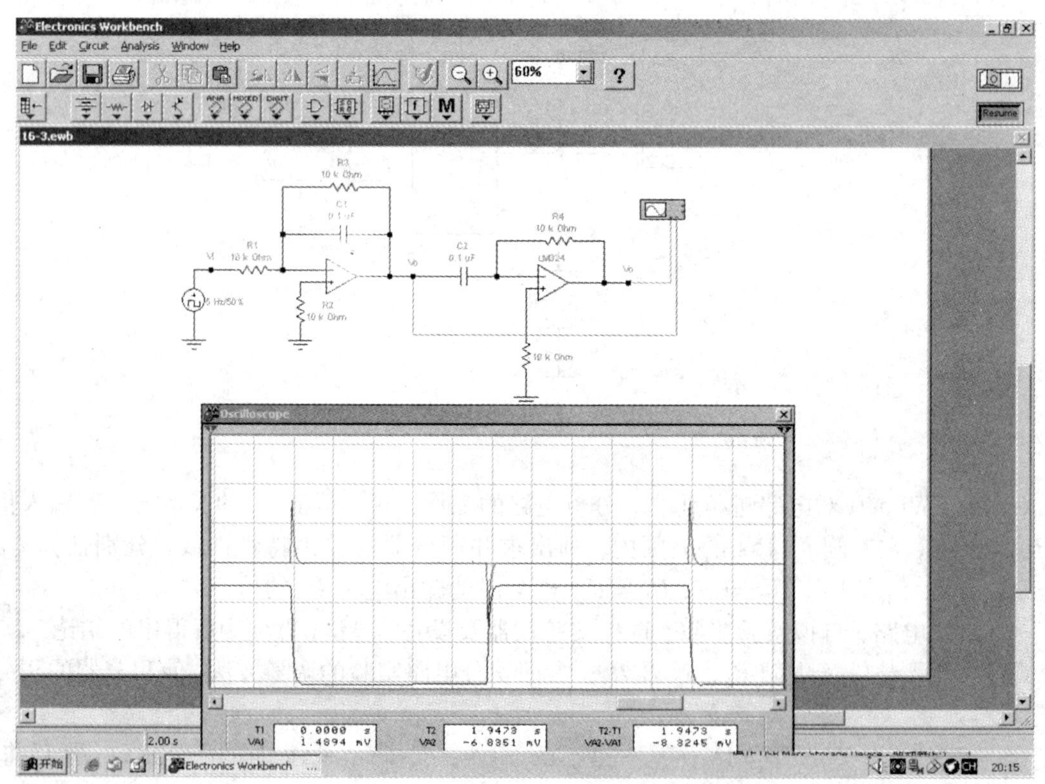

图 2－5－8　积分－微分仿真电路与输出波形

(3)组装电路，自拟实验步骤，验证(2)项中所得出的结论。输入信号的幅值和频率可自选。

三、实验报告

(1)确定实验电路所示各电阻的阻值。
(2)整理实验数据，填入自拟记录表格中。
(3)记录和描绘积分器 u_I 和 u_O 的波形。
(4)记录实验过程中出现的故障或不正常现象，分析原因，说明解决的办法和过程。

四、CF324 集成运算放大器外引脚

CF324 集成运算放大器外引脚排列图和原理电路图如图 2－5－9 所示。

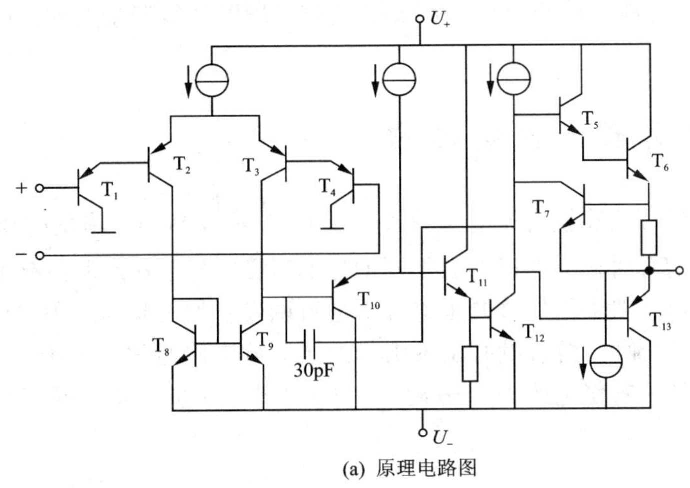

(a) 原理电路图

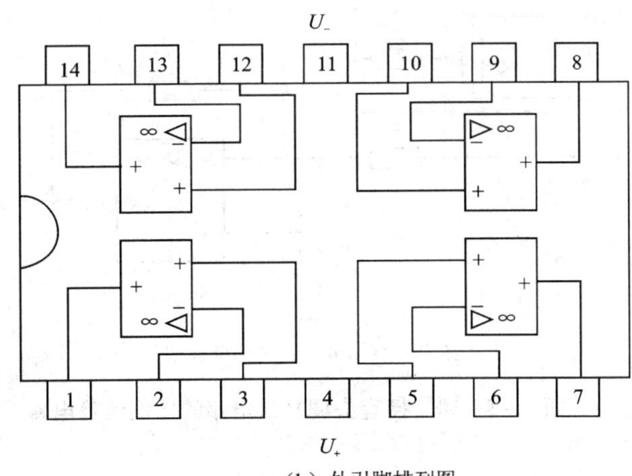

(b) 外引脚排列图

图 2－5－9　CF324 集成运算放大器

五、注意事项

(1)组装电路前须对所有电阻逐一测量，做好记录。

(2)CF324 集成放大器的各个管脚不要接错，尤其是正、负电源不能接反，否则极易损坏芯片。

(3)研究积分运算关系时，用示波器观察 u_I 和 u_0 的波形，应当采用 DC 输入方法并用 u_0 作为内同步或外触发电压接到示波器的外触发接线端。

六、思考题

(1)若输入信号与放大器的“同相输入端”连接，当信号正向增大时，运算放大器的输出是正还是负?

(2)若输入信号与放大器的“反相输入端”连接，当信号负向增大时，运算放大器的输出是正还是负?

相关链接　运算放大器的调零

调零的目的是保证运算放大器电路输入电压为零($u_I=0$)时，输出电压也为零($u_0=0$)，以消除失调和漂移信号对输出的影响。不同型号的运算、调零方式也各有不同。对有调零外接引脚的运算放大器一般采用外接调零电位器进行调零。如实验 3、4 中的 F007 与 CF741 等器件，都有调零外接引脚。而对没有调零引脚的运算放大器通常是采用失调补偿电路，在运算放大器输入端外加一补偿电压 U_i'，迫使 $u_0=0$，如图 2－5－10 中虚线部分，为失调补偿电路。

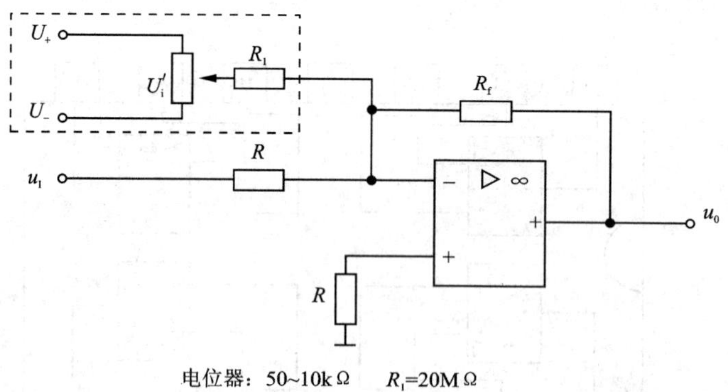

图 2－5－10　接有失调补偿电路的比例运算电路

实验 2－6　集成运算放大器组成的 *RC* 文氏电桥振荡器

一、实验目的

通过实验进一步理解文氏电桥式 *RC* 振荡器的工作原理，研究负反馈强弱对振荡器的影响。

(1)了解集成运算放大器在振荡器电路方面的应用。

(2)掌握由集成运算放大器构成的 *RC* 桥式振荡电路的调整方法、振荡频率和输出幅度的测量方法。

二、预习要求

(1)复习文氏电桥部分，熟悉幅值平衡条件和影响振荡频率的因素，掌握振荡频率的计算方法。

(2)电路如图 2－6－1 所示，设电容 $C = 0.033\mu F$，振荡频率 $f_0 = 945Hz$，试计算电阻 R 值。

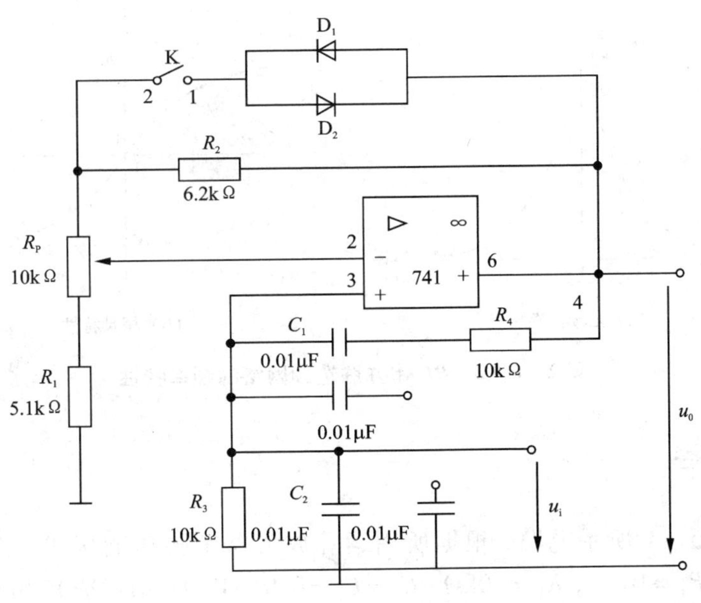

图 2－6－1　*RC* 桥式振荡器

三、实验原理

- ***RC* 文氏电桥振荡器**

RC 文氏电桥振荡器电路如图 2-6-1 所示。

图中 D_1、D_2 的作用是，当 u_0 幅值很小时，二极管 D_1、D_2 开路，等效电阻 R_f 较大，$A_{uf}=U_0/U_{f(t)}=(R_1+R_f)/R_1$ 较大，有利于起振；反之，当 u_0 幅值较大时，二极管 D_1、D_2 导通，R_f 减小，A_{uf}随之下降，u_0 幅值趋于稳定。因此，在一般的 *RC* 文氏电桥振荡电路基础上，加上如图 2-6-1 所示的 D_1、D_2，有利于起振和稳幅。

考虑到电路振荡的角频率 $\omega_0=\frac{1}{RC}\left(\text{或} f_0=\frac{1}{2\pi RC}\right)$，对于图 2-6-1 所示的 *RC* 串并联选频网络有

$$\dot{F}_u=\frac{\dot{U}_{f(+)}}{\dot{U}_0}=\frac{1}{3+j\left(\frac{\omega}{\omega_0}-\frac{\omega_0}{\omega}\right)} \tag{2-6-1}$$

当 $\omega=\omega_0$ 时，由式(2-6-1)可得

$$\dot{F}_u=\frac{1}{3} \tag{2-6-2}$$

和相位移

$$\varphi_f=0° \tag{2-6-3}$$

因此，可画出串并联选频网络的频率特性如图 2-6-2 所示。

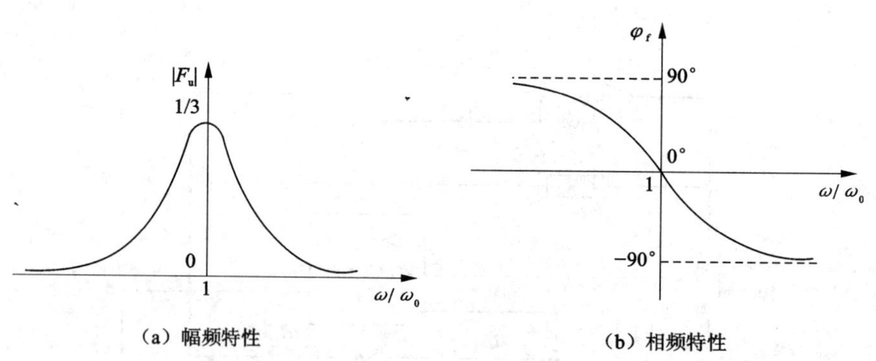

(a) 幅频特性 (b) 相频特性

图 2-6-2 *RC* 串并联选频网络的频率特性

四、实验内容

(1)按图 2-6-1 所示电路，根据所用运算放大器管脚功能接线。图中 $R_1=5.1\text{k}\Omega$，$R_2=6.2\text{k}\Omega$，$R_3=R_4=10\text{k}\Omega$，$R_P=10\text{k}\Omega$，$C_1=C_2=0.01\mu\text{F}$，D_1、D_2 选 IN4001，检查接线无误后，接通电源。

(2)振荡电路的调整。将示波器接在振荡器的输出端观察 u_0 的波形，适当调整电位器 R_P 的值，使电路产生振荡，输出波形为稳定的不失真的正弦波，如图 2-6-3 所示。

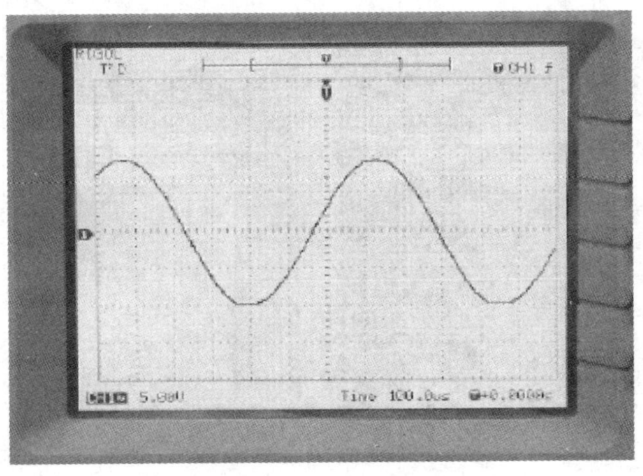

图 2－6－3　输出波形

(3) 验证幅值平衡条件 $|AF| = 1$。在保证振荡器输出电压 U_0 为最大，稳定且不失真的正弦波条件下，用毫伏表测量电压 U_0 和 $U_{f(+)}$ 的有效值，如图 2－6－4 至图 2－6－9 所示。将信号记录在表 2－6－1 中，计算反馈系数 $F = U_{f(+)}/U_0$。

表 2－6－1

	$R = 10\text{k}\Omega$　$C = 0.01\mu\text{F}$				$R = 10\text{k}\Omega$　$C = 0.02\mu\text{F}$	
	U_0/V	$U_{f(+)}$/V	F	f_0/Hz	U_0/V	f_0/Hz
测量值(有稳幅)						
测量值(无稳幅)						

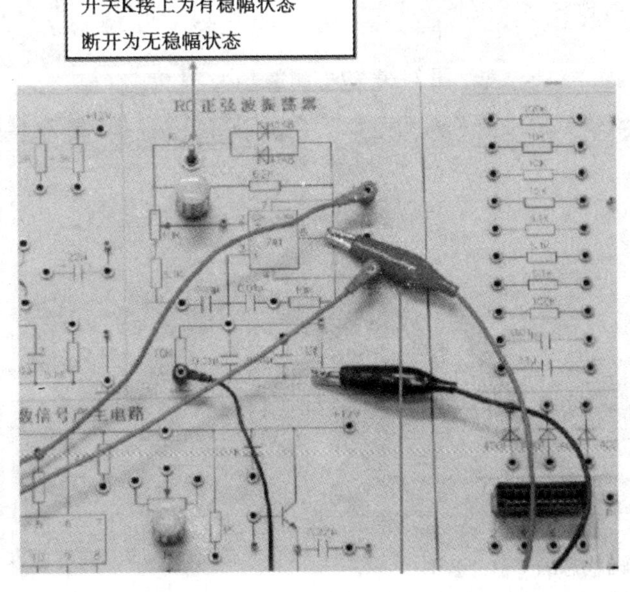

图 2－6－4　$C_1 = C_2 = 0.01\mu\text{F}$，测量输出端 U_0

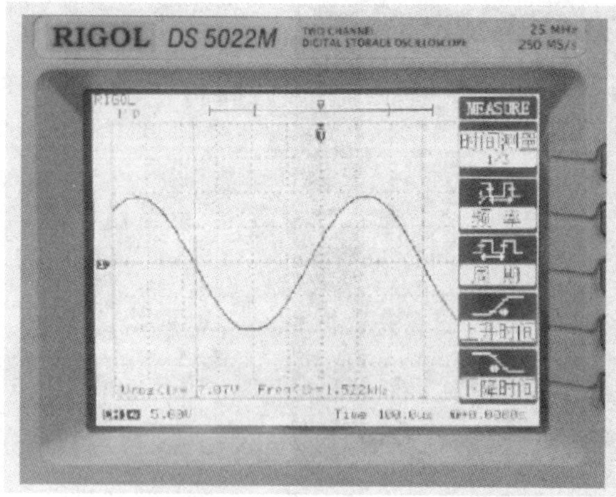

图 2－6－5　无稳幅波形状态

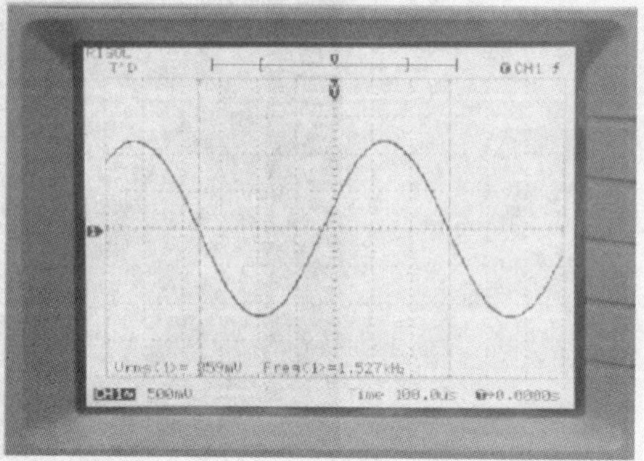

图 2－6－6　有稳幅波形状态

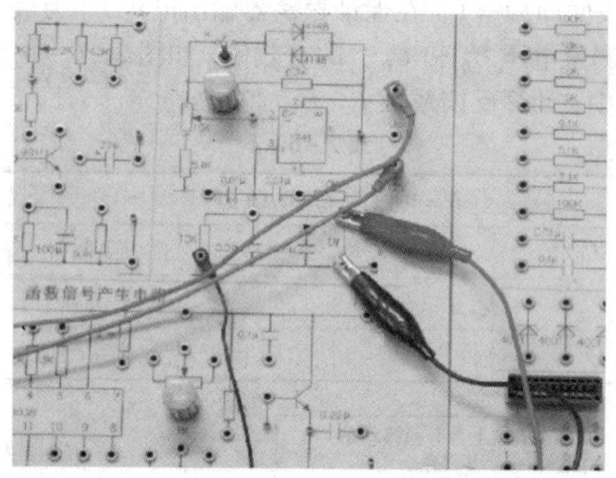

图 2－6－7　测量 $U_{F(+)}$

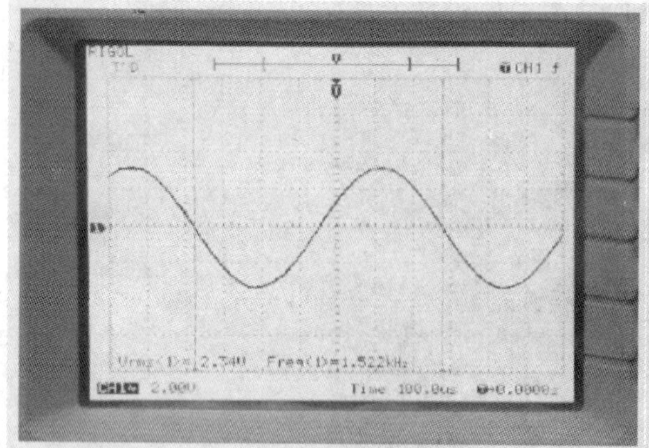

图 2－6－8　无稳幅状态的 $U_{F(+)}$ 波形

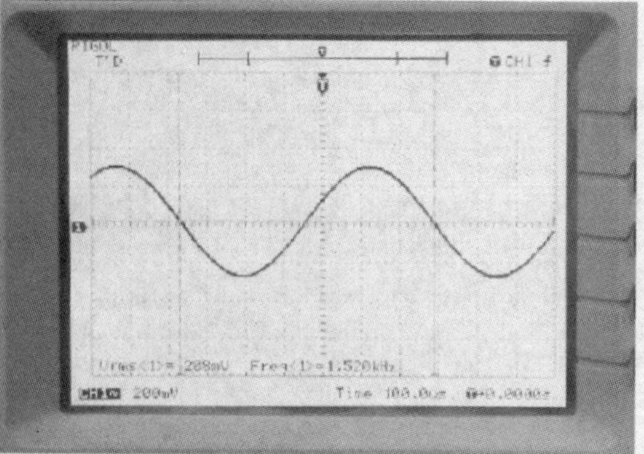

图 2－6－9　有稳幅状态的 $U_{F(+)}$ 波形

(4) 电路在有稳幅和无稳幅二极管的条件下，改变 C_1、C_2 的值 $C_1 = C_2 = 0.02\mu F$，测量出相应正弦波信号的频率、电压，如图 2 - 6 - 10 至图 2 - 6 - 12 所示，将结果填入表 2 - 6 - 1 中。该电路的振荡频率由以下公式决定：

$$f_0 = \frac{1}{2\pi RC} \tag{2-6-4}$$

式中：$R_3 = R_4 = R$，$C_1 = C_2 = C$。

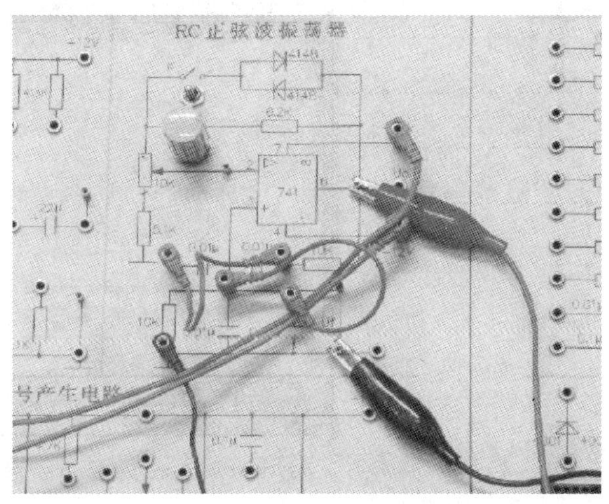

图 2 - 6 - 10　$C_1 = C_2 = 0.02\mu F$，测量输出端 U_0

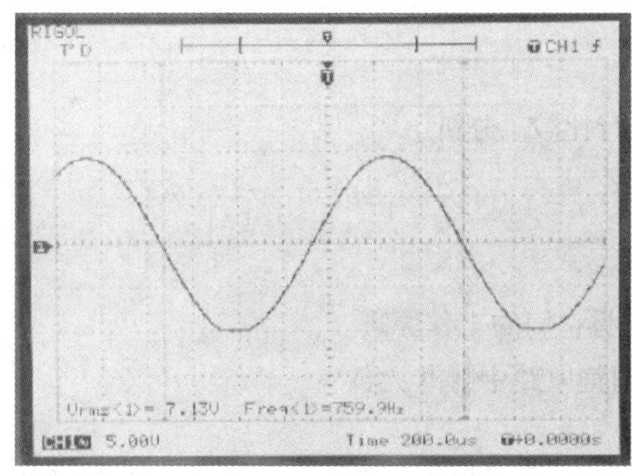

图 2 - 6 - 11　无稳幅波形状态

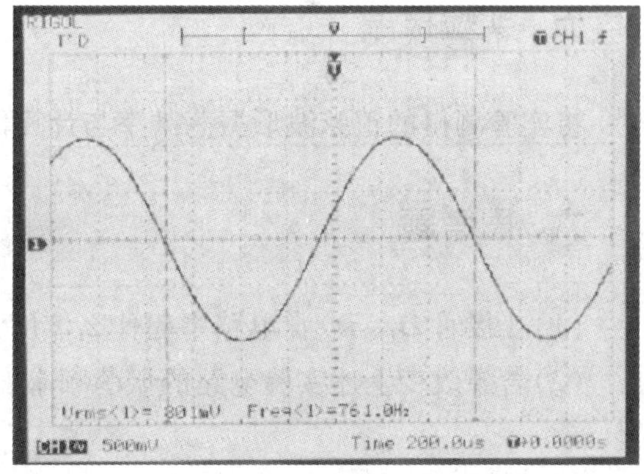

图 2 - 6 - 12　有稳幅波形状态

(5) 对图 2 - 6 - 1 电路进行仿真分析

①启动仿真软件、创建电路如图 2 - 6 - 13 所示。

②观察分析输出电压波形的起振过程；记录输出电压 u_0 的频率 f_0 和有效值 U_0、$U_{F(+)}$。填表 2 - 6 - 1。

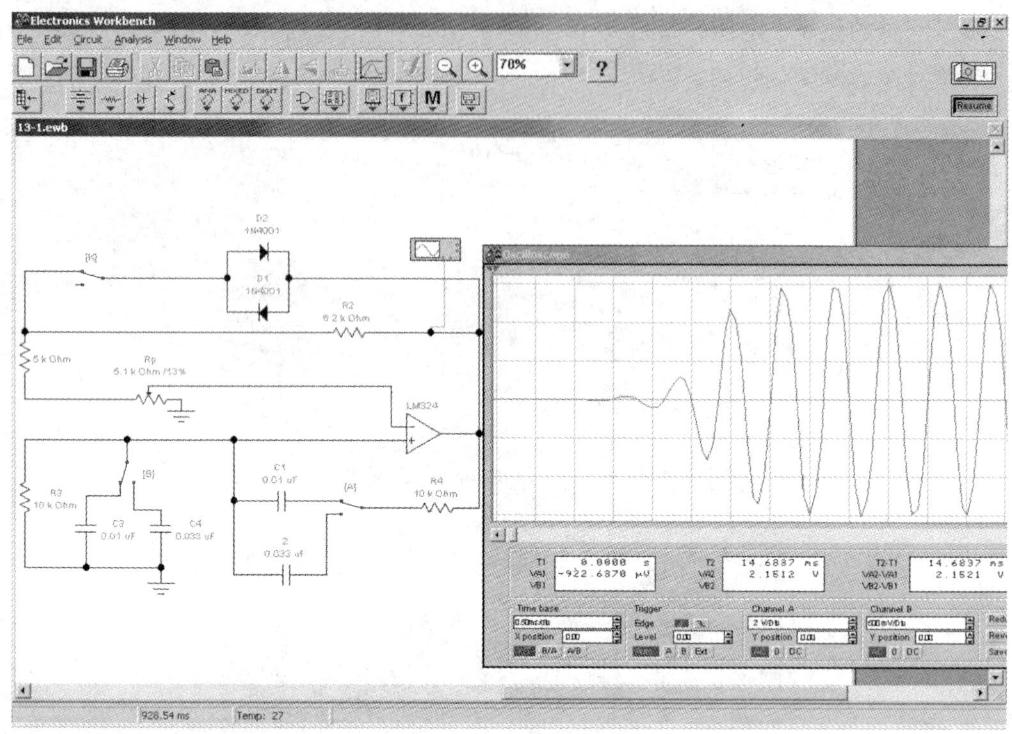

图 2－6－13 *RC* 文氏电桥振荡器仿真电路与起振波形图

五、实验报告

将实验测得的正弦波形振荡频率与计算值进行比较、分析。

六、思考题

(1)二极管 D_1、D_2 在电路中起什么作用？说明它们的工作原理。

(2)若想改变上述实验电路的振荡频率，需调整电路中哪些元件？

实验 2 –7　集成运算放大器组成的波形产生电路的设计与调试

一、实验目的

通过设计性实验，全面掌握波形产生电路的设计与实验调整相结合的设计方法。

二、实验题目

设计一个用集成运算放大器构成的方波 – 三角波发生器。已知条件和设计要求如下：

振荡频率范围：500Hz ~ 1kHz。

三角波幅值调节范围：2 ~ 4V。

集成运算放大器选用 F007 或 CF324。

三、实验内容与要求

（1）写出设计报告、列出元器件清单。

（2）组装调试所设计的电路，使其正常工作。

（3）测量方波的幅值和频率，测量三角波的频率、幅值及调节范围，检验电路是否满足设计指标。在调整三角波幅值时，注意波形有什么变化，并简单说明变化的原因。

（4）用双踪示波器观察并测绘方波和三角波形。

四、设计步骤和调试方法

1. 选择电路形式

选择电路形式如图 2 –7 –1 所示。该电路是一个由各积分器和比较器电路组成的方波 – 三角波发生器。由于采用了积分电路，使方波 – 三角波发生器的性能大为改善。不仅能得到线性度比较理想的三角波，而且振荡幅值和频率也便于调节。

由图可知，输出方波的幅值由稳压管 VD_z 决定，它被限制在稳压值 $\pm U_z$ 之间；三角波的幅值为：

$$U_0 = -\frac{R_1}{R_2}U_z \qquad (2-7-1)$$

方波和三角波的振荡频率相同，其数值为：

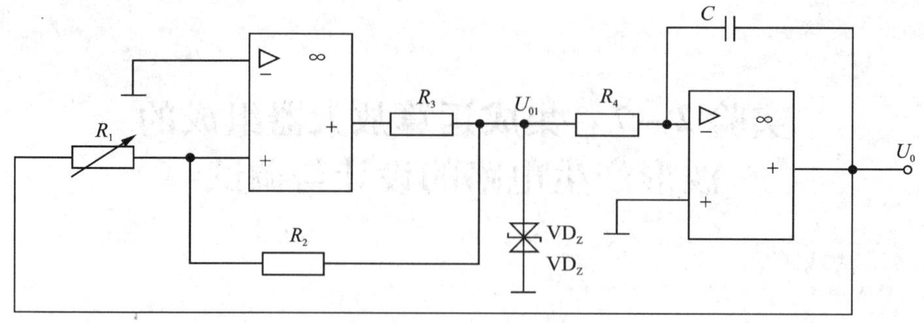

图2-7-1 方波-三角波发生器实验电路

$$f_0 = \frac{R_2}{4R_4CR_1} \qquad (2-7-2)$$

2. 确定电路元件参数

(1)稳压管的选择。稳压管的作用是限制和确定方波的幅值。此外，方波的振幅的对称性也与稳压管的性能有关。因此，为了保证输出方波的对称性和稳定性，通常选用高精度双向稳压二极管。R_3 是稳压管的限流电阻，其数值的大小由所选用的稳压管参数决定。

(2)电阻 R_1 和 R_2 确定。R_1 和 R_2 在电路中的作用是提供一个随输出电压变化的基准电压，它决定三角波电压的幅值，因此，R_1 和 R_2 的数值应根据三角波的幅值来确定。例如，已知 $U_z=6V$，三角波的幅值 $U_0=4V$，则 $R_1=\frac{2}{3}R_2$，取 $R_1=10k\Omega$，则 $R_2=15k\Omega$，如果要求三角波的幅值可调，则应选用电位器。

(3)积分器元件 R_4 和 C 的确定。R_4 和 C 的值可根据三角波的振荡频率 f_0 来确定。当 R_1 和 R_2 的值确定后，可先选定电容 C 的值，再由 $f_0=R_2/(4R_4CR_1)$ 确定 R_4 的值。为了减小积分漂移，应尽量将 C 值取大一些，但 C 值越大漏电也越大，因此，一般积分电容不宜超过 1μF。

3. 调试方法

(1)比较器电路测试

同时输入迟滞比较器如图2-7-2所示。

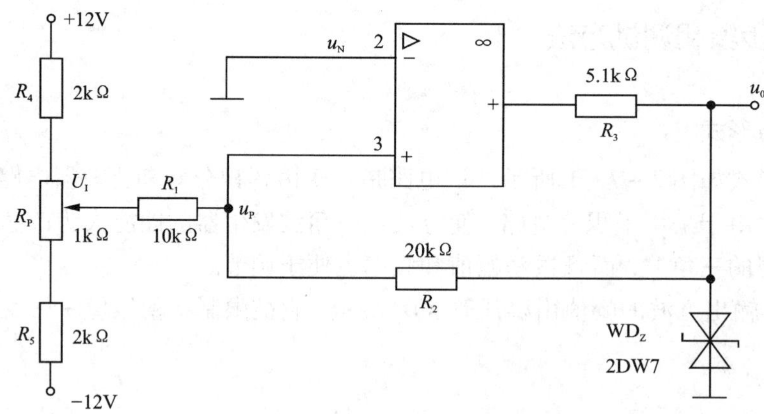

图2-7-2 迟滞比较器电路

由图有：

$$u_P = u_1 - \frac{(u_1 - u_0)}{R_1 + R_2} R_1 \quad (2-7-3)$$

电路翻转时，有 $u_N \approx u_P = 0$，即得

$$u_1 = -\frac{R_1}{R_2} u_0 = \mp \frac{R_1}{R_2} U_z \quad (2-7-4)$$

- **转折电压测试**

按图 2－7－2 接线，接通电源后，若比较器输出电压 U_0 为负值，调节 R_P 使 U_0 由负变正(正突变点)，测出 U_I 和 U_0 的值；若比较器输出电压 U_0 为正值，将电位计向相反方向旋转，直到 U_0 由正变负(负突变点)。测出 U_I、U_0 值，填入表 2－7－1 中。

表 2－7－1

电压	U_0 负突变点	U_0 正突变点
U_0/V		
U_I/V		

(2) 方波和三角波发生器的测试，应使其输出电压和振荡频率均能满足设计要求。为此可用示波器分别进行测量，如果振荡频率 f_0 与设计要求不符，应适当改变积分器中的电阻 R_4 值。若三角波幅值不满足要求，应适当调节分压器的分压系数，调整电阻 R_1 和 R_2 的比值，使之满足设计要求。注意，有时也要互相兼顾，反复调整才能达到指标要求。

- **测试**(见下图)

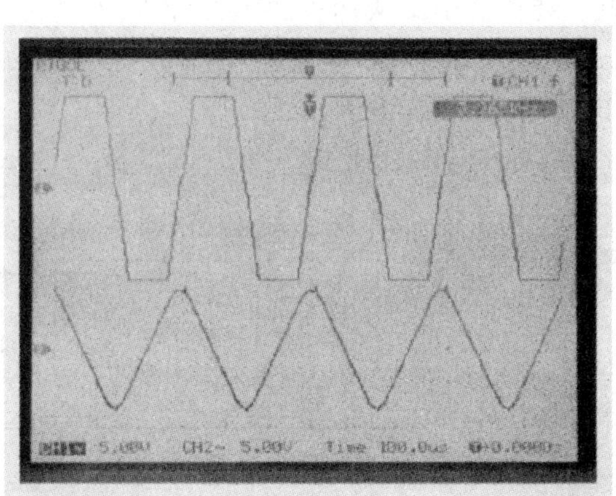

观察输出波形，通道1输出的是方波，通道2输出的是三角波。

实验 2－8　有源滤波器

一、实验目的

了解集成运算放大器在滤波电路中的应用，掌握有源滤波器的调试。

二、预习要求

(1)复习有源滤波器的工作原理。

(2)计算实验电路的截止频率f_L、f_H。

(3)复习实验 2－3 BW_f 的内容。当实验中高通滤波器采用 CF741(其开环差模电压增益 106dB，开环带宽 10Hz)时，其闭环电压增益 $A_{uf}=2$ 大约能维持到什么频率？即：$f_{HL}=$？

提示：在此放大器中，增益－带宽积为常数。

三、实验说明

滤波器是一种具有选择频率功能的电路，它能使有用频率信号通过，而同时抑制(或大衰减)无用频率信号的电子装置。由集成运算放大器和 R、C 等组成的有源模拟滤波器，它[illegible]作频率受到集成运算放大器带宽 BW 的限制，只有当集成运算放大器的带宽越宽，有源滤波器的工作频率才能提高，它们之间成正比。

考虑到高于二阶的滤波器都可以由一阶和二阶有源滤波器构成。本实验为二阶有源滤波器。

四、实验内容

1.二阶有源低通滤波器

• **原理**

二阶有源低通滤波器电路如图 2－8－1所示。

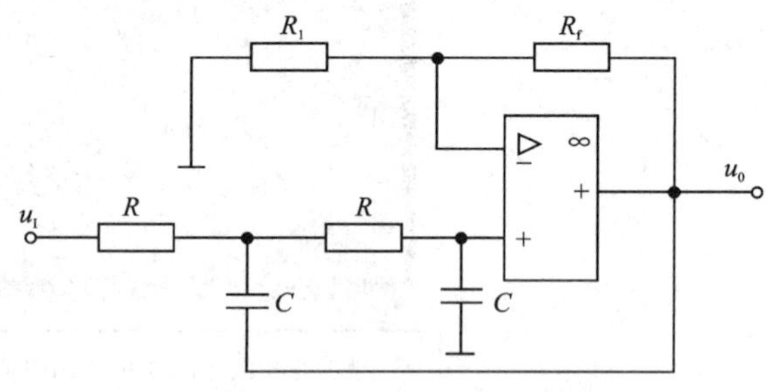

图 2－8－1　有源低通滤波器

可以证明其幅频响应表达式为：

$$\left|\frac{A(j\omega)}{A_{uf}}\right|=\frac{1}{\sqrt{\left[1-\left(\frac{\omega}{\omega_n}\right)^2\right]^2+\frac{\omega^2}{\omega_n^2Q^2}}} \qquad (2-8-1)$$

式中：

$$A_{uf}=1+\frac{R_f}{R_1} \quad (2-8-2)$$

$$\omega_n=\frac{1}{RC} \quad (2-8-3)$$

$$Q=\frac{1}{3-A_{uf}} \quad (2-8-4)$$

上式中的特征角频率 $\omega_n=1/(RC)$ 就是 3dB 截止角频率。因此上限截止频率：

$$f_H=\frac{1}{2\pi RC} \quad (2-8-5)$$

当 $Q=0.707$ 时，这种滤波器称为巴特沃斯滤波器。

● **测试**

(1)按图 2-8-1 接线，测试二阶低通滤波器的幅频响应。图中 $R=R_1=R_f=20\text{k}\Omega$，$C=0.01\mu\text{F}$，测试结果写入表 2-8-1 中。

表 2-8-1

信号频率 f/Hz	50	100	200	350	f_H	450	600	1kΩ	4kΩ	$10f_H$
U_0/V										
$20\lg(U_0/U_i)$/dB										

$U_0=1\text{V}$(有效值)的正弦信号

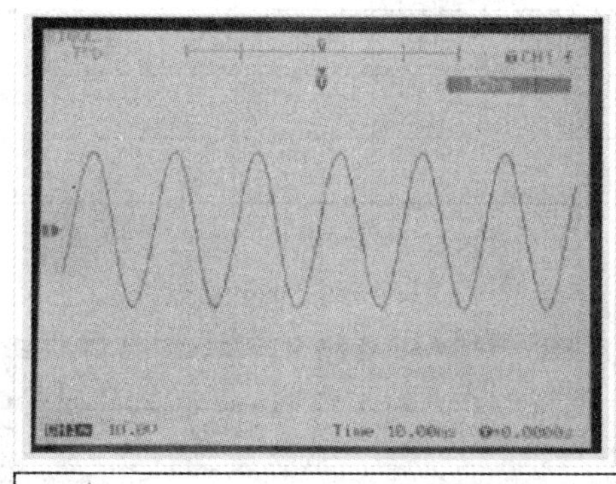

其波形为输入频率为52Hz的输出波形

2. 二阶有源高通滤波器

● **原理**

如果在图 2-8-1 中将 R 和 C 的位置互换，则可得二阶有源高通滤波器电路，如图 2-8-2所示。

当令 $\omega=1/(RC)$，$Q=1/(3-A_{uf})$ 和 $A_{uf}=1+R_f/R_1$，可以得其幅频响应表达式为：

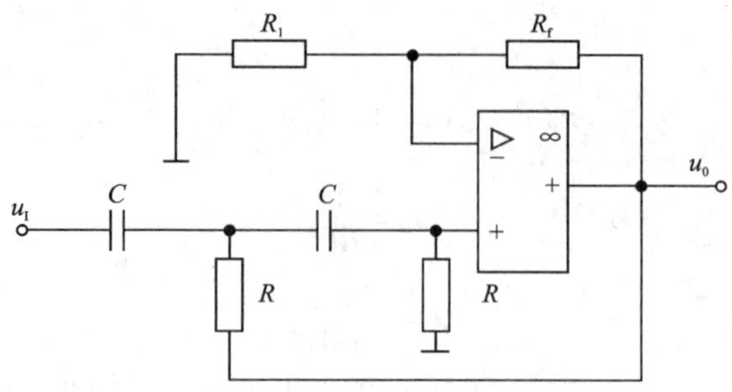

图 2-8-2 二阶有源高通滤波器

$$\left|\frac{A(j\omega)}{A_{uf}}\right| = \frac{1}{\sqrt{\left[\left(\frac{\omega_n}{\omega}\right)^2 - 1\right]^2 + \left(\frac{\omega_n}{\omega Q}\right)^2}} \tag{2-8-6}$$

其下限截止频率：

$$f_L = \frac{1}{2\pi RC} \tag{2-8-7}$$

- **测试**

按图 2-8-2 接线，测试二阶高通滤波器的幅频响应。图中 $R = R_1 = R_f = 20\text{k}\Omega$，$C = 0.022\mu\text{F}$，测试结果填入表 2-8-2 中。

表 2-8-2

信号频率 f/Hz	50	100	200	350	f_L	450	600	1kΩ	4kΩ	$10f_L$
U_0/V										
$20\lg(U_0/U_i)$/dB										

$U_i = 1\text{V}$(有效值)的正弦信号

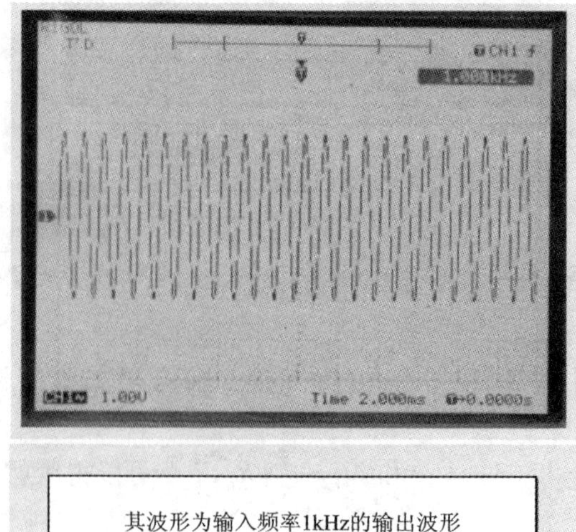

其波形为输入频率1kHz的输出波形

3. 带通滤波器

实验电路可由上述电路为参考设计，或采用图 2－8－3 电路。该电路是中心频率为 300Hz、带宽为 200Hz 的带通滤波器。

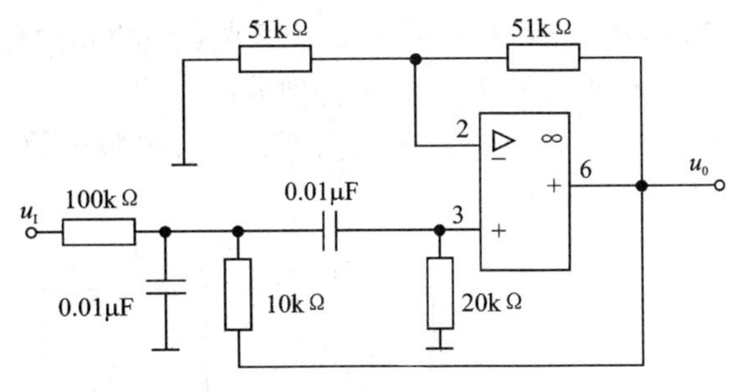

图 2－8－3　带通滤波器

（1）对电路进行仿真，如图 2－8－4所示。

（2）输入端加 1V 左右的正弦信号，改变输入频率，用示波器观察输出波形及幅度变化，选择不同的输入频率，将测量的 U_0 值（包括 U_{0max}、$0.707U_{0max}$ 值）填入表 2－8－3 中。

表 2－8－3

f/Hz				$0.707U_{0max}$		U_{0max}		$0.707U_{0max}$			
U_0/V											

*4. 带阻滤波实验电路的分析与仿真

（1）简单分析带阻滤波器如图 2－8－4 所示电路的工作原理，写出 $A_u = U_0/U_i$ 的表达式。

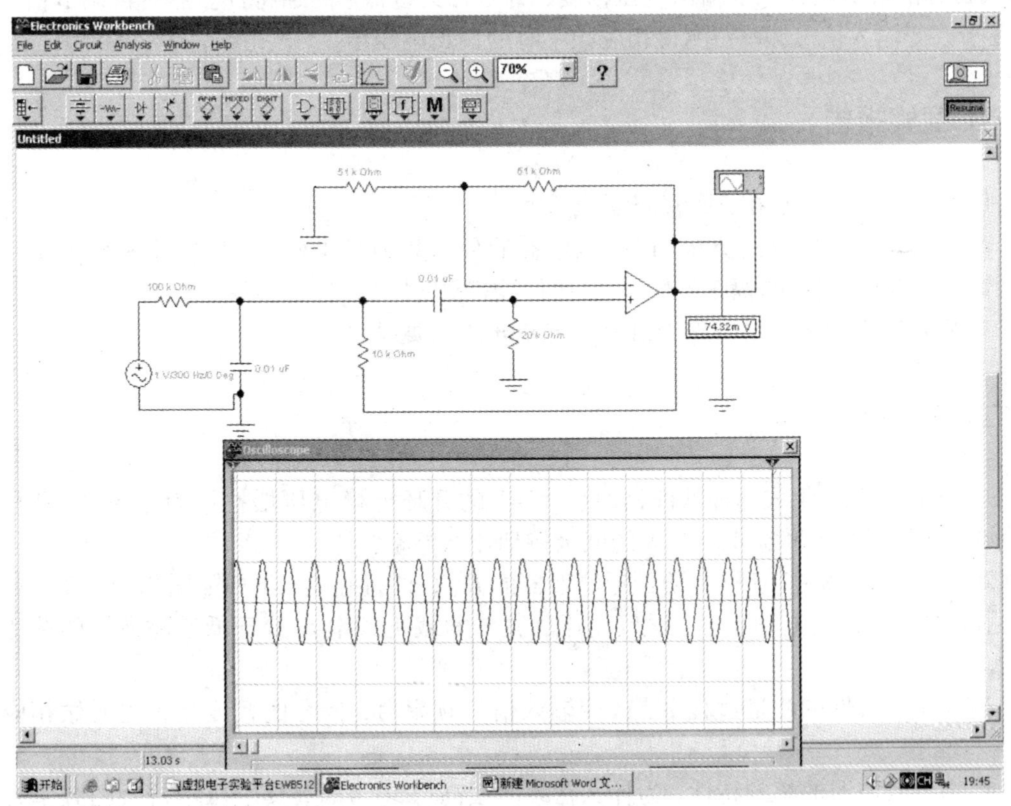

图 2－8－4　带通滤波器仿真电路与输出波形

(2)估算 $f_0=400\text{Hz}$ 时，带阻滤波电路的元件参数值。

(3)定性画出电路的幅频特性曲线。

(4)首先对设计电路进行仿真，然后组装电路，自拟实验步骤，测试带阻滤波器的幅频特性曲线。

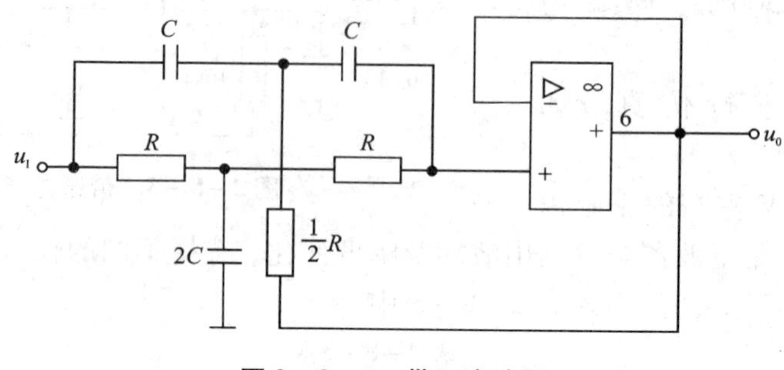

图 2-8-4 带阻滤波器

五、注意事项

在实验过程中，改变输入信号 u_i 频率时，注意保持输入信号 u_i 的幅度不变；同时输入信号的幅值应保证输出电压 u_0 在整个频带内不失真。输入信号的幅度确定后，先在整个频带内用示波器粗略地检查一下输出电压幅度，看是否具备低、高通特性。然后再调节信号发生器，逐步改变输入信号频率，测得相应频率时的输出电压值。

六、实验报告

(1)整理上述实验数据，回答问题。

(2)以频率的对数为横坐标，以电压增益的分贝数为纵坐标，在同一坐标上分别绘出两种(低通、高通)滤波器的幅频特性，说明两者幅频特性具有什么关系。

(3)简要说明测试结果与理论值有一定差异的主要原因。

七、思考题

(1)当用 μA741 组成高通滤波器时(μA741 的开环差模电压增益设为 106dB，开环带宽为 7Hz)，其闭环电压增益 $A_{uf}=2$ 大约能维持到什么频率？

(2)若将图 2-8-1 所示二阶低通滤波器的 R、C 位置互换，组成如图 2-8-2 所示的二阶高通滤波器，且 R、C 值不变，试问高通滤波器的截止频率 f_L 等于低通滤波器的截止频率 f_H 吗？

(3)在幅频特性的测量过程中，改变输入信号频率时，信号的幅度是否也要做相应的改变？为什么？

(4)高通滤波器的幅频特性，为什么在频率很高($f \gg f_L$)时，其电压增益会随频率升高而下降？

实验2-9　精密全波整流电路

一、实验目的

学习运算放大器构成精密全波整流电路的原理。

二、预习要求

复习单向全波整流电路工作原理。

三、实验电路原理

一般利用二极管的单向导电性来组成整流电路，但是由于二极管的伏安特性在小信号时处于截止或处于特性曲线的弯曲部分，使小信号检波得不到原信号或使原信号失真太大。如果把二极管置于运算放大器的负反馈环路中，就能大大削弱这种影响，提高非线性电路的精度。

图2-9-1是同相输入精密全波整流电路图，它的输入电压 u_i 与输出电压 u_0 有如下关系：

$$u_0=\begin{cases}u_i & \text{当 } u_i>0 \text{ 时}\\ -u_i & \text{当 } u_i<0 \text{ 时}\end{cases} \qquad (2-9-1)$$

A_1、A_2 工作于串联负反馈状态，具有较高的输入电阻。A_1 是同相放大器，A_2 是差动放大(减法运算)电路。

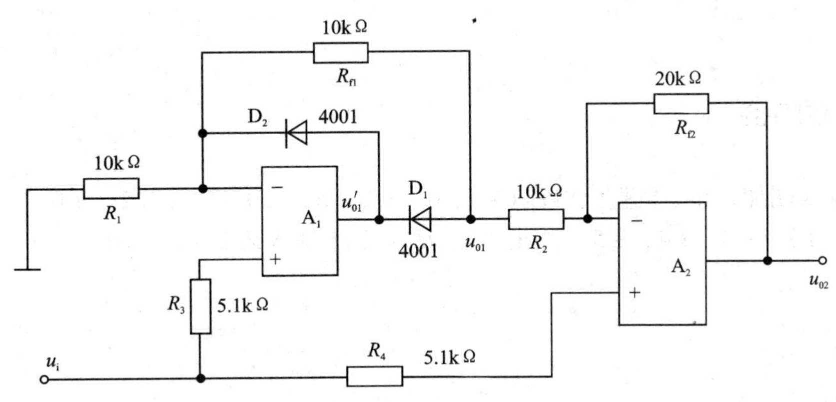

图2-9-1　精密全波整流电路图

当 $u_i>0$ 时，D_1 截止，D_2 导通，此时 A_1 形成一个电压跟随器 $u'_{01}=u_i$。A_2 的反相输入电压 u_{01} 为 A_1 的反相端电压 u'_{01}，亦即是输入电压 u_i，A_2 的同相端输入电压也为 u_i，所以 A_2 的输出电压 u_0 为：

$$u_0=\left(1+\frac{R_{f2}}{R_{f1}+R_2}\right)u_i-\frac{R_{f2}}{R_{f1}+R_2}u_i=u_i \qquad (2-9-2)$$

当 $u_i<0$ 时，D_1 导通，D_2 截止，此时 A_1 是个同相放大器。

$$u_{01}=\left(1+\frac{R_{f1}}{R_1}\right)\cdot u_i \qquad (2-9-3)$$

A_2 的同相端输入电压仍为 u，反相端的输入电压为 u_{01}，所以 A_2 的输出电压为：

$$u_0=(1+\frac{R_{f2}}{R_2})\cdot u_i-\frac{R_{f2}}{R_2}\cdot u_{01}=\left(1+\frac{R_{f2}}{R_2}\right)\cdot u_i-\frac{R_{f2}}{R_2}\left(1+\frac{R_{f1}}{R_1}\right)\cdot u_i \qquad (2-9-4)$$

如选择如下匹配电阻，$R_{f2}=2R_{f1}=2R_1=2R_2$，则：

$$U_0=3u_i-4u_i=-u_i \qquad (2-9-5)$$

从以上分析可知，在输出端得到单向的电压，实现了全波整流。该电路的电压传输特性及输入、输出波形分别如图 2－9－2、图 2－9－3 所示。

整流的精度主要决定于电阻 R_2、R_1、R_{f1}、$2R_{f2}$的匹配精度。在运算放大器的输出动态范围内，整流不会出现非线性失真引起的误差。

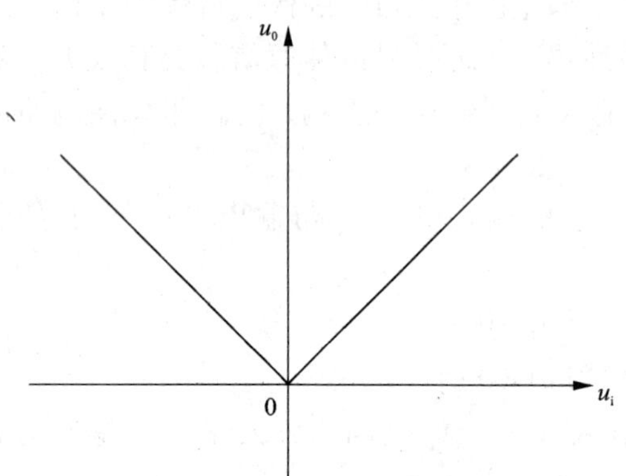

图 2－9－2　精密全波整流电压传输特性

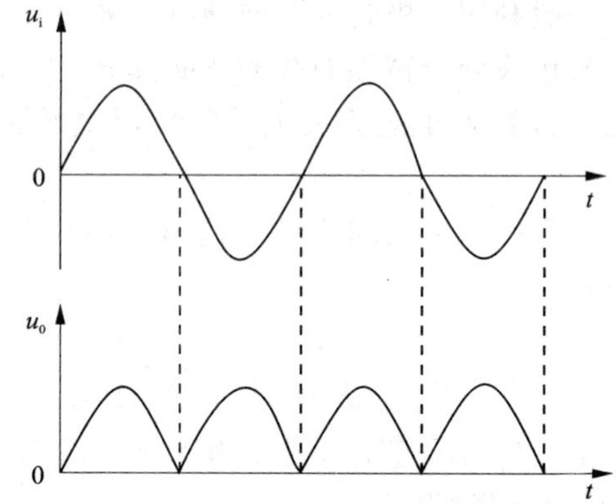

图 2－9－3(a)　精密全波整流电路的输入、输出电压波形

四、实验内容

(1)在输入端加入正、负直流电压(V)：0，±0.05，±0.1，±0.2，±0.3，±0.4，…，±0.8，±1，±2，±3，±4，±5。测出 U'_{01}，U_{01}，U_0，填入表 2－9－1 中。

表 2－9－1

输入正直流电压 U_i/V		0	0.05	0.1	0.2	0.3	0.4	0.5	0.8	1	2	3	4	5
输出电压	U'_{01}/V													
	U_{02}/V													
	U_{01}/V													
输入负直流电压 U_i/V		0	0.05	0.1	0.2	0.3	0.4	0.5	0.8	1	2	3	4	5
输出电压	U'_{01}/V													
	U_{02}/V													
	U_{01}/V													

(2)将直流信号改为交流信号，接入示波器，观察输出波形，其波形如图 2－9－3(b)所示。

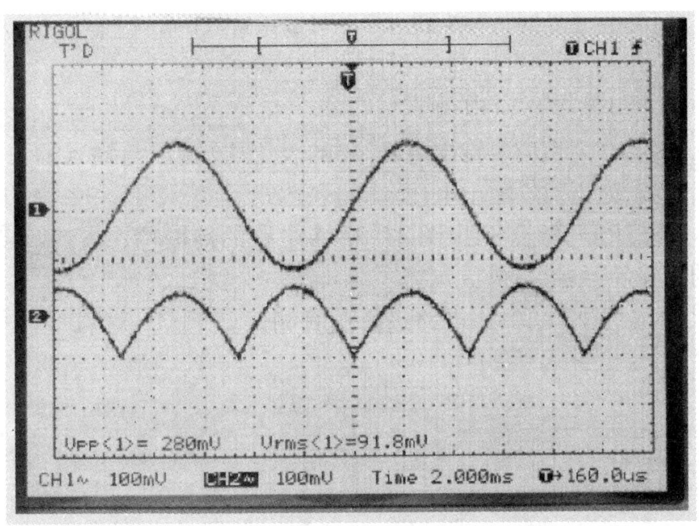

图 2－9－3(b)　输入、输出电压波形

五、实验报告要求

(1)整理实验数据，画出传输特性及 u_i、u_0 波形。

(2)分析讨论实验结果。

六、思考题

(1)如果 A_1 零漂很大，u_0 会怎样？

(2)如果本实验不选择匹配电阻，传输特性会怎样？

(3)当 A_1 所接两个二极管都反接，该电路会有什么样的输出？

(4)当实验电路如图 2-9-4 所示，以 A_1 为中心组成精密半波整流电路，以 A_2 为中心组成加法器。假设集成运算放大器为理想的。

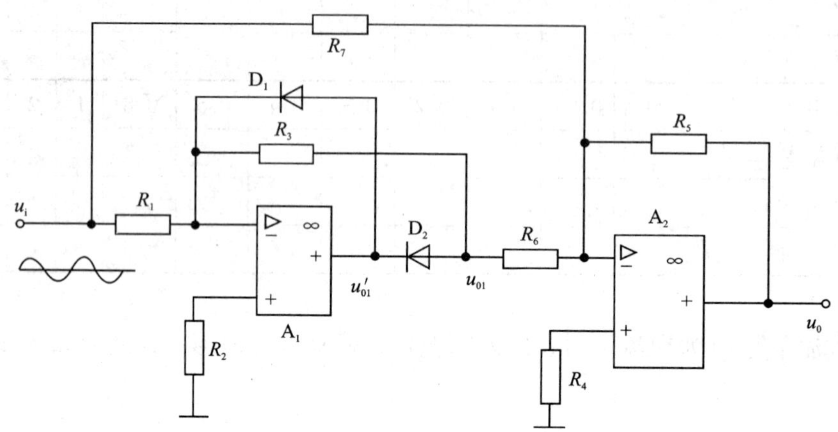

图 2-9-4 实验电路

①分析图 2-9-4 电路工作原理。

②写出当输入信号 u_i 为负时，输出电压 u_0 的表达式(输出与输入的关系)。写出当输入信号 u_i 为正时，输出电压 u_0 的表达式。

③令 $R_1=R_3=R_7=R_5=2R_6$，列出图 2-9-4 电路的传输特性。

④画出理想的传输特性曲线($u_i \sim u_0$)。

⑤启动仿真软件，对图 2-9-4 电路进行仿真测试。

实验 2 - 10　功率放大器

一、实验目的

(1)测试功率放大器的最大输出功率效率。
(2)熟悉集成功率放大器的应用电路。

二、预习要求

(1)复习互补对称功率放大电路的工作原理。
(2)在理想情况下，计算实验电路的最大输入功率 P_{0m}、管耗 P_T、直流电源供给的功率 P_V 和效率 η。

三、实验原理

由集成运算放大器与晶体管组成的 OCL 功率放大器电路如图 2 - 10 - 1 所示，其中，运算放大器为驱动级，晶体管 T_1、T_2、T_3、T_4 组成复合式晶体管互补对称电路。这种电路总的电压增益取决于运算放大器反馈电阻 R_f 与 R_1 的比值 R_f/R_1(参照同相比例放大电路实验)，互补输出级则是扩展输出电流。

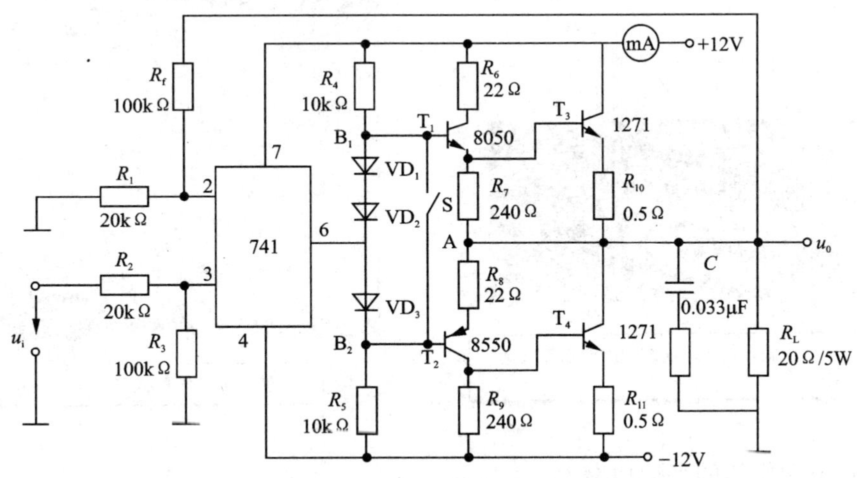

图 2 - 10 - 1　集成运算放大驱动的 OCL 功率放大器

该电路的输出功率：

$$P_0 = I_0^2 \cdot R_L \tag{2-10-1}$$

当输入信号幅度足够大，U_{0m}达到$(U_{CC}-U_{CES})$时的最大不失真输出的功率为：

$$P_{0m} = \frac{1}{2} \cdot \frac{(U_{CC}-U_{CES})}{R_L} \approx \frac{1}{2} \cdot \frac{U_{CC}^2}{R_L} \tag{2-10-2}$$

直流电源提供的总功率：

$$P_V = \frac{2}{\pi} \cdot \frac{U_{CC}^2}{R_L} \tag{2-10-3}$$

电路的效率：

$$\eta = \frac{P_0}{P_V} \tag{2-10-4}$$

实验原理如图 2-10-1 所示。

四、实验内容

- **功率参数测试**

集成或分立元件电路的功率参数测试方法基本相同。测试中应注意在输出信号不失真的条件下进行。因此测试过程中，必须用示波器监视输出信号(见下图)。

(1)测量最大输出功率 P_{0m}

输入$f=1\text{kHz}$ 的正弦输入信号(u_i)，并逐渐加大输入电压幅值直至输出电压 u_0 的波形出现临界削波时，测量此时 R_L 两端输出电压的最大值 U_{0m}或有效值 U_0，则

$$P_{0m} = \frac{U_{0m}^2}{2R_L} = \frac{U_0^2}{R_L} \tag{2-10-5}$$

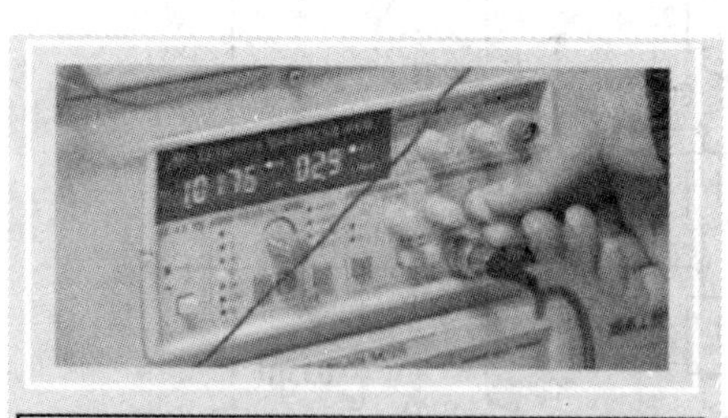

逐渐增大输入信号，使波形出现临界失真状态

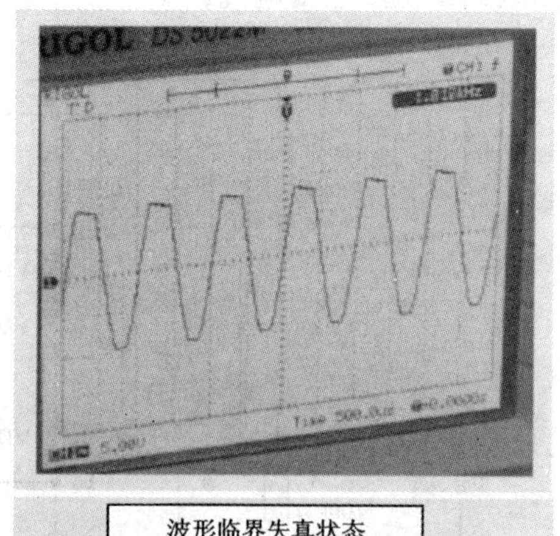

波形临界失真状态

(2)测量电源供给的平均功率 P_V

近似认为电源供给整个电路的功率即为 P_V(前级消耗功率不大)，所以在测试 U_{0m}的同时，只要在供电回路串入一只直流电流表测出直流电源提供的平均电流 $I_{C(AV)}$，即可求出

$$P_V = I_{C(AV)} U_{CC} \tag{2-10-6}$$

此平均电流 $I_{C(AV)}$ 就是电源电流。

(3)最大输出功率时三极管的管耗 P_T：

$$P_T = P_V - P_{0m} \tag{2-10-7}$$

(4)计算效率 η：

$$\eta = \frac{P_{0m}}{P_V} \tag{2-10-8}$$

(5)计算电压增益 A_u：

$$A_u = \frac{U_0}{U_i} \tag{2-10-9}$$

将上述测量、计算数据填入表 2 – 10 – 1 中。

表 2 – 10 – 1

U_i/V	U_0/V	I/mA	U_{CC}/V	P_{0m}/W	P_V/W	P_T/W	η	A_u

五、实验报告

(1)根据实验实际测量计算出 P_{0m}、P 及效率 η。

(2)讨论实验当中发生的问题及解决办法。

六、思考题

在图 2 – 10 – 1 中，当 S 闭合(B_1 与 B_2 之间短接)，无输入信号时，T_2、T_3 管的管耗是多少？当 S 断开，T_2、T_3 分别工作在何种状态？

相关链接 集成功率放大器

1. 实验目的

(1)熟悉集成功率放大器的特点和应用。

(2)学习和掌握集成功率放大器的主要指标及测量方法。

2. 实验内容

(1)按图 2 – 10 – 2 接线。

(2)不加信号时($u_i = 0$)，用数字万用表测电路静态电流 I(+12V)，I(–12V)及 2030 芯片各脚的电位。将数据填入表 2 – 10 – 2 中。

表 2 – 10 – 2

I(+12V)/mA	I(–12V)/mA	U_1/V	U_2/V	U_3/V	U_4/V	U_5/V

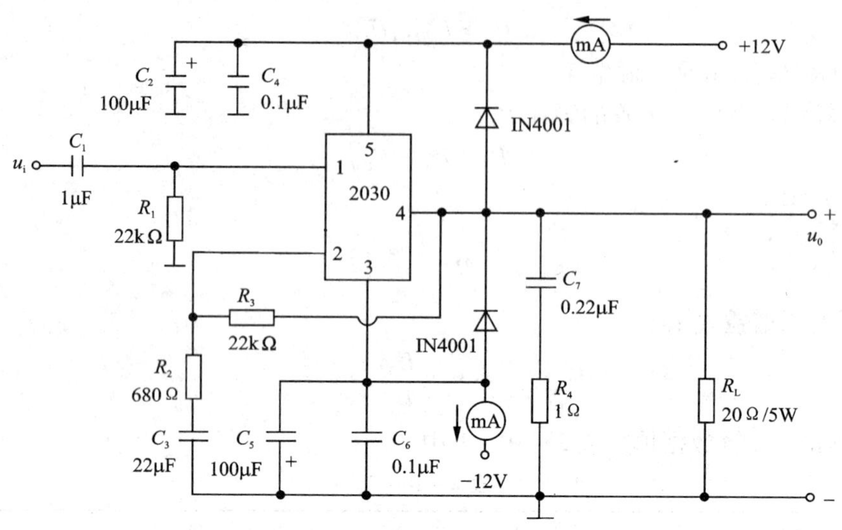

图 2-10-2 集成功率放大器

(3)动态测量

• **最大输出功率**

输入端接 1kHz，$u_i \leqslant 10$mV(用交流毫伏表测量)的正弦信号，用示波器观察输出电压波形，逐渐加大输入信号幅度，使输出电压信号为最大不失真输出。用交流毫伏表测量此时的输出电压 U_{0m}，$P_{0m}=U_{0m}^2/R_L$。将结果记入表 2-10-3 中。

表 2-10-3

U/mV	U_{0m}/mV	P_{0m}

• **输入灵敏度**

根据输入灵敏度的定义，只要测出输出功率 $P_0=P_{0m}$ 时的输入电压值 u_i 即可。

• **噪声电压的测试**

测量时将输入端短接($u_i=0$)，用示波器观察噪声波形，并用交流毫伏表测量输出电压，该电压即为噪声电压 U_N，并将测量结果记入表 2-10-4 中。

表 2-10-4

噪声电压 U_N/mV	噪声波形

3. 实验注意事项

电路产生寄生振荡可采取如下措施：

(1)断开毫伏表与输出的连接。

(2)尽量接短线，特别是接电源的滤波电容，接线更要短。

(3)输出接喇叭时，应与 20Ω/5W 的电阻串联。

(4)在 ±12V 电源之间加一个 0.1μF 的电容。

4. 实验设备

(1)模拟实验台。

(2)数字万用表。

实验 2－11　串联型直流稳压电路的调试

一、实验目的

(1)了解集成稳压器的工作原理。
(2)掌握集成稳压器的安装与使用方法。
(3)掌握直流稳压电源的特性测试。

二、预习要求

(1)复习《电子技术基础》(模拟部分)中集成稳压电路的有关内容。
(2)了解集成稳压器 7812 的主要技术参数。

三、实验原理

直流稳压电源几乎是所有电子设备不可缺少的，它由变压器、整流器、滤波器和稳压器四部分组成。

电路如图 2－11－1 所示。集成稳压器采用 W78M12，它具有取样、基准、比较放大和调整等功能。由于这种组件只有三个引出端，即输入端 u_i、输出端 U_0 和公共接地端，因此称为“三端集成稳压器”。

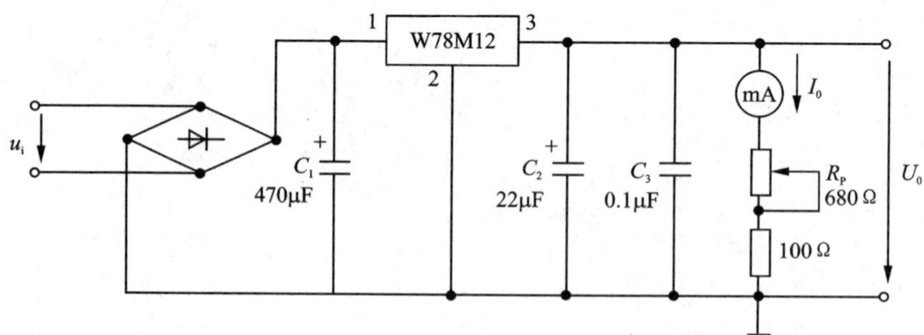

图 2－11－1　集成稳压器实验电路

四、实验内容

● **测量集成稳压电路的外特性和纹波电压**

(1)按图 2－11－1 组装和连接电路，检查无误后，接通交流电源(u_i =16V)。

(2)将万用表(毫安挡)串入输出电路，调整 $R_L(R_{P1})$。当输出电流 $I_0=100\text{mA}$ 时，测量此时的输出电压 U_0，并作记录 $U_0=$ ________ V。

(3)保持输入电压不变，改变负载电阻 R_L，使输出电流 I_0 依次为表 2-11-1 所列各值，测出相对应的输出电压 U_0，并填入表中。注意：改变 I_0 值，应使 I_0 小于额定输出功率。

(4)保持输入电压不变，调节 $I_0=100\text{mA}$，首先用示波器观察输出直流电压的交流分量的大小和波形，判断电路有无自激；然后用毫伏表测量输出端的纹波电压 U_0 和输入端纹波电压 U_i，并将结果记入表 2-11-1 中。

表 2-11-1　稳压电源外特性测量

I_0/mA	0	20	50	60	80	100	150		
U_0/V									
ΔU_0/mV									
$R_0=-\frac{\Delta U_0}{\Delta I_0}$									
纹波电压	$u_0=$				$u_i=$				

(5)改变输入电压为 14V 与 18V，再按步骤(2)进行测试。

(6)按实验图 2-11-2 改接线路，重复实验步骤(3)、(4)。

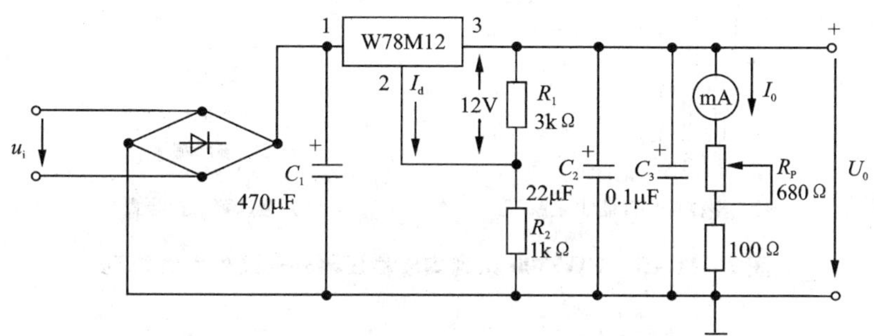

图 2-11-2　三端稳压器扩大电压输出的接法

图 2-11-2 是三端稳压器扩大电压输出的连接方法。由于 R_1 上的电压为 12V，所以输出对地的电压 U_0 为：

$$U_0=\left(1+\frac{R_2}{R_1}\right)\times 12\text{V}+I_dR_2 \tag{2-11-1}$$

因此，调节 R_2 与 R_1 的比值，即可改变输出电压 U_0 的大小。

五、实验报告

(1)整理实验数据，并将计算的 ΔU_0、R_0 填入表中。

(2)根据实验表的测量数据，分别作出电路的 I_0 与 U_0 的关系曲线。

相关链接 常用集成稳压器

1. 简介

目前，由分立元件构成的稳压器几乎被淘汰，取而代之的是应用广泛的集成稳压器。

集成稳压器具有性能指标高，使用、组装十分方便等特点。其型号较多，如 μA7800 系列是美国仙童公司生产的，LM7800 系列是美国国家半导体公司生产的。我国生产的为 CW7800 系列，该系列的后两位数字代表固定稳压输出值，如 CW7812 表示稳压输出为 +12V；7900 系列是负输出稳压器，如 CW7912 表示稳压输出为 -12V。

(1)CW7800 系列三端固定正输出稳压器

CW7800 系列的集成稳压器广泛应用于各种整机或电路板电源上。其稳定输出电压从 +5 ~ +24V有 7 个挡次；加装散热后输出额定电流可达 1.5A。稳压器内部具有过流、过热和安全工作区保护电路，一般不会因过载而损坏。如果外部接少量元件还可构成可调式稳压器和恒流源。7800 系列集成稳压器的外形图及外引线排列见图 2-11-3，其典型应用电路见图 2-11-4。

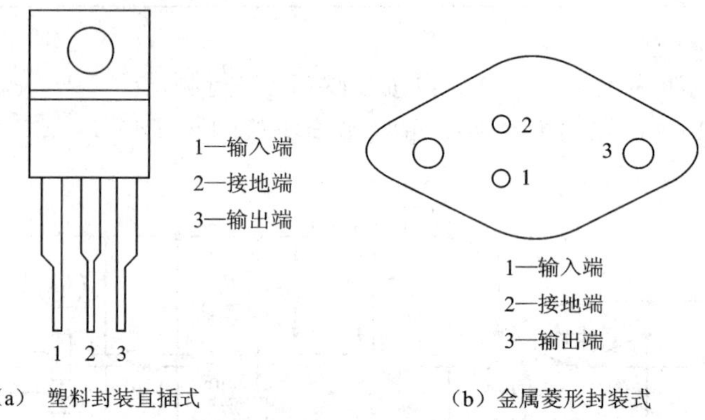

图 2-11-3 CW7800 系列集成稳压器外形及外引线排列

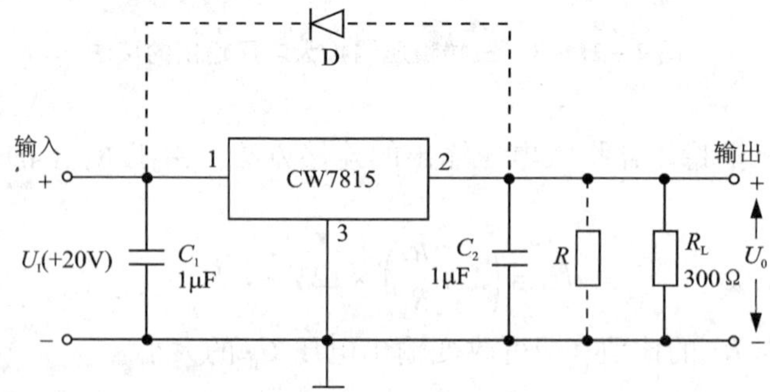

图 2-11-4 CW7800 系列稳压器典型应用电路

图 2-11-4 所示电路中，C_1 用于抑制过压和纹波，C_2 用于改善负载瞬态响应。为保证稳压器能正常工作，对输入直流电压也有所要求，一般输入直流电压应比输出直流电压高出

2~3V，不宜高出太多，高出太多会使稳压器功耗过大，且易损坏稳压器。

另外，为避免因输入端短路或输入滤波电容开路所造成的输出瞬间过压，可在输入和输出端之间加保护二极管 D 或在输出端加泄放电阻 R，如图 2-11-4 中虚线所示。

(2) CW7900 系列三端固定负输出稳压器

CW7900 系列的稳压器与 CW7800 系列基本相同，只是输出电流较小，加装散热器后，输出额定电流只能达到 500mA 左右。CW7900 系列集成稳压器的外形及外引线排列见图 2-11-5。

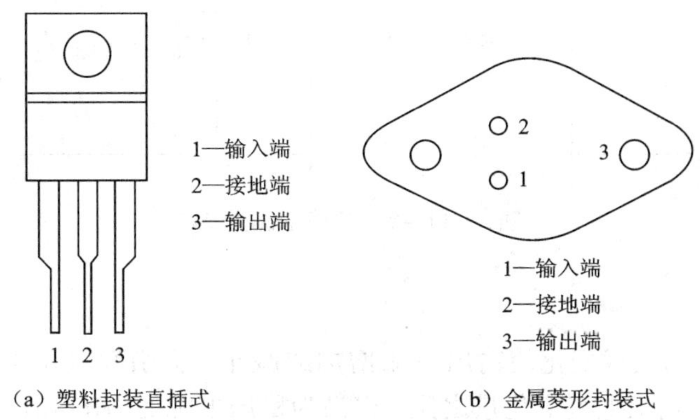

图 2-11-5　CW7900 系列集成稳压器外形及外引线排列

2. 主要参数及测试方法

(1) 稳压系数 S_V

直流稳压电源可用图 2-11-6 所示框图表示。当输出电流不变(且负载为确定值)时，输入电压变化将引起输出电压变化，则输出电压相对变化量与输入电压相对变化量之比定义为稳压系数，用 S_V 表示：

$$S_V = \frac{\Delta U_0 / U_0}{\Delta U_I / U_I} \qquad (2-11-2)$$

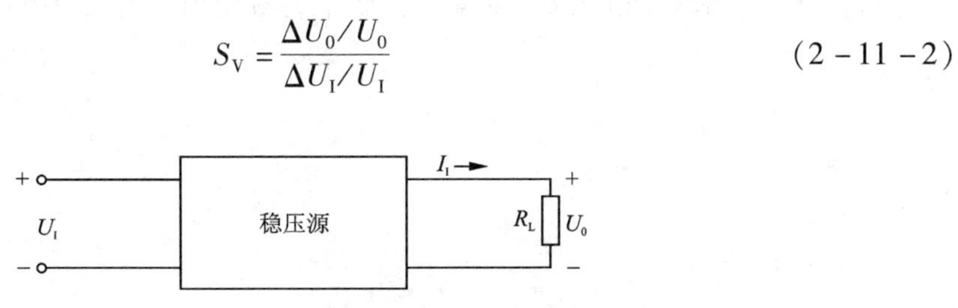

图 2-11-6　CW7800 系列稳压器典型应用电路

测量时，如选用多位直流数字电压表，可直接测出当输入电压 U_I 增加或减少 10% 时，其相应的输出电压 U_0、U_{01}、U_{02}，求出 ΔU_{01}、ΔU_{02}，并将其中数值较大的 ΔU_0 代入 S_V 的表达式中。显示 S_V 愈小，稳压效果愈好。

若没有多位直流数字电压表，一般采用差值法测量。差值法原理如图 2-11-7 所示。图中 U 为一组标准电池(或高性能的直流稳压电源)，其电压近似等于被测稳压电源的输出电压。将其串入普通电压表后与被测稳压器并联。这样，普通电压表 A、B 两端电位差很小，

故可选用低量程(即高灵敏度挡)进行测量。当输入电压为 U_1 时，电压表指示值为 U_{AB}；当 U_1 升高或降低10%时，电压表指示值为 U_{AB1}、U_{AB2}。由于标准电池电压不变，所以稳压器输出电压变化量分别为 $\Delta V_{01} = |U_{AB} - U_{AB1}|$、$\Delta U_{02} = |U_{AB} - U_{AB2}|$，并应以变化量高的那次作为 ΔU_0。

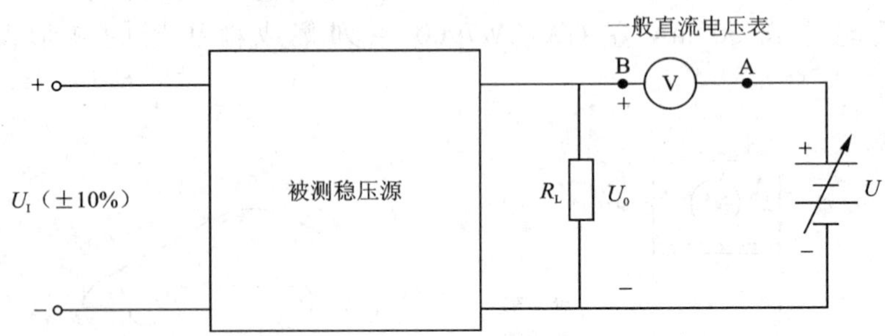

图2－11－7　差值法测量 ΔU_0

(2)输出电阻 R_0

输入电压不变，当负载变化使输出电流增加或减小，会引起输出电压发生很小的变化，则输出电压变化量与输出电流变化量之比，定义为稳压电源的输出电阻，用 R_0 表示：

$$R_0 = \left|\frac{\Delta U_0}{\Delta I_L}\right|_{\Delta U_1 = 0} \qquad (2-11-3)$$

式中 $\Delta I_L = I_{Lmax} - I_{Lmin}$($I_{Lmax}$为稳压器额定输出电流，$I_{Lmin} = 0$)。

测量时，令 U_1 = 常数，用直接测量法(或差值法)分别测出 I_{Lmax}时的 U_{01}和 $I_{Lmin} = 0$ 时的 U_{02}，求出 ΔU_0，即可算出 R_0。

(3)纹波电压

纹波电压是指输出电压交流分量的有效值，一般为毫伏数量级。

测量时，保持输出电压 U_0 和输出电流 I_L 为额定值，用交流电压表直接测量即可。

设计与综合实验

实验2－12　函数信号发生器

一、实验目的

(1)了解单片多功能集成电路函数信号发生器的功能及特点。
(2)进一步掌握波形参数的测试方法。

二、实验电路与说明

8038型集成电路函数发生器是目前最常用的芯片。8038型集成电路函数发生器的管脚排列图如图2－12－1所示。

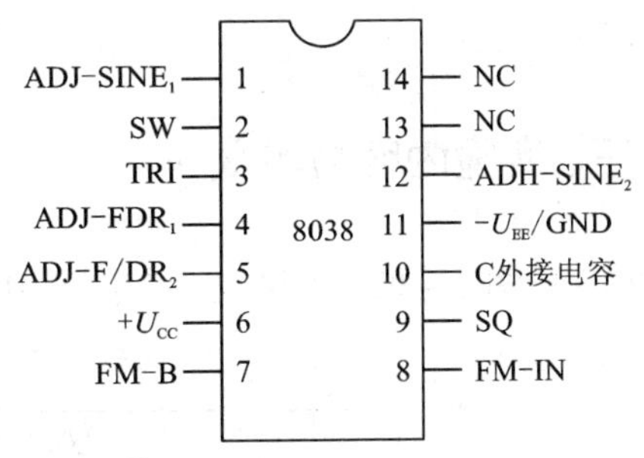

图2－12－1　8038引脚排列图

(1)8038引脚功能说明

1、12引脚：正弦波线性调节；2引脚：正弦波输出；3引脚：三角波输出；4、5引脚：恒流源调节；6引脚：正电源；7引脚：调频偏置电压；8引脚：调频控制输入端；9引脚：方波输出；10引脚：外接电容；11引脚：负电源或接地；13、14引脚：空脚。

(2)8038基本应用电路

由8038构成的函数发生器基本电路如图2－12－2所示。

8038的引脚8为调频控制输入端，引脚7为输出调频偏置电压，其值(引脚6、7之间的电压)为$(U_{CC}+U_{EE})/5$，它可以作为引脚8的输入电压。当电位计R_{P1}动点在中间位置时，并且引脚7、8短接，如图2－12－2所示，则引脚9、3和2分别输出方波、三角波和正弦波。R_{P1}、R_{P2}为正弦波线性调节电位计。

电路的振荡频率为：

$$f_0=\frac{0.3}{(R_1+0.5R_{P1})C}$$

由上式可见，由于R_1、R_{P1}是固定值，要想改变电路的振荡频率，只要改变电容C即可。

(3)由8038构成的高精度函数发生器

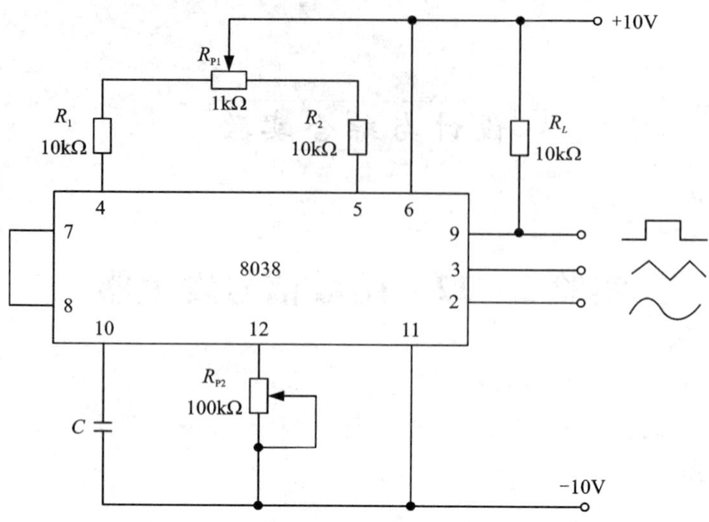

图2-12-2 由8038构成的函数发生器基本电路

由8038构成的高精度函数发生器电路如图2-12-3所示。

在图2-12-3中，R_{P1}、R_{P2}和R_{P3}为正弦波线性调节电位计，R_{P4}与C为调节频率而设计。u_9、u_3和u_2分别表示方波、三角波和正弦波。这种电路产生的信号精确度比图2-12-2所示电路高。

三、实验内容与步骤

(1)按图2-12-3接线，C取0.01μF。将R_{P1}~R_{P4}调至中间值附近位置。

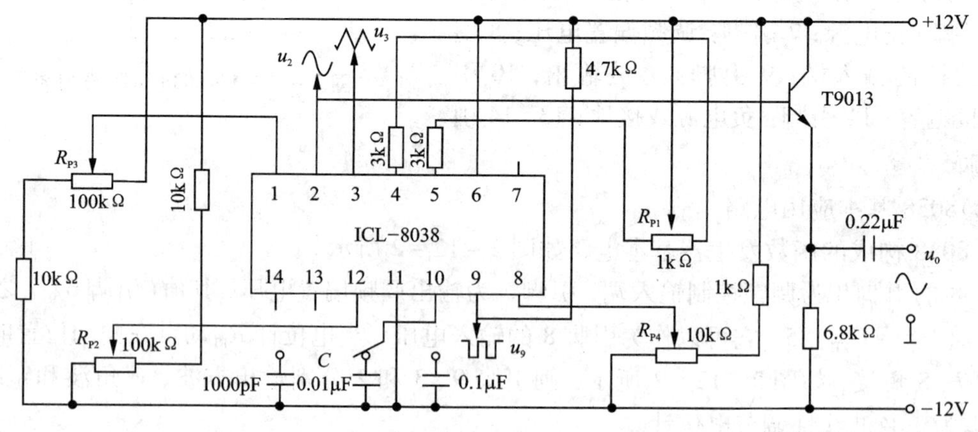

图2-12-3 ICL8038实验电路图

(2)调整电路使其处于振荡，通过调整电位器R_{P1}，使方波的占空比达到50%。

(3)保持方波的占空比为50%不变，用示波器观测8038正弦波输出端的波形，反复调整R_{P3}，R_{P2}，使正弦波不产生明显的失真。

(4) 调节电位器 R_{P4}，使输出信号从小到大变化，列表记录管脚 8 的电位及测量输出正弦波的频率。将测量结果记入表 2－12－1 中。

表 2－12－1

调整 R_{P4}					
U_8/V		C	U_0		
最高	最低		f_{max}	f_{min}	U_{0p-p}/V
		0.01μF			
		0.1μF			
		1000pF			

(5) 改变外接电容 C 的值（取 $C=0.01\mu F$，$0.1\mu F$，1000pF），观测三种输出波形的幅值和频率，将观测波形记入表 2－12－2 中。

表 2－12－2

电容	0.01μF	0.1μF	1000pF
频率	调 $f=10kHz$	测 $f=$	测 $f=$
波形	2脚 t 9脚 t 3脚 t	2脚 t 9脚 t 3脚 t	2脚 t 9脚 t 3脚 t

(6) 取 $C=0.01\mu F$，调整电位器 R_{P2} 的值，观测三种波形的频率和幅度值，将观测波形记入表 2－12－3 中。

表 2－12－3

电阻	R_{P2}（中间位置）	R_{p2}（向左）	R_{p2}（向右）
波形	2脚 t 9脚 t 3脚 t	2脚 t 9脚 t 3脚 t	2脚 t 9脚 t 3脚 t

三、实验报告

(1) 列表说明各可调电位器的作用。
(2) 列表整理电容取不同值时，三种波形的频率和幅度值，从中得出结论。
(3) 列表整理 R_{P2} 取不同值时，三种波形的变化，从中得出结论。
(4) 分析三极管 T 在电路中的作用。
(5) 写出做本实验的体会。

实验 2－13　基本放大电路的设计与分析

一、实验目的

掌握发射极输出器电路元件参数的计算和选择，并调试和测试放大电路的多项指标。

二、实验题目

设计如图 2－13－1 所示发射极输出器的偏置电路，并确定电源电压 U_{CC} 的值。已知所用晶体管为 3DG12，其中 $\beta=40\sim50$、$R_L=300\Omega$，要求输出电压 $U_0\geqslant1.5V$。

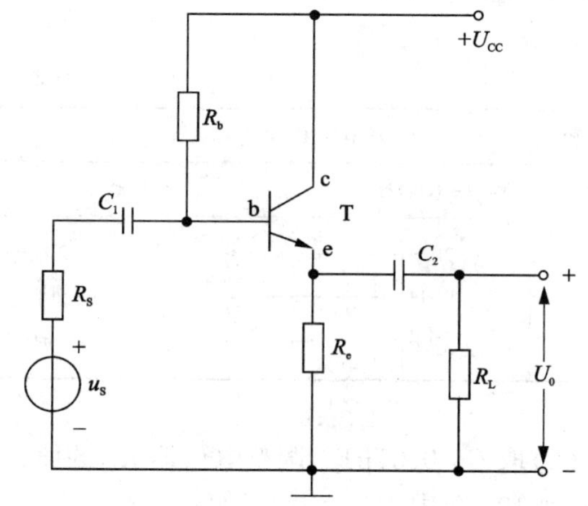

图 2－13－1　发射极输出器电路

三、实验内容及要求

（1）根据设计要求确定 R_b、R_e 和 U_{CC} 的值，并检验所给晶体管参数是否满足电路要求。

（2）根据所选用的元件参数，对设计电路进行仿真，将仿真测量结果记录在如下各表中，估算电压放大倍数和电压跟随范围。

（3）按上述设计组装电路，并进行静、动态测试，使之达到题目要求。

①测试静态工作点，将结果写入表 2－13－1 中。

表 2－13－1

	U_B/V	U_E/V	U_C/V
理论值			
仿真值			
实测值			

②测量电压放大倍数，实验电路中的 $R_s=5.1k\Omega$，输入信号的频率为 1kHz，输入信号的幅度选择应使电路输出在整个测量过程中不产生波形失真，在不接负载电阻 $R_L=\infty$ 和接负载电阻 $R_L=300\Omega$ 情况下将测量结果填入表 2－13－2 中。

表 2 - 13 - 2

	$R_L=\infty$		$R_L=300\Omega$	
	U_i/V	U_0/V	U_{0L}/V	$A_u=U_{0L}/U_i$
理论值				
仿真值				
实测值				

③测量放大器的输入、输出电阻(测量方法与计算公式参考晶体单管放大电路实验)，将测试结果填入表 2 - 13 - 3 中。

表 2 - 13 - 3

	R_i/Ω	R_0/Ω
理论值		
仿真值		
实测值		

四、实验报告

根据题目要求写出设计说明，并测试出相应数据，记录在表 2 - 13 - 1、表 2 - 13 - 2、表 2 - 13 - 3中。

实验 2－14 RC 正弦波振荡电路

一、设计任务与要求

1. 任务

设计一个 RC 正弦波振荡电路，其正弦波输出为：

振荡频率：500Hz；

振荡频率测量值与理论值的相对误差：±5%；

电源电压变化 ±1V 时，振幅基本稳定；

振荡波形对称，无明显非线性失真。

2. 要求

（1）根据设计要求和已知条件，确定电路方案，计算并选取各元件参数。

（2）测量正弦波振荡电路的振荡频率，使之满足设计要求。

二、设计原理与参考电路

1. 电路工作原理

RC 桥式振荡电路由 *RC* 串、并联选频网络和同相放大电路组成，如图 2－14－1 所示。图中 *RC* 选频网络形成正反馈电路，并由它决定振荡频率 f_0、R_a 和 R_b 形成负反馈回路，由它决定起振的幅值条件和调节波形的失真程度与稳幅控制。

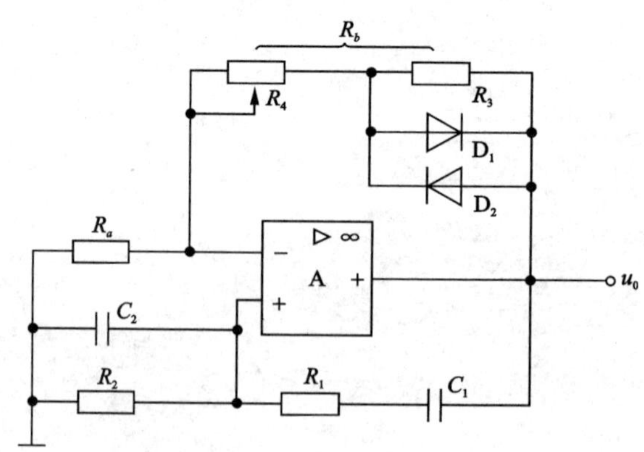

图 2－14－1 RC 桥式振荡电路

在满足 $R_1 = R_2 = R$，$C_1 = C_2 = C$ 的条件下，该电路的：

振荡频率

$$f_0 = \frac{1}{2\pi RC} \qquad (2-14-1)$$

起振幅值条件

$$A_{uf} = \frac{R_a + R_b}{R_a} \geqslant 3 \qquad (2-14-2)$$

即

$$\frac{R_b}{R_a} \geqslant 2$$

式中 $R_b = R_4 + R_3 /\!/ r_d$，r_d 为二极管的正向动态电阻。

2. 参数确定与元件选择

一般来说，设计振荡电路就是要产生满足设计要求的振荡波形。因此振荡条件是设计振荡电路的主要依据。

设计如图 2-14-1 所示的振荡电路，需要确定和选择的元件如下。

(1)确定 R、C 值

根据设计所要求的振荡频率 f_0，由式(2-14-1)先确定 R、C 之积，即：

$$RC = \frac{1}{2\pi f_0} \qquad (2-14-3)$$

为了使选频网络的选频特性尽量不受集成运算放大器的输入电阻 R_i 和输出电阻 R_0 的影响，应使 R 满足下列关系式：

$$R_i \gg R \gg R_0$$

一般 R_i 为几百千欧以上(如 LM741 型 $R_i \geqslant 0.3\text{M}\Omega$)，而 R_0 仅为几百欧以上。初步选定 R 之后，由式(2-14-3)算出电容 C 值，然后，再复算 R 取值是否能满足振荡频率的要求。若考虑到电容 C 的标称挡次数较少，也可以先初选电容 C，再算电阻 R。

(2)确定 R_a 和 R_b

电阻 R_a 和 R_b 应由起振的幅值条件来确定。由式(2-14-2)可知，$R_b \geqslant 2R_a$，通常取 $R_b = (2.1 \sim 2.5)R_a$，这样既能保证起振，也不致产生严重的波形失真。

此外，为了减少输入失调电流和漂移的影响，电路还应满足直流平衡条件，即：

$$R = R_a /\!/ R_b$$

于是可导出：

$$R_a = \left(\frac{3.1}{2.1} \sim \frac{3.5}{2.5}\right)R \qquad (2-14-4)$$

(3)确定稳幅电路及元件参数

常用的稳幅方法，是利用 A_{uf} 随输出电压振幅上升而下降(负反馈加强)的自动调节作用实现的稳幅。为此 R_a 可选用正温度系数的电阻(如钨丝灯泡)，或 R_b 选用负温度系数的电阻(如热敏电阻)。

图 2-14-1 中，稳幅电路由两只正反方向并联的二极管 D_1、D_2 和电阻 R_3 并联组成，利用二极管正向动态电阻的非线性以实现稳幅。为了减小因二极管特性的非线性而引起的波形

失真，在二极管两端并联小电阻 R_3，这是一种最简单易行的稳幅电路。

在选取稳幅元件时，应注意以下几点：

①稳幅二极管 D_1、D_2 宜选用特性一致的硅管。

②并联电阻 R_3 的取值不能过大(过大对削弱波形失真不利)，也不能过小(过小稳幅效果差)。实践证明，取 $R_3 \approx r_d$ 时，效果最佳，通常 R_3 取 3 ~ 5kΩ 即可。

当 R_3 选定之后，R_4 的阻值可由下式求得：

$$R_4 = R_b - (R_3 /\!/ r_d) \approx R_b - \frac{R_3}{2} \tag{2-14-5}$$

(4)选用集成运算放大器

振荡电路中使用的集成运算放大器，除要求输入电阻高、输出电阻低外，最主要的是运算放大器的增益 - 带宽 $G \cdot BW$ 应满足如下条件，即：

$$G \cdot BW > 3f_0 \tag{2-14-6}$$

若设计要求的振荡频率 f_0 较低，则可选用任何型号的运算放大器(如通用型)。

(5)选择阻容元件

选择阻容元件时，应注意选用稳定性较好的电阻和电容(特别是串并联回路的 R、C)，否则将影响频率的稳定性。此外，还应对 RC 串、并联网络的元件进行选配，使电路中的电阻、电容分别相等。

三、实验内容与步骤

实验参考电路如图 2 - 14 - 1 所示。

(1)根据已知条件和设计要求，计算和确定元件参数。先用 EWB5.0 软件进行仿真，达到要求后再在实验电路板上搭接电路，检查无误后接通电源，进行调试。

(2)调节反馈电阻 R_4，使电路起振且波形失真最小，并观察电阻 R_4 的变化对输出波形 u_0 的影响。

(3)测量和调节参数，改变振荡频率，直至满足设计要求为止。

测量频率的方法很多，如直接测量法(频率计、DS 系列数字示波器均可)，测周期计算频率法，以及应用李沙育图形法，等等。测量时要求观测并记录运算放大器反相、同相端电压 u_N、u_P 和输出电压 u_0 波形的幅值与相位关系，测出 f_0，算出 A_{uf}与 F_u。

四、实验报告要求

(1)原理电路的设计，内容包括：

①简要说明电路的工作原理和主要元件在电路中的作用。

②元件参数的确定和元器件选择。

(2)记录并整理实验数据，画出输出电压 u_0 与 u_N、u_P 的波形(标出幅值、周期、相位关系)，分析实验结果，得出相应结论。

(3)将实验测得的正弦波频率、输出与输入的幅值分别与理论计算值进行比较，分析产生误差的原因。

实验 2－15　多级交流放大器的设计

一、实验目的

掌握交流放大电路设计方法，通过实验，了解影响运算精度的因素。

二、实验题目

设计一个由两个集成运算放大器构成的交流放大器。已知设计要求如下：

输入电阻	10kΩ
电压增益	500 倍
频率响应	20Hz～50kHz
最大不失真输出电压	5V
负载电阻	2kΩ

三、实验内容和要求

(1)根据设计要求，选定电路，确定集成运算放大器型号，并进行参数设计。

(2)对设计电路进行仿真，通过后按照设计方案组装电路。

(3)测量放大器的输入阻抗、电压增益、上限频率、下限频率和最大不失真输出电压幅值。如果测量值不满足设计要求，应再进行相应调整，直至达到设计要求为止。

四、设计说明书

根据题目设计电路，并计算出元件参数。

五、实验报告

依据设计电路，自拟实验步骤，测出相应数据。

相关链接 1　多级交流放大器的设计说明

当需要放大低频范围内的交流信号时，可以利用集成运算放大器做成具有深度负反馈的交流放大器。由于交流放大可以采用电容耦合方式，所以集成运算放大器失调参量及其漂移的影响就不必考虑。这样用集成运算放大器所组成的交流放大器便具有组装简单、调整方便和稳定性高等优点。

如果需要组成具有较宽频带的交流放大器，则应选用宽带集成运算放大器，并使其处于深度负反馈。这是因为集成运算放大电路的闭环带宽 BW_F 既取决于集成运算放大器的开环带宽 BW，也与反馈深度 $A_{uo}F$ 有关，即：

$$BW_F = A_{uo}FBW \tag{2-15-1}$$

或

$$BW_F = FGB$$

式中：GB——集成运算放大器的单位增益带宽。

可见，即使选用开环带宽较小的集成运算放大器，只要使负反馈足够强，即 F 较大，也能得到较大的闭环带宽。但是，在此情况下单级集成交流放大电路的闭环电压增益却不大。若要得到较高增益的宽带交流放大器，则可将两个或两个以上的单级交流放大器级联组成。图2－15－1所示是由同相交流放大电路与反相交流放大电路级联组成的两级交流放大器。

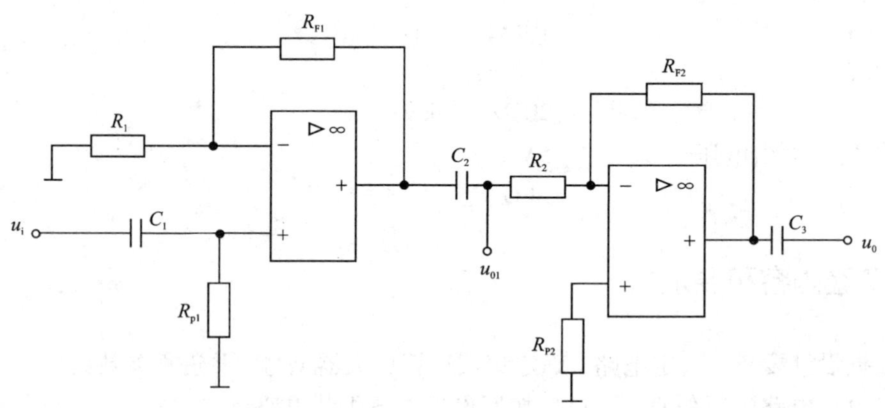

图 2－15－1　两级交流放大器

相关链接2　两级交流放大器的设计举例

1. 设计要求

设计一个两级交流放大器，性能指标和已知条件如下：

中频增益	1000 倍
输入电阻	20kΩ
通频带	20Hz～50kHz
最大不失真输出电压	5V
负载电阻	2kΩ

2. 设计方法

1) 电路确定和增益分配

本设计无特殊要求，电路组态的确定不受限制，此处由一级同相交流放大器与一级反相交流放大器级联组成，并采用电容耦合方式，如图2－15－1所示。为了尽量降低放大电路的信噪比，第一级的增益不宜太大，对于高增益放大电路尤其要注意这个问题。在本设计中选用$A_{uf1}=10$，$A_{uf2}=100$。

2）集成运算放大器的选择

在交流放大器的设计中，集成运算放大器的选择应以满足交流放大器的上限频率f_H为主要依据。为此集成运算放大器的增益带宽积应满足下列关系：

$$G \cdot B \geqslant A_{uf} f_h \quad 或 \quad GB \geqslant A_{uf} f_h \tag{2-15-2}$$

式中：$G \cdot B$——加相位补偿后集成运算放大器的开环增益带宽积；

GB——加相位补偿后集成运算放大器的单位增益（也称零分贝增益）带宽；

A_{uf}——各个交流放大器的闭环增益。

在本设计中，选用XFC77通用型集成运算放大器，通过有关手册查得，其单位增益带宽$GB=6\text{MHz}>A_{uf}$，$f_H=100\times 50\text{kHz}$，满足要求。

3）各级外电路元件参数的选择计算

由于交流放大器采用电容耦合，集成运算放大器的失调参量的影响可以不必考虑。因此，同相交流放大电路的平衡电阻R_{P1}和反相交流放大电路中的输入电阻R_2，可尽量选得大些，一般为10kΩ以上。这样有利于提高各级放大电路的输入电阻，且使耦合电容取值较小。

对于第一级，R_{P1}既是静态平衡电阻，也是整个放大器的输入电阻。按照交流放大器输入电阻的要求，选$R_{P1}=20\text{k}\Omega$。

据$R_1=R_{P1}/|A_{uf}|$和$R_{P1}=R_1 /\!/ R_{F1}$两式，和本级闭环电压增益$A_{uf}=10$，即可求得$R_1=22\text{k}\Omega$，$R_{f1}=200\text{k}\Omega$。

对于第二级，可选$R_2=10\text{k}\Omega$，按本级闭环电压增益$A_{uf2}=100$，即可求得$R_{F2}=1\text{M}\Omega$，则平衡电阻$R_{P2}\approx 10\text{k}\Omega$。

实验2-16 比例、加减运算电路的设计

一、实验目的

掌握比例、加减法运算电路的设计方法。通过实验，了解影响比例、加减法运算精度的因素，进一步熟悉电路的特点和性能。

二、实验题目

设计一个数字运算电路，实现下列运算关系。已知条件如下：

$U_0 = 5 \cdot U_{I1} + 2 \cdot U_{I2} - 4 \cdot U_{I3}$

$U_{I1} = 50 \sim 100\text{mV}$

$U_{I2} = 50 \sim 200\text{mV}$

$U_{I3} = 50 \sim 100\text{mV}$

三、实验内容和要求

(1)根据设计题目要求，选定电路，确定集成运算放大器型号，并进行参数设计。

(2)对设计电路进行仿真，通过后按照设计方案组装电路。

(3)在设计题目所给输入信号范围内，任选几组信号输入，测出相应的输出电压 U_0，将 U_0 的实测值与理论数值作对比，计算误差。

(4)研究运算放大器非理想特性对运算精度的影响，在其他参数不变的情况下，换用开环增益较小的集成运算放大器，重复内容(3)，试比较运算误差，做出结论。

四、设计说明书

根据上述题目及要求设计出电路，并计算出参数。

五、实验报告

根据设计出的电路及要求自拟实验步骤，测出相应的数据。

提示：将设计电路首先进行仿真，通过后再实际进行调试。

相关链接　比例放大电路的特点、设计与调试

1. 反相比例放大电路

1）反相比例放大电路的特点

由运算放大器组成的反相比例放大电路如图2－16－1所示。

根据集成运算放大器的基本原理，反相比例放大电路的闭环特性如下。

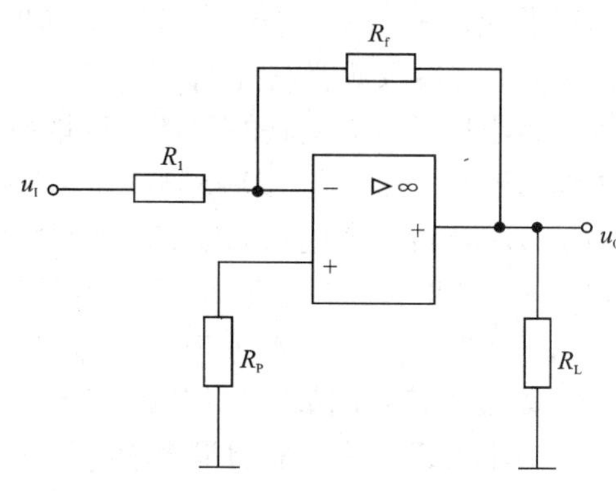

图2－16－1　反相比例放大器

闭环电压增益：

$$A_{uf} = -\frac{R_f}{R_1} \quad (2-16-1)$$

输入电阻

$$R_{if} = R_1 \quad (2-16-2)$$

输出电阻

$$R_{0f} = \frac{R_0}{1+KA_{uo}} \approx 0 \quad (2-16-3)$$

式中：A_{uo}为运算放大器的开环电压增益，$K=\frac{R_1}{R_1+R_f}$。

环路带宽

$$BW_f = BW_0 \cdot A_{uo} \cdot \frac{R_1}{R_f} \quad (2-16-4)$$

式中：BW_0为运算放大器的开环带宽。

最佳反馈电阻为：

$$R_f = \sqrt{\frac{R_{id} \cdot R_0}{2K}} = \sqrt{\frac{R_{id} \cdot R_0(1-A_{uf})}{2}} \quad (2-16-5)$$

式中：R_{id}为运算放大器的差模输入电阻；R_0为运算放大器的输出电阻。

平衡电阻为：

$$R_P = R_1 // R_f \quad (2-16-6)$$

从以上公式可以看出，由运算放大器组成的反相输入比例放大电路具有以下特性：

（1）在深度负反馈的情况下工作时，电路的放大倍数仅由外接电阻R_1和R_f的值决定。

（2）由于同相端接地，故反相端的电位为“虚地”，因此，对前级信号源来说，其负载不是运算放大器本身的输入电阻，而是电路的闭环输入电阻R_1。由于$R_{if}=R_1$，因此反相比例放大电路只适用于信号源对负载电阻要求不高的场合（小于500kΩ）。

（3）在深度负反馈的情况下，运算放大器的输出电阻很小。

2）反相比例放大电路的设计

反相比例放大电路的设计，就是根据给定的性能指标，计算并确定运算放大器的各项参数以及外电路的元件参数。

例如：要设计一个反相比例放大电路，性能指标和已知条件如下：闭环电压增益A_{uf}、闭

环带宽 BW_f、闭环输入电阻 R_{if}、最小输入信号 U_{Imin}、最大输出电压 U_{0max}、负载电阻 R_L、工作温度范围。

设计步骤如下：

(1)选择集成运算放大器

选用集成运算放大器时，应先查阅有关产品手册，了解以下主要参数：运算放大器的开环电压增益 A_{uo}、运算放大器的开环带宽 BW_0、运算放大器的输入失调电压 U_{I0}、输入失调电流温漂 $\partial I_{I0}/\partial T$、输入偏置电流 I_{IB}、运算放大器的差模输入电阻 R_{id} 和输出电阻 R_0 等。

为了减小比例放大电路的闭环电压增益误差，提高放大电路的工作稳定性，应尽量选用输入失调参数小、开环电压增益和差模输入电阻大、输出电阻小的集成运算放大器。

为了减小比例放大电路的动态误差(主要是频率失真与相位失真)，集成运算放大器的增益带宽积 $A_u \cdot BW$ 和转换速率 S_R 还应满足以下关系：

$$A_u \cdot BW > |A_{uf}| \cdot BW_f \qquad S_R > 2\pi f_{max} U_{0max} \tag{2-16-7}$$

式中：f_{max} 是输入信号的最高工作频率；

U_{0max} 是集成运算放大器的最大输出电压。

(2)计算最佳反馈电阻

按以下公式计算最佳反馈电阻：

$$R_f = \sqrt{\frac{R_{id} \cdot R_0}{2K}} = \sqrt{\frac{R_{id} \cdot R_0 (1 - A_{uf})}{2}} \tag{2-16-8}$$

为了保证放大电路工作时，不超过集成运算放大器所允许的最大输出电源 I_{0max}，R_f 值的选取还必须满足：$R_f /\!/ R_L > \dfrac{U_{0max}}{I_{0max}}$。

如果算出来的 R_f 太小，不满足上式时，则应另外选择一个最大输出电流 I_{0max} 较大且能满足式(2-16-1)中要求的运算放大器。在放大倍数要求不高的情况下，可以选用比最佳反馈电阻值大的 R_f。

(3)计算输入电阻 R_1

$$R_1 = \frac{R_f}{|A_{uf}|} \tag{2-16-9}$$

由上式计算出来的 R_1 必须大于或等于设计要求规定的闭环输入电阻 R_{if}。否则应改变 R_f 的值，或另选差模输入电阻高的集成运算放大器。

(4)计算平衡电阻 R_P

$$R_P = R_1 /\!/ R_f \tag{2-16-10}$$

(5)计算输入失调温漂电压

$$\Delta U_1 = \left(1 + \frac{R_1}{R_f}\right)\left|\frac{\mathrm{d}u_{I0}}{\mathrm{d}t}\Delta t\right| + R_1\left|\frac{\mathrm{d}i_{I0}}{\mathrm{d}t}\Delta t\right| \tag{2-16-11}$$

要求 $\Delta U_1 \ll U_{Imin}$。一般应使 $U_{Imin} > 100\Delta U_1$，这样才能使温漂引起的误差小于1%。若 ΔU_1 不满足要求，应另外选择漂移小的集成运算放大器。

3)反相比例放大电路的调试与性能测试

(1)消除自激振荡

按照所设计的电路和计算的参数，选择元件，安装电路，弄清集成运算放大器的电源端、调零端、输入端与输出端。根据所用运算放大器的型号和 A_{uo} 的大小，考虑是否需要相位补偿。若需要相位补偿，应从使用手册中查出相应的补偿电路及其元件参数。

当完成相位补偿后，将放大电路的输入端接地，检查无误后，接通电源。用示波器观察其输出端是否有振荡波形。若有振荡波形，应适当地调整补偿电路的参数，直到完全消除自激振荡为止。在观察输出波形时，应把噪声波形和自激振荡波形区分开来。噪声波形是一个频率不定、幅值不定的波形，自激振荡波形是一个频率和幅度固定的周期波形。

(2)调零

把输入端接地，用直流电压表测量输出电压，检查输出电压 U_0 是否等于零，若 U_0 不等于零，应仔细调节运算放大器的调零电位器，使输出电压为零。

(3)在输入端加入 $U_1=0.1$V 的直流信号，用直流电压表测量输出电压。将测量值与计算值进行比较，看是否满足设计要求。

(4)观察输出波形

在输入端加入 $f=1000$Hz、$U_{im}=1$V 的交流信号，用示波器观察输出波形，若输出波形出现“平顶形”失真，表明运算放大器已进入饱和区工作，此时应提高电源电压，以消除“平顶形”失真。

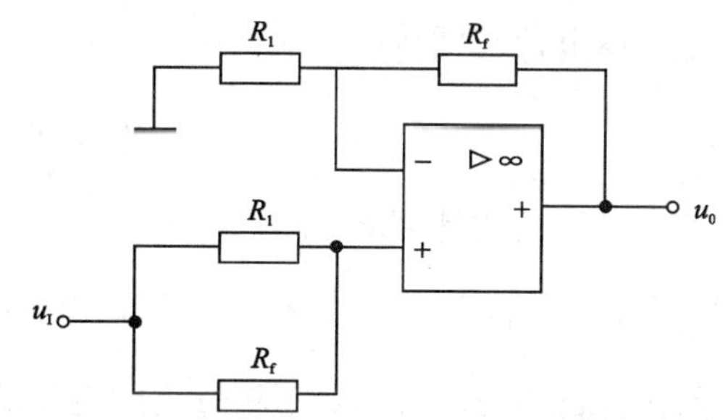

图2-16-2　同相比例放大器

2. 同相比例放大电路

1)同相比例放大电路的特点

由运算放大器组成的同相输入比例放大电路如图2-16-2所示。

同相放大器的电压放大倍数为：

$$A_{uf}=\frac{U_0}{U_1}=\frac{R_1+R_f}{R_1}=1+\frac{R_f}{R_1} \tag{2-16-12}$$

同相放大器的输入电阻为：

$$R_{if}=R_f/\!/R_1+R_{id}(1+A_{uo}\cdot F) \tag{2-16-13}$$

式中：R_{id} 是运算放大器的差模输入电阻；A_{uo} 是集成运算放大器的开环电压增益；$F=R_1/(R_1+R_f)$ 为反馈系数。

输出电阻：$R_0\approx0$。

放大器同相端的直流平衡电阻为：

$$R_P=R_f/\!/R_1 \tag{2-16-14}$$

放大器的闭环带宽为：

$$BW_f=\frac{A_{uo}}{A_{uf}}\cdot BW_0 \tag{2-16-15}$$

最佳反馈电阻

$$R_f=\sqrt{\frac{R_{id}\cdot R_0\cdot A_{uf}}{2}} \tag{2-16-16}$$

2)同相比例放大电路的设计

要求设计一个同相比例放大电路，性能指标和已知条件如下：闭环电压放大倍数 A_{uf}、闭

环带宽 BW_f、闭环输入电阻 R_{if}、最小输入信号 U_{Imin}、最大输出电压 U_{0max}、负载电阻 R_1，工作温度范围。

设计步骤：

(1)选择集成运算放大器

在设计同相放大器时，对于所选用的集成运算放大器，除了要满足反相比例放大电路设计中所提出的各项要求外，集成运算放大器共模输入电压的最大值还必须满足实际共模输入信号的最大值，并且要求集成运算放大器具有很高的共模抑制比。当要求共模误差电压小于 ΔU_{0C}时，集成运算放大器的共模抑制比必须满足：

$$K_{CMP} > \frac{U_{IC}}{\Delta U_{0C}} \cdot A_{uf} \tag{2-16-17}$$

式中：U_{IC}是运算放大器输入端的实际共模输入信号；ΔU_{0C}是运算放大器的共模误差电压。

(2)元件参数的计算

①按以下公式计算最佳反馈电阻：

$$R_f = \sqrt{\frac{R_{id} \cdot R_0 \cdot A_{uf}}{2}} \tag{2-16-18}$$

②按以下公式计算 R_1：

$$R_1 = \frac{R_f}{A_{uf} - 1} \tag{2-16-19}$$

为了保证电路工作时，不超过集成运算放大器的最大输出电流 I_{0max}，R_L、R_f 和 R_t 还必须满足以下关系：

$$R_L /\!/ (R_f + R_1) > \frac{U_{0max}}{I_{0max}} \tag{2-16-20}$$

③计算平衡电阻 R_P

考虑到信号源内阻 R_s 的影响，$R_P = (R_1 /\!/ R_f) - R_s$ (2-16-21)

(3)计算输入失调温漂电压

$$\Delta U_1 = \left(\frac{\partial U_{I0}}{\partial T} + R_P \cdot \frac{\partial I_{I0}}{\partial T}\right)\Delta T \tag{2-16-22}$$

要求 $\Delta U_1 \ll U_{Imin}$。一般应使 $U_{Imin} > 100\Delta U_1$，这样才能使温漂引起的误差小于1%。如果计算出来的 ΔU_1 不满足要求，应另外选择漂移小的集成运算放大器。

3)同相比例放大电路的调试与性能测试

具体步骤与反相比例放大电路相同。

实验 2－17　积分电路的设计

一、实验目的

(1)学习简单积分电路的设计与调试方法。

(2)了解积分电路产生误差的原因，掌握减小误差的方法。

二、预习要求

(1)根据指标要求，设计积分电路并计算电路的有关参数。

(2)画出标有元件值的电路图，制定出实验方案，选择实验仪器设备。

(3)对设计电路进行仿真，写出预习报告。

三、实验内容

(1)设计一个积分电路，用来将方波变换为三角波。已知方波的幅值为 2V，频率为 1kHz。要求积分电路的输入电阻 $R_i \geqslant 20\text{k}\Omega$，采用 μA741(或 CF324)型集成运算放大器。

(2)按所设计的电路图进行仿真，达到设计要求后，再进行安装和调试，观察积分漂移现象，将该电路调零并设法将积分漂移调至最小。

(3)按设计指标要求给所设计的电路输入方波电压信号，观察积分电路的输出波形。记录输出波形的幅值和频率，若达不到设计指标要求，应调整电路参数，直到满足设计指标为止。

(4)分析误差和误差产生的原因。

四、实验报告要求

实验报告包括以下内容：

(1)项目名称；

(2)已知条件和指标要求；

(3)所需的仪器设备；

(4)电路的设计过程，所选用的电路原理图；

(5)调试过程，标有经调试后所采用的元件数值的电路图；

(6)主要技术指标的测量；

(7)数据处理及误差分析。

五、积分电路的设计方法与步骤

积分电路的设计可按以下几个步骤进行。

1. 选择电路形式

积分电路的形式可以根据实际要求来确定。若要进行两个信号的求和积分运算，应选择求和积分电路。若只要求对某个信号进行一般的波形变换，可选用基本积分电路。基本积分电路如图 2－17－1 所示。

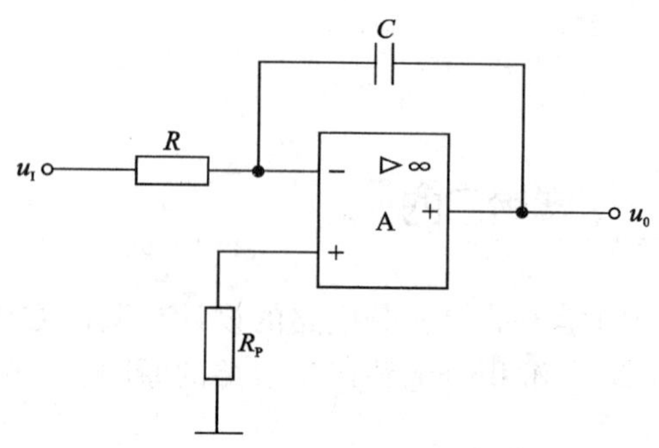

图 2－17－1 基本积分电路

2. 确定时间常数 $\tau = RC$

τ 的大小决定了积分速度的快慢。由于运算放大器的最大输出电压 U_{0max} 为有限值（通常 $U_{0max} = \pm 10V$ 左右），因此，若 τ 的值太小，则还未达到预定的积分时间 τ 之前，运算放大器已经饱和，输出电压波形会严重失真。所以 τ 的值必须满足：

$$\tau \geqslant - \left| \frac{1}{U_{0max}} \int_0^1 u_i \mathrm{d}t \right| \quad (2-17-1)$$

当 U_i 为阶跃信号时，τ 的值必须满足：

$$\tau \geqslant - \left| \frac{Et}{U_{0max}} \right| \text{（}E\text{ 为阶跃信号的幅值）} \quad (2-17-2)$$

另外，选择 τ 值时，还应考虑信号频率的高低，对于正弦波 $u_i = U_{im}\sin\omega t$，积分电路的输出电压为：

$$u_0 = \frac{1}{\tau} \int U_{im}\sin\omega t \mathrm{d}t = \frac{U_{im}}{\tau\omega}\cos\omega t \quad (2-17-3)$$

由于 $\cos\omega t$ 的最大值为 1，所以要求：

$$\frac{U_{im}}{\tau\omega} \leqslant U_{0max} \qquad \text{即：} \tau \geqslant \left| \frac{U_{im}}{U_{0max}\omega} \right| \quad (2-17-4)$$

因此，当输入信号为正弦波时，τ 的值不仅受运算放大器最大输出电压的限制，而且与输入信号的频率有关。对于一定幅度的正弦信号，频率越低 τ 的值应该越大。

3. 选择电路元件

（1）当时间常数 $\tau = RC$ 确定后，就可以选择 R 和 C 的值，由于反相积分电路的输入电阻 $R_i = R$，因此往往希望 R 的值大一些。在 R 的值满足输入电阻要求的条件下，一般选择较大的 C 值，而且 C 的值不能大于 1μF。

（2）确定 R_P

R_P 为静态平衡电阻，用来补偿偏置电流所产生的失调，一般取 $R_P = R$。

（3）确定 R_f

在实际电路中，通常在积分电容的两端并联一个电阻 R_f。R_f 是积分漂移泄漏电阻，用来防止积分漂移所造成的饱和或截止现象。为了减小误差要求 $R_f \geqslant 10R$。

4. 选择运算放大器

为了减小运算放大器参数对积分电路输出电压的影响，应选择：输入失调参数（U_{IO}、I_{IO}、I_B）小，开环增益（A_{uo}）和增益带宽积大、输入电阻高的集成运算放大器。

六、积分电路的调试

对于图 2－17－1 所示的基本积分电路，主要是调整积分漂移。一般情况下，是调整运算放大器的外接调零电位器，以补偿输入失调电压与输入失调电流的影响。调整方法如下：先将积分电路的输入端接地，在积分电容的两端接入短路线，将积分电容短路，使积分电路复零。然后去掉短路线，用数字电压表（取直流挡）监测积分电路的输出电压，调整调零电位器，同时观察积分电路输出端积分漂移的变化情况。当调零电位器的值向某一方向变化时，输出漂移加快，而反方向调节时，输出漂移变慢。反复仔细调节调零电位器，直到积分电路的输出漂移最小为止。

七、设计举例

已知：方波的幅度为 2V，方波的频率为 500Hz，要求设计一个将方波变换为三角波的积分电路，积分电路的输入电阻 $R_i \geqslant 10\text{k}\Omega$，并采用 μA741 型集成运算放大器。

设计步骤如下。

1. 选择电路形式

根据题目要求，选用图 2－17－2 所示反相积分电路。

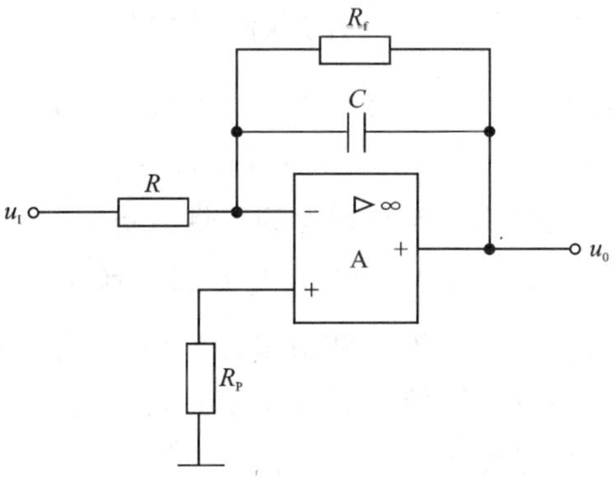

图 2－17－2　反相积分电路

2. 确定时间常数 $\tau = RC$

要将方波变换为三角波，就是要对方波的每半个周期分别进行不同方向的积分运算。当方波为正半周时，相当于向积分电路输入正的阶跃信号；当方波为负半周时，相当于向积分电路输入负的阶跃信号。因此，积分时间都等于：

$$t = \frac{T}{2} = \frac{1}{500} \cdot \frac{1}{2} = 0.001\text{s} = 1\text{ms} \qquad (2-17-5)$$

由于 μA741 的最大输出电压 $U_{0\max} = \pm 10\text{V}$ 左右，所以，τ 的值必须满足：

$$\tau \geqslant \frac{E}{U_{0\max}} t = \frac{2\text{V}}{10\text{V}} \times 1\text{ms} = 0.2\text{ms} \qquad (2-17-6)$$

式中 E 为方波信号幅值。由于对三角波的幅度没有要求，故取 $\tau = 0.5\text{ms}$。

3. 确定 R 和 C 的值

由于反相积分电路的输入电阻 $R_i \geqslant 10\text{k}\Omega$，故取积分电阻 $R = R_i = 10\text{k}\Omega$。

因此，积分电容：

$$C = \frac{\tau}{R} = \frac{0.5 \times 10^{-3}}{10 \times 10^{3}} = 5 \times 10^{-8}\text{F} = 0.05\mu\text{F}（取标准值 0.047\mu\text{F}） \qquad (2-17-7)$$

4. 确定 R_f 或 R_P 的值

为了减小 R_f 所引起的积分误差，取：

$$R_f = 10R = 10 \times 10^4 = 10^5\Omega = 100\text{k}\Omega \quad (2-17-8)$$

平衡电阻 R_P 为：

$$R_P = R /\!/ R_f = 10\text{k}\Omega /\!/ 100\text{k}\Omega = 9.1\text{k}\Omega \quad (2-17-9)$$

相关链接

1. 当 u_I 是阶跃信号时，τ 的取值对积分电路输出电压所造成的影响

当 τ 的值过大时，在一定的积分时间内，输出电压将很小；当 τ 的值过小时，τ 还未达到积分时间，积分电路就饱和了。当 $\tau = \left| -\dfrac{Et}{U_{0\max}} \right|$ 时，τ 的取值对积分电路输出电压不产生影响。U_0 与 τ 的关系如图 2－17－3 所示。

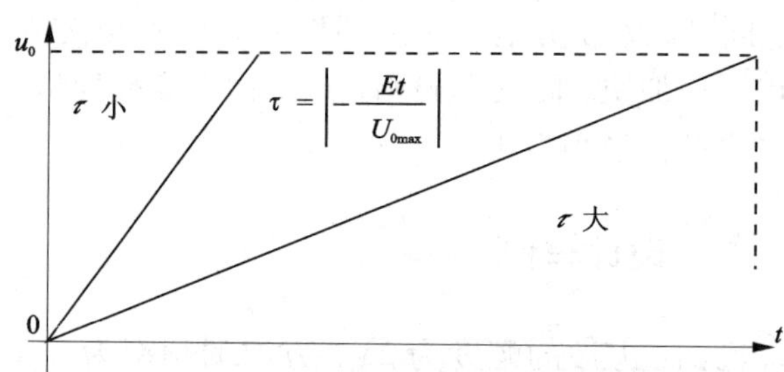

图 2－17－3　积分常数 τ 对积分电路输出电压的影响

2. 实际积分电路误差的定性分析

(1) 运算放大器的输入失调电压 U_{I0} 和输入失调电流 I_{I0} 对积分电路输出电压的影响

考虑到运算放大器的输入失调电压 U_{I0} 和输入失调电流 I_{I0} 对积分电路的影响后，积分电路的输出电压为：

$$U_0 = -\frac{1}{RC}\int u_i \text{d}t + \frac{1}{RC}\int U_{I0}\text{d}t + \frac{1}{C}\int I_{I0}\text{d}t + U_{I0} = -\frac{1}{RC}\int u_i \text{d}t + \delta \quad (2-17-10)$$

式中，δ 为误差项。由上式可知，当输入电压 u_i 为零时，积分电路的输出端存在一定数值的零漂移电压，这个电压随时间变化，称为积分漂移。

积分漂移是积分电路的主要误差之一，减小积分漂移的方向有：

①选择失调电压小和失调电流小的运算放大器。

②选择 $R_P = R$。

③在积分时间常数一定的情况下，尽量加大积分电容 C 的值。

(2) 运算放大器的开环增益对积分电路输出电压的影响

由于实际运算放大器的开环增益 A_{uo} 不是无穷大，而是一个有限值。因此，对积分电路的输出电压也将产生影响。当输入电压为阶跃信号时，积分电路的输出电压为：

$$u_0 = -\frac{E}{RC}t + \frac{E}{2A_{uo}R^2C^2}t^2 \quad (2-17-11)$$

此时，输出电压 U_0 的相对误差为：

$$\delta = \frac{t}{2A_{uo}RC} \quad (2-17-12)$$

因此，由上式可得出结论：

①积分电路输出电压的相对误差与运算放大器的开环增益 A_{uo}、积分时间常数 RC 成反比，与积分时间 t 成正比。

②运算放大器的开环增益 A_{uo}越大，积分电路的相对误差越小。对于相同的开环增益 A_{uo} 和积分时间常数 RC，积分时间 t 越长，积分电路的相对误差就越大。

③要得到比较准确的积分运算，积分时间 t 必须要远远小于运算放大器的开环增益 A_{uo}与积分时间常数 RC 的乘积。

(3) 运算放大器的输入电阻 R_{id}所引起的误差

由于实际运算放大器的输入电阻 R_{id}不是无穷大，因此也将对输出电压产生一定的误差。此时，输出电压 U_0 所产生的相对误差为：

$$\delta = \frac{t(R_{id} + R)}{2R_{id}A_{uo}RC} = \frac{1}{2A'_{uo}RC} \tag{2-17-13}$$

式中：$A'_{uo} = \frac{R_{id}}{R_{id} + R}A_{uo}$。因此由上式可得出以下结论：

输入电阻 R_{id}的作用是降低了运算放大器的开环增益，使积分电路输出电压的相对误差增加。当 $R_{id} \gg R$ 时，输入电阻 R_{id}的影响可以忽略。

(4) 积分电容的泄漏电阻 R_C 对积分电路输出电压的影响

当考虑积分电容的泄漏电阻 R_C 对积分电路输出电压的影响时，U_0 的相对误差为：

$$\delta = \frac{t}{2A_{uo}(R /\!/ R_c)C} \tag{2-17-14}$$

由上式可看出，积分电容的泄漏电阻 R_c 对积分电路输出电压的影响是比较大的。因此，为了提高积分电路的运算精度，应选择漏电小、质量好的电容。

(5) 运算放大器的有限带宽对积分电路输出电压的影响

运算放大器的有限带宽会影响积分电路的传输特性，使积分电路的输出电压产生一定的时间滞后现象。运算放大器的带宽越窄，时间滞后现象越严重。为了降低时间滞后现象，应选用增益带宽积比较大的运算放大器。运算放大器的带宽所引起的滞后时间为：

$$\Delta t = \frac{1}{A_{uo}\omega_0} \tag{2-17-15}$$

式中：$\omega_0 = 2\pi f_{BW}$，f_{BW}是运算放大器开环时的 -3dB 带宽。

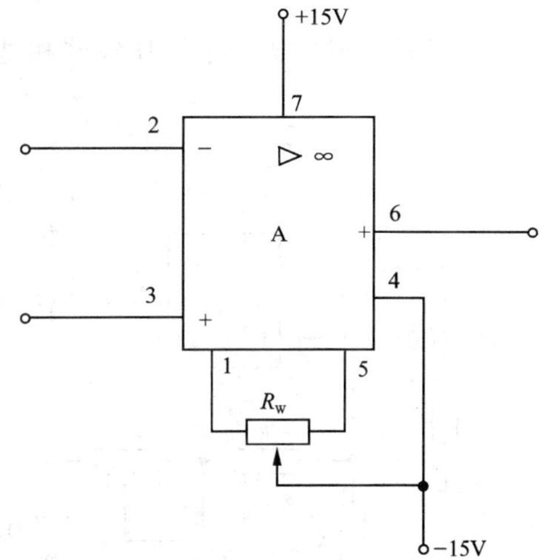

图 2-17-4　CF741 调零电路连接图(R_w = 10kΩ)

3. CF741 调零电路

图 2-17-4 为 CF741 调零电路连接图。调零方法，接上电源后，将集成运算放大器的输入端接地，然后调节电位器使输出电压为零。

实验 2－18　方波、三角波发生器的设计

一、实验目的

(1)学习方波、三角波发生器的设计方法。
(2)进一步培养安装与调试电路的能力。

二、预习要求

(1)复习教材中波形发生电路的原理。
(2)根据所给的性能指标，设计一个方波、三角波发生器，计算电路中的元件参数，画出标有元件值的电路图，制定出实验方案，选择实验仪器设备。
(3)写出预习报告。

三、实验原理

方波、三角波发生器由电压比较器和基本积分器组成，如图 2－18－1 所示。

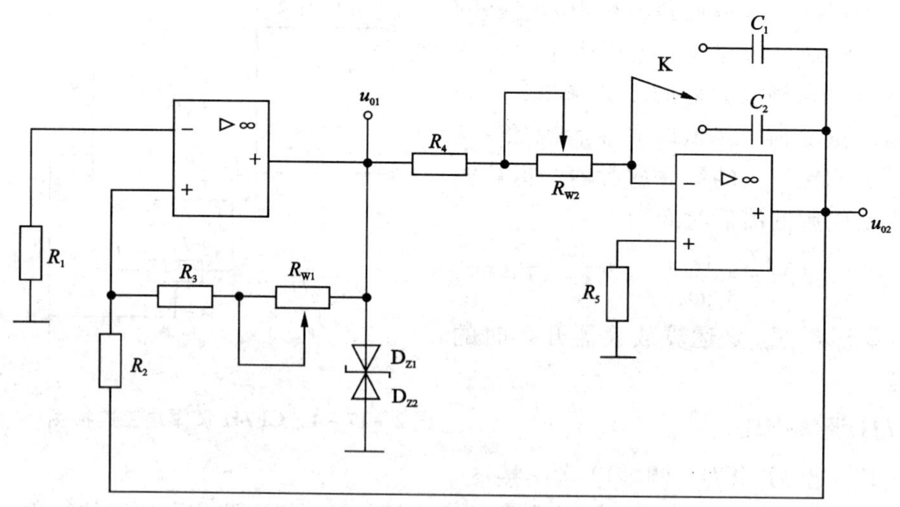

图 2－18－1　方波、三角波发生器电路图

运算放大器 A_1 与 R_1、R_2、R_3 及 R_{W1}、D_{Z1}、D_{Z2} 组成电压比较器；运算放大器 A_2 与 R_4、

R_{W2}、C_1 及 C_2 组成反相积分器，比较器与积分器首尾相连，形成闭环电路，构成能自动产生方波、三角波的发生器(请参考基础型实验中的方波、三角波发生电路)。

电路参数：

(1)方波的幅度：

$$U_{01m} = U_z \tag{2-18-1}$$

(2)三角波的幅度：

$$U_{02m} = \frac{R_2}{R_3 + R_{w1}} U_z \tag{2-18-2}$$

(3)方波、三角波的频率：

$$f = \frac{R_3 + R_{w1}}{4R_2(R_4 + R_{w2})C} \tag{2-18-3}$$

式中 C 可选择 C_1 或 C_2。从式(2-18-2)和式(2-18-3)可以看出，调节电位器 R_{w1} 可改变三角波的幅度，但会影响方波、三角波的频率；调节电位器 R_{w2} 可改变方波、三角波的频率，但不会影响方波、三角波的幅度。

四、实验内容

(1)设计一个方波、三角波发生器，其设计指标要求如下：

输出电压：$U_{01(p-p)} \leqslant 12V$(方波)，$U_{02(p-p)} = 8V$(三角波)

输出频率：10～100Hz，100Hz～1kHz

波形特性：方波 $t_r < 10\mu s$，三角波 $\Delta\gamma < 2\%$。

(2)按照教材中介绍的方法，计算电路中各元件的参数，安装和调试电路。

(3)在保证电路正常工作后，记录频率在 10Hz、100Hz、1kHz 时的波形及参数。

五、实验报告要求

(1)绘出标有元件数值的实验电路图。

(2)将测量数据与理论计算值列表，绘出观察到的波形。

六、方波、三角波发生器的设计方法

方波、三角波发生器的设计，就是根据指标要求，确定电路方案，选择运算放大器和电源电压，计算电路元件的数值。

设计举例：

要求设计一个方波、三角波发生器。性能指标如下：

输出电压：$U_{01(p-p)} \leqslant 10V$(方波)，$U_{02(p-p)} = 8V$(三角波)

输出频率：100Hz～1kHz，1～10kHz

波形特性：方波 $t_r < 10\mu s$(1kHz，最大输出时)，三角波 $\Delta\gamma < 2\%$。

设计步骤如下。

1. 确定电路，选择元器件

选择图 2 – 18 – 1 所示电路，其中：A_1、A_2 为 CF741(或 HA1741)集成运算放大器，R_{w1}，R_{w2}为电位器；取电源电压 $+E_c = +12V$，$-E_c = -12V$。由于方波电压的幅度由稳压管 D_{Z1}、D_{Z2}的值决定。指标要求方波电压的峰 – 峰值 $U_{01(p-p)} \leqslant 10V$，而稳压管的正向压降为 0.7V，因此选用稳压值分别为 4.3V 和 –4.3V 的稳压管。

2. 计算元件参数

由式(2 – 18 – 2)可得：

$$\frac{R_2}{R_3 + R_{w1}} = \frac{U_{02m}}{U_z} = \frac{8}{10} = \frac{4}{5} \qquad (2-18-4)$$

取 $R_2 = 40k\Omega$，则 $R_3 + R_{w1} = 50k\Omega$，取 $R_3 = 20k\Omega$，R_{w1} 为 47kΩ 电位器，平衡电阻 $R_1 = R_2 /\!/ (R_3 + R_{w1}) = 22k\Omega$。

将$\frac{R_2}{R_3 + R_{w1}} = \frac{4}{5}$代入式(2 – 18 – 3)可得：

$$f = \frac{5}{16(R_4 + R_{w2})C} \qquad (2-18-5)$$

当 $100Hz \leqslant f \leqslant 1kHz$ 时，取 $C = C_1 = 0.1\mu F$，则 $R_4 + R_{w2} = 3.1 \sim 31k\Omega$，$R_4$ 取标称值：$R_4 = 3k\Omega$，R_{w2}取 47kΩ 的电位器，$R_5 = R_4 = 3k\Omega$。当 $1kHz \leqslant f \leqslant 10kHz$ 时，为了实现波段的转换，取 $C = C_2 = 0.01\mu F$，R_4、R_5、R_{w2}取值不变。

七、方波、三角波发生器的安装与调试

按图 2 – 18 – 1 所示安装好电路，将电位器 R_{w1} 调到 30kΩ，稳压电源输出的 +12V 电压接到集成运算放大器 CF741 的 7 脚，–12V 接到集成运算放大器 CF741 的 4 脚，示波器的 CH1 接 U_{01}，CH2 接 U_{02}，调节电位器 R_{w1}，使三角波的输出幅度满足设计指标要求；然后调节电位器 R_{w2}，从示波器的屏幕上观察 U_{01} 和 U_{02} 的输出频率是否连续变化，波形是否正常，若无波形显示或波形不是方波 – 三角波，应重新检查电路。

八、方波、三角波发生器的性能指标测试

方波、三角波发生器性能指标的测试有：

(1)输出波形：方波、三角波。

(2)频率范围：1 ~ 10Hz，10 ~ 100Hz，100Hz ~ 1kHz，1 ~ 10kHz 等。

(3)输出电压：一般指输出波形的峰 – 峰值 U_{op-p}。

(4)波形特性：表征方波特性的参数是上升时间 t_r，一般要求 $t_r < 100ns$(1kHz，最大输出时)；表征三角波特性的参数是非线性失真系数 $\Delta\gamma$，$\Delta\gamma = 2\%$。

实验 2 – 19　有源滤波器的设计

一、实验目的

(1)学习有源滤波器的设计方法。
(2)掌握有源滤波器的安装与调试方法。
(3)了解电阻、电容和 Q 值对滤波器性能的影响。

二、预习要求

(1)根据滤波器的技术指标要求，选用滤波器电路，计算电路中各元件的数值。设计出满足技术指标要求的滤波器。
(2)根据设计与计算的结果，写出设计报告。
(3)制定出实验方案。选择实验用的仪器设备。

三、实验内容与方法

1)按以下指标要求调整滤波器，计算出电路中元件的值。
(1)设计一个低通滤波器，指标要求为：
截止频率：$f_C = 1\text{kHz}$；
通带电压放大倍数：$A_{uo} = 1$；
在 $f = 10f_C$ 时，要求幅度衰减大于 35dB。
(2)设计一个高通滤波器，指标要求为：
截止频率：$f_C = 500\text{Hz}$；
通带电压放大倍数：$A_{uo} = 5$；
在 $f = 0.1f_C$ 时，幅度至少衰减 30dB。
(3)(选作)设计一个带通滤波器，指标要求为：
通带中心频率：$f_0 = 1\text{kHz}$；
通带电压放大倍数：$A_{uo} = 2$；
通带带宽：$\Delta f = 100\text{Hz}$。
2)将设计好的电路，在计算机上进行仿真。
3)按照所设计的电路，将元件安装在实验板上。
4)对安装好的电路按以下方法进行调整和测试。
(1)仔细检查安装好的电路，确定元件与导线连接无误后，接通电源。

(2)在电路的输入端加 $U_i = 1V$ 的正弦信号，慢慢改变输入信号的频率(注意保持 U_i 的值不变)，用晶体管毫伏表观察输出电压的变化，在滤波器的截止频率附近，观察电路是否具有滤波特性，若没有滤波特性，应检查电路，找出故障原因并排除之。

(3)若电路具有滤波特性，可进一步进行调试。对于低通和高通滤波器应观测其截止频率是否满足设计要求，若不满足设计要求，应根据有关的公式，确定应调整哪一个元件才能使截止频率既能达到设计要求又不会对其他的指标参数产生影响。然后观测电压放大倍数是否满足设计要求，若达不到要求，应根据相关的公式调整有关的元件，使其达到设计要求。

(4)当各项指标都满足技术要求后，保持 $U_i = 2V$ 不变，改变输入信号的频率，分别测量滤波器的输出电压，根据测量结果画出幅频特性曲线，并将测量的截止频率 f_C、通带电压放大倍数 A_{uo} 与设计值进行比较。

四、实验报告

按以下内容撰写实验报告：

(1)实验目的；

(2)根据给定的指标要求，计算元件参数，列出计算机仿真的结果；

(3)绘出设计的电路图，并标明元件的数值；

(4)实验数据处理，作出 $A_u \sim f$ 的曲线图；

(5)对实验结果进行分析，并将测量结果与计算机仿真的结果相比较。

五、设计方案

有源滤波器的形式有好几种，下面只介绍具有巴特沃斯响应的二阶滤波器的设计。巴特沃斯低通滤波器的幅频特性为：

$$|A_u(j\omega)| = \frac{A_{uo}}{\sqrt{1+\left(\frac{\omega}{\omega_C}\right)^{2n}}},\ n = 1,\ 2,\ 3,\ \cdots \qquad (2-19-1)$$

可写成：

$$\frac{A_u(j\omega)}{A_{uo}} = \frac{1}{\sqrt{1+\left(\frac{\omega}{\omega_C}\right)^{2n}}} \qquad (2-19-2)$$

式中：A_{uo} 为通带内的电压放大倍数；ω_C 为截止角频率；n 称为滤波器的阶。从式(2-19-2)中可知，当 $\omega = 0$ 时，式(2-19-2)有最大值1；$\omega = \omega_C$ 时，式(2-19-2)等于0.707，即 A_u 衰减了3dB；n 取得越大，随着 ω 的增加，滤波器的输出电压衰减越快，滤波器的幅频特性越接近于理想特性，如图2-19-1所示。

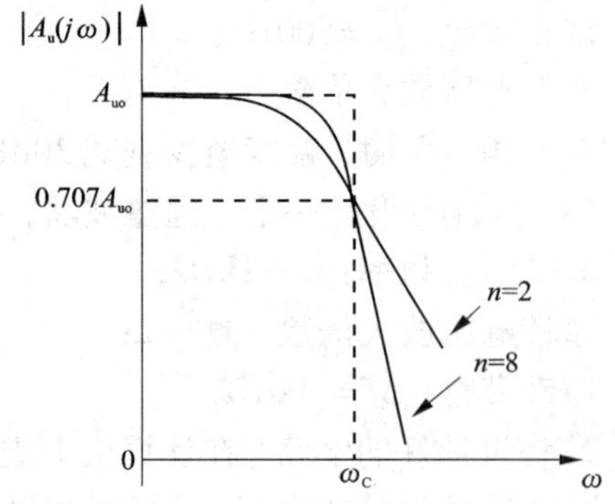

图2-19-1 低通滤波器的幅频特性曲线

当 $\omega \gg \omega_C$ 时，

$$\left|\frac{A_u(j\omega)}{A_{uo}} = \right| = \frac{1}{\left(\frac{\omega}{\omega_C}\right)^n} \tag{2-19-3}$$

两边取对数，得：

$$20\lg\left|\frac{A_u(j\omega)}{A_{uo}} = \right| \approx -20n\lg\frac{\omega}{\omega_C} \tag{2-19-4}$$

此时阻带衰减速率为：$-20n$dB/ + 倍频或 $-6n$dB/倍频，该式称为衰减估算式。

表 2-19-1 列出了归一化的，n 为 1 ~ 8 的巴特沃斯低通滤波器传递函数的分母多项式。

在表 2-19-1 归一化的巴特沃斯低通滤波器传递函数的分母多项式中，$S_L = \frac{S}{\omega_C}$，ω_C 是低通滤波器的截止频率。

表 2-19-1　归一化的巴特沃斯低通滤波器传递函数的分母多项式

n	分母多项式
1	$S_L + 1$
2	$S_L^2 + \sqrt{2}S_L + 1$
3	$(S_L^2 + S_L + 1) \cdot (S_L + 1)$
4	$(S_L^2 + 0.76537S_t + 1) \cdot (S_L^2 + 1.84776S_L + 1)$
5	$(S_L^2 + 0.61807S_L + 1) \cdot (S_L^2 + 1.61803S_L + 1)$
6	$(S_L^2 + 0.51764S_L = 1) \cdot (S_L^2 + \sqrt{2}S_L + 1) \cdot (S_L^2 + 1.931859S_L) \cdot (S_L + 1)$
7	$(S_L^2 + 0.44504S_L + 1) \cdot (S_L^2 + 1.24698S_L + 1) \cdot (S_L^2 + 1.80194S_L + 1) \cdot (S_L^2 + 1)$
8	$(S_L^2 + 0.39018S_L + 1) \cdot (S_L^2 + 1.11114S_L + 1) \cdot (S_L^2 + 1.666294S_L + 1) \cdot (S_L^2 + 1.96157SS_L + 1)$

对一阶低通滤波器，其传递函数：

$$A_u(S) = \frac{A_{uo}\omega_C}{S + \omega_C} \tag{2-19-5}$$

归一化的传递函数：

$$A_u(S_L) = \frac{A_{uo}}{S_L + 1} \tag{2-19-6}$$

对于二阶低通滤波器，其传递函数：

$$A_u(S) = \frac{A_{uo}\omega_C^2}{S^2 + \frac{\omega_C}{Q}S + \omega_C^2} \tag{2-19-7}$$

归一化后的传递函数：

$$A_u(S_L) = \frac{A_{uo}}{S_L^2 + \frac{1}{Q}S_L + 1} \tag{2-19-8}$$

由表 2-19-1 知，任何高阶滤波器都可由一阶和二阶滤波器级联而成。对于 n 为偶数的高阶滤波器，可以由$\frac{n}{2}$节二阶滤波器级联而成；而 n 为奇数的高阶滤波器可以由$\frac{n-1}{2}$节二阶滤波器和一节一阶滤波器级联而成，因此一阶滤波器和二阶滤波器是高阶滤波器的基础。

有源滤波器的设计，就是根据所给定的指标要求，确定滤波器的阶数 n，选择具体的电路形式，算出电路中各元件的具体数值，安装电路和调试，使设计的滤波器满足指标要求。

具体步骤如下：

(1)根据阻带衰减速率要求，确定滤波器的阶数 n。

(2)选择具体的电路形式。

(3)根据电路的传递函数和表 2-19-1 归一化滤波器传递函数的分母多项式，建立起系数的方程组。

(4)解方程组求出电路中元件的具体数值。

(5)安装电路并进行调试，使电路的性能满足指标要求。

例 1：要求设计一个有源低通滤波器，指标为：

截止频率 $f_C = 1\text{kHz}$，通带电压放大倍数 $A_{uo} = 2$，在 $f = 10f_C$ 时，要求幅度衰减大于 30dB。

设计步骤：

(1)由衰减估算式：$-20n\text{dB}/$ + 倍频，算出 $n = 2$。

(2)选择图 2-19-2 电路作为低通滤波器的电路形式。

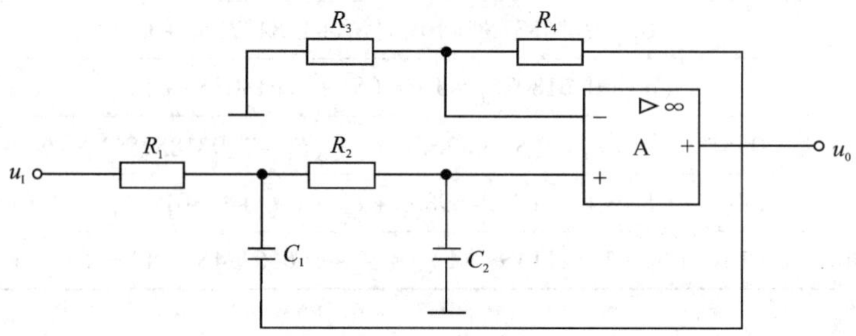

图 2-19-2　压控电压二阶有源低通滤波器

该电路的传递函数：

$$A_u(S) = \frac{A_{uo}\omega_C^2}{S^2 + \frac{\omega_C}{Q}S + \omega_C^2} \qquad (2-19-9)$$

其归一化函数：

$$A_u(S_L) = \frac{A_{uo}}{S_L^2 + \frac{1}{Q}S_L + 1} \qquad (2-19-10)$$

将上式分母与表 2-19-1 归一化传递函数的分母多项式比较得：$\frac{1}{Q} = \sqrt{2}$。

通带内的电压放大倍数：

$$A_{uo} = A_f = 1 + \frac{R_4}{R_3} = 2 \qquad (2-19-11)$$

滤波器的截止角频率：

$$\omega_C = \frac{1}{\sqrt{R_1R_2C_1C_2}} = 2\pi f_c = 2\pi \times 10^3 \qquad (2-19-12)$$

$$\frac{\omega_C}{Q} = \frac{1}{R_1C_1} + \frac{1}{R_2C_1} + (1-A_{uo})\frac{1}{R_2C_2} = 2\pi \times 10^3 \times \sqrt{2} \qquad (2-19-13)$$

$$R_1 + R_2 = R_3 /\!/ R_4 \qquad (2-19-14)$$

在上面四个式子中共有 6 个未知数，3 个已知量，因此有许多元件组可满足给定特性的要求，这就需要先确定某些元件的值，元件的取值有几种：

①当 $A_f \neq 1$ 时，先取 $R_1 = R_2 = R$，然后再计算 C_1 和 C_2。

②当 $A_f \neq 1$ 时，先取 $R_1 = R_2 = R$，$C_1 = C_2 = C$。

③先取 $C_1 = C_2 = C$，然后再计算 R_1 和 R_2。此时 C 必须满足：$C_1 = C_2 = C = \frac{10}{f_C}(\mu F)$。

④先取 C_1，接着按比例算出 $C_2 = KC_1$，然后再算出 R_1 和 R_2 的值。

其中 K 必须满足条件：

$$K \leqslant A_f - 1 + \frac{1}{4Q^2}$$

对于本例，由于 $A_f = 2$，因此先确定电容 $C_1 = C_2$ 的值，即取：

$$C_1 = C_2 = C = \frac{10}{f_0}(\mu F) = \frac{10}{10^3}(\mu F) = 0.01(\mu F)$$

将 $C_1 = C_2 = C$ 代入式(2－19－12)和式(2－19－13)，可分别求得：

$$R_1 = \frac{Q}{\omega_C C} = \frac{1}{2\pi \times 10^3 \times \sqrt{2} \times 0.01 \times 10^{16}} = 11.26 \times 10^3(\Omega)$$

$$R_2 = \frac{1}{Q\omega_C C} = \frac{\sqrt{2}}{2\pi \times 10^3 \times 0.01 \times 10^{-6}} = 22.52 \times 10^3(\Omega)$$

$$R_4 = A_f(R_1 + R_2) = 2 \times (11.26 + 22.52) \times 10^3 = 67.56 \times 10^3(\Omega)$$

$$R_3 = \frac{R_4}{A_f - 1} = \frac{67.56 \times 10^3}{2-1} = 67.56 \times 10^3(\Omega)$$

例 2　要求设计一个有源高通滤波器，指标要求为：

截止频率 $f_C = 500\text{Hz}$，通带电压放大倍数：$A_{uo} = 1$，在 $f = 10f_C$ 时，要求幅度衰减大于 50dB。

设计步骤：

(1)由衰减估算式：$-20n\text{dB}/+$倍频，算出 $n = 3$。

(2)选择图 2－19－5 电路再加一级一阶高通滤波器电路构成该高通滤波器，如图 2－19－3所示。

该电路的传递函数：

$$A_u(S) = A_{u1} = A_{u2}(S) \cdot A_{u2}(S) = \frac{A_{uo1}S^2}{S^2 + \frac{\omega_{C1}}{Q}S + \omega_{C1}^2} \cdot \frac{A_{uo2}S}{S + \omega_{C2}} \qquad (2-19-15)$$

将上式归一化：

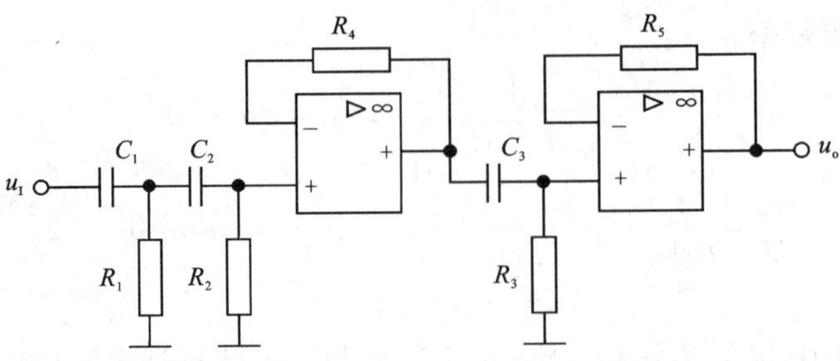

图 2-19-3　三阶压控电压源高通滤波器

$$A_u(S_L)=\frac{A_{uo}}{\left(1+\frac{1}{Q}S_L+S_L^2\right)\cdot(HS_L)} \qquad (2-19-16)$$

将上式分母与表 2-19-1 归一化传递函数的分母多项式比较得：

$$\frac{1}{Q}=1$$

因为通带内的电压放大倍数：

$$A_{uo}=A_{u01}\cdot A_{uo2}=1$$

所以取：

$$A_{uo}=A_{uo2}=1$$

第一级二阶高滤波器的截止角频率：

$$\omega_{C1}=\frac{1}{\sqrt{R_1R_2C_1C_2}}=2\pi f_C=2\pi\times500=\omega_C \qquad (2-19-17)$$

$$\frac{\omega_{C1}}{Q}=\frac{1}{R_2C_1}+\frac{1}{R_2C_2}+(1-A_{uo})\frac{1}{R_1C_1}=2\pi\times500\times1 \qquad (2-19-18)$$

第二级一阶高滤波器的截止角频率：

$$\omega_{C2}=\frac{1}{R_3C_3}=\omega_C=2\pi f_C \qquad (2-19-19)$$

上面三个式子共有 6 个未知数，先确定其中 3 个元件的值，取：

$$C_1=C_2=C_3=C=\frac{10}{f_C(\mu F)}=\frac{100}{500}(\mu F)=0.02\mu F$$

将 $C_1=C_2=C_3=C$ 代入式(2-19-17)、式(2-19-18)和式(2-19-19)，可求得

$$R_1=\frac{1}{2Q\omega_{C1}C}=\frac{1}{2\times1\times2\pi\times500\times0.02\times10^{-6}}=7.96\times10^3(\Omega)$$

$$R_2=\frac{2Q}{\omega_{C1}C}=\frac{2\times1}{2\pi\times500\times0.02\times10^{-6}}=31.85\times10^3(\Omega)$$

$$R_3=\frac{1}{\omega_{C2}C}=\frac{1}{2\pi\times500\times0.02\times10^{-6}}=15.92\times10^3(\Omega)$$

为了达到静态平衡，减小输入偏置电流及其漂移对电路的影响，取：

$$R_4=R_2=31.85\times10^3\Omega$$

$$R_5=R_3=15.92\times10^3\Omega$$

例 3　要求设计一个有源二阶带通滤波器，指标要求为：

通带中心频率 $f_0=500\text{Hz}$，通带中心频率处的电压放大倍数 $A_{uo}=10$，带宽 $\Delta f=50\text{Hz}$。

设计步骤：

(1)选用图 2－19－8 电路。

(2)该电路的传输函数：

$$A_u(S)=\frac{A_{uo}\dfrac{\omega_0}{Q}S}{S^2+\dfrac{\omega_0}{Q}S+\omega_0^2} \tag{2-19-20}$$

品质因数：

$$Q=\frac{f_0}{\Delta f}=\frac{500}{50}=10 \tag{2-19-21}$$

通带的中心角频率：

$$\omega_0=\sqrt{\frac{1}{R_3C^2}\left(\frac{1}{R_1}+\frac{1}{R_2}\right)}=2\pi\times 500 \tag{2-19-22}$$

通带中心角频率 ω_0 处的电压放大倍数：

$$A_{uo}=-\frac{R_3}{2R_1}=-10 \tag{2-19-23}$$

$$\frac{\omega_0}{Q}=\frac{2}{CR_3} \tag{2-19-24}$$

取 $C=\frac{10}{f_0}(\mu\text{F})=\frac{10}{500}(\mu\text{F})=0.02\mu\text{F}$，则

$$R_1=-\frac{Q}{CA_{uo}\omega_0}=-\frac{10}{0.02\times10^{-6}(-10)\times2\pi\times500}=15.92\times10^3(\Omega)$$

$$R_3=\frac{2Q}{C\omega_0}=\frac{2\times10}{0.02\times10^{-6}\times2\pi\times500}=318.5\times10^3(\Omega)$$

$$R_2=\frac{Q}{C\omega_0(2Q^2+A_{uo})}=\frac{10}{0.02\times10^{-6}\times2\pi\times500\times(2\times10^2-10)}=838(\Omega)$$

例 4　要求设计一个有源二阶带阻滤波器，指标要求为：

通带中心频率 $f_0=500\text{Hz}$，通带中心频率处的电压放大倍数 $A_{uo}=1$，带宽 $\Delta f=50\text{Hz}$。

设计步骤：

(1)选用图 2－19－9 电路。

(2)该电路的传输函数：

$$A_u(S)=\frac{A_f\left(S^2+\dfrac{1}{C_2R_1R_2}\right)}{S^2+\dfrac{2S}{R_2C}+\dfrac{1}{R_1R_2C_2}}=\frac{A_{uo}(\omega_0^2+S^2)}{S^2+\dfrac{\omega_0}{Q}S+\omega_0^2} \tag{2-19-25}$$

其中，通带的电压放大倍数：

$$A_f=A_{uo}=1$$

阻带中心处的角频率为：

$$\omega_0=\sqrt{\frac{1}{R_1R_2C_2}}=2\pi f_0=2\pi\times500 \tag{2-19-26}$$

品质因数：

$$Q=\frac{f_0}{\Delta f}=\frac{500}{50}=10 \qquad (2-19-27)$$

阻带带宽：

$$BW=\frac{\omega_0}{Q}=\frac{2}{R_2C} \qquad (2-19-28)$$

$$\frac{1}{R_3}=\frac{1}{R_1}+\frac{1}{R_2} \qquad (2-19-29)$$

取：$C=\frac{10}{f_0}(\mu\text{F})=\frac{10}{500}(\mu\text{F})=0.02\mu\text{F}$，则：

$$R_1=\frac{1}{2Q\omega_0C}=\frac{1}{2\times10\times2\pi\times500\times0.02\times10^{-6}}=796.2(\Omega)$$

$$R_2=\frac{2Q}{\omega_0C}=\frac{2\times10}{2\pi\times500\times0.02\times10^{-6}}=318.5\times10^3(\Omega)$$

$$R_3=\frac{R_1R_2}{R_1+R_2}=\frac{796.2\times318.5\times10^3}{796.2+318.5\times10^3}=794.2(\Omega)$$

相关链接

- **有源二阶滤波电路的形式与特点**

常用的有源二阶滤波电路有压控电压有源二阶滤波电路和无限增益多路负反馈二阶滤波电路。

- **压控电压源二阶滤波电路的特点**

运算放大器为同相接法，滤波器的输入阻抗很高，输出阻抗很低，滤波器相当于一个电压源。其优点是：电路性能稳定，增益容易调节。

- **无限增益多路负反馈二阶滤波电路的特点**

运算放大器为反相接法，由于放大器的开环增益无限大，反相输入端可视为虚地，输出端通过电容和电阻形成两条反馈支路。其优点是：输出电压与输入电压的相位相反，元件较少，但增益调节不方便。

1. 有源二阶低通滤波电路

1）压控电压源二阶低通滤波电路

电路如图 2－19－2 所示。

$$A_u(S)=\frac{A_{uo}\frac{1}{C_1C_2R_1R_2}}{S^2+\left(\frac{1}{R_1C_1}+\frac{1}{R_2C_1}+(1-A_{uo})\frac{1}{R_2C_2}\right)S+\frac{1}{C_1C_2R_1R_2}}=\frac{A_{uo}\omega_C^2}{S^2+\frac{\omega_C}{Q}S+\omega_C^2}$$

其归一化的传输函数：

$$A_u(S_L)=\frac{A_{uo}}{S_L^2+\frac{1}{Q}S_L+1}$$

式中：$S_L = \dfrac{S}{\omega_C}$；$Q$ 为品质因数。

通带内的电压放大倍数：

$$A_{uo} = 1 + \frac{R_4}{R_3}$$

滤波器的截止角频率：

$$\omega_C = \frac{1}{\sqrt{R_1R_2C_1C_2}} = 2\pi f_C$$

$$\frac{\omega_C}{Q} = \frac{1}{R_1C_1} + \frac{1}{R_2C_1} + (1 - A_{uo})\frac{1}{R_2C_2}$$

为了减少输入偏置电流及其漂移对电路的影响，应使：

$$R_1 + R_2 = R_3 /\!/ R_4$$

将上述方程与 $A_{uo} = 1 + \dfrac{R_4}{R_3}$ 联立求解，可得：

$$R_4 = A_f(R_1 + R_2)$$

$$R_3 = \frac{R_4}{A_f - 1}$$

2）无限增益多路负反馈二阶低通滤波电路

电路如图 2－19－4 所示，其传输函数为：

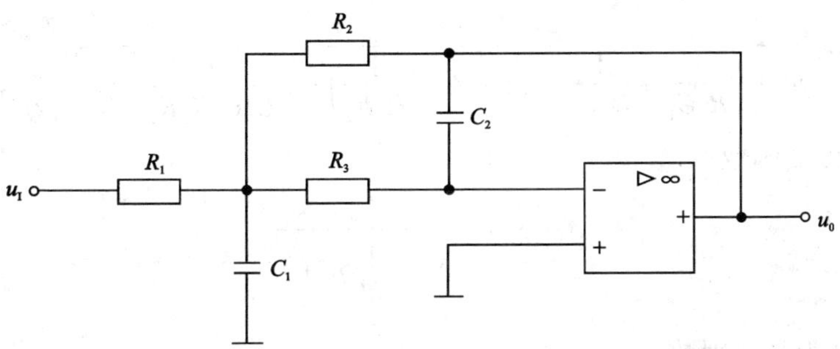

图 2－19－4　压控电压源二阶有源低通滤波器

$$A_u(S) = \frac{-\dfrac{1}{C_1C_2R_1R_2}}{S^2 + \dfrac{1}{C_1}\left(\dfrac{1}{R_1} + \dfrac{1}{R_2} + \dfrac{1}{R_3}\right)S + \dfrac{1}{C_1C_2R_2R_3}} = \frac{A_{uo}\omega_C^2}{S^2 + \dfrac{\omega_C}{Q}S + \omega_C}$$

其归一化的传输函数：

$$A_u(S_L) = \frac{A_{uo}}{S_L^2 + \dfrac{1}{Q}S_L + 1}$$

式中：$S_L = \dfrac{S}{\omega_C}$；$Q$ 为品质因数。

通带内的电压放大倍数：

$$A_{uo} = -\frac{R_3}{R_1}$$

滤波器的截止角频率：

$$\omega_C = \frac{1}{\sqrt{R_1 R_2 C_1 C_2}} = 2\pi f_C$$

2. 有源二阶高通滤波器

1) 压控电压源二阶高通滤波器

电路如图 2－19－5 所示，其传输函数：

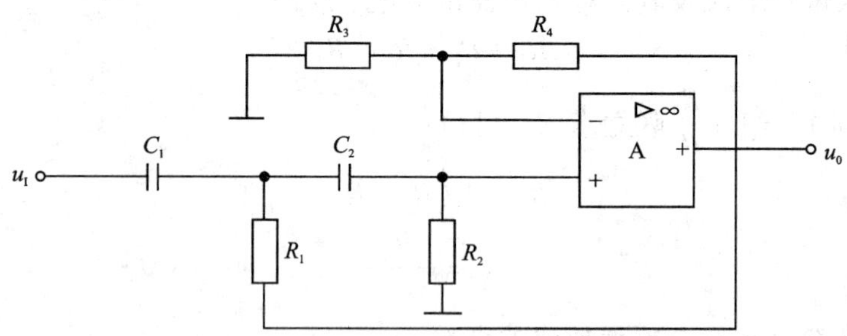

图 2－19－5　压控电压源二阶高通滤波器

$$A_u(S) = \frac{A_{uo}S^2}{S^2 + \left(\frac{1}{R_2 C_1} + \frac{1}{R_2 C_2} + (1 - A_{uo})\frac{1}{R_1 R_2}\right)S + \frac{1}{C_1 C_2 R_1 R_2}} = \frac{A_{uo}S^2}{S^2 + \frac{\omega_C}{Q}S + \omega_C^2}$$

其归一化的传输函数：

$$A_u(S_L) = \frac{A_{uo}}{S_L^2 + \frac{1}{Q}S_L + 1}$$

式中：$S_L = \frac{S}{\omega_C}$；Q 为品质因数。

通带内的电压放大倍数：

$$A_{uo} = 1 + \frac{R_4}{R_3}$$

滤波器的截止角频率：

$$\omega_C = \frac{1}{\sqrt{R_1 R_2 C_1 C_2}} = 2\pi f_C$$

$$\frac{\omega_C}{Q} = \frac{1}{R_2 C_1} + \frac{1}{R_2 C_2} + (1 - A_{uo})\frac{1}{R_2 C_1}$$

2) 无限增益多路负反馈二阶高通滤波器

电路如图 2－19－6 所示，该电路的传输函数为：

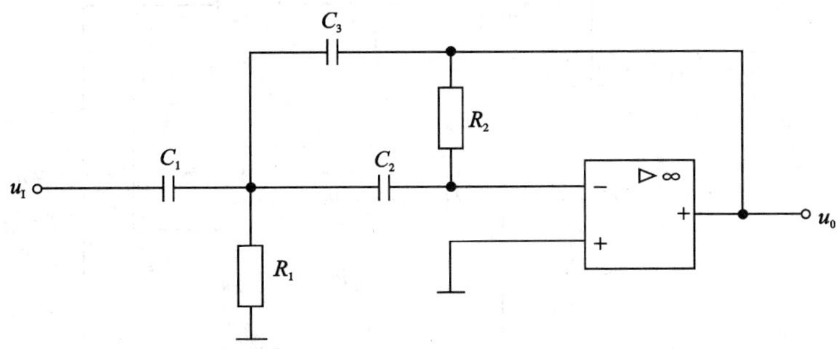

图2-19-6　无限增益多路负反馈二阶高通滤波

$$A_u(S)=\frac{-\frac{C_1}{C_2}S^2}{S^2+\frac{1}{R_2}\left(\frac{C_1}{C_2C_3}+\frac{1}{C_3}+\frac{1}{C_2}\right)+\frac{1}{C_2C_3R_1R_2}}=\frac{A_{uo}\omega_C^2}{S^2+\frac{\omega_C}{Q}S+\omega_C^2}$$

其归一化的传输函数：

$$A_u(S_L)=\frac{A_{uo}}{S_L^2+\frac{1}{Q}S_L+1}$$

式中：$S_L=\frac{S}{\omega_C}$；通常增益：$A_{uo}=-\frac{C_1}{C_3}$。

滤波器的截止角频率：

$$\omega_C=\frac{1}{\sqrt{R_1R_2C_3C_2}}=2\pi f_C$$

$$\frac{\omega_C}{Q}=\frac{1}{R_2}+\left(\frac{1}{C_2C_3}+\frac{1}{C_2}+\frac{1}{C_3}\right)$$

3. 有源二阶带通滤波器

1）压控电压源二阶带通滤波器

电路如图2-19-7所示，电路的传输函数为：

$$A_u(S)=\frac{-\frac{A_f}{R_1C}S}{S^2+\frac{1}{C}\left(\frac{2}{R_3}+\frac{1}{R_1}+\frac{1}{R_2}(1-A_f)\right)S+\frac{1}{R_3C^2}\left(\frac{1}{R_1}+\frac{1}{R_2}\right)}=\frac{A_{uo}\frac{\omega_0}{Q}S}{S^2+\frac{\omega_0}{Q}S+\omega_0^2}$$

式中：$\omega_0=\sqrt{\omega_1\cdot\omega_2}$是带通滤波器的中心角频率；$\omega_1$、$\omega_2$分别为带通滤波器的高、低截止角频率。

中心角频率：

$$\omega_0=\sqrt{\frac{1}{R_3C^2}\left(\frac{1}{R_1}+\frac{1}{R_2}\right)}$$

$$\frac{\omega_0}{R}=\frac{1}{C}\left(\frac{2}{R_3}+\frac{1}{R_1}+\frac{1}{R_2}(1-A_f)\right)$$

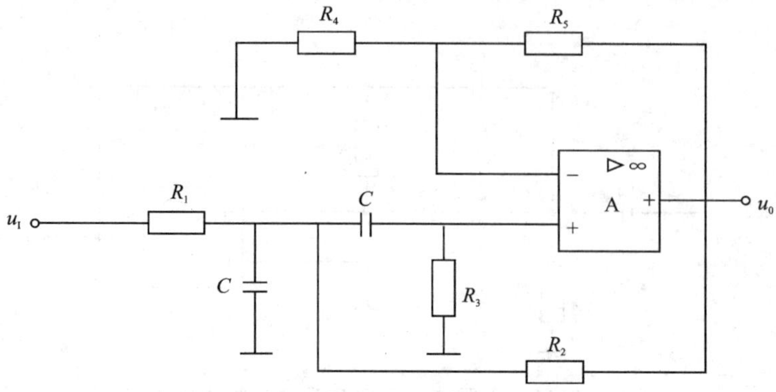

图 2－19－7　压控电压源二阶带通滤波器

中心角频率 ω_0 处的电压放大倍数：

$$A_{uo}=\frac{A_f}{\sqrt{R_1\left[\frac{1}{R_1}+\frac{1}{R_2}(1-A_f)+\frac{1}{R_3}\right]}}$$

上式中：$A_f=1+\frac{R_5}{R}$。

通带带宽：

$$BW=\omega_2-\omega_1 \text{ 或 } \Delta f=f_2-f_1$$

$$BW=\frac{\omega_0}{Q}=\frac{1}{C}\left(\frac{2}{R_3}+\frac{1}{R_1}+\frac{1}{R_2}(1-A_f)\right)$$

$$Q=\frac{\omega_0}{BW}=\frac{f_0}{\Delta f}\qquad (BW\ll\omega_0 \text{ 时})$$

2）无限增益多路负反馈二阶带通滤波器

电路如图 2－19－8 所示，电路的传输函数为：

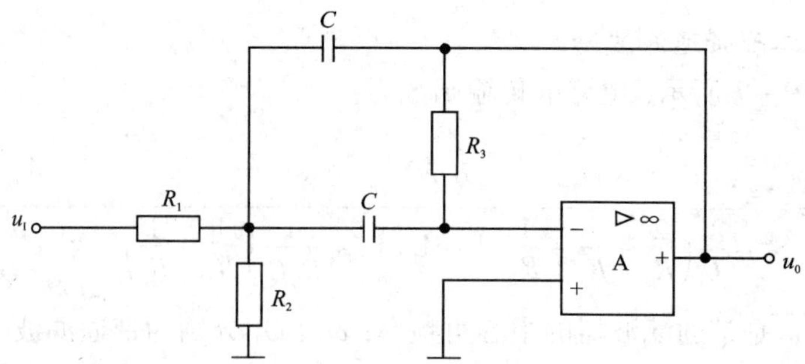

图 2－19－8　无限增益多路负反馈有源二阶带通滤波器

$$A_u(S)=\frac{-\frac{1}{R_3C}S}{S^2+\frac{2}{R_3C}S+\frac{1}{C^2R_3}\left(\frac{1}{R_1}+\frac{1}{R_2}\right)}=\frac{A_{uo}\frac{\omega_0}{Q}S}{S^2+\frac{\omega_C}{Q}S+\omega_0^2}$$

式中：$\omega_0=\sqrt{\omega_1\cdot\omega_2}$是带通滤波器的中心角频率；$\omega_1$、$\omega_2$ 分别为带通滤波器的高、低截止角频率。

中心角频率：

$$\omega_0=\sqrt{\frac{1}{R_1C^2}\left(\frac{1}{R_1}+\frac{1}{R_2}\right)}$$

中心角频率 ω_0 处的电压放大倍数：

$$A_{uo}=-\frac{R_3}{2R_1}$$

$$\frac{\omega_0}{Q}=\frac{2}{CR_3}$$

品质因数：

$$Q=\frac{\omega_0}{BW}=\frac{f_0}{\Delta f}\qquad(BW\ll\omega_0\text{ 时})$$

4. 有源二阶带阻滤波器的设计

1）压控电压源二阶带阻滤波器

电路如图 2－19－9 所示，电路的传输函数为：

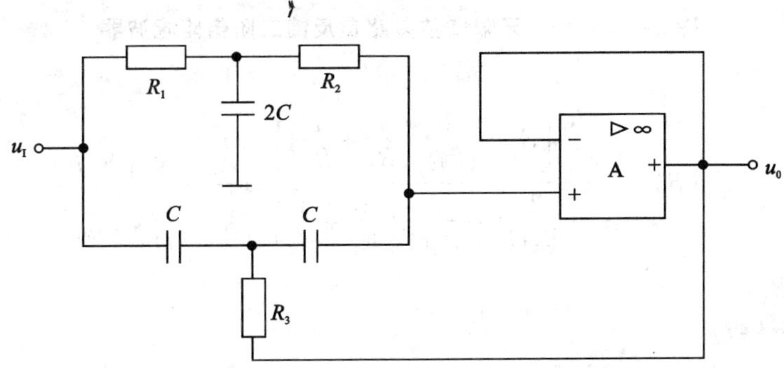

图 2－19－9　压控电压源二阶带阻滤波器

$$A_u(S)=\frac{A_f\left(S^2+\frac{1}{C^2R_1R_2}\right)}{S^2+\frac{2}{R_2C}S+\frac{1}{R_1R_2C^2}}=\frac{A_{uo}(\omega_0^2+S_2)}{S^2+\frac{\omega_0}{Q}S+\omega_0^2}$$

其中，通带电压放大倍数：

$$A_f=A_{uo}=1$$

$$\frac{1}{R_3}=\frac{1}{R_1}+\frac{1}{R_2}$$

阻带中心处的角频率：

$$\omega_0=\sqrt{\frac{1}{R_1R_2C^2}}=2\pi f_C$$

$$BW = \frac{\omega_0}{Q} = \frac{2}{R_2 C}$$

品质因数：

$$Q = \frac{1}{2}\sqrt{\frac{R_2}{R_1}}$$

2）无限增益多路负反馈二阶带阻滤波器

该电路由二阶带通滤波器和一个加法器组成，如图 2－19－10 所示。电路的传输函数为：

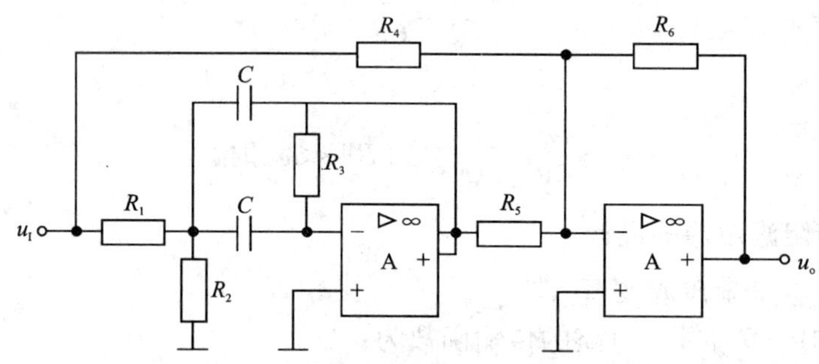

图 2－19－10　无限增益多路负反馈二阶带阻滤波器

$$A_u(S) = \frac{-\frac{R_6}{R_4}\left[S^2 + \frac{1}{C^2 R_3}\left(\frac{1}{R_1} + \frac{1}{R_2}\right)\right]}{S^2 + \frac{2}{R_3 C}S + \frac{1}{R_3 C^2}\left(\frac{1}{R_1} + \frac{1}{R_2}\right)} = \frac{A_{uo}(\omega_0^2 + S^2)}{S^2 + \frac{\omega_0}{Q}S + \omega_0^2}$$

式中：$R_3 R_4 = 2R_1 R_5$。

通带电压放大倍数：

$$A_{uo} = -\frac{R_6}{R_4} = -\frac{R_3 R_6}{2R_1 R_5}$$

阻带中心角频率：

$$\omega_0 = \sqrt{\frac{1}{R_3 C^2}\left(\frac{1}{R_1} + \frac{1}{R_2}\right)}$$

阻带带宽：

$$BW = \frac{\omega_0}{Q} = \frac{2}{R_3 C}$$

实验2-20　交流电源过压、欠压保护电路

一、实验目的

(1)学习使用运算放大器构成比较器。
(2)学习元件的选择及用万用表检测电子器件。
(3)学会电路测试技术。

二、实验设备

(1)智能模拟实验台。
(2)数字万用表。
(3)元件自选。

三、设计要求

1. 设计说明

某些用电设备对输入电压有一定的要求，电网工作正常时，用电设备接通电源，电网电压波动超过正负10%时，自动切断电源，停止工作。

2. 设计要求

(1)要求利用实验台和所学过的模拟电子技术的知识，设计该装置。
(2)输入市电。
(3)使用运算放大器构成比较器。
(4)电源工作正常，绿色发光二极管亮，电源过压、欠压，红色发光二极管亮。

设计提示：

实验的原理框图如图2-20-1所示。市电经整流滤波后加入比较器电路，电网电压在正常范围时，执行电路将常开触点J闭合，用电设备通电；当电网电压波动超过正负10%时，触点J断开。切断电源，用电设备停止工作。

利用实验装置的交流变压输出的14V、16V、18V端点模拟电网电压的变化。用16V模拟电网电压工作在正常范围，用14V和18V模拟电网电压波动超出正负10%状态。

四、参考电路

参考电路如图2-20-2所示。图中U_0点电位与输入的电网电压有关，其整流滤波后的

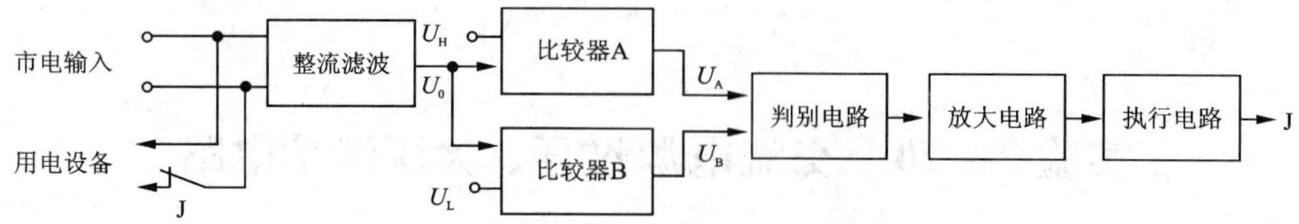

图2-20-1 交流电源过压、欠压保护电路原理框图

U_0 与两个直流参考电压 U_H(高)及 U_L(低)在两个比较器A、B中进行比较，比较器输出电压 U_A、U_B 经二极管 D_5、D_6 组成的与门判别电路给晶体管放大电路，驱动执行电路工作(图中右侧驱动电路部分模拟供电情况)。

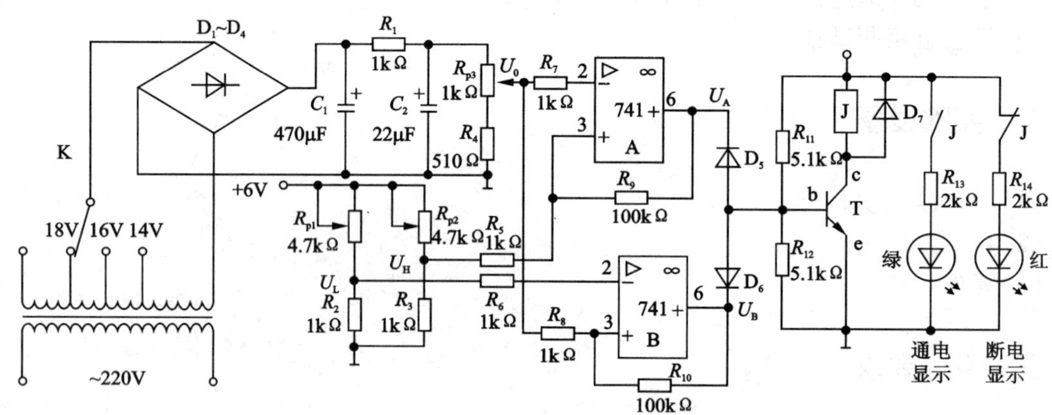

图2-20-2 交流电源过压、欠压保护电路原理线路

- **电路的调试**

①首先将741运算放大器调零。

②将整流滤波电路的K点接交流变压输出16V，调 R_{P3} 使 U_0 为4V左右，代表正常电压范围。

③调 R_{P2}，使 U_H 略高于 U_0 值(不能高于K点接交流变压输出18V时 U_0 值)。

④调 R_{P1}，使 U_L 略低于 U_0 值(不能低于K点接交流变压输出14V时 U_0 值)。

⑤测试 U_A、U_B 为高电平输出。

⑥K在14V时 U_B 为低电位，U_A 不变。

⑦K在18V时 U_A 为低电位，U_B 不变。

⑧观察模拟供电情况，K点接交流变压输出16V时，绿灯亮，K点接交流变压输出14V或18V时，红灯亮。

五、实验报告

(1)独立设计和仿真分析、组装、调试交流电源过压、欠压保护电路。

(2)写出做实验的体会。

第 3 部分　数字电子电路实验、设计与仿真

基础实验

实验 3-1　门电路逻辑功能及参数测试

一、实验目的

(1)熟悉数字电压表和电流表的使用方法。
(2)掌握 TTL 和 CMOS 与非门逻辑功能测试方法。
(3)掌握 TTL 与非门电压传输特性和重要参数的测试方法。

二、预习要求

(1)了解 TTL 和 CMOS 与非门主要参数的定义和意义。
(2)熟悉各测试电路，了解测试原理及测试方法。
(3)熟悉 TTL 与非门 74LS00 和 CMOS 与非门 CC4011(74HC00)的外引线排列。

三、实验原理

TTL 与非门的主要参数(U_{OH}、U_{OL})

TTL 与非门具有较高的工作速度、较强的抗干扰能力、较大的输出幅度和负载能力等优点，因而得到了广泛的应用。

(1)输出高电平 U_{OH}：输出高电平是指非门有一个以上输入端接地或接低电平时的输出电平值。空载时，U_{OH}必须大于标准高电平(U_{SH} = 2.4V)，接有拉电流负载(指示灯)时，U_{OH}将下降。测试U_{OH}的电路如图3-1-1所示。

(2)输出低电平 U_{OL}：输出低电平是指与非门的所有输入端都接高电平时的输出电平值。空载时，U_{OL}必须低于标准低电平(U_{SL} = 0.4V)，接有灌电流负载时，U_{OL}将上升。负载 R_L = 500Ω ~ 1kΩ，接 U_{CC}与输出端之间。

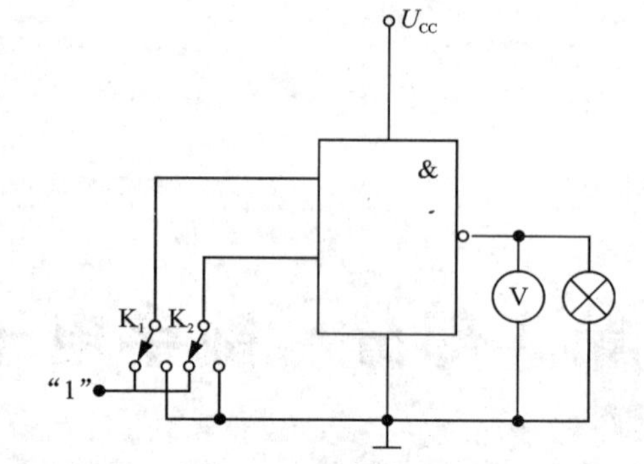

图3-1-1 TTL与非门逻辑功能测试电路示意图

接线步骤

①芯片74LS00的7管脚接电源的地线；
②与非门的输入端4管脚接一个控制信号 K_{11}；
③与非门的输入端5管脚再接一个控制信号 K_{10}；
④高低电平的地线接到电源的地线；
⑤与非门的输出端6管脚接指示灯 L_1；
⑥把输出端接到直流电压表的正端；
⑦直流电压表的负端接电源的负极；
⑧高低电平的电源端接 +5V 的电源；
⑨打开总电源，芯片74LS00的电源管脚14脚接 +5V 电源。

四、实验内容(一)

1. TTL与非门逻辑功能及 U_{OH}、U_{OL}的测试

在74LS00中任选一个与非门进行测试，再与非门的两输入端按表3-1-1所列输入不同变量的组合，测试相应的输出状态。

表3-1-1

输入		输出		
		74LS00		
A	B	Y	电压/V	
			空载	有载
0	0			
0	1			
1	0			
1	1			

2. 实验电路原理图

电路原理见图3－1－1所示。接线步骤如前所述。

3. 测试示范

①输入端同时给低电平(0、0)，输出为1，逻辑1对应的高电平为3.5V。

②输入端其中一端给高电平(0、1)，输出为1，逻辑1对应的高电平为3.5V。

③输入端同时给高电平(1、1)，输出为0，逻辑0对应的低电平为0.1V。

五、实验内容(二)

1. TTL与非门主要参数和特性的测试

(1)测试TLL与非门的输入短路电流I_{IS}，测试电路如图3－1－2所示。

(2)测试TTL与非门扇出系数N的电路，如图3－1－3所示。输入端全部悬空，逐渐减小R_P，读出仍能保持U_0－0.4V的最大电流值，即最大允许负载电流I_{OL}，然后利用$N=I_{OL}/I_{IS}$求得N值。

(3)电压传输特性曲线的测试有两种方法：

a. 将与非门的任一端接0～5V的可调电压，其余输入端悬空，测试电路如图3－1－4所示。将测试结果记入表3－1－2中。根据实验测试数据作出电压传输曲线。

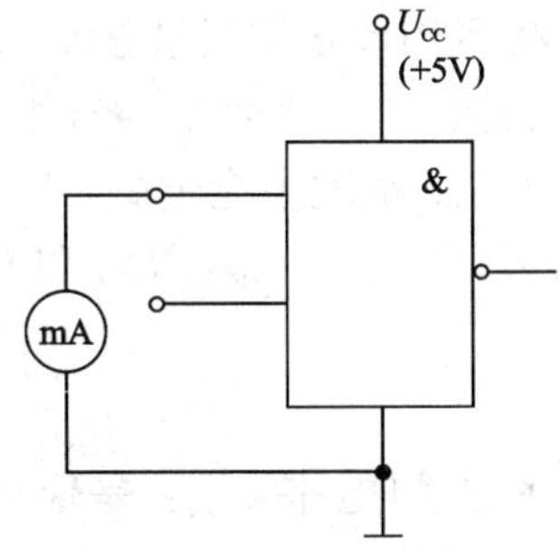

图3－1－2　I_{IS}测试电路

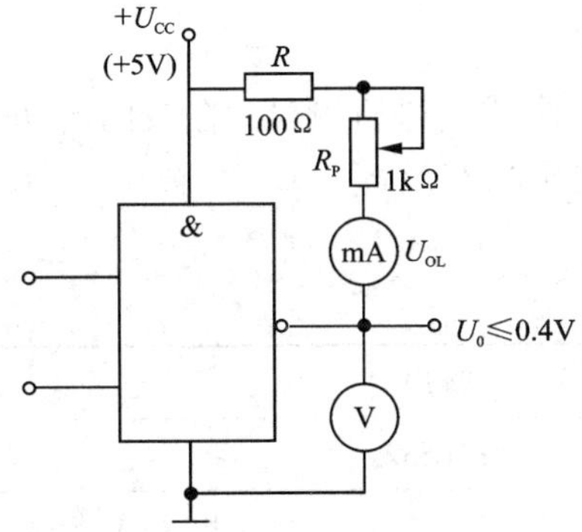

图3－1－3　扇出系数N测试电路

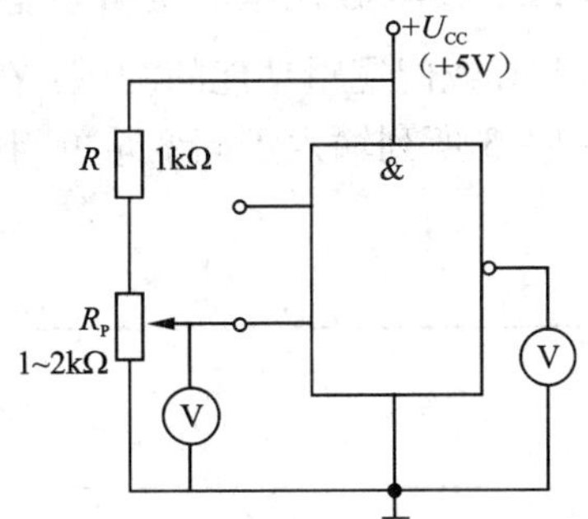

图3－1－4　采用万用表测试电路

表3－1－2　74LS00电压传输特性测试数据

U_1/V	0.3	0.8	1	1.1	1.2	2	3
U_0/V							

b. 用示波器测绘电压传输特性曲线，测试电路如图 3－1－5 所示。

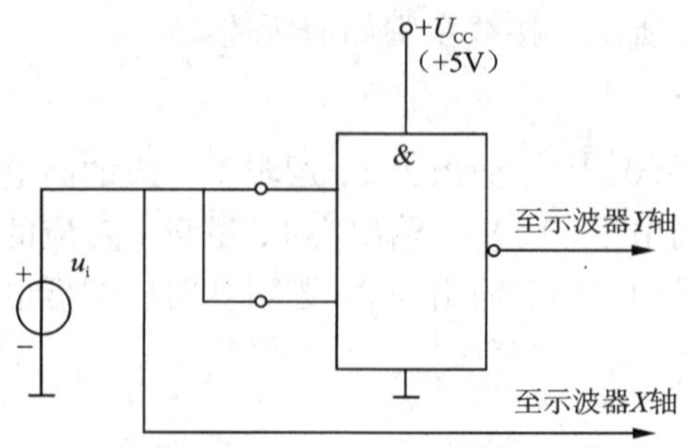

图 3－1－5 采用示波器测试电路

将 500Hz 正锯齿波接至与非门的一输入端并和示波器 X 轴相连，与非门的输出端接示波器 Y 轴输入端，Y 轴增益置于 1V/div 挡。信号的幅度从 0 开始逐渐增大，以看到完整的传输特性为止，幅度不应过高，4V 即可。记录下电压传输特性曲线，并确定其主要静态参数，如 U_{OH}、U_{OL}、U_{ON}、U_{OFF}、U_{NH}和 U_{NL}。

注释：

- 开门电平 U_{ON}：是保证输出为标准低电平 U_{SL}时，允许的最小输入高电平值，一般 $U_{ON}<1.8V$。
- 关门电平 U_{OFF}：是保证输出为标准高电平 U_{SH}时，允许的最大输入低电平值。
- 高电平噪声容限 U_{NH}：$U_{NH}=U_{SH}-U_{ON}=2.4V-U_{ON}$。
- 低电平噪声容限 U_{NL}：$U_{NL}=U_{OFF}-U_{SL}=U_{OFF}-0.4V$。

2. TTL、CMOS 门电路逻辑功能的测试

(1) TTL 或门逻辑功能的测试：在 74LS32 中任选一个或门进行测试，在或门的两输入端按表 3－1－3 所列输入不同变量的组合，测试相应的输出状态。

表 3－1－3

输入		输出	
		74LS32	
A	B	Y	电压/V
0	0		
0	1		
1	0		
1	1		

(2) TTL 异或门逻辑功能的测试：在 74LS86 中任选一个异或门进行测试，在异或门的两输入端按表 3－1－4 所列输入不同变量的组合，测试相应的输出状态。

(3) CMOS 与非门逻辑功能的测试：在 CC4011 中任选一个与非门进行测试，在与非门的两输入端按表3-1-5所列输入不同变量的组合，测试相应的输出状态。

表3-1-4

输入		输出	
		74LS86	
A	B	Y	电压/V
0	0		
0	1		
1	0		
1	1		

表3-1-5

输入		输出	
		CC4011	
A	B	Y	电压/V
0	0		
0	1		
1	0		
1	1		

(4)观察与非门对脉冲的控制作用：选用74LS00的任一与非门，用连续脉冲信号作为与非门的一个输入变量，用示波器观察当另一个输入端接高电平和接低电平时，电路的输入、输出波形。

五、实验报告

(1)整理实验数据，填写记录表。

(2)描绘TTL与非门的电压传输特性曲线。

六、注意事项

TTL和CMOS与非门在使用时有很多不同之处，必须严格遵循。

(1)TTL与非门对电源电压的稳定性要求较严，只允许在5V上有±10%的波动。电源电压超过5.5V，易使器件损坏；低于4.5V又易导致器件的逻辑功能不正常。

(2)TTL与非门不用的输入端允许悬空(但最好接高电平)，不能接低电平。

(3)TTL与非门的输出端不允许直接接电源电压或地，也不能并联使用。

(4)CMOS与非门的电源电压允许在较大范围内变化，例如3~18V电压均可，一般取中间值为宜。CMOS 的噪声容限与 U_{DD}成正比，在干扰较大时，应适当提高 U_{DD}。U_{DD}和 U_{SS}绝不能接反，否则将产生过大电流，损坏保护电路或内部电路。

(5) CMOS 与非门不用的输入端不能悬空，应按逻辑功能的要求接 U_{DD}或 U_{SS}。

(6) CMOS 与非门输出端不允许直接接 U_{DD}或 U_{SS}，以免损坏器件。

(7) CMOS 电路的输入信号电压 U_I 应满足 $U_{SS} \leqslant U_I \leqslant U_{DD}$，以防止输入保护电路中的二极管正向导通，产生大电流。实验时，应先接通电源 U_{DD}和 U_{SS}，再加输入信号 U_I；关机时要先撤除 U_I，后关闭 U_{DD}和 U_{SS}。

(8) 输入端的输入电流一般不超过 1mA。

(9) CMOS 电路的输出特性对称：输出低电平电流 I_{OL}和输出高电平电流 I_{OH}近似相等；输出逻辑高电平和输出逻辑低电平相对 U_{DD} 和 U_{SS}对称，即 $U_{OH} \geqslant U_{DD} - 0.05V$，$U_{OL} \leqslant U_{SS} + 0.05V$。

七、思考题

(1) TTL 与非门输入端悬空相当于输入什么电平？为什么？

(2) 如何处理 TTL 与非门和 CMOS 与非门电路的多余输入端？

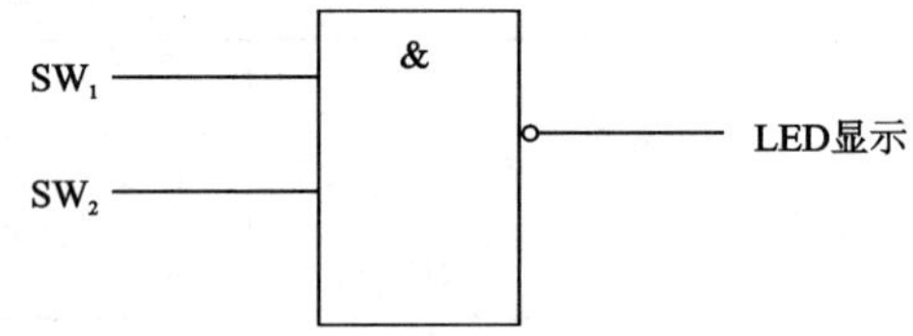

图 3－1－6　TTL 与非门逻辑功能测试电路

(3) 图 3－1－6 所示电路为测试 TTL 与非门逻辑功能的电路，试对应画出：

①SW_1 接 1kHz 正方波、SW_2 接 +5V 电压时的输出电压波形。

②SW_1 接 1kHz 正方波、SW_3 接地时的输出电压波形。

③SW_1 接 1kHz 负方波、SW_2 接 +5V 电压时的输出电压波形。

实验 3－2　TTL 集电极开路门和三态门逻辑功能

一、实验目的

(1)了解负载电阻 R_L 对集电极开路门工作状态的影响。

(2)掌握集电极开路门的使用方法。

(3)掌握三态门的逻辑功能及应用。

二、实验说明

集电极开路(OC)与非门具有“线与”的功能，即它的输出端可以直接相连。

对于集电极开路的与非门，因其输出端是悬空的，使用时一定要在输出端与电源之间接一电阻 R_L，其值根据应用条件决定。

下面简要介绍一下 OC 门外接负载电阻的计算方法。在图 3－2－1 电路中，假定将 n 个 OC 门的输出端并联使用，负载是 m 个 TTL 与非门的输入端。

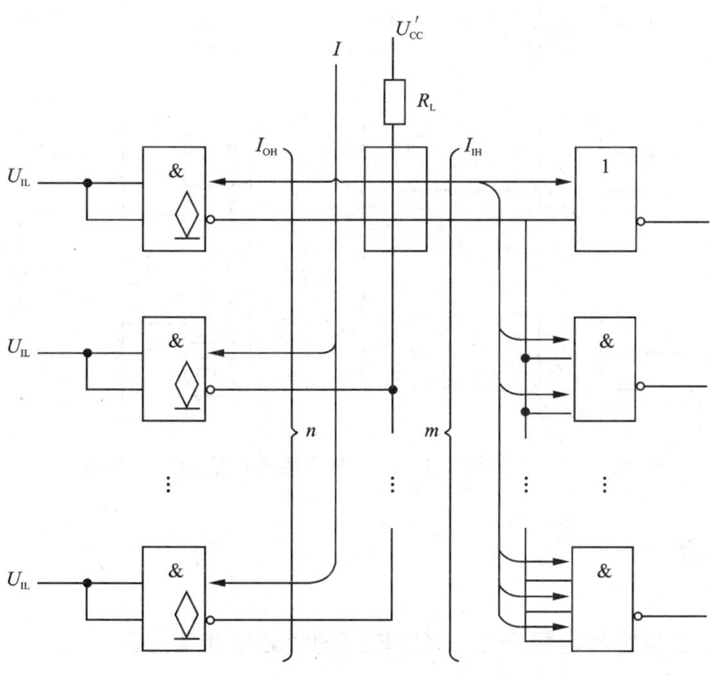

图 3－2－1　计算 OC 门负载电阻最大值的工作状态

当所有 OC 门同时截止时，输出为高电平。为保证高电平不低于规定的 U_{OH}值，显然 R_L 不能选得过大。据此便可列出计算 R_L 最大值的公式：

$$R_{L(max)} = \frac{U'_{CC} - U_{OH}}{nI_{OH} + mI_{IH}} \tag{3-2-1}$$

式中：U'_{CC}是外接电源电压；I_{OH}是每个 OC 门输出三极管截止时的漏电流；I_{IH}是负载门每个输入端的高电平输入电流。图中标出了此时各个电流的实际流向。

当 OC 门中只有一个导通时，电流的实际流向如图 3－2－2 所示。因为这时负载电流全部都流入导通的那个 OC 门，所以 R_L 值不可太小，以确保流入导通 OC 门的电流 I_{OL}不至超过最大允许的负载电流 I_{OLM}。由此得到计算 R_L 最小值的公式为：

$$R_{L(min)} = \frac{U'_{CC} - U_{OL}}{I_{OLM} + m'I_{IL}} \tag{3-2-2}$$

式中：U_{OL}是规定的输出低电平；m'是负载门的数目；I_{IL}是每个负载门的低电平输出电流的绝对值（如果负载门为或非门，则 m'应为输入端数）。

最后选定的 R_L 值应介于式（3－2－1）或式（3－2－2）所规定的最大值和最小值之间。

除了与非门和反相器以外，与门、或门、或非门等都可以做成集电极开路的输出结构，而且外接负载电阻的计算方法也相同。

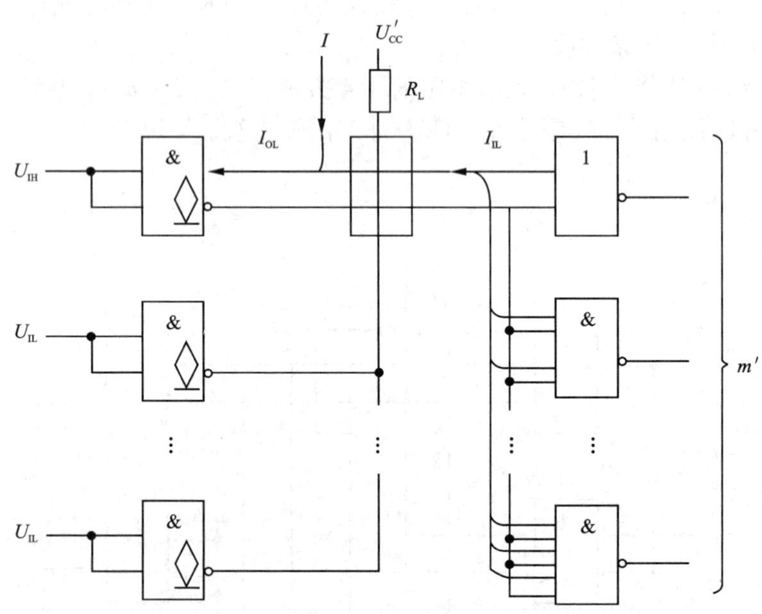

图 3－2－2　计算 OC 门负载电阻最小值的工作状态

三、实验内容

1. 用实验的方法确定集电极开路（OC）与门的负载电阻 R_L 值

在 74LS09 中任选两个与门驱动、两个 TTL 与非门，TTL 与非门采用 74LS00，其测试电路如图 3－2－3 所示。图中 $R = 100\Omega$，$R_P = 10k\Omega$。

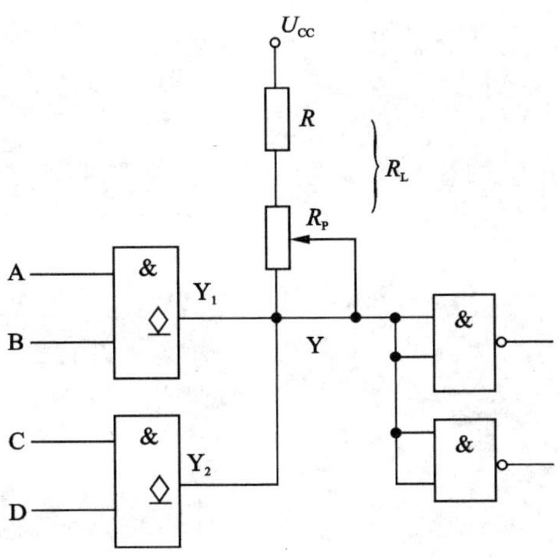

图3-2-3 集电极开路门测试电路

(1)实验电路连接

接线步骤

①(黑线组)芯片74LS09的地线与负载的地线相连，再与电源地线相接，最后接入高低电平输出端的地线；

②把芯片74LS09的输出端连在一起，再接R_P；

③负载的输入端接在一起；

④负载接一个指示灯；

⑤芯片74LS09的输入分别接到高低电平的输出端；

⑥将一个电阻R的一端接电位器的一端，另外一端接电源的正端；

⑦将负载、芯片74LS09、高低电平的电源端接入一个+5V的电源。

(2)实验测试

- **测定$R_{L(max)}$**

如图3-2-4所示：

①将两OC门的四输入端均接高电平，此时Y为高电平。

②调节R_L值使$U_{OH(min)} \geq 3.0V$。

③将万用表调到欧姆挡位，测出此时R_L的值。

④观察此时万用表的读数，即为$R_{L(max)}$。

- **测定$R_{L(min)}$**

如图3-2-5所示：

①将输入端A、B、C接高电平，D端接地。

②调节R_L值使$U_{OL(max)} \leq 0.3V$。

③将万用表调到欧姆挡位，测出此时R_L的值。

④观察此时万用表的读数，即为$R_{L(min)}$。

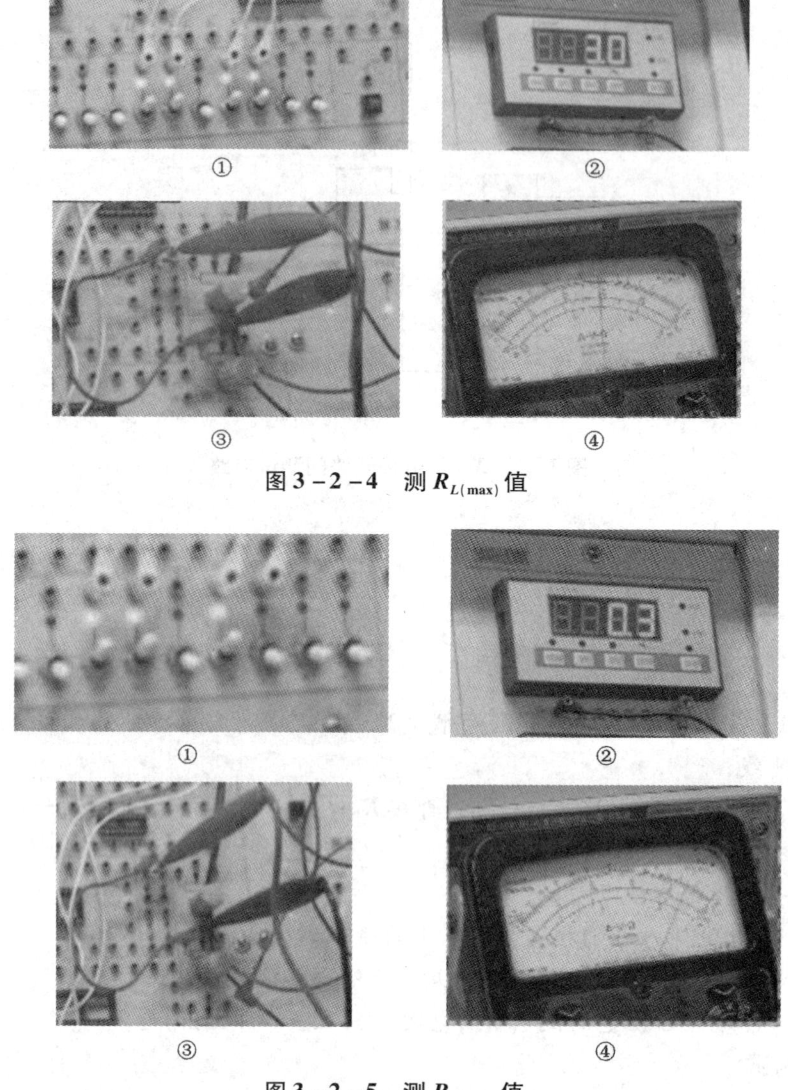

图 3-2-4　测 $R_{L(\max)}$ 值

图 3-2-5　测 $R_{L(\min)}$ 值

2. OC 门的应用

(1)线与功能：列真值表验证图 3-2-3 所示的线与功能。

$$Y = Y_1 \cdot Y_2 = AB \cdot CD$$

(2)用 OC 门电路作为 TTL 与 CMOS 电路的接口电路：电路如图 3-2-6 所示，改变 A、B 输入状态，并调节 R_L 使 CMOS 反相器(CD4069)输出高电平 $U_{OH}=10V$，低电平 $U_{OL}=0V$，测出 R_L 的值。图中 $R=100\Omega$，$R_P=10k\Omega$。

3. 三态门逻辑功能测试

74LS125 为 4 个总线-缓冲门，是实现三种输出状态的电路。这三种状态为逻辑 1、逻辑 0 和浮空状态(高阻状态)。当使能端$\overline{EN}$为高电平时，输出断开(禁止)，而$\overline{EN}$为低电平时，输出等于输入。其延迟时间为 8ns。74LS125 的外引线排列图和真值表分别见图 3-2-7 和表 3-2-1。

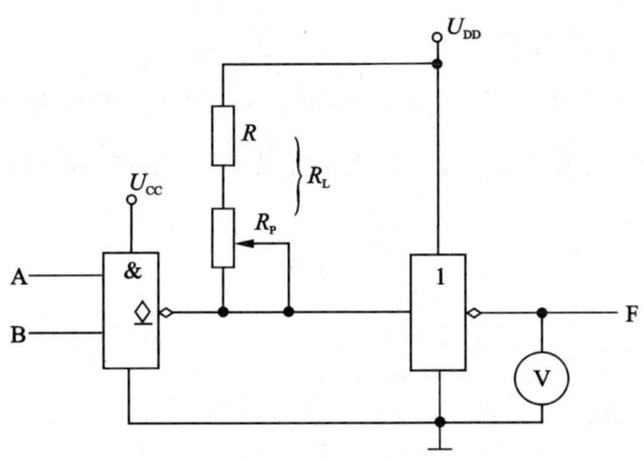

图3-2-6　OC门作为TTL与CMOS电路的接口电路

表3-2-1　三态门真值表

使能端$\overline{EN}$	数据输入A	数据输出Y
0	0	0
0	1	1
1	0	高阻
1	1	高阻

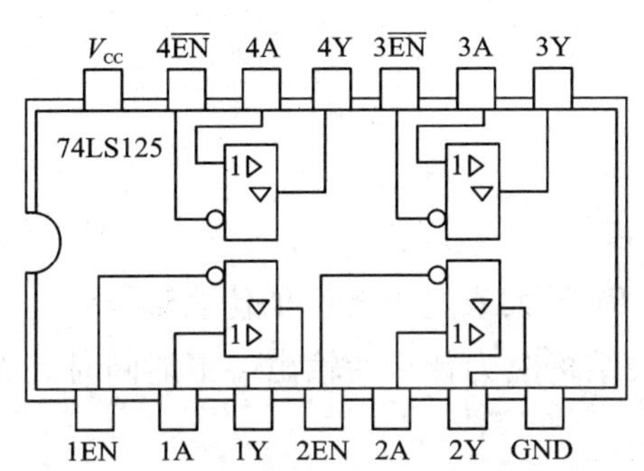

图3-2-7　74LS125外引线排列图

在74LS125中任选一个三态门，其逻辑电路如图3-2-8所示，验证三态门的真值表。

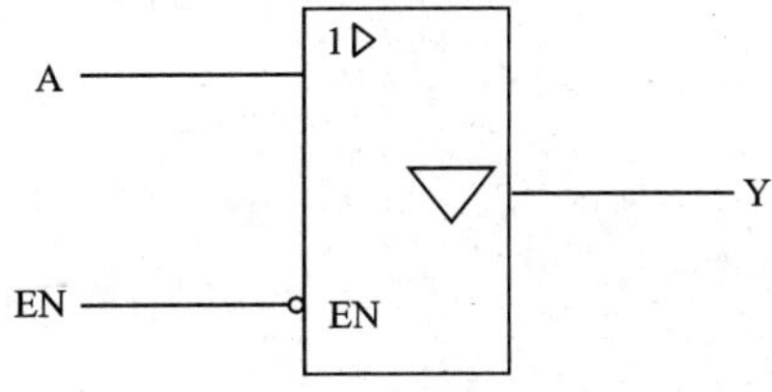

图3-2-8　三态门逻辑功能测试电路

4. 三态门的应用——总线传输

如图 3 - 2 - 9 所示，电路中三态门输入端 A_1、A_2、A_3 分别接脉冲信号，控制端$\overline{EN_1}$、$\overline{EN_2}$和$\overline{EN_3}$分别接高、低电平拨动开关，先使其均接高电平，然后分别使其中的一个控制端接低电平，测试非门的输出状态。

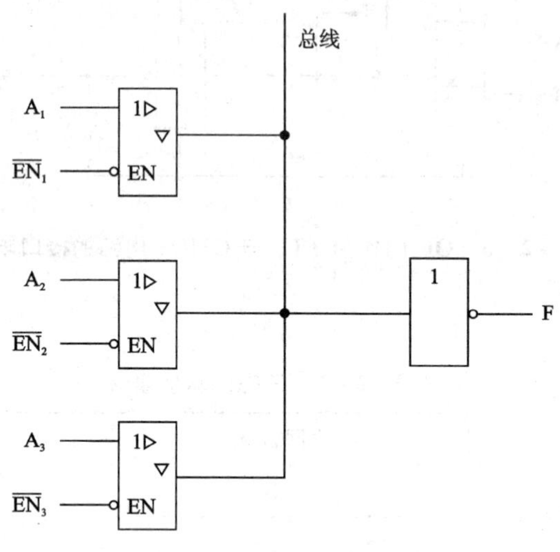

图 3 - 2 - 9　总线传输电路

四、实验报告

整理、分析实验数据。

五、思考题

(1) OC 门外接负载电阻 R_L 过大或过小会产生什么影响？

(2) 三态门输出端为总线结构时为什么两输出端不能同时工作？应如何避免？

实验3－3　SSI组合逻辑电路

一、实验目的

加深理解用SSI小规模数字集成电路构成的组合逻辑电路的分析与设计方法。

二、预习要求

(1)按设计步骤，根据所给器件实验内容1、2的逻辑电路图。
(2)弄懂图3－3－3的工作原理与设计思想。
(3)在附录B中查出74LS00与74LS10的外引线排列图。

三、实验说明

组合逻辑电路是最常见的逻辑电路之一，其特点是在任一时刻的输出信号仅取决于该时刻的输入信号，而与信号作用前电路原来所处的状态无关。

组合逻辑电路的设计步骤如图3－3－1所示。先根据实际的逻辑问题进行逻辑抽象，定义逻辑状态的含义，再按照给定事件因果关系列出逻辑真值表。然后用卡诺图或代数法化简，求出最简逻辑表达式。用给定的逻辑门电路实现简化后的逻辑表达式，画出逻辑电路图。

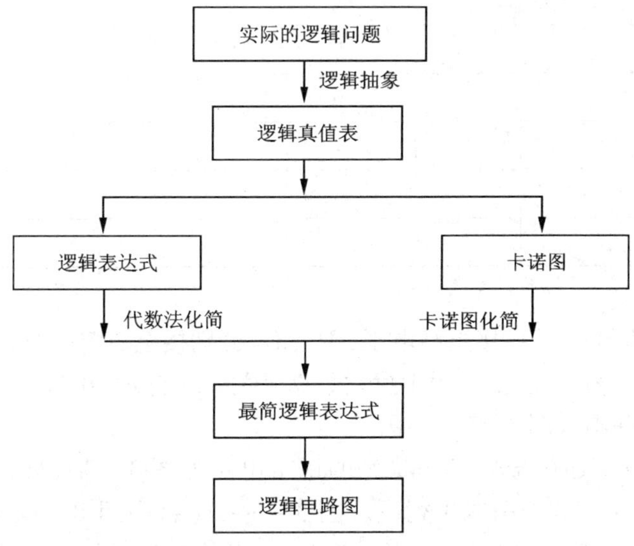

图3－3－1　用SSI构成组合逻辑电路的设计过程

值得注意的是，这里所说的“最简”，是指电路所用的器件数量最少，器件的种类最少，而且器件之间的连线也很少。

若已知逻辑电路，要分析电路功能，则分析步骤为：由逻辑图写出各输出端的逻辑表达式；列出真值表；根据真值表进行分析；确定电路功能。

四、实验内容

(1)设计一个能判断一位二进制数 A 与 B 大小的比较电路。画出逻辑图[用 L_1、L_2、L_3 分别表示三种状态，即 $L_1(A>B)$，$L_2(A<B)$，$L_3(A=B)$]。

设 A、B 分别接至数据开关，L_1、L_2、L_3 接至逻辑显示器(灯)，将实验结果记入表 3－3－1中。

表 3－3－1

A	B	$L_1(A>B)$	$L_2(A<B)$	$L_3(A=B)$
0	0			
0	1			
1	0			
1	1			

(2)设 A、B 为数据选择控制端，D_1、D_2、D_3 为数据输入端，L 为输出端，试设计一具有表 3－3－2所示功能的数据选择器。

表 3－3－2

地址输入		数据输出
A	B	L
0	0	0
0	1	D_1
1	0	D_2
1	1	D_3

设 A、B 接至数据开关，D_1 接至高电平，D_2、D_3 分别接至 50Hz 方波和单次脉冲(或其他可区别又便于观测的信号电压)，试用手拨动数据开关，改变 A、B 状态，用示波器观测并记录输出端 L 的波形，并画入图 3－3－2 中。

(3)设有一个监视交通信号灯工作状态的逻辑电路如图 3－3－3(a)所示，图 3－3－3(b)为四输入与非门 74LS20 外引线排列图。图 3－3－3(a)中用 R、Y、G 分别表示红、黄、绿三个灯(即一组灯)的状态，并规定灯亮时为1，不亮时为0。用 L 表示故障信号，正常工作时 L 为0，发生故障时 L 为1。试分析 R、G、Y 出现哪五种状态时，要求逻辑电路发生故障信

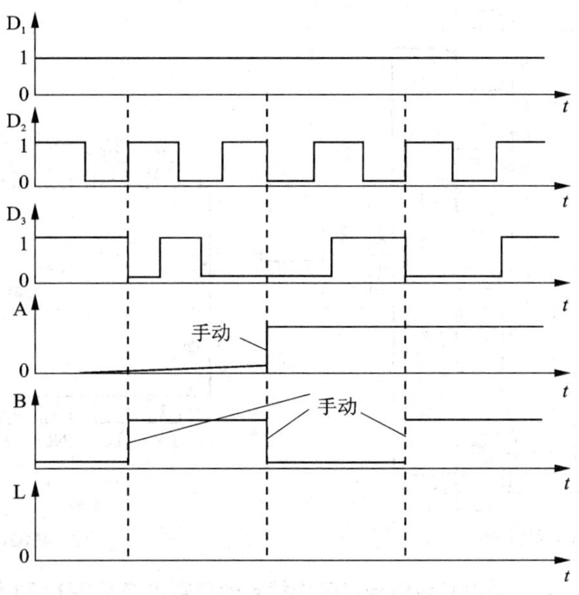

图 3 –3 –2　数据选择器输出观测记录

（注：图中 D_2、D_3 和 A、B 的时序关系是随机性的）

号（L 为 1）。

按图 3 –3 –3（a）接线（若无四输入与非门，请用其他与非门适当组合代替），验证理论分析结果，并记入表 3 –3 –3 中。

表 3 –3 –3

R	G	Y	L
0	0	0	
0	0	1	
0	1	0	
0	1	1	
1	0	0	
1	0	1	
1	1	0	
1	1	1	

（4）SSI 组合电路的仿真分析

利用仿真分析软件中的逻辑转换器，可以在逻辑函数的真值表、最小项之和形式的函数式、最简与或式以及逻辑图之间任意进行转换。

①启动 EWB 5.0 仿真软件，计算机屏幕上出现如图 3 –3 –4 所示的用户界面。这时界面的窗口是空白的。

②创建如图 3 –3 –3（a）所示电路。在仪表工具栏中，拖曳出“逻辑转换器”（Logic Con-

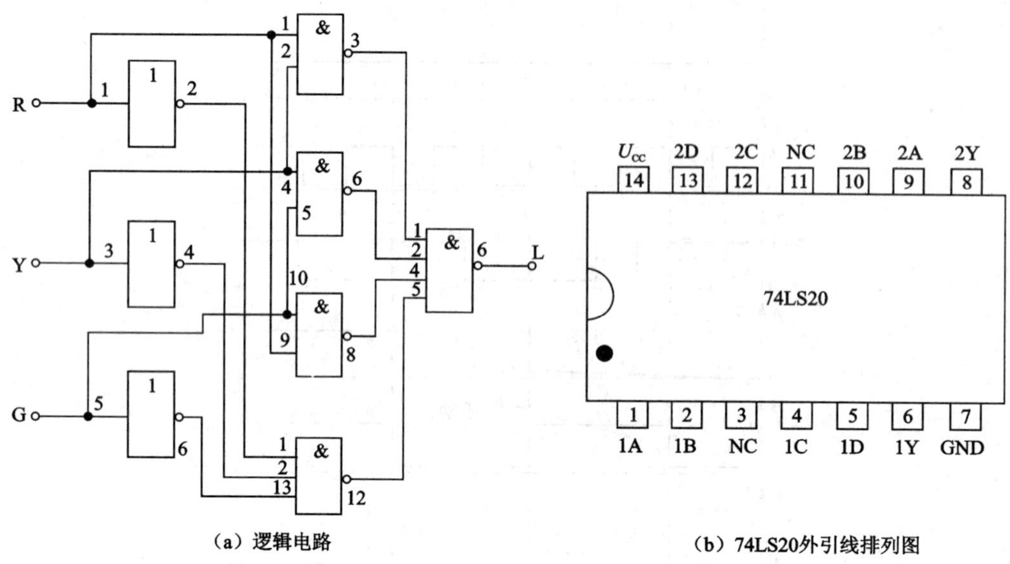

（a）逻辑电路

（b）74LS20外引线排列图

图 3－3－3 监视交通信号灯工作状态的逻辑电路及 74LS20 管脚图

verter)，按图 3－3－4 连接。将电路三个输入端 R、Y、G，依次接到逻辑转换器最左边的三个输入端 A、B、C，同时将电路的输出端 L 接到逻辑转换器最右边的端口(out)。

③双击“逻辑转换器”图标，打开逻辑转换器操作窗口。

④点击逻辑转换器操作窗口右侧上方第一、二个按钮，即可完成从逻辑电路到真值表、逻辑表达式的转换(逻辑式是以最小项之和形式给出的)。如图 3－3－4 中所示。

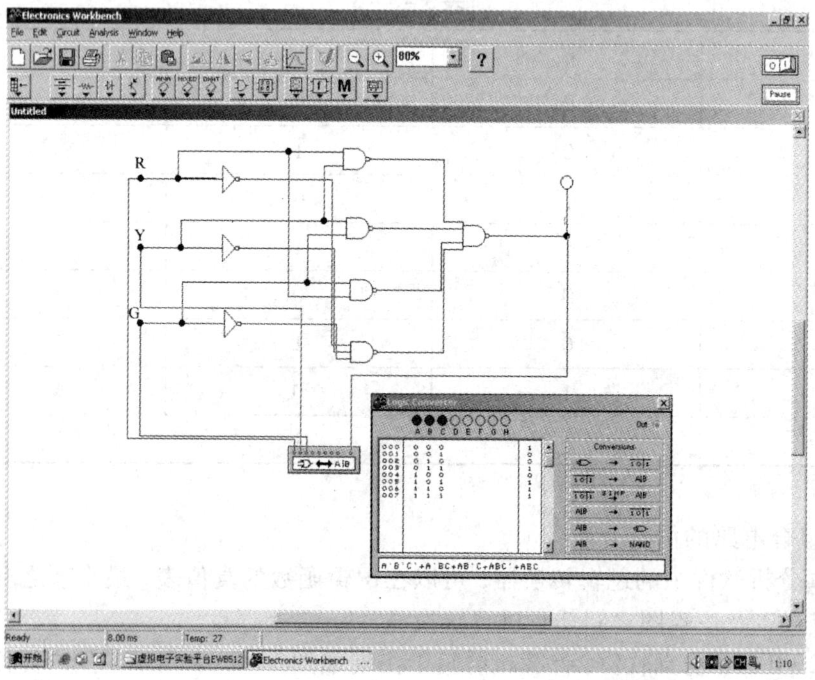

图 3－3－4 组合逻辑电路的仿真与逻辑转换器

五、实验报告要求

(1)列出实验内容 1、2、3 记录的数据和波形，并加以总结。
(2)总结数据选择器的作用及设计方法。

六、注意事项

TTL 与非门多余的输入端可接高电平，以防引入干扰。

七、实验元器件

集成块：74LS00　2 片，74LS10　1 片，74LS20　1 片，74LS04　1 片。

八、思考题

有同学用完好的 7412(OC 门)代替 74LS10 组装实验电路，发现无输出，试分析原因。7412 外引线排列与 74LS10 相同。

实验3－4　MSI组合逻辑电路

一、实验目的

(1)了解编码器、译码器、数据选择器等中规模数字集成电路(MSI)的性能及使用方法。

(2)用集成译码器和数据选择器设计简单逻辑函数产生器。

二、预习要求

(1)在附录中查出74LS147、74LS04、74LS48的外引线排列图和功能表。

(2)按实验内容(三)的要求，设计并画出逻辑电路图。

三、实验内容(一)

由10线－4线优先编码器74LS147、七段译码器74LS48、七段字符显示器构成的实验电路如图3－4－1所示。当输入$\overline{I_1}\sim\overline{I_9}$分别为“0”，以及均为“1”或均为“1”时，观察显示器显示的数字，并记录实验结果。

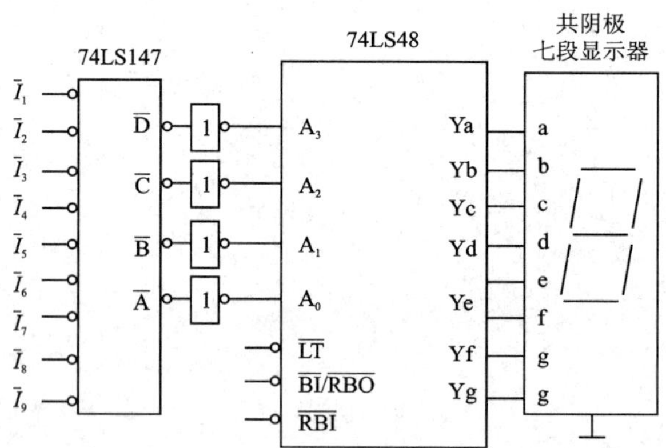

图3－4－1(a)　优先编码器、译码器实验电路

- **实验测试**

①输入$\overline{I_1}$为“0”，显示器输出状态如图3－4－1(b)①所示。

②输入$\overline{I_1}\sim\overline{I_9}$均为“0”，显示器输出状态如图3－4－1(b)②所示。

③输入$\overline{I_1}\sim\overline{I_9}$均为“1”，显示器输出状态如图3－4－1(b)③所示。

④依步骤，分别输入 $\bar{I}_2 \sim \bar{I}_8$ 分别为“0”，以及均为“0”时，观察显示器的数字，并记录实验结果。

图3－4－1(b) 输入电平开关与显示器的状态图

二、实验内容(二)

测试译码器和门电路构成的组合逻辑电路如图3－4－2所示，列真值表，写出逻辑表达式，说明输入和输出之间的逻辑关系。

- **实验测试**

①当输入端 A_0、A_1、A_2 都为“0”时，输出为“0、0”。

②当输入端 A_0、A_1、A_2 都为“1”时，输出为“1、1”。

③改变输入状态，列出真值表，观察其逻辑关系。

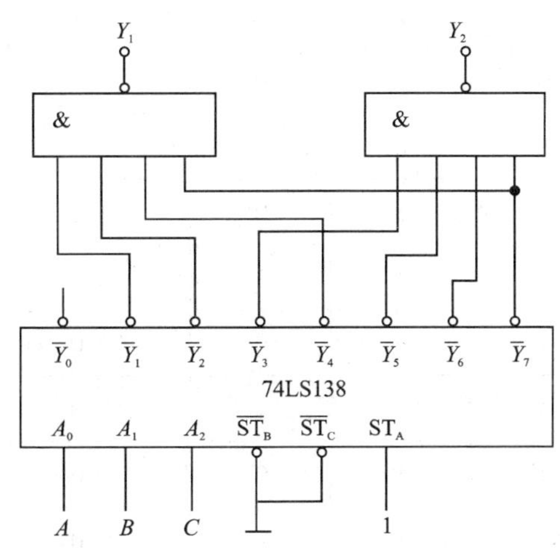

图3－4－2 译码器和门电路构成的组合逻辑电路

三、实验内容(三)

(1)用双四选一数据选择器74LS153实现下列逻辑函数：

$$S_n = \bar{A}\,\bar{B}C_{n-1} + \bar{A}B\,\bar{C}_{n-1} + A\,\bar{B}\,\bar{C}_{n-1} + ABC_{n-1}$$

$$C_n = \bar{A}BC_{n-1} + A\,\bar{B}C_{n-1} + AB\,\bar{C}_{n-1} + ABC_{n-1}$$

(2)试用数据选择器74LS151(或译码器74LS138和与非门)设计一个监测信号灯工作状态的逻辑电路。其条件是，信号灯由红(用R表示)、黄(用Y表示)和绿(用G表示)三种颜色灯组成。正常工作时，任何时刻只能是红、绿或黄当中的一种灯亮。而当出现其他五种灯亮状态时，电路发生故障，要求逻辑电路发出故障信号。

设用数据开关的1，0分别表示R、Y、G灯的亮和灭状态，故障信号由试验器中的灯亮表示，试将设计的逻辑电路用实验验证，并列表记下实验结果。

相关链接

1. 数据选择器的典型应用之一：逻辑函数产生器

八选一数据选择器74LS151的外引线排列图和功能表分别如表3－4－1和图3－4－3所示。

表3－4－1 74LS151功能表

输入				输出	
选择			选通	数据	反码数据
A_2	A_1	A_0	$\overline{ST}$	Y	W
×	×	×	1	0	1
0	0	0	0	D_0	D_0
0	0	1	0	D_1	D_1
0	1	0	0	D_2	D_2
0	1	1	0	D_3	D_3
1	0	0	0	D_4	D_4
1	0	1	0	D_5	D_5
1	1	0	0	D_6	D_6
1	1	1	0	D_7	D_7

由表3－4－1可以看出，当选通输入端$\overline{ST}=0$时，Y是A_2、A_1、A_0和输入数据$D_0 \sim D_7$的与或函数，它的表达式为：

$$Y = \sum_{i=0}^{7} m_i D_i \qquad (3-4-1)$$

式中：m_i是A_2、A_1、A_0构成的最小项。显然当$D_i=1$时，其对应的最小项m_i在与或表达式中出现。当$D_i=0$时，对应的最小项就不出现。利用这一点，可以实现组织逻辑函数。

将数据选择器的地址输入信号A_3、A_1、A_0作为函数的输入变量，数据输入$D_0 \sim D_7$作为控制信号，控制各最小项在输出逻辑函数中是否出现，选通输入端$\overline{ST}$始终保持低电平，这样，八选一数据选择器就成为一个三变量的函数产生器。

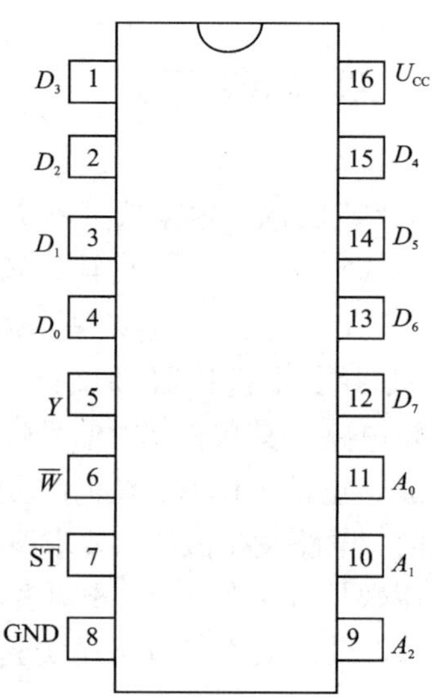

图3－4－3 74LS151外引线排列图

例如，利用八选一数据选择器产生逻辑函数$L=\bar{A}\ \bar{B}\ \bar{C}+\bar{A}\ B\ \bar{C}+A\ \bar{B}\ C+AB\ \bar{C}+ABC$，可以将此函数改成下列式：

$$L=m_0D_0+m_2D_2+m_5D_5+m_6D_6+m_7D_7 \qquad (3-4-2)$$

式(3－4－2)符合式(3－4－1)的标准形式。考虑到式中没有出现最小项 m_1、m_3、m_4，因而只有 $D_0=D_2=D_5=D_6=D_7=1$，而 $D_1=D_3=D_4=0$。由此可画出该逻辑函数产生器的逻辑图，如图 3－4－4 所示。

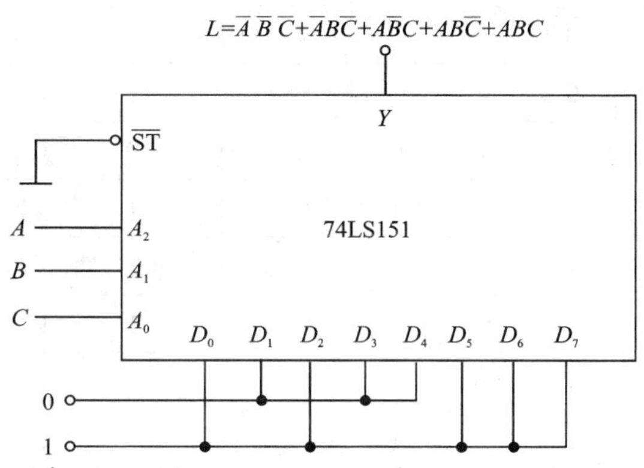

图 3－4－4　用 74LS151 构成逻辑函数产生器

2. 3 线－8 线译码器用于逻辑函数产生器和数据分配器

3 线－8 线译码器 74LS138 的外引线排列图和逻辑功能表分别如图 3－4－5 和表 3－4－2 所示。

由图 3－4－5 和表 3－4－2 可以看出，该译码器有三个选通器：ST_A、$\overline{ST}_B$ 和$\overline{ST}$，只有当 $ST_A=1$，$\overline{ST}_B=0$、$\overline{ST}_C=0$ 同时满足时，才允许译码，否则就禁止译码。设置多个选通端，使得该译码器能被灵活地组成各种电路。

在允许译码条件下，由功能表 3－4－2 可写出：

$$\left.\begin{aligned}\bar{Y}_0&=\overline{\bar{A}_2\ \bar{A}_1\ \bar{A}_0}\\ \bar{Y}_1&=\overline{\bar{A}_2\ \bar{A}_1A_0}\\ &\vdots\\ \bar{Y}_7&=\overline{A_2A_1A_0}\end{aligned}\right\} \qquad (3-4-3)$$

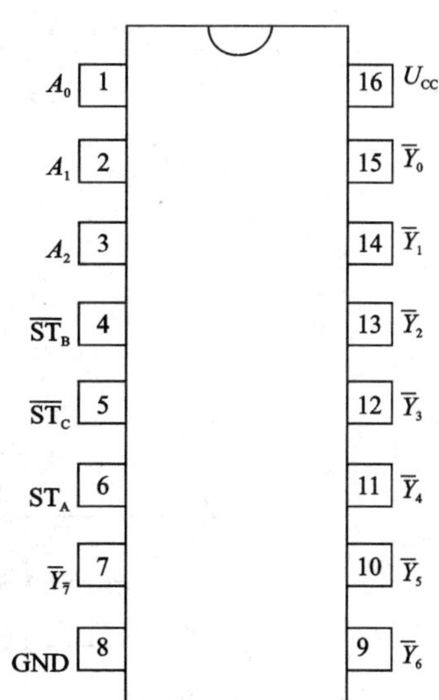

图 3－4－5　74LS138 外引线排列图

若要产生图 3－4－4 所示的逻辑函数，即 $L=\bar{A}\ \bar{B}\ \bar{C}+\bar{A}\ B\ \bar{C}+A\ \bar{B}\ C+AB\ \bar{C}+ABC$，则只要将输入变量 A、B、C 分别接到 A_2、A_1、A_0 端，并利用摩根定律进行变换，可得

$$L=\overline{\overline{\bar{A}\ \bar{B}\ \bar{C}}\quad \overline{\bar{A}\ B\ \bar{C}}\quad \overline{A\ \bar{B}\ C}\quad \overline{ABC}\quad \overline{ABC}}=\overline{\bar{Y}_0\bar{Y}_2\ \bar{Y}_5\ \bar{Y}_6\ \bar{Y}_7}$$

表 3-4-2　74LS138 逻辑功能表

输入					输出							
选通		译码地址			译码							
ST_A	$\overline{ST_B}+\overline{ST_C}$	A_2	A_1	A_0	$\overline{Y_0}$	$\overline{Y_1}$	$\overline{Y_2}$	$\overline{Y_3}$	$\overline{Y_4}$	$\overline{Y_5}$	$\overline{Y_6}$	$\overline{Y_7}$
×	1	×	×	×	1	1	1	1	1	1	1	1
0	×				1	1	1	1	1	1	1	1
1	0	0	0	0	0	1	1	1	1	1	1	1
1	0	0	0	1	1	0	1	1	1	1	1	1
1	0	0	1	0	1	1	0	1	1	1	1	1
1	0	0	1	1	1	1	1	0	1	1	1	1
1	0	1	0	0	1	1	1	1	0	1	1	1
1	0	1	0	1	1	1	1	1	1	0	1	1
1	0	1	1	0	1	1	1	1	1	1	0	1
1	0	1	1	1	1	1	1	1	1	1	1	0

由此可画出逻辑图如图 3-4-6 所示。

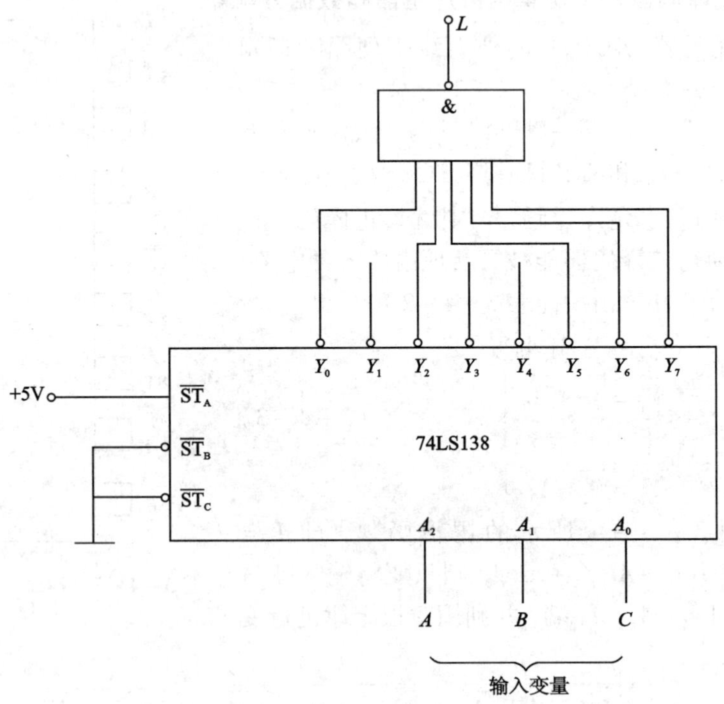

图 3-4-6　用 74LS138 构成逻辑函数产生器

此外，这种带选通输入端的译码器又是一个完整的数据分配器，如果把图3－4－5中的ST_A作为数据输入端，而将A_2、A_1、A_0作为地址输入端，则当$\overline{ST}_B=\overline{ST}_C=0$时，从$ST_A$端来的数据只能通过由$A_2$、$A_1$、$A_0$所确定的一根输出线送出去。例如，当$A_2A_1A_0=100$时，$ST_A$的状态将以反码形式出现在$\overline{Y}_4$输出端。

3.10－4线优先编码器74LS147及双四选一数据选择器74LS153管脚图

参见附录B。

四、实验报告

(1)列出实验结果。

(2)举例说明编码器、译码器、数据选择器的用途。

五、思考题

(1)在图3－4－1中74LS147的输出端与74LS48的输入端间为什么要加反相器？

(2)如何用74LS153(双四选一数据选择器)组成八选一数据选择器？

实验 3－5 集成触发器

一、实验目的

(1)熟悉并验证触发器的逻辑功能及相互转换的方法。
(2)掌握集成 JK 触发器的逻辑功能的测试方法。
(3)学习用 JK 触发器构成简单时序逻辑电路的方法。
(4)进一步熟悉用双踪示波器测量多个波形的方法。

二、预习要求

(1)复习触发器的基本类型及其逻辑功能。

(2)掌握 D 触发器和 JK 触发器的真值表及 JK 触发器转换成 D 触发器、T 触发器、T′触发器的基本方法。

(3)按实验内容(6)、(7)的要求，分别设计同步时序脉冲输出器电路和同步三分频电路，其输出波形分别如图 3－5－1 和图 3－5－2 所示。

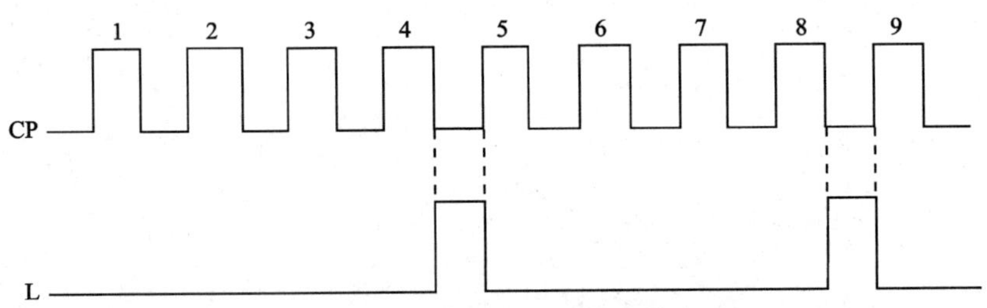

图 3－5－1 同步时序脉冲输出器波形

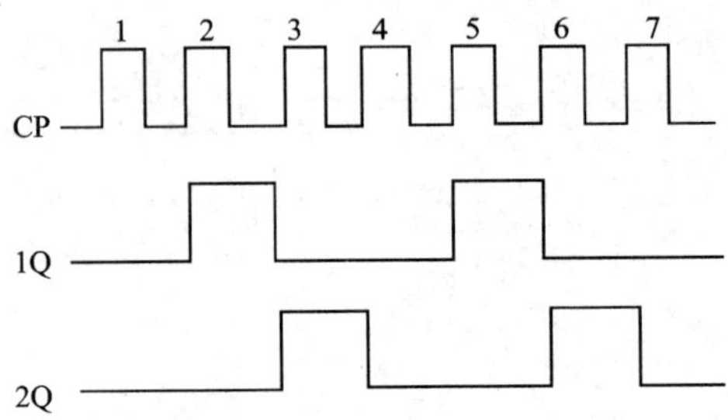

图 3－5－2 同步三分频电路输出波形

三、实验原理

1. 集成触发器的基本类型及其逻辑功能。

按触发器的逻辑功能分，有 RS 触发器、D 触发器、JK 触发器、T 触发器和 T′触发器。

按触发脉冲的触发形式分，有高电平触发、低电平触发、上升沿触发和下降沿触发以及主从触发器的脉冲触发等。

表 3－5－1 分别列出了时钟控制触发器的特性方程和功能表。

表 3－5－1　时钟控制触发器

类型	特性方程	功能表
RS 触发器	$\begin{cases} Q^{n+1}=S+\overline{R}Q^n \\ SR=0(\text{约束条件}) \end{cases}$	S R Q^{n+1} 0 0 Q^n 0 1 0 1 0 1 1 1 不定
JK 触发器	$Q^{n+1}=J\overline{Q}+\overline{K}Q^n$	J K Q^{n+1} 0 0 Q^n 0 1 0 1 0 1 1 1 $\overline{Q^n}$
T 触发器	$Q^{n+1}=\overline{Q}^n$	T Q^{n+1} 0 Q^n 1 $\overline{Q^n}$
D 触发器	$Q^{n+1}=D$	D Q^{n+1} 0 0 1 1

2. 触发器的转换

由于目前市场上供应的多为集成 JK 触发器和 D 触发器，很少有 T 触发器和 T′触发器，所以有时候我们要用一种类型的触发器代替另一种类型的触发器。这就需要进行触发器的转换。转换见表 3－5－2。

表 3-5-2 触发器的转换

原触发器	转换成				
	T 触发器	T′触发器	D 触发器	JK 触发器	RS 触发器
D 触发器	$D=T\oplus Q^n$ $=T\overline{Q^n}+\overline{T}Q^n$	$D=\overline{Q^n}$		$D=J\overline{Q^n}+\overline{K}Q^n$	$D=S+\overline{R}Q^n$
JK 触发器	$J=K=T$	$J=K=1$	$J=D,\ K=\overline{D}$		$J=S,\ K=R$
RS 触发器	$R=TQ^n,\ S=T\overline{Q^n}$	$R=Q^n,\ S=\overline{Q^n}$	$R=\overline{D},\ S=D$	$R=KQ^n,\ S=J\overline{Q^n}$	

四、实验内容

1. 基本 RS 触发器逻辑功能的测试

步骤：

(1)用 2 输入与非门构成图 3-5-3 所示的基本 RS 触发器。

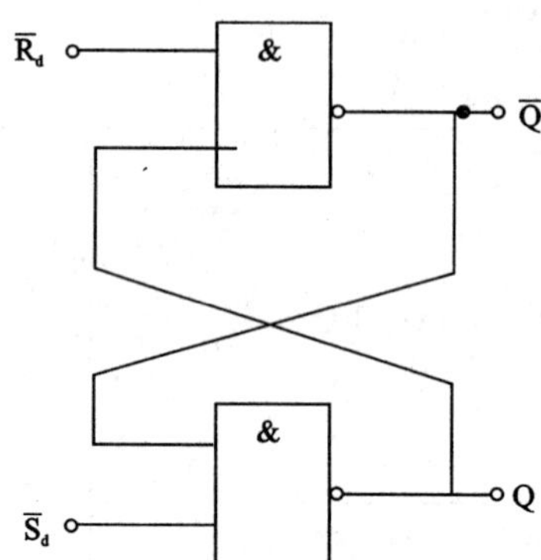

图 3-5-3 RS 触发器的逻辑电路

(2)分别改变$\overline{S}_d$、$\overline{R}_d$端电平，观察 Q、$\overline{Q}$端相应的状态，将有关结果数据填入表 3-5-3 中。当$\overline{S}_d$、$\overline{R}_d$端同时为 0 后再恢复到同时为 1，重复几次观察输出 Q 的状态是否不定。

表 3-5-3 RS 触发器的功能表

$\overline{R}_d$	$\overline{S}_d$	Q	$\overline{Q}$
0	1		
1	1		
1	0		
1	1		
0	0		
1	1		

2. JK 触发器逻辑功能的测试

集成 JK 触发器 74LS112 的逻辑符号如图 3-5-4所示。

1) 异步置位端$\overline{S}_d$和异步复位端$\overline{R}_d$的功能测试

J、K、CP 端为任意状态，$\overline{S}_d$、$\overline{R}_d$端分别接逻辑电平开关，输出 Q 与$\overline{Q}$端分别接发光二极管，测试出$\overline{R}_d$、$\overline{S}_d$接不同电平时输出端 Q 的状态，将结果记入表 3-5-4 中，并任意改变 J、K、CP 端状态，观察输出状态是否变化。

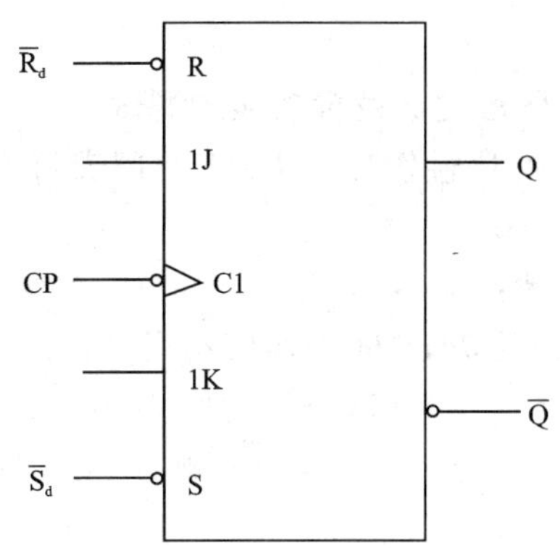

图 3-5-4　74*LS*112 的逻辑符号

表 3-5-4　JK 触发器的置位复位功能

$\overline{R}_d$	$\overline{S}_d$	Q	$\overline{Q}$
1	1		
0	1		
1	1		
1	0		

2) 逻辑功能测试

- **步骤**

(1) JK 触发器的输出端 Q、$\overline{Q}$端接发光二极管，CP 端接单次脉冲，J、K 端分别接逻辑开关，连接好电路图。

(2) 改变 J、K 端的输入状态，分别加入脉冲的上升沿和下降沿，观察其输出端的变化。

(3) 记下测试结果于表 3-5-5 中。

表 3-5-5　JK 触发器功能表

J	K	CP	Q_n	Q_{n+1}	J	K	CP	Q_n	Q_{n+1}
0	0	↑	0		1	0	↑	0	
			1					1	
0	0	↓	0		1	0	↓	0	
			1					1	
0	1	↑	0		1	1	↑	0	
			1					1	
0	1	↓	0		1	1	↓	0	
			1					1	

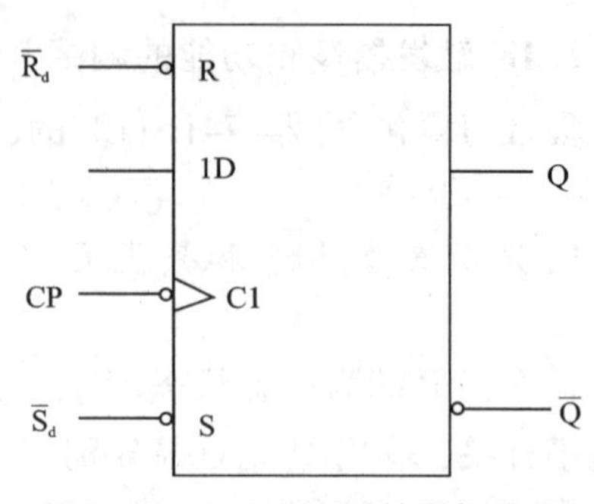

图 3－5－5 74LS74 的逻辑符号

3. D 触发器逻辑功能的测试

集成 D 触发器 74LS74 的逻辑符号如图 3－5－5 所示。

步骤：

(1)按 74LS74 的逻辑符号图连成测试电路。

(2)$\overline{R}_d$、$\overline{S}_d$ 的功能测试，D 和 CP 端为任意状态，按表 3－5－6 要求测试并将结果记录于表 3－5－6中。

表 3－5－6 D 触发器的置位复位功能

$\overline{R}_d$	$\overline{S}_d$	Q	$\overline{Q}$
1	1		
0	1		
1	1		
1	0		

(3)逻辑功能测试，按表 3－5－7 要求测试，将结果记入表 3－5－7 中。

表 3－5－7 D 触发器功能表

D	CP	Q^{n+1}	
		$Q^n=0$	$Q^n=1$
0			
1			

4. 转换

将 JK 触发器转换成 T 触发器和 D 触发器，并验证其功能。

5. 连接 JK 触发器

将两个 JK 触发器连接起来，即第二个 JK 触发器 J、K 连接在一起，接到第一个 JK 触发器的输出端 Q，同时将两个 JK 触发器的 CP 端连接在一起，输入单次脉冲，观察和记录 CP、1Q、2Q 的状态。然后再输入 1kHz 方波，用示波器分别观察和记录 CP、1Q、2Q 的波形，理解二分器、四分频的概念。

6. 设计同步时序脉冲输出器

设计一个同步时序脉冲输出器，其输出波形如图 3 -5 -1 所示。用示波器观察和记录 CP 和输出 L 的波形。

7. 设计同步三分频电路

设计一个同步三分频电路，其输出波形如图 3 -5 -2 所示。用示波器观察和记录 CP、1Q、2Q 的波形。

8. JK 触发器组成的二、四分频电路的仿真分析

(1)打开 EWB 5.0 的工作界面，创建好电路如图 3 -5 -6 所示。

(2)CP 脉冲采用频率为 1kHz 的 TTL 方波；在仪表工具栏中，拖曳出示波器，将电路的 CP、1Q、2Q 端分别接到示波器的 A、B 输入端。

(3)启动仿真，观察和记录 CP、1Q、2Q 的波形。

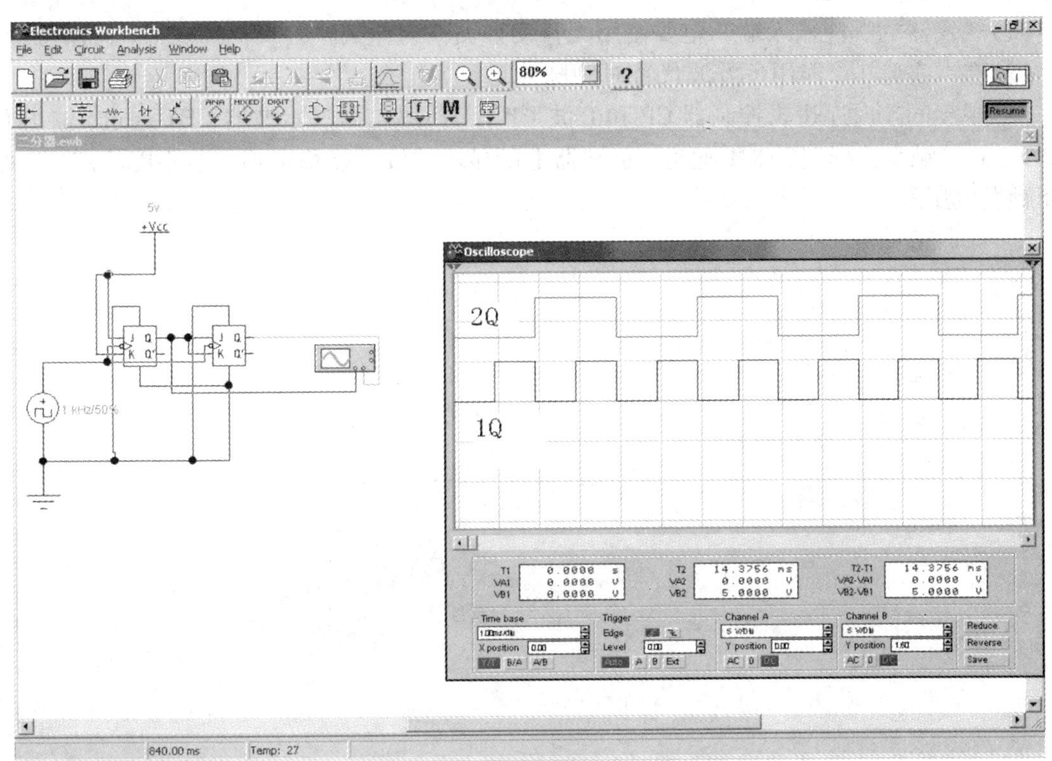

图 3 -5 -6　双 JK 触发器组成的分频电路与输出波形

五、实验报告

(1)记录各触发器的功能。

(2)根据实验内容 5，画出实验电路图，以及对应绘出所测 CP、1Q、2Q 的电压波形，标出幅值和周期。

(3)根据实验内容6，画出实验电路图，并对应绘出CP和L的波形，标出幅值和周期。

(4)根据实验内容7，画出实验电路图，并对应绘出CP、1Q、2Q的波形，标出幅值和周期。

六、注意事项

用示波器观察多个波形时，最好采用外触发方式，并且选用频率最低的电压作外触发电压。

七、思考题

(1)用与非门构成的基本RS触发器的约束条件是什么？如果改用或非门构成基本RS触发器，其约束条件又是什么？

(2)触发器的哪些输入端一定要使用无抖动开关？为什么？

(3)在本实验中，能用负方波代替时钟脉冲吗？为什么？

(4)观察同步时序逻辑控制器CP和L波形时，若CP信号送示波器CH1通道，输出L送CH2通道，“触发选择”置CH1通道，示波器上所显示的波形能稳定吗？若不能稳定，应如何选择触发电压？

实验 3－6　中规模计数器、译码器及显示电路

一、实验目的

(1)掌握中规模集成计数器 74LS161 的逻辑功能。
(2)学习 74LS48、BCD 译码器和共阴极七段显示器的使用方法。
(3)进一步熟悉用示波器测试计数器输出波形的方法。

二、预习要求

(1)复习计数、译码和显示电路的工作原理。
(2)预习中规模集成计数器 74LS161 的逻辑功能及使用方法。
(3)预习 74LS48 与 74LS47 译码器和共阴极七段显示器的工作原理及使用方法。
(4)绘出十进制计数、译码、显示电路中各集成芯片之间的连接图。

三、实验内容

1. 测试 74LS161 的计数功能

计数器是典型的时序逻辑电路，它用来累计和记忆输入脉冲的个数。计数是数字系统中非常重要的基本操作，所以也是应用最广泛的逻辑部件之一。

集成计数器是中规模集成电路，其种类有很多。如果按各触发器翻转的次序分类，计数器可分为同步计数器和异步计数器两种。在同步计数器电路中，所有触发器都以输入计数脉冲为时钟脉冲，应翻转的触发器同时翻转。在异步计数器电路中，有的触发器以计数脉冲作为时钟脉冲，有的则以其他触发的输出作为时钟脉冲，因而状态更新有先有后，故称为异步；如果按照计数数字的增减分类，可分为加法计数器、减法计数器和可逆计数器三种；如果按计数器进位规律分类，可分为二进制计数器、十进制计数器和 N 进制计数器三种。

计数器常从零开始计数，所以应具有“置零(清除)”功能。此外计数器还有“预置数”的功能，通过预置数据于计数器中，可以使计数器从任意值开始计数。

常用集成计数器均有典型产品，不必自己设计，只需合理选用即可。介绍几种常用的集成计数器，见相关链接中的 1～4。

(1)接线过程

实验电路原理图如图 3－6－1 所示。

(2)实验测试

①将清零端和 LD 端给高电平。

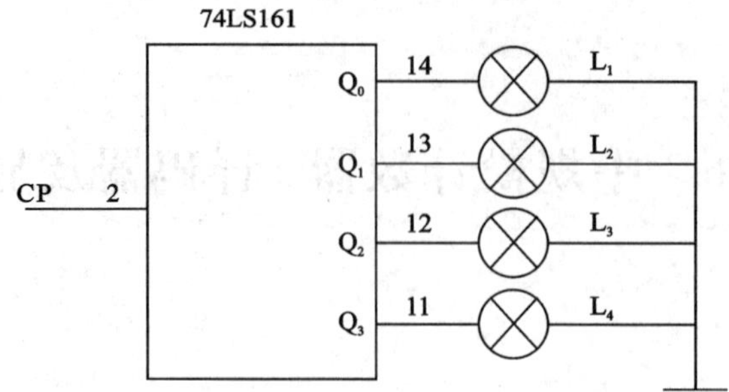

图 3-6-1 二进制显示电路

②依次送入 CP 单次脉冲。

③观察输出端的显示状态。

④根据其状态，将结果填入表 3-6-1 中。

表 3-6-1 74LS161 的计数功能

CP 数	Q_3	Q_2	Q_1	Q_0
1				
2				
3				
4				
5				
6				
7				
8				
9				
10				
11				
12				
13				
14				
15				
16				

2. 将二进制显示改为译码显示

(1)接线过程

实验电路原理图如图 3-6-2 所示。

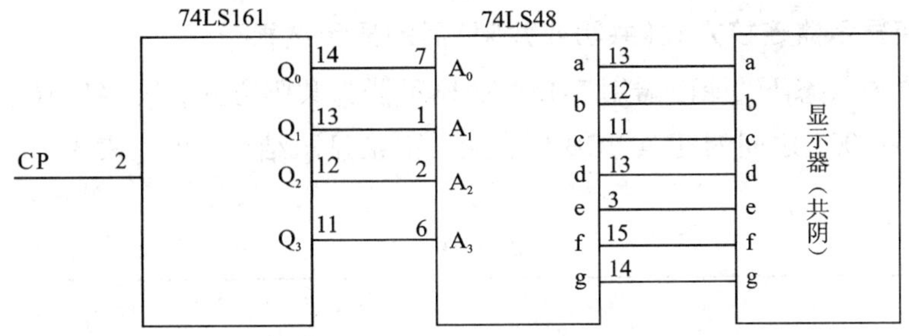

图3-6-2　译码显示电路

(2)实验测试

分别给脉冲，使计数器依次计数，观察显示器的数字显示，留意其循环过程。

3. 测试74LS161的置数功能

将图3-6-2中D_3、D_2、D_1、D_0接数据开关，计数器设置为置数状态($\overline{LD}$="0"、$\overline{CR}$="1")，电路图如图3-6-3所示。CP接连续脉冲，置入任意二进制数码，验证显示器的显示结果。

实验电路原理图如图3-6-3所示。

例如置入0000、0101、1001、1101，显示结果如图3-6-4所示。

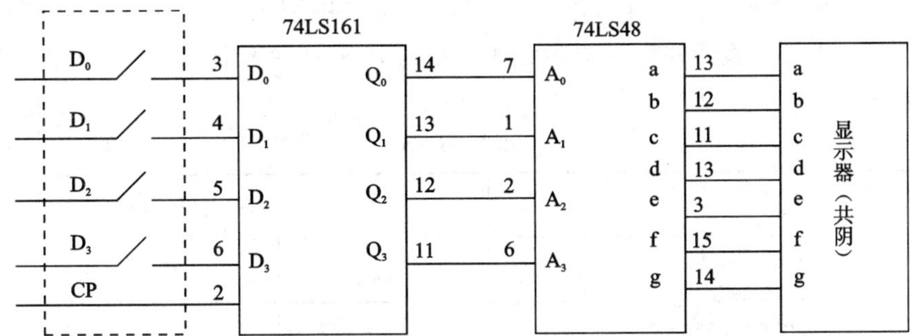

图3-6-3　置数显示电路

图3-6-4　实验测试显示结果

4. 观察改变显示器连接方式(共阴或共阳)后的显示结果

计数器在置数状态下，译码器用 74LS47，显示器为共阳方式，从 74LS161 的 D_3、D_2、D_1、D_0 端置入 0000 ~ 1001 之间的任意 BCD 码，观察记录显示结果，填入表 3 -6 -2 中。

表 3 -6 -2

输入				输出显示字型	
D_3	D_2	D_1	D_0	共阴	共阳

5. 组成三位(百、十、个)，具有冗余零消隐功能的显示电路

根据译码器逻辑功能，自行连接电路，任取 12 位二进制码，分别接入三位译码器 74LS48 的 D、C、B、A 输入端，验证并记录显示结果，填入表 3 -6 -3 中。

表 3 -6 -3

输入			输出显示字型		
百位	十位	个位	百	十	个
0	0	8			
0	1	0			
0	8	1			
8	0	0			

6. 用仿真软件分析、记录计数器的时钟波形和输出波形

(1)启动 EWB 5.0，创建一个如图 3 -6 -5 所示的电路。

(2)接入频率为 1kHz 的 TTL 时钟信号。计数器的时钟信号 CP、输出端 Q_0 ~ Q_3 分别接入逻辑分析仪的输入端。

(3)启动仿真，分析图 3 -6 -5 中的波形图，画出电路的状态转换图。

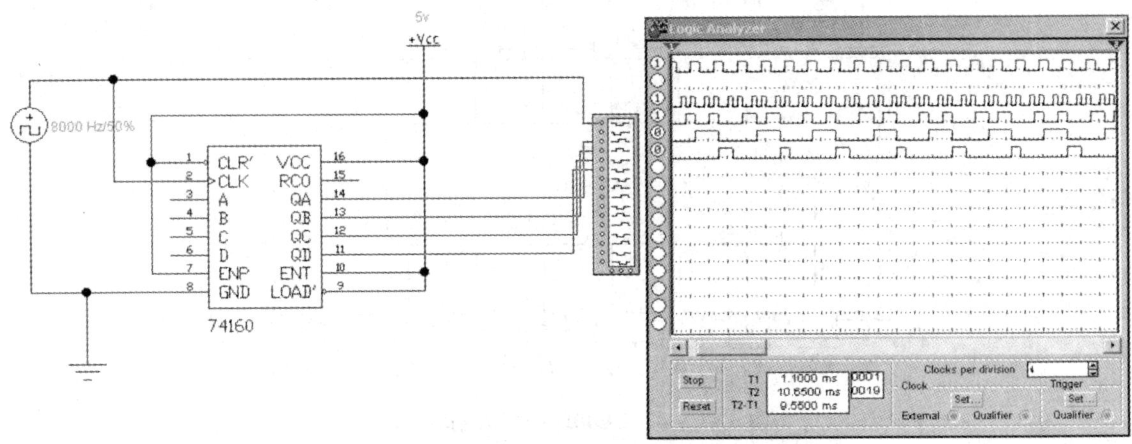

图 3 -6 -5　二至十进制计数器电路与波形

四、实验报告

整理分析实验数据，总结实验过程中出现的故障和解决故障的方法与过程。

五、思考题

(1) 如何实现二位十进制数的显示？
(2) 上述数码显示器为共阴极型，如果为共阳极数码管，则应如何处理？

相关链接

1. CC40161(74LS161)4 位二进制同步计数器

图 3 -6 -4 和表 3 -6 -4 分别示出 CC40161 外引线排列图和功能表。

表 3 -6 -4　CC40161 功能表

CP	$\overline{CR}$	$\overline{LD}$	P	T	操作状态
↑	1	0	×	×	预置
↑	1	1	0	×	保持
↑	1	1	×	0	保持
↑	1	1	1	1	计数
×	0	×	×	×	清除

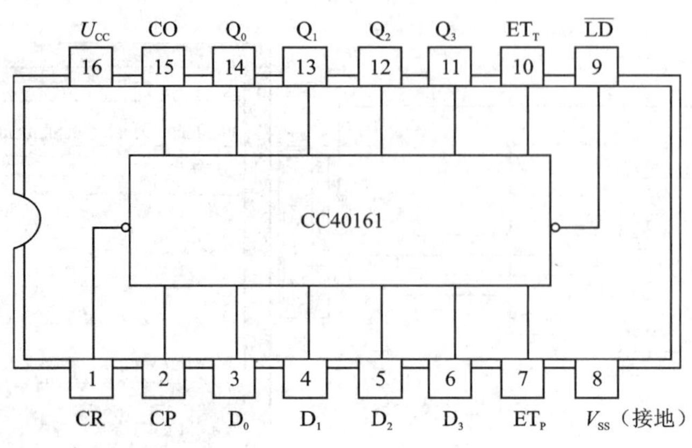

图 3-6-4 CC40161 外引线排列图

CC40161 是 CMOS 集成同步二进制计数器，它的主要功能为：

异步清除：当 $\overline{CR}=0$ 时，无论有无 CP，计数器立即清零，$Q_3 \sim Q_0$ 均为 0，称为异步清除。

同步预置：当 $\overline{LD}=0$ 时，在时钟脉冲上升沿的作用下，$Q_3=D_3$，$Q_2=D_2$，$Q_1=D_1$，$Q_0=D_0$。

计数：当使能端 $ET_P=ET_T=1$ 时，计数器计数。

锁存：当使能端 $ET_P=0$ 或 $ET_T=0$ 时，计数器禁止计数，为锁存状态。

2. 74LS192 同步十进制可逆计数器

图 3-6-5 和表 3-6-5 分别表示出 74LS192 的外引线排列图和功能表。

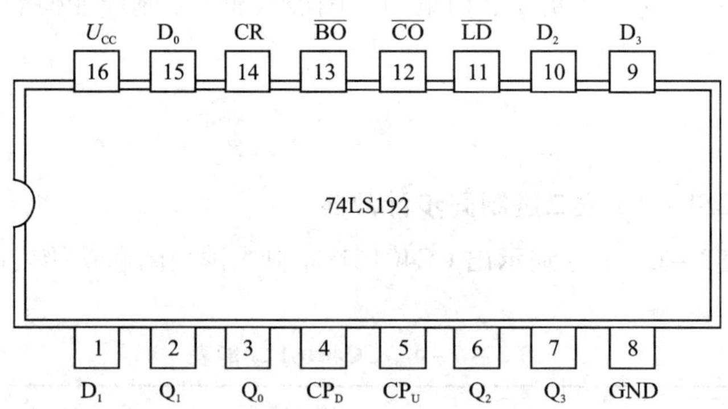

图 3-6-5 74LS192 外引线排列图

表 3-6-5　74LS192 功能表

输入								输出			
CR	$\overline{LD}$	CP_U	CP_D	D_0	D_1	D_2	D_3	Q_0	Q_1	Q_2	Q_3
1	×	×	×	×	×	×	×	0	0	0	0
0	0	×	×	d_0	d_1	d_2	d_3	d_0	d_1	d_2	d_3
0	1	↑	1	×	×	×	×	加计数			
0	1	1	↑	×	×	×	×	减计数			
0	1	↓	1	×	×	×	×	保持			
0	1	1	↓	×	×	×	×	保持			

74LS192 是同步十进制可逆计数器，具有双时钟和可预置功能。

当清除端 CR = 1 时，无论有无计数脉冲，$Q_3 \sim Q_0$ 均为 0，即为异步清除。当置数端$\overline{LD}$ = 0 时，无论有无计数脉冲，数据输入端 $D_3 \sim D_0$ 所置数据并行送到输出端 $Q_3 \sim Q_0$。

当 $CP_D = 1$，计数脉冲从 CP_U 送入，则在 CP 上升沿的作用下，计数器进行加计数，加到 9 后，借位输出端$\overline{CO}$ = 0。

当 $CP_U = 1$，计数脉冲从 CP_D 送入，则在 CP 上升沿的作用下，计数器进行减计数，减到 0 时，借位输出端$\overline{BO}$ = 0。

3. 74LS160 功能表(十进制同步计数器)、74LS163 功能表(4 位二进制同步计数器)

表 3-6-6　74LS160 功能表

CP	$\overline{C_1}$	$\overline{LD}$	$\overline{P}$	$\overline{T}$	功能
×	0	×	×	×	异步清 0
↑	1	0	×	×	同步置数
×	1	1	0	1	保持
×	1	1	×	0	保持($O_e = 0$)
↑	1	1	1	1	同步计数

表 3-6-7　CD40163 功能表

CP	$\overline{C_1}$	$\overline{LD}$	$\overline{P}$	$\overline{T}$	功能
×	0	×	×	×	异步清 0
↑	1	0	×	×	同步预置
×	1	1	0	1	保持
×	1	1	×	0	保持($O_e = 0$)
↑	1	1	1	1	同步计数

如表3－6－6和表3－6－7。CD40160、CD40161的功能及引脚同74LS160、74LS161。它们均属于异步清0，同步置数。CD40162和CD40163的功能同74LS162和74LS163等一样，它们均属同步清0，同步预置。其引脚同74LS160一样。

4.74LS90 异步二、五、十进制计数器

图3－6－6和表3－6－8示出了74LS90的外引线排列图和功能表。

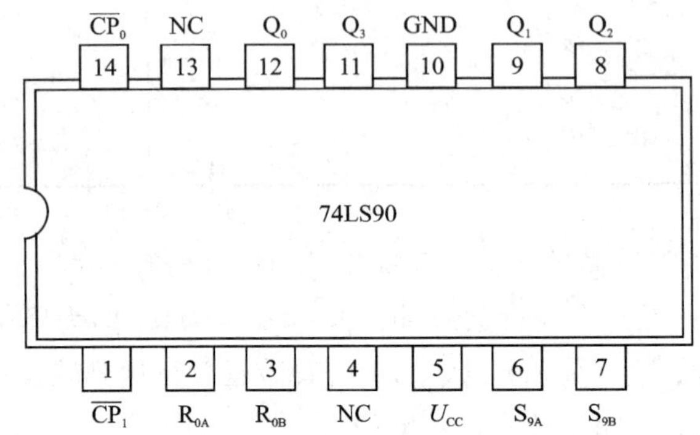

图3－6－6 74LS90外引线排列图

表3－6－8 74LS90外引线排列图

输入					输出			
$\overline{CP}$	R_{0A}	R_{0B}	R_{9A}	R_{9B}	Q_3	Q_2	Q_1	Q_0
×	1	1	0	×	0	0	0	0
×	1	1	×	0	0	0	0	0
×	0	×	1	1	1	0	0	1
×	×	0	1	1	1	0	0	1
↓	×	0	×	0	计数			
↓	0	×	0	×	计数			
↓	0	×	×	0	计数			
↓	×	0	0	×	计数			

74LS90是由二进制及五进制构成的十进制异步计数器。当计数脉冲由$\overline{CP_0}$输入，Q_0作为输出，构成二进制计数器（也称二分频电路）；计数脉冲由$\overline{CP_1}$输入，Q_3、Q_2、Q_1作为输出，构成五进制计数器（Q_3或Q_2作为输出时，是五分频电路）。如果将输出Q_0与$\overline{CP_1}$相连，Q_3～Q_0作为输出，则构成8421码的十进制计数器，计数顺序如表3－6－9（a）所示（Q_3作为输出时，是十分频电路，占空比为20%；如将Q_2作为输出时，也是十分频电路，但占空比为40%）；如果将输出Q_3与$\overline{CP_0}$相连，则构成5421码的十进制计数器，计数顺序如表3－6－9（b）所示（Q_0作为输出时，是十分频电路，输出脉冲的占空比为50%）。

表 3-6-9(a)　Q_0 与 $\overline{CP_1}$ 连接的计数序列(8421 码)

计数	输出			
	Q_3	Q_2	Q_1	Q_0
0	0	0	0	0
1	0	0	0	1
2	0	0	1	0
3	0	0	1	1
4	0	1	0	0
5	0	1	0	1
6	0	1	1	0
7	0	1	1	1
8	1	0	0	0
9	1	0	0	1

表 3-6-9(b)　Q_3 与 $\overline{CP_0}$ 连接的计数序列(5421 码)

计数	输出			
	Q_0	Q_3	Q_2	Q_1
0	0	0	0	0
1	0	0	0	1
2	0	0	1	0
3	0	0	1	1
4	0	1	0	0
5	1	0	0	0
6	1	0	0	1
7	1	0	1	0
8	1	0	1	1
9	1	1	0	0

5. 译码器 74LS48

74LS48 是 BCD 码七段译码器兼驱动器。

(1)74LS48 的特点

①消隐(灭灯)输入$\overline{BI}$低电平有效。当$\overline{BI}=0$，不论其他输入状态如何，所有输出为零，数码管七段全暗，无任何显示。可用来使显示的数码闪烁，或与某一信号同时显示。译码时，$\overline{BI}=1$。

②灯测试(试灯)输入$\overline{LT}$低电平有效。当$\overline{LT}=0$($\overline{BI}/\overline{RB_0}=1$)时，无论其他输入为何状态，所有输出为 1，数码管七段全亮，显示数字 8。可用来检查数码管、译码器有无故障。译码时，$\overline{LF}=1$。

③脉冲消隐(动态灭灯)输入$\overline{RBI}=1$ 时，对译码无影响；当$\overline{BI}=\overline{LT}=1$ 时，若$\overline{RBI}=0$，输入数码是十进制零时，七段全暗，不显示，输入数码不为零，则照常显示。在实际使用中有些零是可以不显示的，如 004.50 中的百位的零可不显示；若百位为零且不显示，则十位的零

也可以不显示；小数点后第二位为零，不考虑有效位时也可不显示。这些可不显示的零称为冗余零。脉冲消隐输入$\overline{RBI}=0$，可使冗余零消隐。

④脉冲消隐（动态灭灯）输出$\overline{RBO}$与消隐输入$\overline{BI}$共用一个管脚4，当它作输出端时，与$\overline{RBI}$配合，共同使冗余零消隐。以3位十进制数为例。见图3－6－7，十位的零是否要显示，取决于百位是否为零，有否显示，这就要用$\overline{RBO}$进行判断，在$\overline{RBI}$和 $A_3 \sim A_0$ 全为零时，$\overline{RBO}=0$，否则为1。百位为零，且$\overline{RBI}=0$（百位被消隐），则百位$\overline{RBO}$和十位的$\overline{RBI}=0$，使十位的零消隐，其余数码照常显示。若百位不为零，或未使零消隐，则百位的$\overline{RBO}$和十位的$\overline{RBI}$全为1，使十位的零不具备消隐条件，而与其他数码一起照常显示。

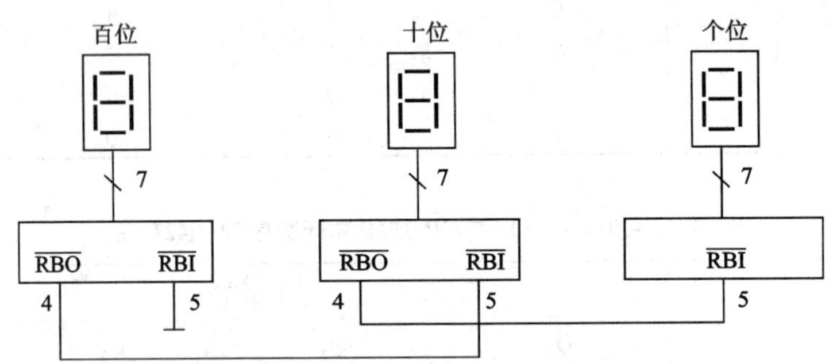

图3－6－7　3位十进制数消隐冗余零电路

（2）74LS48 的外引脚排列及功能表（如图3－6－8 和表3－6－9）

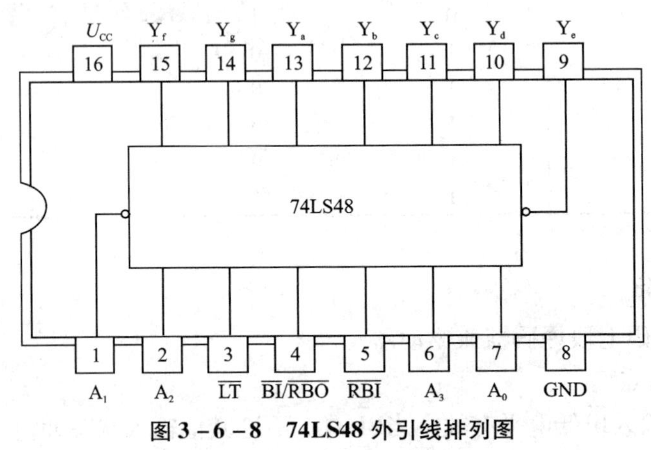

图3－6－8　74LS48 外引线排列图

表3－6－10　74LS48 功能表

十进制数或功能	输入						$\overline{BI}/\overline{RBO}$	输出							字形
	$\overline{LT}$	$\overline{RBI}$	A_3	A_2	A_1	A_0		Y_a	Y_b	Y_c	Y_d	Y_e	Y_f	Y_g	
0	1	1	0	0	0	0	1	1	1	1	1	1	1	0	0
1	1	×	0	0	0	1	1	0	1	1	0	0	0	0	1
2	1	×	0	0	1	0	1	1	1	0	1	1	0	1	2
3	1	×	0	0	1	1	1	1	1	1	1	0	0	1	3

续表 3 –6 –10

十进制数或功能	输入						$\overline{BI}/\overline{RBO}$	输出							字形
	$\overline{LT}$	$\overline{RBI}$	A_3	A_2	A_1	A_0		Y_a	Y_b	Y_c	Y_d	Y_e	Y_f	Y_g	
4	1	×	0	1	0	0	1	0	1	1	0	0	1	1	4
5	1	×	0	1	0	1	1	1	0	1	1	0	1	1	5
6	1	×	0	1	1	0	1	0	0	1	1	1	1	1	6
7	1	×	0	1	1	1	1	1	1	1	0	0	0	0	7
8	1	×	1	0	0	0	1	1	1	1	1	1	1	1	8
9	1	×	1	0	0	1	1	1	1	1	0	0	1	1	9
10	1	×	1	0	1	0	1	0	0	0	1	1	0	1	⊏
11	1	×	1	0	1	1	1	0	0	1	1	0	0	1	⊐
12	1	×	1	1	0	0	1	0	1	0	0	0	1	1	⊔
13	1	×	1	1	0	1	1	1	0	0	1	0	1	1	[illegible]
14	1	×	1	1	1	0	1	0	0	0	1	1	1	1	[illegible]
15	1	×	1	1	1	1	1	0	0	0	0	0	0	0	
$\overline{BI}$	×	×	×	×	×	×	0	0	0	0	0	0	0		8
$\overline{RBI}$	1	0	0	0	0	0	0	0	0	0	0	0	0	0	
$\overline{LT}$	0	×	×	×	×	×	1	1	1	1	1	1	1	1	

6. 显示器

显示器电路如图 3 –6 –9 所示。

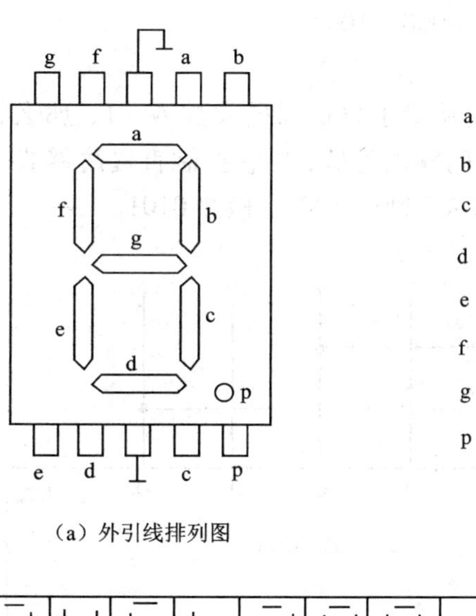

（a）外引线排列图

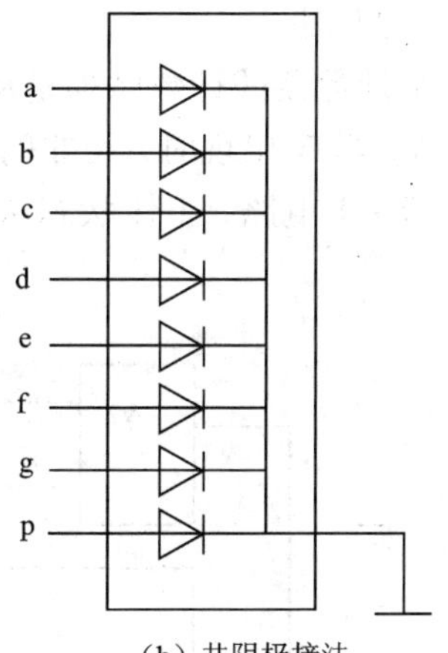

（b）共阴极接法

0　1　2　3　4　5　6　7　8　9　10　11　12　13　14　15

（c）数字符号显示

图 3 –6 –9　共阴七段显示器

实验 3－7　*N* 进制计数器

一、实验目的

(1)进一步熟悉集成计数器的逻辑功能和各控制端的作用。
(2)掌握用集成计数器实现任意模计数器的方法。
(3)掌握集成计数器的级联扩展。

二、实验电路工作原理

利用同步计数器的预置和清零功能，构成小规模计数器。

方法一：利用预置端。

CC40161 有 16 个状态 0000～1111，用它组成模 $N(N<16)$ 计数器，如计数序列取前 N 个状态。当检测到最后一个状态时，让 $\overline{LD}$ 端置 0，在下一个 CP 到来时将第一个状态预置到计数器。图 3－7－2 电路工作状态为 0000～1001。

方法二：复位法。

如果模 N 计数器的计数序列是从最小数 0 到最大数 $N-1$，那么数 N 是多余的，可用与非门检测数 N，当 N 出现时，与非门输出为低，用它控制直接清零端 $\overline{CR}$，将计数器清零。

如图 3－7－1 电路，工作状态从 0000～1001，检测 0101。

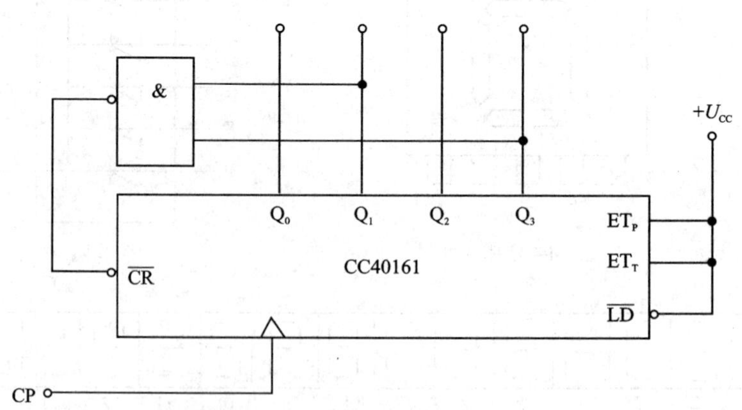

图 3－7－1　利用清零端的反馈式计数器

当计数器模数≥16(对于四位二进制计数器)时，根据需要可以利用多片集成计数器级联，构成任意制计数器。例如图 3－7－3 电路，级间为异步的模 24 计数器。

三、实验内容

1. 利用清零端的反馈方式构成十进制计数器

(1)按图3-7-1连接电路，将单次脉冲接入CP端。

接线步骤

①与非门的地线、芯片CC40161的地线、高低电平的地线分别接到电源的地线；
②芯片CC40161的输出端与数码显示器相连；
③芯片CC40161的Q_1、Q_3分别接到与非门的两个输入端；
④与非门的输出端接到芯片CC40161的清零端；
⑤接入一个CP脉冲信号；
⑥三个使能端接在一起；
⑦与非门的电源端、芯片CC40161的电源端、高低电平的电源端分别接+5V电源。

(2)实验测试

依次送入脉冲，观察Q_3、Q_2、Q_1、Q_0的逻辑状态，列出真值表。

(3)将CP改为1kHz方波，用示波器分别观察十进制计数器Q_0、Q_1、Q_2、Q_3的输出波形和CP的波形，比较它们的时序关系。

(4)用EWB软件中的逻辑分析仪，观察记录CP与$Q_0 \sim Q_3$的时序关系。并将结果打印。

2. 利用置数端的反馈方式构成十进制计数器

如图3-7-2所示，实验步骤同上，列出真值表。

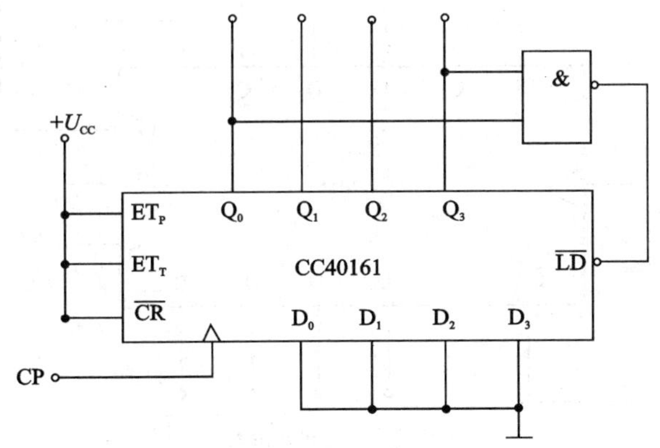

图3-7-2　利用置数端的反馈式计数器

3. CC40161 的级间联接(如图 3-7-3 所示)

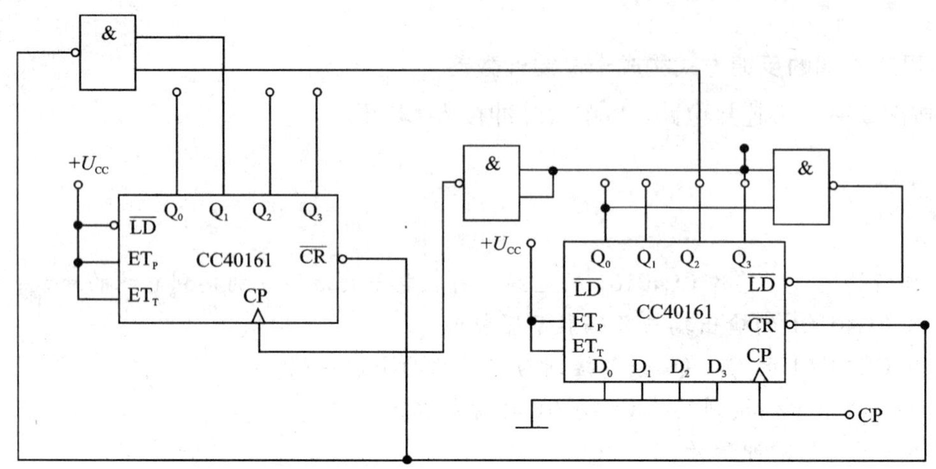

图 3-7-3 串行进位式 24 位进制计数器

4. 可编程补码计数器

用 CC40161 和 CC4011 构成图 3-7-4 所示可编程补码计数器，CP 同上，CC40161 的 $Q_0 \sim Q_3$ 接 LED 显示，$D_3 \sim D_0$ 接数据开关 $SW_1 \sim SW_4$。改变输入端 D_3、D_2、D_1、D_0 的编程输入数码，分别观察模为 8、10、12 的计数状态。

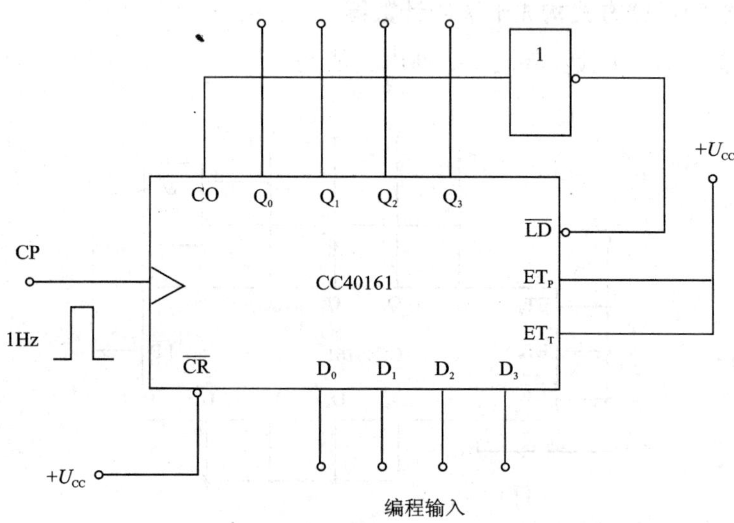

图 3-7-4 可编程补码计数器

***5. 设计、仿真并行进位方式(同步)的 24 进制计数器**

***6. 设计、仿真六十进制计数器**

要求当十位数字为 0 时，十位显示器不显示 0。

五、实验报告要求

(1)画出十进制计数、译码、显示电路中各集成芯片之间的连接图。

(2)用坐标纸对应时间轴，画出十进制计数器 CP、Q_0、Q_1、Q_2、Q_3 五个波形的波形图，标出周期，并比较它们的时序关系。

六、注意事项

(1)计数器 CC40161 和与非门 CC4011 均为 CMOS 集成电路，因此，闲置的输入端不能悬空。

(2)检查显示器各段好坏时，可与译码器连接后，用$\overline{LT}=0$ 来实现。如果用 +5V 电源，只有接限流电阻(500Ω)后，才可接到显示器各段检查。

七、思考题

用示波器观察 CP、$Q_3 \sim Q_0$ 波形时，要想正确观察波形的时序关系，应选择什么触发方式？如果选用外触发方式，则应选哪个电压作外触发电压？

实验3－8 移位寄存器

一、实验目的

(1)掌握移位寄存器74LS194的逻辑功能，熟悉其应用及级联方法。

(2)熟悉用移位寄存器组成计数器的特点。

(3)进一步掌握用示波器观察多个波形时序关系方法。

二、预习要求

(1)仔细阅读74LS194功能表，了解74LS164的功能。

(2)拟出用74LS194实现数码串入－并出和并入－串出的实验方案。

(3)复习有关由移位寄存器组成计数器的内容，画出用74LS194构成具有自启动功能的环形、扭环形计数器的逻辑图。

(4)试用74LS194设计一个$N=3$的伪随机序列发生器。

三、实验原理

实验电路如图3－8－3所示。它是一种具有“转换完成”输出端的7位并行串行转换电路。该电路利用74LS194(CD40194)的M_1、$M_0=11$时并入、$M_1M_0=01$时右移功能。第一片74LS194(CD40194)的D_{IR}端接1，D_0端做标志位接0。$D_1\sim D_7$接被转换的数据。$\overline{RC}$、M_0接1，右片Q_7为串行输出端。启动输入端加负脉冲，使M_1为1，移位寄存器执行并行预置操作，在时钟脉冲作用下，并行输入数据及标志码0进入移位寄存器。由于标志码0加到Q_0端，只有启动信号撤销，M_1端就由1变成0，使移位寄存器转为右移操作。在CP作用下，数据依次由Q_7串出，与此同时不断地将1移入寄存器。当标志码移到Q_6(最后1位数据移到了Q_7)，与非门(74LS30)输入全为1，于是就发出“转换完成”脉冲，同时使寄存器转入并行预置操作。如此循环，完成并行串行转换。

四、实验内容

1.4位双向移位寄存器的逻辑功能测试

根据表3－8－1设置的各控制端状态，测试74LS194的清除、并行置数、右移、左移和保持功能。将结果记入表3－8－1中。

表 3-8-1　74LS194 功能测试

输　入					输出	功能
并行	串行	CP	模式	$\overline{CR}$	$Q_3Q_2Q_1Q_0$	
$D_0D_1D_2D_3$	$D_{IR}D_{IL}$		M_0M_1			
× × × ×	× ×	×	× ×	0		
× × × ×	× ×	0	× ×	1		
$d_0d_1d_2d_3$	× ×	↑	1 1	1		
× × × ×	1 ×	↑	1 0	1		
× × × ×	0 ×	↑	1 0	1		
× × × ×	× 0	↑	0 1	1		
× × × ×	× 1	↑	0 1	1		
× × × ×	× ×	×	0 0	1		

接线步骤

①芯片的地线、高低电平的地线接电源的地线；
②芯片 74LS194 的清零端接高低电平；
③芯片 74LS194 的控制输入端接高低电平；
④芯片 74LS194 的数据输入端接高低电平；
⑤芯片 74LS194 的使能端接高低电平；
⑥芯片 74LS194 的输出端接显示灯；
⑦芯片 74LS194 的 CP 端接一个脉冲信号；
⑧芯片的电源端、高低电平的电源端接一个 +5V 的电源。

2. 用移位寄存器组成环形计数器

图 3-8-1 所示是由 74LS194 构成的移位寄存器型环形计数器。在循环前，先使 $M_1 = M_0 = 1$，让预置数并行置入，然后再改变 M_1、M_0 的电平，使预置数左循环或右循环。例如，当图 3-8-1 接成右循环状态时，假设预置数为 0111，则环形计数器的有效时序为 0111→1011→1101→1110，然后又回到 0111。该环形计数器的缺点是，循环前必须要预置一个初始状态。

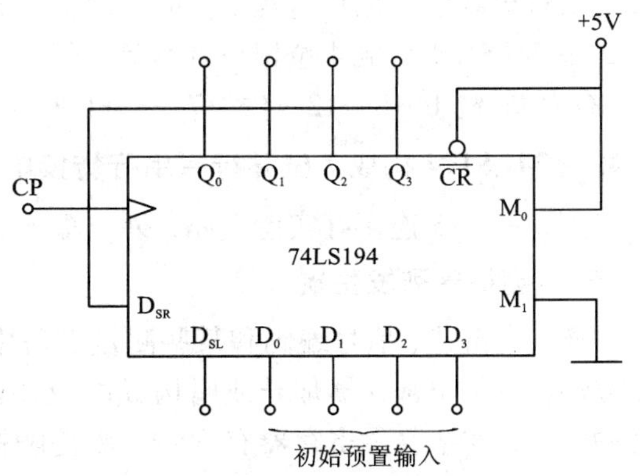

图 3-8-1　移位寄存器型环形计数器

照图 3-8-1 组装移位寄存器型环形计数器。选单次手动脉冲或 1Hz 方波作为 CP 输入，$D_0 \sim D_3$ 用逻辑水平输出开关分别预置二进制数 0001、0101、0111 观察数据的循环过程。

3. 时序脉冲产生器

时序脉冲产生器也称节拍脉冲产生器，是计算机及通信设备经常使用的一种逻辑部件。它具有多个输出端，在这些输出端上能按一定的时间顺序逐个地出现节拍控制脉冲。

时序脉冲产生器一般分为两类：一类是移位寄存器型，另一类是计数译码型。

图 3 -8 -2 是计数译码时序脉冲产生器。它是由计数器 74LS161 和译码器 74LS138 组成的。

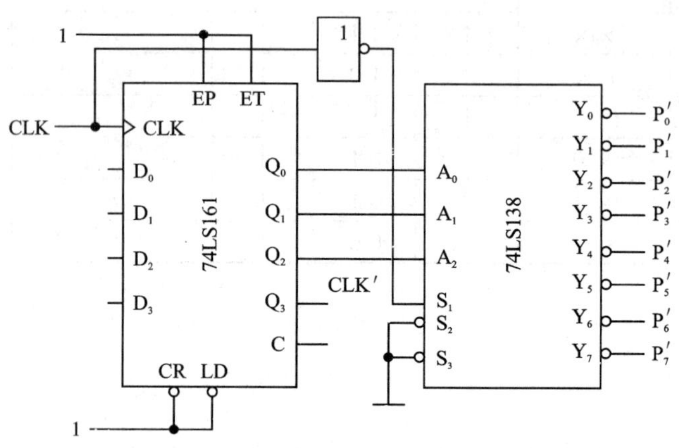

图 3 -8 -2 计数译码型时序脉冲产生器

(1)组装计数译码型时序脉冲产生器。

先按图 3 -8 -2 组装 8 个节拍的时序脉冲产生器，CP_1 选 1Hz 方波。在 LED 显示器上分别观察 74LS138 的输出$\overline{P_0}$ ~ $\overline{P_7}$。

(2)用 74LS194 构成(移位寄存器型)能自启动的环形计数器。

①用 74LS194 和或非门实现自启动的 4 位标准环形计数器(有数循环：1→8→4→2→1)。选用单次脉冲或 1Hz 方波作为 CP 输入，从 D_3 ~ D_0 预置入二进制数 0001、0101、1100、0111，观察记录输出状态的循环过程，验证计数器是否能自启动。

②用 74LS194 构成 4 位扭环计数器，任选一种启动方法令其启动。观测并记录各级输出状态(有效循环：0→8→12→14→7→3→1→0)。

4. 用 74LS194 构成 7 位并行 - 串行转换电路

按图 3 -8 -3 连接好实验电路，列出输入、输出状态表。

***5. 伪随机序列发生器**

在通信、雷达、信号编码和某些测量设备中，常常使用伪随机序列。产生伪随机序列有很多方法，用移位寄存器加异或门构成的反馈网络是产生伪随机序列的简便而实用的方法。用这种方法，如果移位寄存器有 N 位，则伪随机序列的长度(周期)为 $2^n - 1$，反馈方程为：

$$a = a_{n-1} \oplus a_0 \tag{3-8-1}$$

式中：a_{n-1}、a_0 分别为移位寄存器的末、首两位触发器的 Q 端。

图 3 -8 -4 所示电路，是用 74LS194(或 CD40194)和 74LS86(或 CD4070)等逻辑门构成的伪随机序列发生器，寄存器是 4 位，反馈方程是 $a = Q_3 \oplus Q_0$，它的周期是 15。电路通电时，寄存器可能出现全是 0 状态，而且保持此状态不变。为了使电路成为自启动的，加入一个或

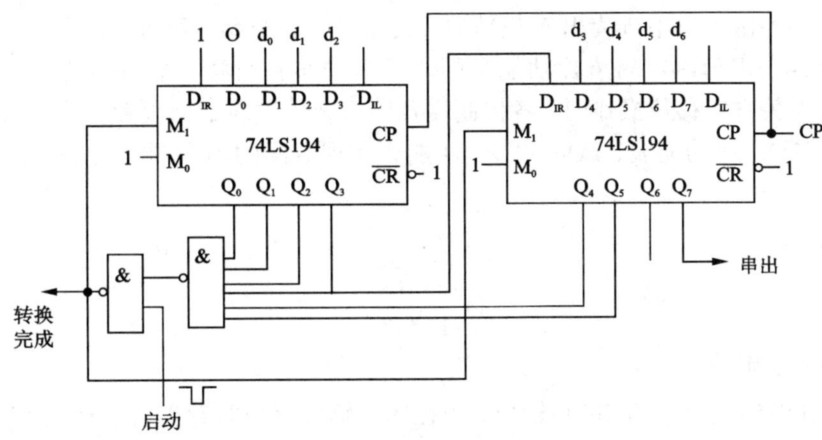

图3-8-3　7位并行-串行转换电路

非门。当 $Q_nQ_1Q_2Q_3=000X$ 时，或非门输出为1，下一个时钟脉冲使寄存器进入1000状态。

按图3-8-4接线，观察记录一个周期的输出序列。

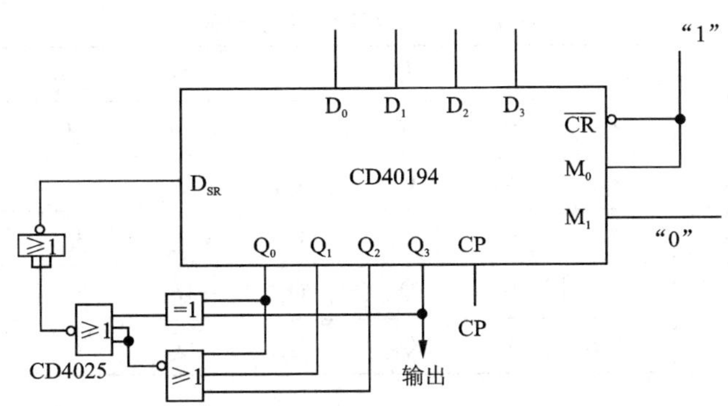

图3-8-4　74LS194(或CD40194)构成的伪随机序列发生器

*6. 选用74LS164组成8位标准环形计数器

组成反馈逻辑为 $D_S=Q_8$；循环过程的每一个逻辑状态，只能有一个"1"，其余均为"0"的环形计数器。

74LS164的功能表见"相关链接"。

五、实验报告

根据实验结果，写出实验报告，并回答问题。

六、思考题

(1)一个 N 位的移位寄存器，若串行输入 N 位二进制码后，再并列读出 N 位数码，需经多少个移位脉冲？由末位串行读出 N 位数码，又需要多少个移位脉冲？

(2)74LS194(CD40194)的清除功能是同步还是异步？与移位脉冲有无关系？预置功能和移位脉冲有无关系？移位操作时，各控制端及输入数码端应如何设置？

(3)根据74LS164功能表，试问74LS164能否实现数码的串入/并出，并入/串出的转换？为什么？

相关链接

1. 74LS164 功能表

74164、74LS164是8位并/串行输出，门控串行输入移位寄存器，当 D_{SA}、D_{SB} 两个串行输入为低电平或其中一个为低电平时，在下一个时钟脉冲上升沿到达时，将移位寄存器第一级 Q_0 复位到低电平，同时 $Q_0 \sim Q_6$ 中的数据顺次右移一位。当 D_{SA} 和 D_{SB} 均为高电平时，在下一个时钟脉冲上升沿到达时，Q_0 置"1"，同时 $Q_0 \sim Q_6$ 中的数据右移一位。功能表如表3-8-2所示。

表3-8-2　74LS164功能表

$\overline{CR}$	CP	D_{SA}	D_{SB}	Q_0	Q_1	Q_2	Q_3	Q_4	Q_5	Q_6	Q_7
0	×	×	×	0	0	0	0	0	0	0	0
1	0	×	×	Q_{00}	Q_{10}	Q_{20}	Q_{30}	Q_{40}	Q_{50}	Q_{60}	Q_{70}
1	↑	0	×	0	Q_{0n}	Q_{1n}	Q_{2n}	Q_{3n}	Q_{4n}	Q_{5n}	Q_{6n}
1	↑	×	0	0	Q_{0n}	Q_{1n}	Q_{2n}	Q_{3n}	Q_{4n}	Q_{5n}	Q_{6n}
1	↑	1	1	1	Q_{0n}	Q_{1n}	Q_{2n}	Q_{3n}	Q_{4n}	Q_{5n}	Q_{6n}

2. 74LS194(CD40194)功能表

移位寄存器74LS194是4位双向移位寄存器，最高时钟频率为36MHz。它具有并行输入、并行输出、左移和右移的功能。这些功能均通过模式控制端 M_1、M_0 来确定。详见表3-8-3。在 $D_0D_1D_2D_3$ 端送入4位二进制，并使 $M_1 = M_0 = 1$ 时，该4位二进制数同步并行输入至寄存器。当CP到来后，在CP上升沿的作用下，4位二进制数并行输出；若 $M_1 = 0$，$M_0 = 1$，则该项4位二进制数被串行送入到右移数据输入端 D_{SR}，在CP上升沿作用下，同步右移；右 $M_1 = 1$，$M_0 = 0$，数据同步左移；若 $M_1 = M_0 = 0$，寄存器保持。

表3-8-3　74LS194的控制模式

M_1	M_0	功能
0	0	保持
0	1	右移
1	0	左移
1	1	并行置数

74LS194 的外引线排列图如图 3－8－5，其功能表如表 3－8－4 所示。

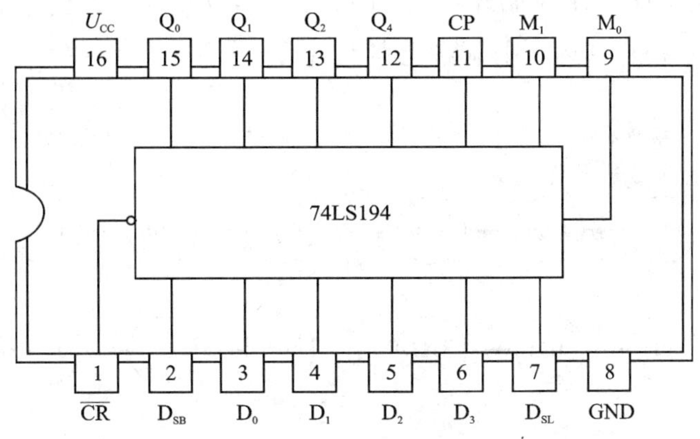

图 3－8－5　74LS194 外引线排列图

表 3－8－4　74LS194 功能表

输入										输出				
CR	M_1	M_0	CP	D_{SL}（左移）	D_{SR}（右移）	D_0	D_1	D_2	D_3	Q_0	Q_1	Q_2	Q_3	功能
0	×	×	×	×	×	×	×	×	×	0	0	0	0	清零
1	×	×	0	×	×	×	×	×	×	Q_{00}	Q_{10}	Q_{20}	Q_{30}	保持
1	1	1	↑	×	×	d_0	d_1	d_2	d_3	d_0	d_1	d_2	d_3	送数
1	0	1	↑	×	1	×	×	×	×	1	Q_{0n}	Q_{1n}	Q_{2n}	右移
1	0	1	↑	×	0	×	×	×	×	0	Q_{0n}	Q_{1n}	Q_{2n}	右移
1	1	0	↑	1	×	×	×	×	×	Q_{1n}	Q_{2n}	Q_{3n}	1	左移
1	1	0	↑	0	×	×	×	×	×	Q_{1n}	Q_{2n}	Q_{3n}	0	左移
1	0	0	×	×	×	×	×	×	×	Q_{00}	Q_{10}	Q_{20}	Q_{30}	保持

表中：$d_0 \sim d_3$——$D_0 \sim D_3$ 端的稳态输入电平；

Q_{00}、Q_{10}、Q_{20}、Q_{30}——规定稳态输入条件建立前 Q_0、Q_1、Q_2、Q_3 的电平；

Q_{0n}、Q_{1n}、Q_{2n}、Q_{3n}——时钟上升沿↑前 Q_0、Q_1、Q_2、Q_3 的电平。

3. 四位环形计数器

计数器的反馈逻辑为 $D_S = Q_1$ 时循环状态，如图 3－8－6 所示为不能自启动的计数器，若把反馈逻辑改为 $D_S = \overline{Q_4 + Q_3 + Q_2}$，则电路就变为能自启动的循环移位一个“1”的四位环形计算器。

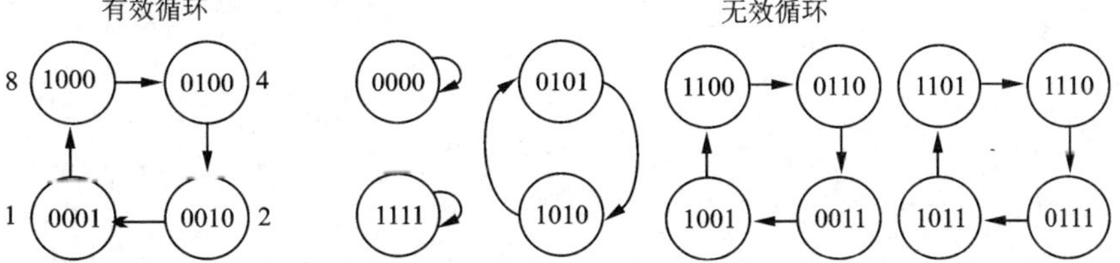

图 3－8－6　环形计数器

4. 四位扭环计数器

计数器的反馈逻辑 $D_S=\overline{Q_1}$时循环状态，如图 3－8－7 所示，计数器不能自启动。当把反馈逻辑修改为 $D_S=\overline{Q_1}+Q_3\overline{Q_2}$时，则电路能实现启动。

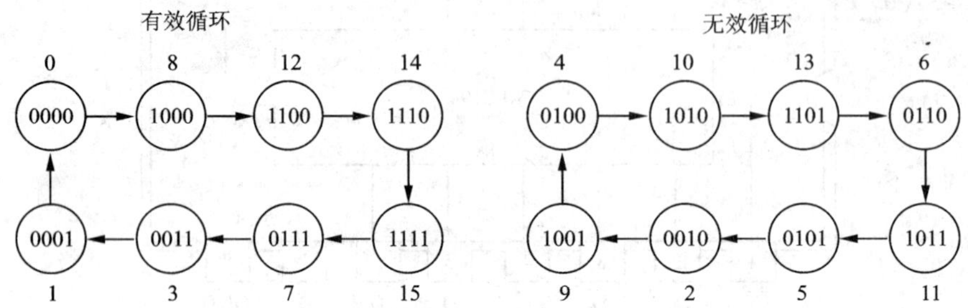

图 3－8－7　扭环形计数器

实验 3－9　TTL 与非门脉冲波形产生和整形电路

一、实验目的

(1)加深对 TTL 与非门组成的多谐振荡器和单稳态触发器的了解。

(2)了解 RC 定时元件对输出脉冲宽度的影响。

二、实验内容(一)

1. TTL 与非门的环形多谐振荡器

由于 TTL 与非门组成的环形多谐振荡器中，加入了 RC 延时电路，既可以增加延时时间，又可通过改变 R 或 C 的数值来调节振荡频率，其周期 T 约为：

$$T \approx 2.2 R_W C$$

步骤：

(1)选 74LS04 一块，按图 3－9－1 接线，$R_W = 1\text{k}\Omega$，$C = 0.1\mu\text{F}$，$R_1 = 100\Omega$。

(2)检查无误后接通 +5V 电源。

(3)用示波器观察 u_D、u_0 两点的电压波形并注意波形的相应关系。

(4)调节电位器 R_W，观察波形的变化，测量最高频率和最低频率。

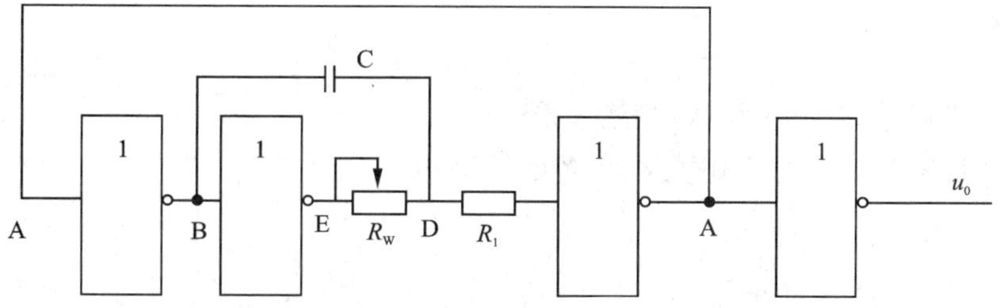

图 3－9－1　带 RC 电路的环形多谐振荡器

2. 实验测试

调节电位器 R_W，观察波形的变化，测量最高频率和最低频率，其波形如图 3－9－2 所示。

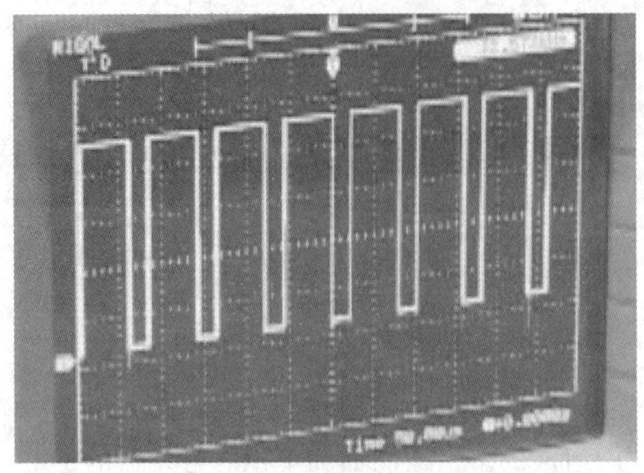

图 3-9-2 输出波形

三、实验内容(二)

1. TTL 与非门积分型单稳态触发器

(1) 选用 74LS00 一块，按图 3-9-3 接线，$R=100\Omega$、$C=0.01\mu F$。

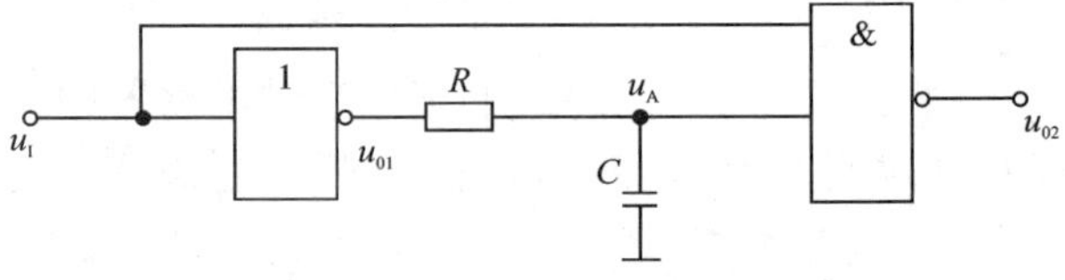

图 3-9-3 积分型单稳态触发器

(2) 从 u_I 端输入连续脉冲信号，调至一定宽度时，用示波器观察 u_I、u_A、u_0 各点的波形。

(3) 测量输出脉冲宽度 T_W 与占空比。

2. TTL 与非门积分型单稳态触发器各点波形图

如图 3-9-4 所示。

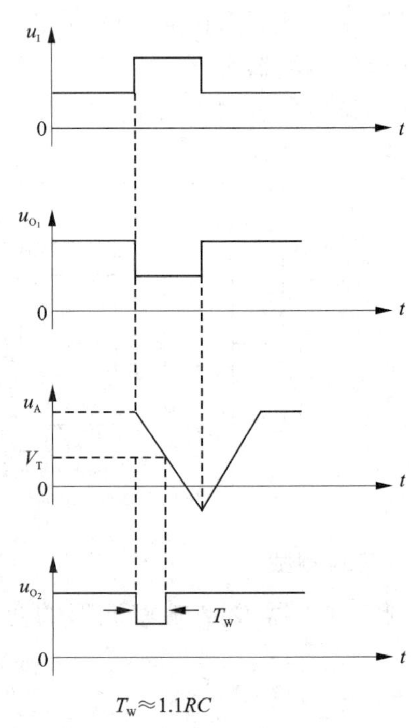

图 3-9-4 积分型单稳态触发器波形图

四、实验报告

(1) 整理上述测量结果，画出各测量波形。

(2) 总结电路参数对单稳态触发器和多谐振荡电路的影响。

五、思考题

在上述环形振荡器电路中，输出时加一个相反器可起什么作用?

实验 3－10　555 时基电路的应用

一、实验目的

(1)熟悉 555 集成定时器的组成及工作原理。

(2)掌握用定时器构成单稳态电路、多谐振荡电路和施密特触发电路等。

(3)进一步学习用示波器对波形进行定量分析，测量波形的周期、脉宽和幅值等。

二、预习要求

(1)了解 555 集成定时器的外引线排列和功能。

(2)熟悉用 555 集成定时器和外接电阻、电容构成的单稳触发器、多谐振荡器和施密特触发器的工作原理。

三、实验原理

1. 555 集成定时器简介

555 集成定时器是模拟功能和数字逻辑功能相结合的一种双极型中规模集成器件。外加电阻、电容可以组成性能稳定而精确的多谐振荡器、单稳电路、施密特触发器等，应用十分广泛。

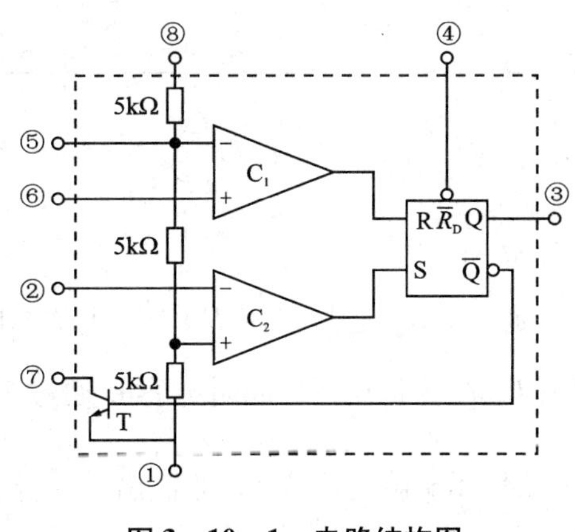

图 3－10－1　电路结构图

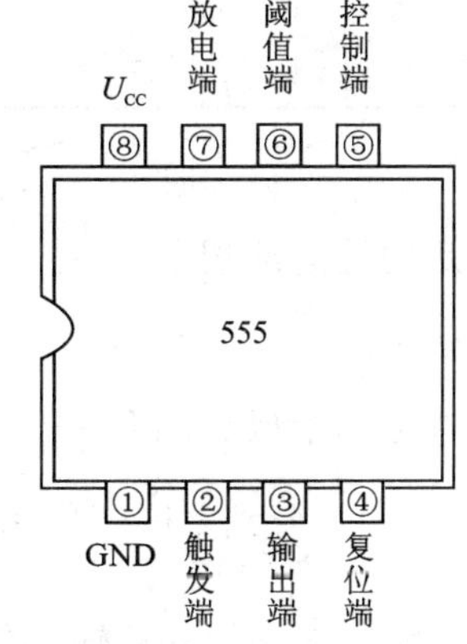

图 3－10－2　外引线排列图

555 定时器的内部原理框图和外引线排列图如图 3－10－1、图 3－10－2 所示。它是由上、下两个电压比较器、三个 5kΩ 电阻、一个 RS 触发器、一个放电三极管 T 以及功率输出级组成。比较器 C_1 的反相输入端⑤接到由三个 5kΩ 电阻组成的分压网络的$\frac{2}{3}U_{CC}$处（⑤也称控制电压端），同相输入端⑥为阈值电压输入端。比较器 C_2 的同相输入端接到分压电阻网络的$\frac{1}{3}U_{CC}$处，反相输入端②为触发器电压输入端，用来启动电路。两个比较器的输出控制 RS 触发器。当比较器 $C_2$②端的触发输入电压 $u_2<\frac{1}{3}U_{CC}$、比较器 $C_1$⑥端的阈值输入电压 $u_6<\frac{2}{3}U_{CC}$时，C_2 输出为 1，C_1 输出为 0，即 RS 触发器的 $S=1$，$R=0$，故触发器置位（置 1），$\overline{Q}=0$，所以放电三极管 T 截止。而当 $u_2>\frac{1}{3}U_{CC}$，$u_6>\frac{2}{3}U_{CC}$时，$S=0$，$R=1$，触发器被复位（置 0），$\overline{Q}=1$，放电三极管 T 导通。此外，RS 触发器还设有复位 $\overline{\mathrm{R}}_{\mathrm{D}}$④，当复位端处于低电平时，输出③为低电平。控制电压端⑤是比较器 C_1 的基准电压端，通过外接元件或电压源可改变控制端的电压值，即可改变比较器 C_1、C_2 的参考电压。不用时可将它与地之间接一个 0.01 μF 的电容，以防止干扰电压引入。555 的电源电压范围是 +4.5 ~ +18V，输出电流可达 100 ~ 200 mA，能直接驱动小型电机、继电器和低阻抗扬声器。

综上所述，不难得出 555 定时器的基本功能如表 3－10－1 所示。

表 3－10－1　555 集成定时器功能表

输　入			输　出	
阈值输入⑥	触发输入②	复位④	输出③	放电管⑦
×	×	0	0	导通
$<\frac{2}{3}U_{CC}$	$<\frac{1}{3}U_{CC}$	1	1	截止
$>\frac{2}{3}U_{CC}$	$>\frac{1}{3}U_{CC}$	1	0	导通
$<\frac{2}{3}U_{CC}$	$>\frac{1}{3}U_{CC}$	1	不变	不变

2. 555 定时器的应用

（1）单稳态电路

单稳态电路的组成如图 3－10－3 所示。当电源接通后，U_{CC}通过电阻 R 向电容 C 充电，待电容上电压 u_C 上升到$\frac{2}{3}U_{CC}$时，RS 触发器置 0，即输出 u_0 为低电平，同时电容 C 通过三极管 T 放电。当触发端②的外接输入信号电压 $u_I<\frac{1}{3}U_{CC}$时，RS 触发器置 1，即输出 u_0 为高电平，同时，三极管 T 截止。电源 U_{CC}再次通过 R 向 C 充电。输出电压维持高电平的时间取决于 RC 的充电时间，当 $t=t_{p0}$时，电容上的充电电压为：

$$u_C = U_{CC}(1 - e^{-\frac{t_{p0}}{RC}}) = \frac{2}{3}U_{CC}$$

所以输出电压的脉宽

$$t_{p0} = RC\ln 3 \approx 1.1RC$$

一般 R 取 1kΩ ~ 10 MΩ，$C > 1000$pF。

值得注意的是：u_I 的重复周期必须大于 t_{p0}，才能保证每一个正倒置脉冲起作用。由上式可知，单稳态电路的暂态时间与 U_{CC} 无关。因此用 555 定时器组成的单稳电路可以作为较精确定时器。

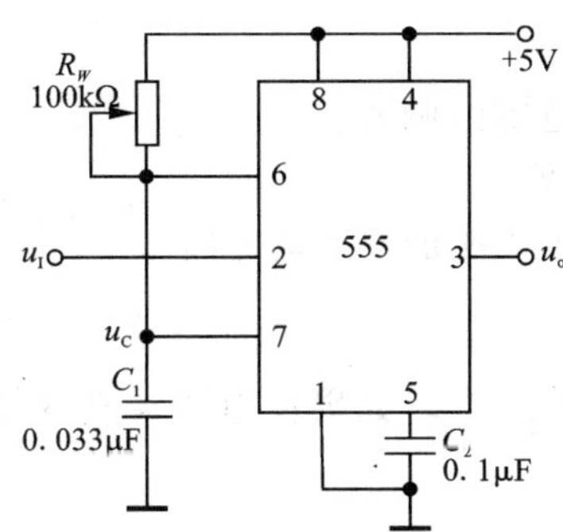

图 3－10－3　单稳态触发器

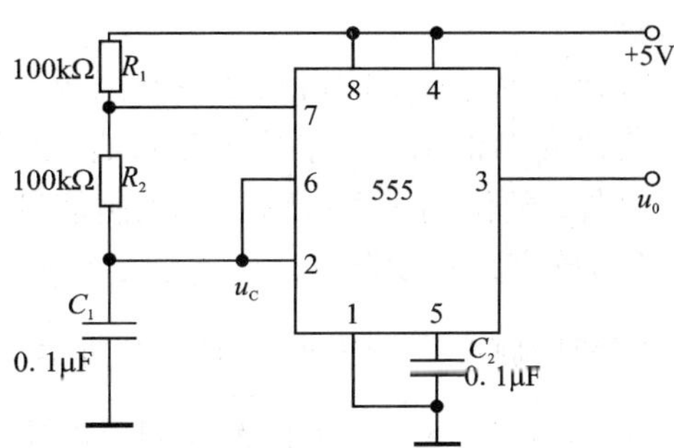

图 3－10－4　多谐振荡器

(2) 多谐振荡器

多谐振荡器电路如图 3－10－4 所示。电源接通后，U_{CC} 通过电阻 R_1、R_2 向电容 C 充电。电容上的电压按指数规律上升，当 u_C 上升到 $\frac{2}{3}U_{CC}$ 时，因 u_C 与阈值输入端⑥相连，有 $u_C = u_6$，使比较器 C_1 输出翻转，输出电压 $u_0 = 0$，放电管 T 导通，电容 C 通过 R_2 放电；当电容上电压 u_C 下降到 $\frac{1}{3}U_{CC}$ 时，比较器 C_2 工作，输出电压 u_0 变为高电平，C 放电终止，U_{CC} 通过电阻 R_1、R_2 又开始充电；周而复始，形成振荡。其振荡周期与充、放电的时间有关。

充电时间：

$$t_{PH} = (R_1 + R_2)C \cdot \ln\left[\frac{U_{CC} - \frac{2}{3}U_{CC}}{U_{CC} - \frac{1}{3}U_{CC}}\right] \approx 0.7(R_1 + R_2)C$$

放电时间：

$$t_{PL} = R_2 C\ln\left[\frac{U_{CC} - \frac{2}{3}U_{CC}}{U_{CC} - \frac{1}{3}U_{CC}}\right] \approx 0.7R_2 C$$

振荡周期：

$$T = t_{PH} + t_{PL} \approx 0.7(R_1 + 2R_2)C$$

振荡频率：

$$f = \frac{1}{T} = \frac{1}{t_{PH} + t_{PL}} \approx \frac{1.44}{(R_1 + 2R_2)C}$$

占空系数：

$$D = \frac{T_{PH}}{T} = \frac{R_1 + R_2}{R_1 + 2R_2}$$

当$R_2 \gg R_1$时，占空系数近似为50%。

该电路的最高输出频率为200kHz。

由此分析可知：

①电路的振荡周期T、占空系数D，仅与外接元件R_1、R_2和C有关，不受电源电压变化的影响。

②改变R_1、R_2，即可改变占空系数，其值可在较大范围内调节。

③改变C的值，可单独改变周期，而不影响占空系数。

另外，复位端④也可输入一控制信号。复位端④为低电平时，电路停振。

(3)施密特触发器

施密特触发器，如图3-10-5所示。其回差电压为$\frac{1}{3}U_{CC}$。如果在电压控制端⑤外接可调电压u_d(1.5~5V)，可以改变回差电压。

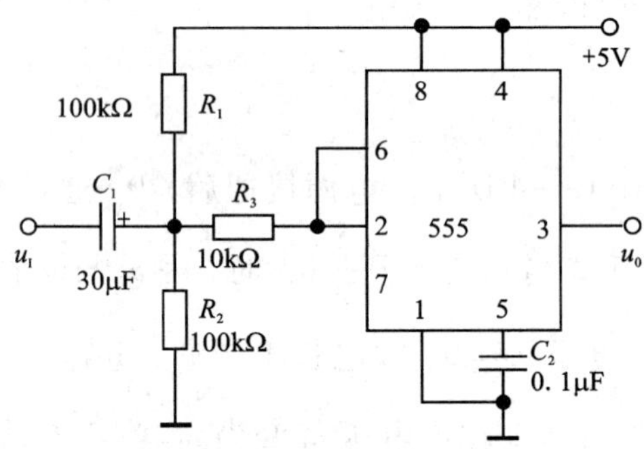

图3-10-5 施密特触发器

四、实验内容

(1)单稳态触发器

a. 实验接线

电路原理参看图3-10-3，接线如下。

接线步骤

①芯片555的1管脚接地；

②芯片555的5管脚接一个0.1 μF的电容，电容的另一端接地；

③芯片555的7管脚接一个0.033 μF的电容，电容的另一端接地，同时7管脚接到6管脚；

④芯片555的6管脚接到可调电阻器的一端，可调电阻器的另一端接到芯片555的8管脚；

⑤可调电阻器的中间端接到芯片555的6管脚；

⑥芯片555的8管脚与4管脚相连；

⑦芯片555的4管脚接一个+5V的电源；

⑧最后接入示波器和函数发生器。

b. 实验测试

u_I输入一连续脉冲（$T > t_{P0}$），用双踪示波器观察输出电压u_0和输入电压u_I的波形，比较它们的时序关系、绘出波形，从大到小调节R_p，观察u_0和C_1上的波形。当$R = 5k\Omega$，$C = 0.1\mu F$时，测量输出脉冲宽度t_{P0}。其中两个波形图如图3－10－6所示。

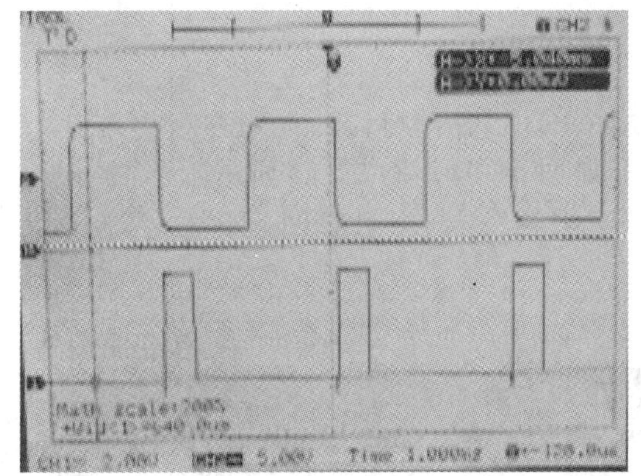

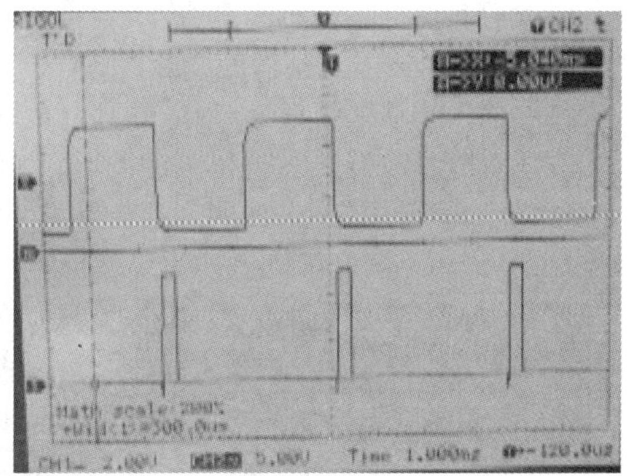

图3－10－6　单稳态触发器输入、输出波形

（2）多谐振荡器

a. 电路原理参看图3－10－4，接线如下。

接线步骤

①芯片555的1管脚接地；

②芯片555的5管脚接一个0.1 μF的电容，电容的另一端接地；

③芯片555的2管脚与6管脚相连，同时2管脚接一个0.1 μF的电容，电容的另一端接地，2管脚再接一个100kΩ的电阻，电阻的另一端接到7管脚；

④芯片555的7管脚接一个100kΩ的电阻，电阻的另一端接到芯片的8管脚；

⑤芯片555的8管脚与4管脚相连，再接到+5V的电源。

b. 实验测试

①接入示波器，观察记录输出波形，并测出其频率，如下图所示。

②将R_1值改为10kΩ，再观察记录输出波形，测量其频率和占空比，如图3－10－7所示。

（3）施密特触发器

a. 实验接线（参考图3－10－5）

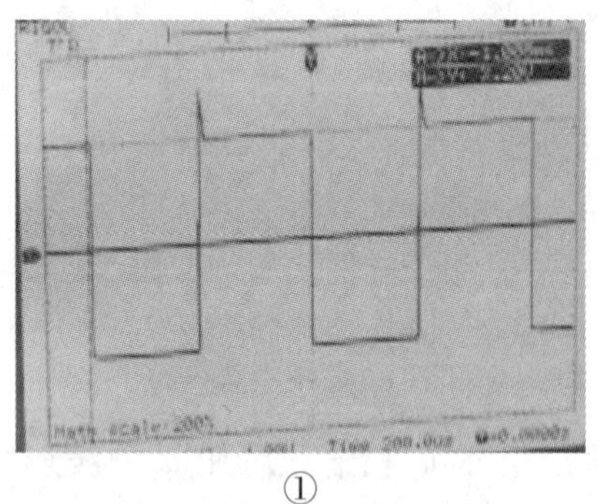
①

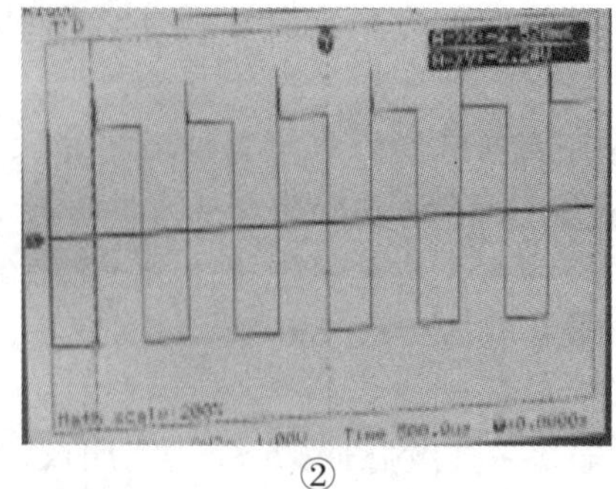
②

图3－10－7 多谐振荡器输出波形

b. 实验测试

①接入示波器，观察输出波形。

②在输入端输入频率为1kHz、幅度(p－p)为5V的正弦信号u_i。

③用双踪示波器观察u_I和u_0的波形，测得波形如图3－10－8中①③所示。

④描绘u_I和u_0波形。注明周期、幅度、上限、下限触发电平，计算回差电压。

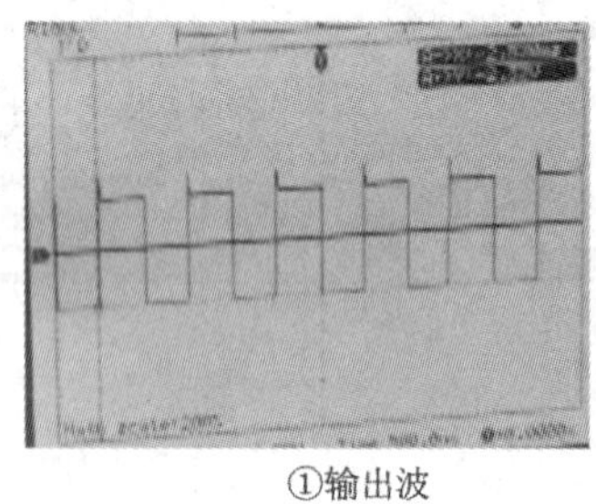
①输出波

②信号源

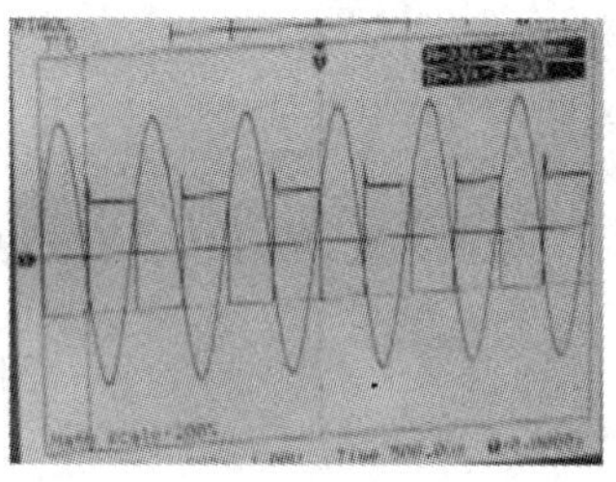
③输入、输出波

图3－10－8 信号源与波形图

(4)仿真观察

启动仿真软件，在创建的图3－10－5所示电路中，电压控制端⑤分别外接2V、4V电压，用示波器观察该电压对输出波形的脉宽，上、下限触发电平以及回差电压有何影响。

(5)555电路的应用

图3－10－9所示为"叮咚"门铃电路。由定时器555和R_1、R_2、R_3、C_2组成多谐振荡器。按钮A未按下时，555的复位端$\bar{R}_D$通过R_4接地，为低电平，振荡器不工作。按下A后，电源U_{CC}通过二极管D_1向电容C_1充电，u_{C1}逐渐升高，当u_{C1}变为高电平时，即$R_D=1$，振荡器开始工作，喇叭发出声音。因按钮A通过D_2将R_1短接，故振荡频率较高，发出"叮咚"声。松开按钮A，C_1上的电压继续维持$\bar{R}_D$等于高电平，振荡器继续振荡。此时，R_1已被串接入定时电路，所以振荡频率较前变低，发出"咚"声，同时C_1通过R_4放电，当C_1上的电压放完，$R_D=0$，振荡器停止工作，喇叭也就停止发声。

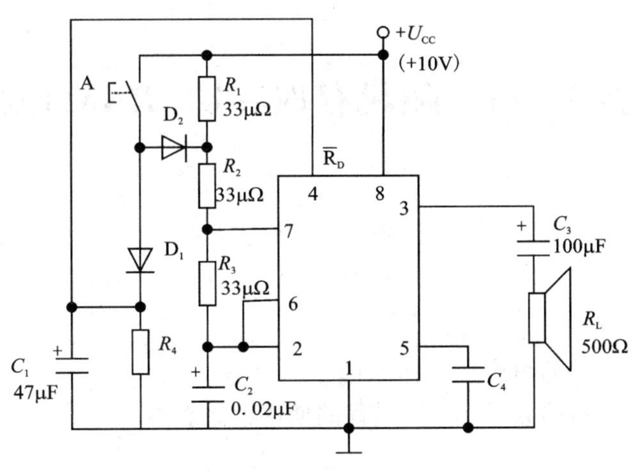

图 3－10－9　叮咚门铃电路

五、实验报告

整理实验数据，画出实验内容中所要求的波形，按坐标对应标出波形的周期、脉宽和幅值。

六、注意事项

(1)单稳态电路的输入信号选择要特别注意。u_I的周期 T 必须大于 u_0的脉宽 t_{p0}，并且低电平的宽度要小于 u_0的脉宽 t_{p0}。

(2)所有需绘制的波形图均要按时间坐标对应描绘，而且要正确选择示波器的 AC、DC 输入方式，才能正确描绘出所有波形。在图中标出周期、脉宽以及幅值等。

七、思考题

(1)在图 3－10－5 所示的多谐振荡器中，若需改变占空比，电路应如何改变?

(2)多谐振荡器的振荡频率主要由哪些元件决定？单稳态触发器输出脉冲宽度和重复频率各与什么有关?

实验3－11 随机存取存储(RAM)实验

一、实验目的

(1)了解RAM存储器的组成及工作原理。

(2)熟悉RAM存储器的数据读、写过程的使用方法。

二、实验原理

图3－11－1中，RAM存储器实验电路使用了RAM2114、一片六反相器74LS04和一片三态缓冲器(四总线缓冲器)74LS125、RAM2114的地址输入端的高6位(A_9 ~ A_4)均接地，低4位(A_3 ~ A_0)接数字实验台的地址模拟开关。在本实验中，由于芯片地址端受图中接线方法的限制，故RAM中能使用的存储单元为(000H～00FH)。

四路数据开关接到三态缓冲器的输入端，当缓冲器被禁止(高阻态)时，四路数据开关与RAM的I/O间数据线被隔开；当缓冲器被允许时，四路数据开关上的数据可以写入RAM。

脉冲源的输出信号分别经过非门加在缓冲器的控制端以及RAM的读写控制端。由于RAM芯片的片选输入端$\overline{CS}$始终接地，因而对于读写控制端，$R/\overline{W}=1$时为读出，$R/\overline{W}=0$时为写入。当脉冲信号源输出正脉冲信号时，缓冲器处于允许工作状态，四路数据开关上的数据送到RAM的I/O数据端。此时，由于RAM处于写入状态，故传送到RAM的I/O端的数据可写入存储器。

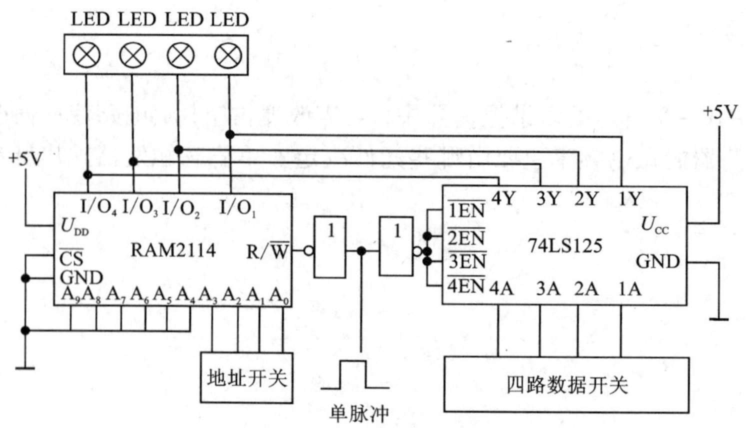

图3－11－1 RAM存储器实验电路

三、实验内容与步骤

用单脉冲方式对静态 RAM 进行读写操作，操作步骤如下：

(1)将 4 个地址开关以及 4 个数据开关分别置为 0000，按下单脉冲按钮，输出一个正脉冲，若原数据指示灯中有发亮的，那么现在这些数据指示灯应该全部熄灭。这时表明在 0000 单元已存入了数据 0000。

(2)将地址开关以及数据开关分别置为 0001，指示灯(LED)将显示随机数，按动一次单脉冲按钮，指示灯显示 0001，这表明在 0001 单元中已存入数据 0001。

(3)按照表 3－11－1 设置地址开关与数据开关，在每个存储单元中写入与地址单元相同的数据，即表 3－11－1 中数据第 1 列，观察显示灯显示的数据是否与开关数据相同。

(4)参照表 3－11－1，再一次在地址单元中，存入与相应地址码的反码表(表中数据第 2 列)，观察地址开关与指示灯的显示数据是否正好相反。

(5)关掉数字实验电源，经数秒后重新通电，观察断电前所存入的数据能否保存。

(6)把所使用的存储单元数目扩充到 32，即把 RA2114 地址线 A_4(3 脚)也接上地址开关，使地址范围变为 000H～01FII，并存入相应的数据。

(7)将 RAM2114 的片选端 CS 接高电平(或悬空)，再重复步骤(2)的内容，观察存储器能否正常写入。

表 3－11－1

地址	数　据		地址	数　据	
0000	0000	1111	1000	1000	0111
0001	0001	1110	1001	1001	0110
0010	0010	1101	1010	1010	0101
0011	0011	1100	1011	1011	0100
0100	0100	1011	1100	1100	0011
0101	0101	1010	1101	1101	0010
0110	0110	1001	1110	1110	0001
0111	0111	1000	1111	1111	0000

四、实验报告

记录实验数据，回答思考题。

五、思考题

(1)地址线 $A_9 \sim A_0$ 可选择多少地址单元？

(2)若将 74LS125 三态门缓冲器换成 74LS126 三态门缓冲器(三态允许端为高电平有效)，图 3－11－1 应该如何修改？

(3)RAM2114 是一个 1024×4 位的 RAM，若要用两片 2114 组成一个 1024×8 位的 RAM，应如何连线？

实验3－12　A/D与D/A转换器实验

一、实验目的

（1）通过实验了解ADC0809集成模/数转换器的性能和转换过程、熟悉ADC0809的使用方法。

（2）通过实验了解集成数/模转换器（DAC0832）的性能及使用方法。

二、实验内容（一）

- **ADC0809转换器实验**

分析ADC0809实验电路的接线原理，确定电路中的R_P及R_1～R_8的电阻值，并按图3－12－1所示接线，将信号发生器的500kHz脉冲信号输入电路。

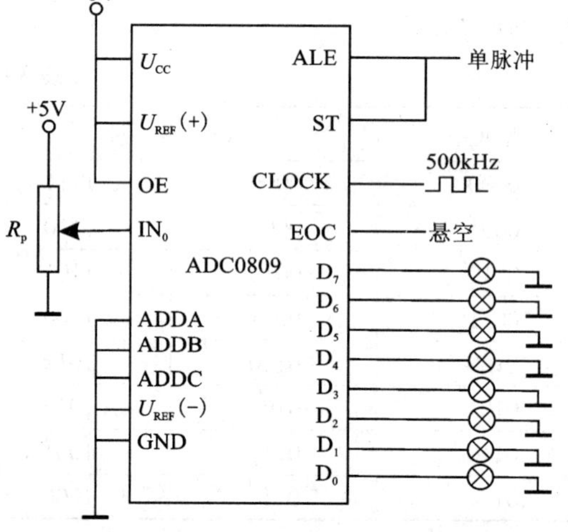

图3－12－1　ADC0809实验电路图

接线步骤

①芯片ADC0809的地线相接，再接入电源的地线，电压表的地线也接入电源的地线；

②芯片ADC0809的数据输出端接指示灯（发光二极管）；

③芯片ADC0809的起动端和地址锁存输入端接脉冲信号；

④模拟输入端接到芯片ADC0809的IN_0端；

⑤芯片ADC0809的模拟信号地址端接高电平，再接一个+5V的电源。

- **实验测试**

①调节电位器R_P，测量并记录输入的模拟电压值，此时模拟电压值为2.5V。

②调节模拟输入电压分别为0V、0.1V、0.2V、0.5V、1V、2V、3V、4V、5V时，记录ADC0809的输出数字量。其中2个输出数字量见仪表显示数值。

③改变模拟输入通道，改变ADDA、ADDB、ADDC输入电平，重复上述过程。

三、实验内容(二)

- **DAC0832 转换器实验**

实验电路如图 3-12-2 所示。

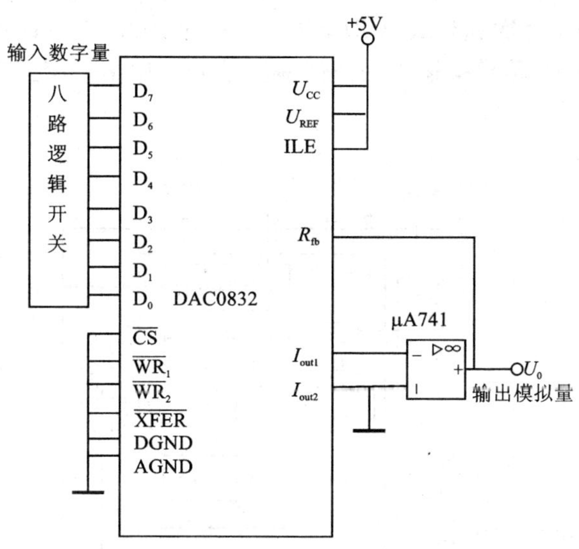

图 3-12-2　DAC0832 实验电路图

①在数字量输入端置 00000000，用万用表测量模拟电压 U_0。

②从输入数字量的最低位起，逐位置 1(接高电平)，测量输出模拟电压 U_0 的值，记入表 3-12-1 中，并与理论值进行比较。

表 3-12-1　DAC0832 功能表

输入数字量								输出模拟量 U_0/V	
D_7	D_6	D_5	D_4	D_3	D_2	D_1	D_0	实测值	理论值
0	0	0	0	0	0	0	0		
0	0	0	0	0	0	0	1		
0	0	0	0	0	0	1	1		
0	0	0	0	0	1	1	1		
0	0	0	0	1	1	1	1		
0	0	0	1	1	1	1	1		
0	0	1	1	1	1	1	1		
0	1	1	1	1	1	1	1		
1	1	1	1	1	1	1	1		

三、ADC0809 和 DAC0832 功能说明

1. ADC0809 功能说明

ADC0809 的内部结构框图如图 3－12－3 所示。ADC0809 是 CMOS 单片 28 条引脚双列直插式 A/D 转换器，采用逐次逼近式 A/D 转换原理，实现 8 位 A/D 转换。其内部带有 8 路模拟转换开关，用以选通 8 路模拟输入的任何一路信号。输出采用三态输出缓冲寄存器，电平与 TTL 电平兼容。

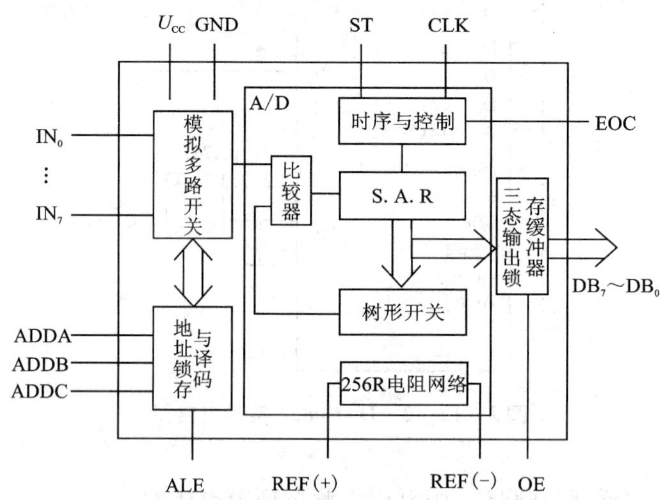

图 3－12－3 ADC0809 内部结构框图

(1)引脚功能

ADC0809 的引脚排列如图 3－12－4 所示。各引脚的功能如下：

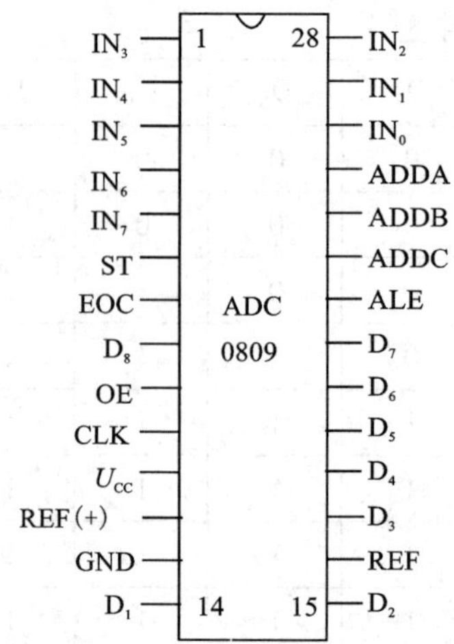

图 3－12－4 ADC0809 引脚排列图

$IN_0 \sim IN_7$是 8 路模拟信号输入通道。

ADDA、ADDB、ADDC 是 8 路模拟信号输入通道的 3 位地址输入端，各通道的地址分配如表 3－12－2 所示。

表 3－12－2　选通表

3 位地址			被选中通道
ADDC	ADDB	ADDA	
0	0	0	IN_0
0	0	1	IN_1
0	1	0	IN_2
0	1	1	IN_3
1	0	0	IN_4
1	0	1	IN_5
1	1	0	IN_6
1	1	1	IN_7

ALE 是地址锁存允许输入端，该信号的上升沿使多路开关的地址码 ADDA、ADDB、ADDC 锁存到地址寄存器中。

ST 是启动信号输入端，此输入信号的上升沿使内部寄存器清零，下降沿使 A/D 转换器开始转换。

EOC 是 A/D 转换结束信号，它在 A/D 转换开始，由高电平变为低电平；转换结束后，由低电平变为高电平。此信号的上升沿表示 A/D 转换完毕，常用作中断申请信号。

OE 是输出允许信号，高电平有效，用来打开三态输出锁存器，将数据送到数据总线。

$D_7 \sim D_0$是 8 位数据输出端，可直接接入数据总线。

CLK(CLOCK)是时钟信号输入端，时钟的频率决定 A/D 转换的速度。A/D 转换器的转换时间 T_c，等于 64 个时钟周期。CLK 的频率范围是 10～1280kHz。当时钟脉冲率为 640kHz 时，T_c为 100 μs。

REF(＋)和 REF(－)分别是参考电位 $U_{REF}(+)$、$U_{REF}(-)$输入的正、负极。$U_{REF}(+)$不得高于 U_{CC}，$U_{REF}(-)$不得为负值，应满足：

$$\frac{1}{2}[(U_{REF}(+)+U_{REF}(-))-U_{CC}] \leqslant 0.1\text{V} \qquad (3-12-1)$$

电源 $U_{CC}=+5\text{V}$，其波纹电压应小于 5 mV。

GND 是地线端。

(2)模拟量输入

模拟量的输入方式有单极性和双极性两种输入方式。单极性模拟电压的输入范围为 0～5V，双极性模拟电压的输入范围为－5～＋5V。峰－峰值单极性输入时，可直接或通过一个小电阻接到输入端 $IN_0 \sim IN_7$。双极性输入时，需经过一辅助电路送至模拟量输入端。单极性和双极性输入方法如图 3－12－5 所示。

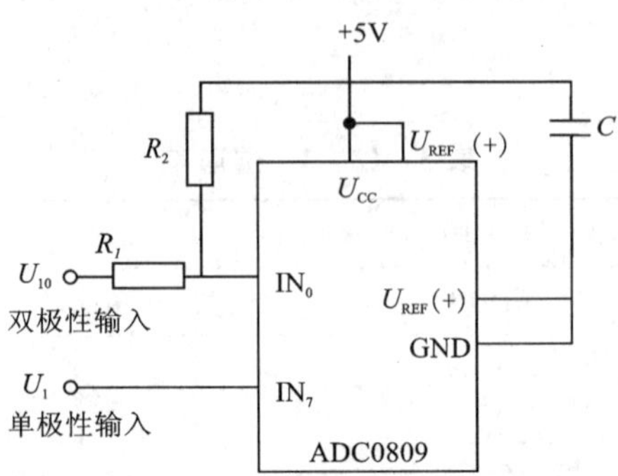

图 3－12－5 单极性双极性输入方式

当 $U_{REF}(+)=U_{REF}(+)-U_{REF}(-)=U_{CC}$时，输入模拟电压 U_1 的变化范围为：

$$0 \leqslant U_1 \leqslant U_{REF} - 1LSB \tag{3-12-2}$$

$$D = \frac{2^8}{U_{REF}} U_1 (\text{单极性}) \tag{3-12-3}$$

式中：$1LSB = \frac{U_{REF}}{2^8}$，1LSB 为最低有效位，也称为分辨率。若 $U_{REF}=U_{CC}=+5V$ 时，则1LSB = 20 mV。

输入模拟量和输出数字量之间的转换关系见表 3－12－3 所示。

表 3－12－3 ADC0809 转换表

参考电压 U_{REF}	输入电压		输出数据									
	单极性输出 U_1/V	双极性输出 U_{10}/V	二进制数据								十进制数	十六进制数
			D_7	D_6	D_5	D_4	D_3	D_2	D_1	D_0		
+5V	0.00	－5.00	0	0	0	0	0	0	0	0	0	00
	+2.50	0.00	1	0	0	0	0	0	0	0	128	80
	+4.98	－4.98	1	1	1	1	1	1	1	1	255	FF

2. DAC0832 的功能说明

DAC0832 的内部结构如图 3－12－6 所示。DAC0832 是由双缓冲寄存储器和 $R-2R$ 梯形 D/A转换器组成的 CMOS 8 位 DAC 芯片。采用 20 条引脚双列直插式封装，与 TTL 电平兼容。

(1)工作方式

由于 DAC0832 内部有两极缓冲寄存器，所以可方便地选择三种工作方式。

①直通工作方式$\overline{WR_1}$、$\overline{WR_2}$、$\overline{XFER}$和$\overline{CS}$接地，而 ILE 接高电平，即不用写信号控制，使输入数据直接进入 D/A 转换器。

②单缓冲工作方式。两个寄存器之一处于直通状态，另一个寄存器处于受控状态，输入

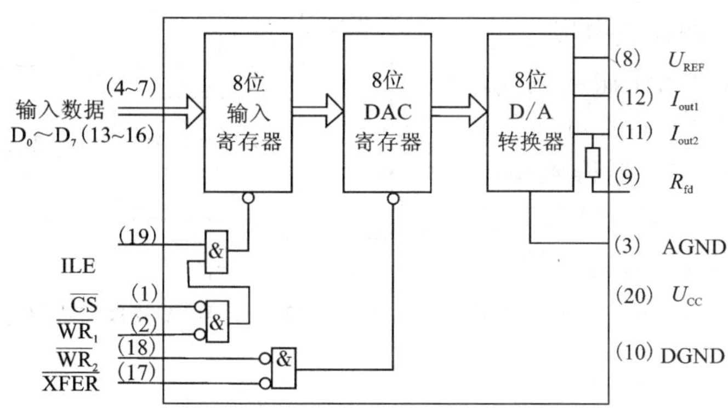

图 3－12－6　DAC0832 内部结构图

数据只经过一个寄存器缓冲控制后进入 D/A 转换器。

③双缓冲工作方式。两个寄存器均处于受控状态，即用$\overline{WR_1}$、$\overline{WR_2}$分两步控制，输入数据要经过两个寄存器缓冲控制后才进入 D/A 转换器。在这种方式下，可使 D/A 转换器输出前一个数据的同时，采集下一数据，以提高转换速度。

(2)引脚功能

DAC0832 引脚排列如图 3－12－7 所示，各引脚功能说明如下：

$\overline{CS}$	1	20	U_{CC}
WR_1	2	19	ILE
AGND	3	18	$\overline{WR_2}$
D_3	4	17	$\overline{XFER}$
D_2	5	16	D_4
D_1	6	15	D_5
D_0	7	14	D_6
U_{REF}	8	13	D_7
R_{fd}	9	12	I_{out1}
DGND	10	11	I_{out2}

图 3－12－7　DAC0832 引脚图

$D_7 \sim D_0$是 8 位数据输入线，D_7是最高位，D_0是最低位。

I_{out1}和 I_{out2}是模拟电流输出线。当输入数据全为 1 时，I_{out1}最大，I_{out2}最小；当输入数据全为 0 时，I_{out1}最小，I_{out2}最大，且

$$I_{out1} + I_{out2} = 常数$$

当接入运算放大器时，使运算放大器的输入电流保持恒定，以提高运算放大器的精度。

R_{fd}是反馈电阻输入端，作为外接运算放大器的电流反馈电阻。

U_{REF}是参考电压输入端，该端将一个外部标准电压和芯片的 $R-2R$ 网络相接，电压范围为 ±10V。

U_{CC}是芯片电源电压，其值为 +5V ~ +15V。

AGND 和 DGND 分别为模拟地和数字地，两者要就近一点连接，而不要交叉多点连接，以防止数字信号干扰微弱的模拟信号。

$\overline{CS}_1$是片选输入端，低电平有效，与 ILE 共同作用，对$\overline{WR_1}$信号进行控制。

ILE 是输入寄存器的锁存信号，高电平有效。

$\overline{WR_1}$是写信号 1，低电平有效，当$\overline{WR_1}=0$，$\overline{CS}=0$ 时，且 ILE =1 时，将输入数据锁存到输入寄存器内。

$\overline{WR_2}$是写入信号 2，低电平有效，当$\overline{WR_2}=0$，且$\overline{XFER}=0$ 时，将输入寄存器的数据锁存到 8 位 DAC 寄存器内。

$\overline{XFER}$是传输控制信号，低电平有效。

(3)转换公式

为了将模拟电流转换成模拟电压，需把 DAC0832 的两个电流输出端 I_{out1} 和 I_{out2} 分别接到运算放大器的两个输入端上，经过一级运算放大器得到单极性电压输出，再由第二级运算放大器反相求和，即可得到双极性电压输出。图 3-12-8所示电路是 D/A 转换为双极性电压输出电路图。

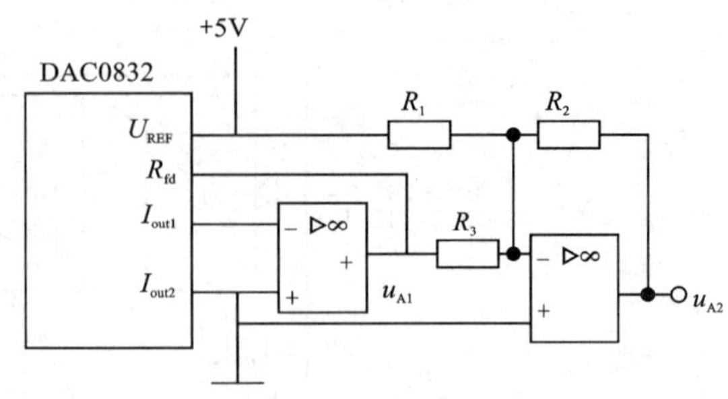

图 3-12-8 D/A 转换双极性电压输出电路图

转换公式如下：

第一级运算放大器的输出电压

$$u_{A1} = -U_{REF}\frac{D}{2^8} \qquad (3-12-4)$$

式中 D 为输入数字量的十进制数。

第二级运算放大器的输出电压

$$u_{A2} = -(\frac{R_2}{R_3}u_{A1} + \frac{R_2}{R_1}U_{REF}) \qquad (3-12-5)$$

取 $R_1 = R_2 = 2R_3$ 时，则

$$u_{A2} = -(2u_{A1} + U_{REF}) = \frac{D-128}{128}U_{REF} \qquad (3-12-6)$$

当 $U_{REF} = 5V$ 时，转换结果如表 3-12-4 所示。

表 3-12-4 DAC0832 转换表

参考电压	输入数据										输出电压	
	二进制数								二进制数	十六进制数	单极性输出	双极性输出
U_{REF}	D_7	D_6	D_5	D_4	D_3	D_2	D_1	D_0	D	H	u_{A1}	u_{A2}
+5V	0	0	0	0	0	0	0	0	0	00	0	-5V
	1	0	0	0	0	0	0	0	128	80	-2.5V	0
	1	1	1	1	1	1	1	1	255	FF	-4.98V	+4.96V

四、实验报告

记录 D/A、A/D 转换器静态测试中的数据，并与理论值比较。

五、思考题

(1)数模转换器的转换精度与什么因素有关？

(2)欲使图 3-12-2 中运算放大器输出电压的极性反相，应采取什么措施？

实验 3－13　集成单稳态触发器及应用实验

一、实验目的

(1)学习集成单稳态 74121 的使用方法。

(2)学习将集成单稳态触发器构成多谐振荡器的方法。

(3)了解外接元件的计算方法及其与单稳态触发器的脉宽、多谐振荡器的频率、占空比之间的关系。

二、预习要求

(1)复习单稳态触发器的工作原理。

(2)了解集成单稳态触发器 74121 的外引线排列图，熟悉其功能表。

(3)画出实验电路图。

三、实验原理与参考电路

1. 单稳态触发器

单稳态触发器有一个稳态和一个暂稳态。在无外来触发脉冲作用时，保持稳态不变。

在确定的外来触发脉冲作用下，输出一个脉宽和幅值恒定的矩形脉冲。

单稳态触发器分为非重复触发和可重复触发两种。非重复触发单稳态触发器一经触发就输出一定时脉宽的脉冲，不管在此期间输入量有什么变化，且该定时脉宽仅取决于单稳态电路的定时电阻 R 和定时电容 C。

可重复触发单稳态触发器，若输入一系列触发脉冲，且各触发脉冲相距的时间小于定时脉宽，则输出脉冲由第一次触发开始，直到最后一次触发，再延续一个定时脉宽才结束。调节输出脉宽的方法有三个：第一，可调整定时电阻和电容；第二，可用重触发将它延长；第三，可用清零端将其缩短。

单稳态触发器常用于脉冲的整形、延时和定时。

TTL 集成单稳态触发器的型号有：单稳态触发器 74121、可重复触发单稳态触发器 74122、双可重触发单稳态触发器 74123 和双单稳态触发器 74221 等。

CMOS 双单稳态触发器的型号为：CC4098 和 CC14528。

本实验选用 TTL 非重复触发单稳态触发器 74121。图 3－13－1 示出 74121 的外引线排列图，功能表如表 3－13－1。

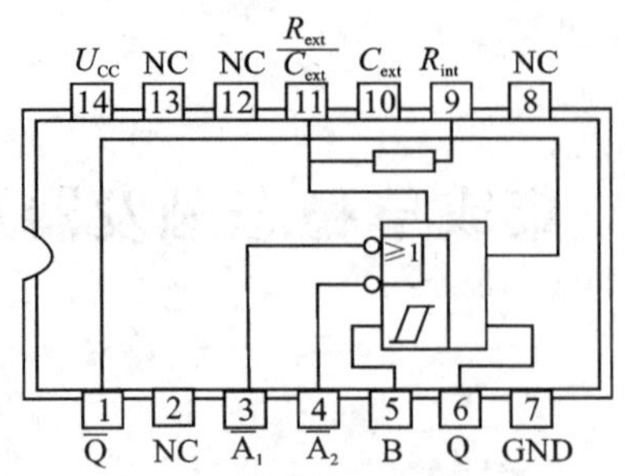

图 3-13-1 外引线排列图

表 3-13-1 功能表

输入			输出	
A_1	A_2	B	Q	$\overline{Q}$
0	×	1	0	1
×	0	1	0	1
×	×	0	0	1
1	1	×	0	1
1	↓	1	⊓	⊔
↓	1	1	⊓	⊔
↓	↓	1	⊓	⊔
0	×	↑	⊓	⊔
×	0	↑	⊓	⊔

74121 单稳态触发器的内部电路如图 3-13-2 所示。它由触发输入、窄脉冲形成、基本单稳态触发器和输出级四部分组成。

静态时（Z 点没有产生上跳沿时），电路处于稳态，即 $Q=0$，$\overline{Q}=1$。若因随机因素使 $Q=1$，$\overline{Q}=0$，则 RS 触发器的 Q_4 输出为 1，此时 Z 点无论为 1 还是为 0，G_5 输出必为 0，由于 G_7 的输入经 R 接 $+U_{CC}$，所以 G_7 输出也为 0，即 G_6 的两个输入端全为 0，使得 G_6 的输出为 1，G_8 的输出为 0，即 $Q=0$，这就是通过电路的内部反馈，使触发器回到稳态。

当 Z 点产生由 0 到 1 的正跳变时，G_5 的输出也产生正跳变，使电路由稳态翻转到暂稳态：

$Q=1$，$\overline{Q}=0$。$\overline{Q}=0$ 又会使 RS 触发器的 G_3 输出为 0，从而使 G_5 输出马上由高电平翻回到低电平，即 G_5 输出一个窄脉冲。此后，经电容 C 的充放电，使触发器又回到稳态。

74121 集成单稳态触发器有以下几个特点：

(1) 利用边沿触发。

(2) 施密特触发输入。

(3) 内部设有温度补偿，故而输出脉冲宽度的温度稳定性好，定时误差在 1% 以内。

(4) 互补输出。具有上升沿触发和下降沿触发两种输入端，且均兼有禁止功能。

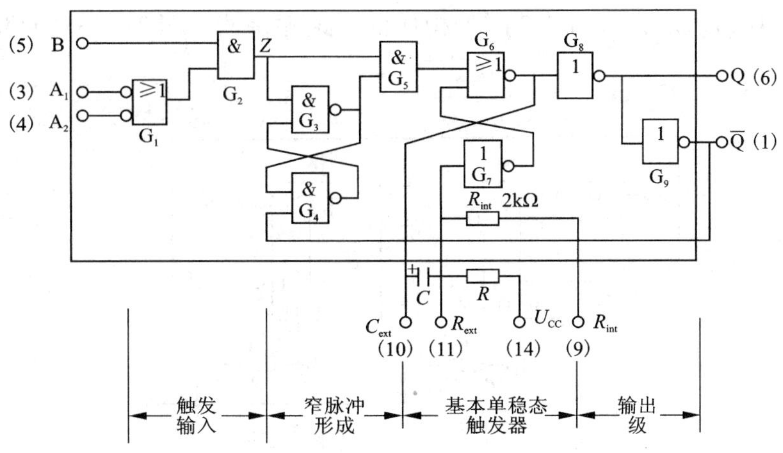

图3－13－2　74121集成稳态触发器内部电路图

(5)输入脉冲的占空比达90%时，仍能正常工作。

集成单稳态触发器内部设有定时电阻 $R_{int}=2k\Omega$，但其温度系数较大，最好改用高质量的外接定时电阻。外接定时电阻 R_{ext} 一般变化范围为2～3kΩ。外接定时电容 C_{ext} 为10pF～1000μF(最佳取值范围为10pF～10μF)。单稳态触发器的输出脉宽 t_w 由定时电阻和定时电容决定，即：

$$t_w=\ln2\cdot R_{ext}\cdot C_{ext}\approx0.7R_{ext}\cdot C_{ext}$$

2.单稳态触发器的应用

(1)定时电路或延时电路

图3－13－3(a)所示为单稳态触发器74121构成的延时电路，用上升沿触发输入端B的电路接法。其输入电压 u_I、输出端Q、A点及 Q_A 点的波形如图3－13－3(b)所示。

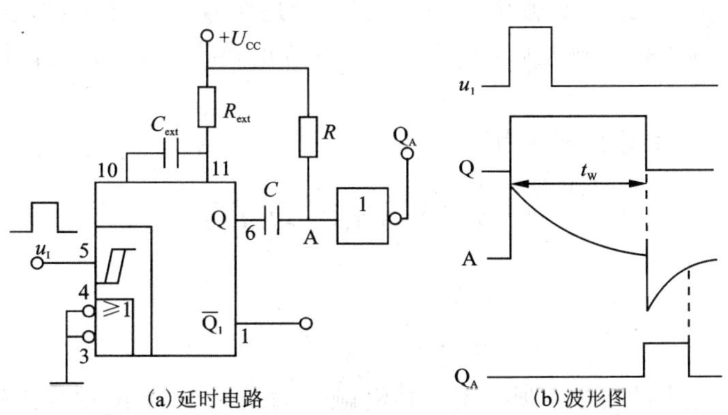

图3－13－3　74121构成的延时电路及波形图

(2)多谐振荡器

图 3－13－4(a)所示为由两片 74121 构成的多谐振荡器。图 3－13－4(b)为相应点的波形。

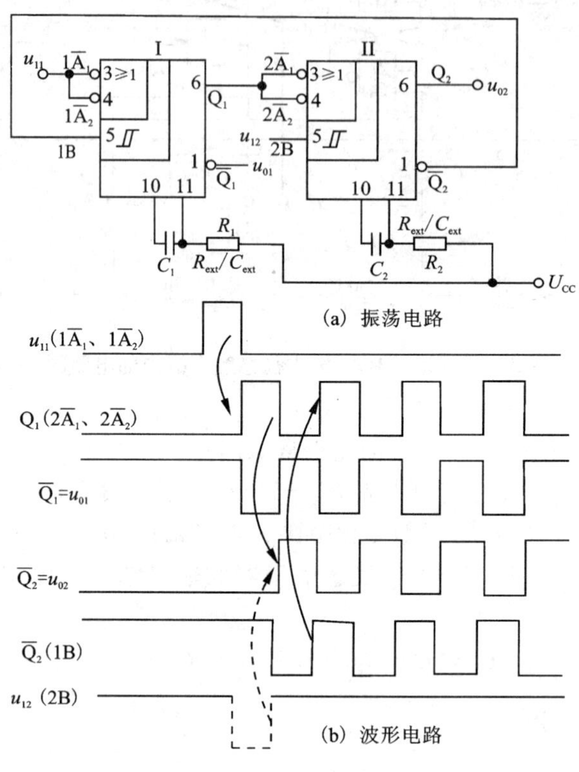

(a) 振荡电路

(b) 波形电路

图 3－13－4 多谐振荡器

集成单稳态触发器 I 被 u_{11} 触发后，Q_1 输出一个正脉冲，Q_1 的下降沿触发集成单稳态触发器Ⅱ，Q_2 输出一个正脉冲，$\overline{Q}_2$ 输出一个负脉冲。$\overline{Q}_2$ 的上升沿又触发集成单稳态触发器Ⅰ，使 Q_1 又输出一个正脉冲。如此反复触发，循环不已，于是在 $\overline{Q}_1$ 或 Q_2 得到固定频率的连续脉冲。u_{11} 和 u_{12} 可控制起振和停振。触发后，u_{11} 和 u_{12} 应保持正确的电平，以免使该电路变成单稳态触发电路。

该多谐振荡器的输出脉冲频率为

$$f_0=\frac{1}{T}\approx\frac{1}{0.7(R_1C_1+R_2C_2)}$$

四、实验内容

(1)按 74121 功能表的要求，画出用下降沿触发输入端 A_1 或 A_2 单稳态触发器电路图。外接定时电阻 $R_{ext}=10\text{k}\Omega$，电容 $C_{ext}=0.01\ \mu\text{F}$。

(2)按所画电路图将 74121 接成单稳态触发器，用双踪示波器观察和记录 74121 输入端 A_1 波形 u_1 与输出端 Q 的波形。注意正确选择 u_1 的频率和脉宽。

(3)用示波器测绘对应于外接电容 $C_{ext}=0.1\ \mu F$，外接电阻 $R_{ext}=3k\Omega$ 时，单稳态触发器的输出脉冲宽度 t_w。

(4)将 2 片 74121 接成多谐振荡器，要求振荡频率约为 50kHz，占空间比约为 25%。已知定时电容为 0.01 μF，试确定定时电阻 R_{ext} 的数值。然后组装多谐振荡电路，用示波器观察输出脉冲的频率和占空比。

五、实验报告要求

(1)分别对应时间坐标轴，绘出单稳态触发器和多谐振荡器输出波形。

(2)在图上标明实验所测出的波形的幅值、脉宽、频率和占空比。将理论计算的频率和占空比与实测值相比较。

六、注意事项

(1)集成单稳态触发器 74121 的触发输入信号，可上升沿也可下降沿触发，当选择上升沿触发时，输入信号送上升沿触发输入端 B，而 A_1 和 A_2 中至少有一个为低电平；当选择下降沿触发时，输入信号同时送 A_1、A_2 端，B 端接高电平，或输入信号送 A_1、A_2 中任一个，其余一端与 B 端同时接高电平。

(2)外接定时电容接在 C_{ext}(10 脚，正)和 R_{ext}/C_{ext}(11 脚)之间。外接电阻 R_{ext} 有两种接法：

①接于 R_{int}(9 脚)端和 U_{CC}(14 脚)端之间。此时外接电阻 R_{ext} 与 74121 内部 2kΩ 电阻串联作为定时电阻。

②接于 R_{ext}/C_{ext}(11 脚)和 U_{CC}(14 脚)之间，不用内部 2kΩ 电阻。实验时注意连接方式。

(3)严格地说，集成单稳态触发器不是精确的定时器件。在要求定时时间不很严格的地方，74121 应该是较满意的定时器件。若要求定时时间准确又稳定，最好选用晶体振荡器加上合适的分频器构成。

七、思考题

(1)已知单稳态触发器输出脉宽约为 20 μs，定时电阻 $R_{ext}=3k\Omega$，试求定时电容 C_{ext} 的数值。

(2)在图 3-13-4 所示电路中，u_{I1} 和 u_{I2} 分别为什么电平时，该电路将错误地成为一个单稳态触发器？

设计与综合实验

实验3-14 血型关系逻辑电路的设计

一、实验目的

(1)掌握用仿真软件分析、设计的方法。
(2)熟悉组合逻辑电路的设计和调试方法。

二、实验题目

血型关系检测电路的数据与实验:

人的基本血型分为O、A、B、AB四种。输血者和受血者的血型必须符合下列原则才可进行输血:O型可以输给任意血型的人,但O型只能接受O型血;A型只能输给A型和AB型的人,A型只能接受A型和O型血;B型只能输给B型和AB型的人,B型只能接受B型和O型血;AB型只能输给AB型的人,但AB型可接受任意血型。试用与非门电路构成一个判断能否输血的电路。

三、实验内容及要求

(1)写出所选题目的设计步骤。
(2)根据所选的器件画出逻辑图并进行仿真,然后安装调试电路。
(3)写出所选题目的实验步骤和测试方法。
(4)分析实验结果,排除实验过程中出现的故障。

四、设计说明书及实验报告

(1) 根据题目要求,写出设计说明书。
(2) 整理实验结果,写出实验报告。

五、设计方法提示

(1)定义与赋值。

用自变量KL表示输血人的血型、MN表示受血人的血型。“00”表示O型，“01”表示A型，“10”表示B型，“11”表示AB型。用变量Y=1表示血型符合，可以输血；Y=0表示血型不符合。

(2)列出真值表(见表3-14-1)。

表3-14-1　血型真值表

输入						输出
输血人			受血人			Y
血型	K	L	血型	M	N	
O	0	0	O	0	0	1
O	0	0	A	0	1	1
O	0	0	B	1	0	1
O	0	0	AB	1	1	1
A	0	1	O	0	0	0
A	0	1	A	0	1	1
A	0	1	B	1	0	0
A	0	1	AB	1	1	1
B	1	0	O	0	0	0
B	1	0	A	0	1	0
B	1	0	B	1	0	1
B	1	0	AB	1	1	1
AB	1	1	O	0	0	0
AB	1	1	A	0	1	0
AB	1	1	B	1	0	0
AB	1	1	AB	1	1	1

(3)根据真值表写出逻辑表达式并化简或变换。

(4)画出逻辑电路图。

实验3-15 显示电路的设计

一、实验目的

掌握编码、译码、显示电路的设计和调试方法。

二、实验题目

设计一个显示电路，用七段字符显示器显示A、B、C、D、E、F、G和H等8个英文字母。要求先用3位2进制数对这些字母进行编码，然后进行译码显示。

三、实验内容及要求

(1)写出所选题目的设计步骤。
(2)根据所选的器件画出逻辑图，并安装调试电路。
(3)写出所选题目的实验步骤和测试方法。
(4)分析实验结果，排除实验过程中出现的故障。

四、设计说明书及实验报告

(1)根据题目要求，写出设计说明书，并对设计电路进行仿真。
(2)整理实验结果，写出实验报告。

五、设计方法提示

(1)列出各英文字母的七段显示器形式，如：A-8；B-8，等等。
(2)由(1)列出显示状态真值表(见表3-15-1)。
(3)供参考选择的元器件为7425138、74LS08等。

表3-15-1　显示状态真值表

字母	二进制编码	a	b	c	d	e	f	g
A	000	1	1	1	0	1	1	1
B	001	1	1	1	1	1	1	1
C	010	1	0	0	1	1	1	0
D	011	1	1	1	1	1	1	0
E	100	1	0	0	1	1	1	1
F	101	1	0	0	0	1	1	1
G	110	1	0	1	1	1	1	1
H	111	0	1	1	0	1	1	1

实验 3－16　时序逻辑电路的设计

一、实验目的

(1)掌握时序电路的设计与调试方法。
(2)掌握排除数字电路故障的方法。

二、实验题目

彩灯循环电路设计与实验：共有 8 只彩灯，要求设计一电路，使其七暗一亮循环右移。该电路可参考如下方案实现：

①用中规模计数器和 3 线－8 线译码器实现。
②用移位寄存器实现。

三、实验内容和要求

1. 设计要求

根据题目要求设计出相应的电路原理图并进行仿真，查集成电路外引脚排列图画出相应的电路接线图。

2. 实验内容

①按上述接线图安装调试相应电路。
②拟定实验步骤、调试方法、记录测试结果。

四、设计说明书及实验报告

1. 设计说明书

根据上述题目要求写出设计说明书。

2. 实验报告

整理上述实验结果，说明实验过程中出现的故障和排除故障的方法。

五、思考题

若在上述题目中，要求七亮一暗，左、右移循环可以互换，则相应电路应怎样改动?

实验 3－17　数据发送器与接收器实验

一、实验目的

通过实验初步掌握将组合逻辑电路与时序逻辑电路组合在一起构成小型逻辑系统的方法，以提高对数字逻辑电路的实际应用能力。

二、实验题目

(1)设计一个带有偶校验位的数据发生器。该电路具有三个输入端，输入为一组并行 3 位二进制数码，输出是一组串行(低位先行)的四位二进制码，其中串行输出的码组的最后一位(即最高位)为偶校验位(由数据发送器输出时加入)，前 3 位依次为数据位，当输入的 3 位二进制码中有奇数个 1 时，使其偶校验位为 1，否则为 0。

例如：若输入 $X_3X_2X_1$ 为 100 时，则输出 $Z=1100$，若输入 $X_3X_2X_1$ 为 011 时，则输出 $Z=0011$。

提示:此电路有两种实现方法：

①并行到串行的转换，用四选一的数据选择器来实现，其地址码用计数器产生，由组合逻辑电路产生奇偶校验位，并作为数据选择器的一位输入。

②并行到串行的转换也可以用并行输入/串行输出的 4 位移位寄存器来实现，校验位可作为移位寄存器一个输入。

(2)设计一个能检测有偶校验位的 4 位串行信号接收器。此电路具有一个输入端和四个输出端，输入为一组串行的 4 位二进制码，最后一位为偶校验位，前 3 位为数据位，当 4 位数码中有偶数个 1 时，允许前 3 位串行数据转换成并行数据输出，并使报错输出端为 1。

提示：该电路由串行转换到并行可用数据分配器来实现，其地址码由计数器产生，也可用串行输入，并行输出移位寄存器来实现。串行到并行转换后，最后一位即奇偶校验位去掉，并行输出 3 位数据。

(3)单线数据传输系统的设计与实验，由(1)和(2)两部分连接在一起可构成一个单线数据传输系统。

三、实验内容及仪器

(1)设计所选题目的实验电路，选择元器件，画出逻辑电路图，可对电路进行仿真，然后安装调试实验电路。

(2)拟定所选实验题目的实验步骤、测试方法，列出测试结果并进行分析研究，说明实验过程中出现的故障及排除的方法。

实验 3－18　多位 LED 显示器的动态扫描驱动电路

七段 LED 显示器也称数码管，是由发光二极管组成的一个阵列。常用的 LED 显示器有共阳极和共阴极两种结构。为了使显示器能发光显示数码，需要加译码驱动电路。常用的译码驱动电路有两种：静态译码显示和动态扫描显示。所谓静态译码显示是指一个译码驱动电路驱动一个七段显示器进行数码显示。而动态扫描显示是指多个七段显示器共用一个译码驱动电路，由扫描电路控制各位显示器分时进行显示，即每个显示器按不同的时间轮流使用这个译码驱动电路，从而使显示电路更加简单。在单片机系统中，常用动态扫描显示电路。

一、设计任务与要求

(1)设计一个多位 LED 数码管的动态扫描译码驱动电路。
(2)该电路能同时驱动 4 位共阳极数码管显示数码。
(3)显示的数码清晰明亮，无闪烁现象发生。

二、设计原理与参考电路

1. 一位显示器的译码驱动电路

在数字集成电路中，七段译码器/驱动器是专门用来驱动数码管发光显示数码的。能驱动共阴极结构 LED 数码管的集成电路有：74LS48、74LS49、74LS248、74LS249、CC4511、MC14495 等；能驱动共阳极结构 LED 数码管的集成电路有：74LS47、74LS246、74LS247 等。下面以 74LS247 为例，说明译码器/驱动器的应用。

74LS247 为集电极开路输出的 BCD——七段译码器/驱动器。它的外引线排列图如图 3－18－1 所示，功能表如表 3－18－1 所示。图中 $A_0 \sim A_3$ 是译码地址输入端，$Y_a \sim Y_g$ 是低电平有效的七段输出端，$\overline{BI/RBO}$ 是灭灯输入或动态灭灯输出端，均为低电平有效，$\overline{LT}$ 是低电平有效的灯测试输入端，$\overline{RBI}$ 是低电平有效的动态灭灯输入端。用 74LS247 驱动一位共阳极数码管的电路如图 3－18－2 所示。在地址码输入端($A_3 \sim A_0$)输入不同的 BCD 码，74LS247 的输出端就产生不同的七段字型编码，经内部的驱动电路加到 LED 数码管的输入端，使其发光显示字符。

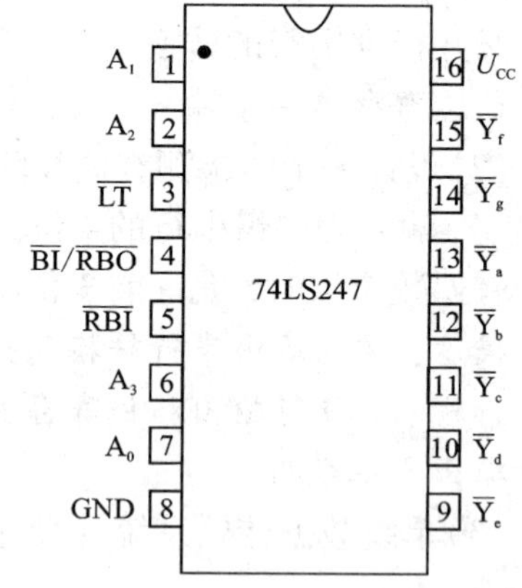

图 3－18－1　74LS247 外引线排列图

表 3－18－1　74LS247 功能表

十进制数或功能	输入						$\overline{BI}/\overline{RBO}$	输出							字型
	$\overline{LT}$	$\overline{RBI}$	A_3	A_2	A_1	A_0		$\overline{Y}_a$	$\overline{Y}_b$	$\overline{Y}_c$	$\overline{Y}_d$	$\overline{Y}_e$	$\overline{Y}_f$	$\overline{Y}_g$	
0	1	1	0	0	0	0	1	0	0	0	0	0	0	1	0
1	1	×	0	0	0	1	1	1	0	0	1	1	1	1	1
2	1	×	0	0	1	0	1	0	0	1	0	0	1	0	2
3	1	×	0	0	1	1	1	0	0	0	0	1	1	0	3
4	1	×	0	1	0	0	1	1	0	0	1	1	0	0	4
5	1	×	0	1	0	1	1	0	1	0	0	1	0	0	5
6	1	×	0	1	1	0	1	0	1	0	0	0	0	0	6
7	1	×	0	1	1	1	1	0	0	0	1	1	1	1	7
8	1	×	1	0	0	0	1	0	0	0	0	0	0	0	8
9	1	×	1	0	0	1	1	0	0	0	0	1	0	0	9
10	1	×	1	0	1	0	1	1	1	1	0	0	1	0	⊏
11	1	×	1	0	1	1	1	1	1	1	0	1	1	0	⊐
12	1	×	1	1	0	0	1	1	0	1	1	1	0	0	⊔
13	1	×	1	1	0	1	1	0	1	1	0	1	0	0	⊆
14	1	×	1	1	1	0	1	1	1	1	0	0	0	0	ㅌ
15	1	×	1	1	1	1	1	1	1	1	1	1	1	1	
消隐	×	×	×	×	×	×	0	1	1	1	1	1	1	1	
脉冲消隐	1	0	0	0	0	0	0	1	1	1	1	1	1	1	
灯测试	0	×	×	×	×	×	1	0	0	0	0	0	0	0	8

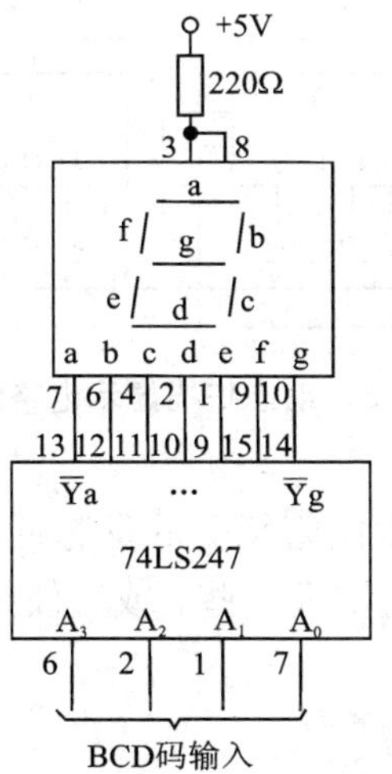

图 3－18－2　一位共阳极数码管的译码驱动电路

2. 多位显示器的动态扫描译码驱动电路

当显示器的位数较多时，每位显示器用一个译码驱动电路；电路的复杂程度会增加，采用动态扫描多位显示器，会减少电路连线，缩小体积。下面以 4 位共阳极显示器的动态扫描译码驱动电路为例，说明其设计方法。

1）分析要求，画出电路的原理框图

动态扫描显示电路的原理框图如图 3－18－3 所示。它包括 4 位 LED 显示器、一片译码器 74LS247、多路选择器和控制电路等 4 个组成部分。图中，4 位 LED 显示器共用一片译码/驱动器 74LS247，各位 LED 数码管对应的笔段相并联后，再与译码器的输出端连接。电路的工作原理是：每个待显示的 BCD 码数据（例如 $4D_3$、$4D_2$、$4D_1$、$4D_0$）分别送到 4 个不同的数据选择器输入端，控制电路产生的数据选择信号（S_1、S_0）控制数据选择器的输出，4 个数据选择器的输出 Y_3、Y_2、Y_1、Y_0合成一个 BCD 码后，送到 74LS247 的数据输入端，经过 74LS247 译码后，送到 4 个显示器的输入端。同时，控制电路产生的显示器的位选择信号 SG_4 ~ SG_1分别送到显示器的公共端，当位选择信号为高电平时，其对应的显示器发光显示数码。当它为低电平时，其对应的显示器不发光。

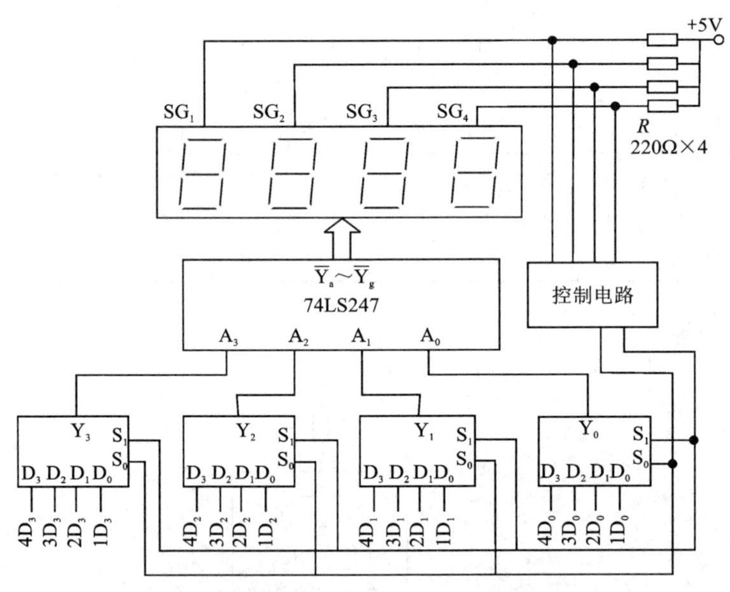

图 3－18－3　动态扫描显示电路的原理框图

注意：多位 LED 扫描显示时，数码管承受的是脉冲信号，平均功率较低，为使显示有足够的亮度，必须使流过显示器的电流增大一些，或者使显示器的工作电压提高。

2）单元电路设计

（1）多路数据选择器

多路数据选择器选用集成电路 74LS153 进行设计较为简便。它是双 4 选一数据选择器，其外引线排列图如图 3－18－4 所示，功能表如表 3－18－2 所示。图中，A_1、A_0为选择输入端，$1D_0$ ~ $1D_3$、$2D_0$ ~ $2D_3$为数据输入端，1Y、2Y 为数据输出端，1ST、2ST 为低电平有效的选通输入端。多路数据选择器电路的具体连接由读者自己完成。

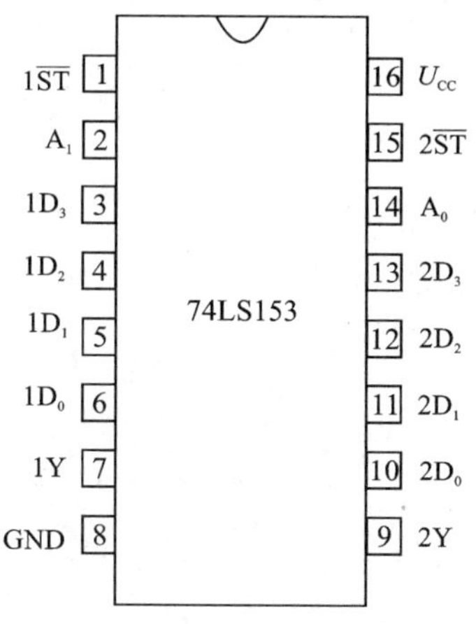

图 3-18-4　74LS153 外引线排列图

表 3-18-2　74LS153 功能表

输入							输出
A_1	A_0	D_0	D_1	D_2	D_3	$\overline{ST}$	Y
×	×	×	×	×	×	1	0
0	0	0	×	×	×	0	0
0	0	1	×	×	×	0	1
0	1	×	0	×	×	0	0
0	1	×	1	×	×	0	1
1	0	×	×	0	×	0	0
1	0	×	×	1	×	0	1
1	1	×	×	×	0	0	0
1	1	×	×	×	1	0	1

(2)控制电路

控制电路的功能有两个：一是产生数据选择器的选择控制信号(S_1、S_0)；二是产生显示器的位选择信号($SG_4 \sim SG_1$)。对图 3-18-3 进行分析，可以得出这些控制信号的时序关系如图 3-18-5 所示。用两个 D 触发器构成一个模为 4 的二进制递增计数器，其输出 Q_1、Q_0 可直接作为 S_1、S_0的选择控制信号。将 Q_1、Q_0的 4 种状态进行组合，就能产生 $SG_4 \sim SG_1$这 4 个位选择信号，因为位选择信号是高电平有效的。所以，该组合电路实际上是一个 2 线 ~4 线译码器，它应满足表 3-18-3 所示的功能。

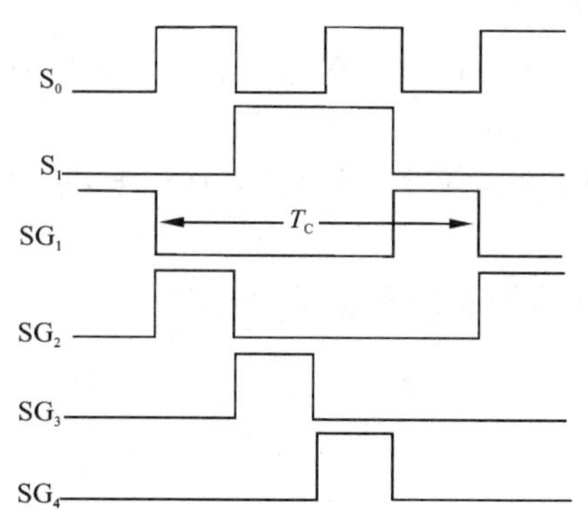

图 3-18-5　控制信号时序关系

表 3-18-3　2 线 ~4 线译码器功能表

Q_1	Q_0	SG_4	SG_3	SG_2	SG_1
0	0	0	0	0	1
0	1	0	0	1	0
1	0	0	1	0	0
1	1	1	0	0	0

根据以上分析，可以画出控制电路的方框图如图 3-18-6 所示。具体的电路请读者自己完成。其中 D 触发器选用 74LS74，2 线 ~4 线译码器选用反相器 74LS06 和与非门电路 74LS10 实现，时钟脉冲产生电路选用定时器 NE555 实现。

在设计时钟脉冲产生电路时，应考虑位选择信号的频率，如果位选择信号的频率太低，

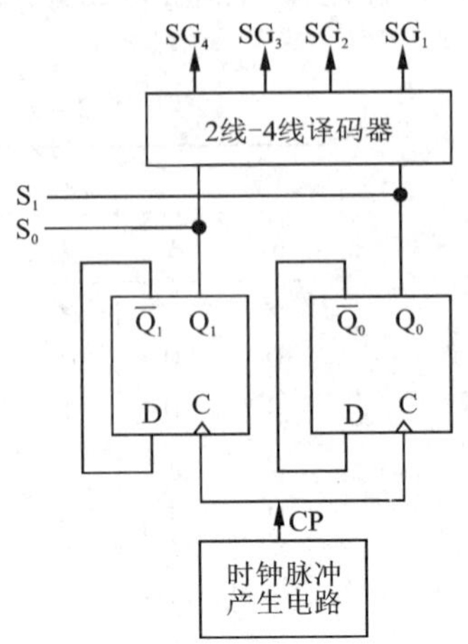

图 3－18－6 控制电路方框图

会使显示闪烁，如果它的频率过高，往往使显示的数码产生余辉，结果使显示的数码不够清晰。为此位选择信号的频率应设计在下式确定的范围内：

$$25N < f_C < 100N$$

式中：N 为显示器位数；f_C为位选择信号的频率，单位为 Hz。

三、实验内容与步骤

(1)组装调试4位显示器共用一片译码器的译码驱动显示电路。当数码输入端 A_3、A_2、A_1、A_0给一组 BCD 码数据时，4 位显示器显示的数码应该相同。

(2)设计、组装和调试动态扫描电路。当 CP 端输入 1kHz 的正方波信号时，用示波器测量并记录 CP、S_1、S_0、SG_4 ~ SG_1的波形，并比较它们的时序关系。

(3)完成动态扫描显示电路的联调。在数据输入端同时输入 4 个不同的 BCD 码数据，4 位显示器应显示不同的数码。

(4)将动态扫描电路的 CP 改为 1 Hz 的正方波信号，观察数据的动态显示过程。

四、实验报告要求

(1)画出完整的动态扫描显示电路的原理图。

(2)画出实验中 CP、S_0、S_1、SG_4 ~ SG_1的波形并比较它们的时序关系。

(3)当 CP 为 1 Hz 时，说明数据动态扫描显示的过程。

(4)回答思考题。

(5)写出体会与建议。

五、主要元件器件

集成电路：74LS153（1 片），74LS247（1 片），74LS74（1 片），74LS10（2 片），74LS06（1 片），NE555（1 片），共阳极七段 LED 显示器（4 只）。

电阻：220 Ω（4 只），5.1kΩ（1 只），4.7kΩ（1 只）。

电容：0.1 μF（2 只）。

六、预习要求与思考题

（1）复习多路选择器和译码器的工作原理。

（2）根据设计任务与要求和图 3 – 18 – 3，设计出完整的动态扫描译码驱动显示电路，画出原理图并进行仿真。

（3）静态显示电路与动态显示电路的区别是什么？两种电路的优缺点何在？

（4）动态扫描显示电路的工作原理是什么？

（5）动态扫描显示电路中，显示器的亮度与哪些因素有关？在图 3 – 18 – 3 中，去掉 U_{CC} 与显示器的 SG_i（i = 1，2，3，4）之间的电阻，会出现什么现象？

（6）在设计动态扫描显示电路时，应该注意哪些问题？

（7）请你设计一个 2 位共阴极显示器的动态扫描显示电路，你如何从设计上保证显示器的亮度？

（8）总结动态扫描显示电路的设计规律。

实验3－19 数字式音量调节电路

在音响设备中，通常采用电位器进行音量调节。但经常进行音量调节时，又容易使电位器磨损而出故障。本实验将介绍一种由数字电路构成音量调节电路的设计方法，如图3－19－1所示。

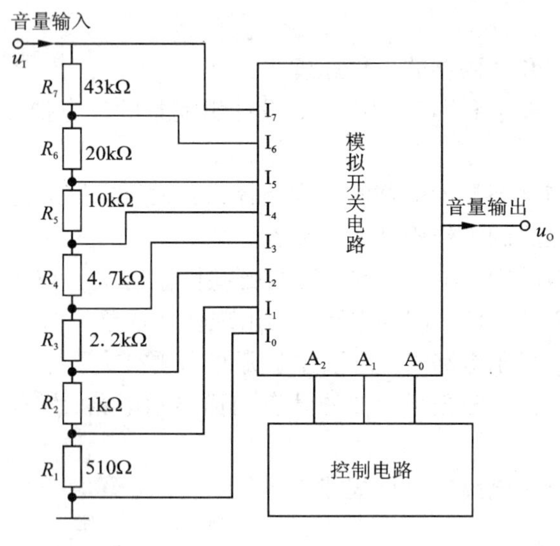

图3－19－1 自动音量调节电路

一、设计任务与要求

(1)设计一个数字式的音量自动调节电路，要求有两个外部操作按键，即音量自动增加按键S_1(或用“＋”表示)和音量自动减小按键S_2(或用“－”表示)。

(2)设计一个静音按键S，即按下静音键时，音响设备不发声。

(3)刚接通电源时，音响设备的音量处于一个适中的位置。

二、设计原理与参考电路

1. 分析要求，画出原理框图

自动音量调节电路的原理框图如图3－19－2所示。它主要由电阻分压网络、多路模拟开关电路和控制电路三部分组成。电路的工作原理是：电阻分压网络完成对音量输入信号u_I的多级衰减，由控制电路控制多路模拟开关选择一路衰减信号，作为音量输出信号u_O送到音响设备的音频功率放大电路进行放大，从而实现音量的自动调节。其中控制电路是系统的主要部分。

多路模拟开关电路可选用中规模集成电路 CC4051，设计时应注意电源的合理选取，因为音量输入信号是一个有正、负值的模拟信号。

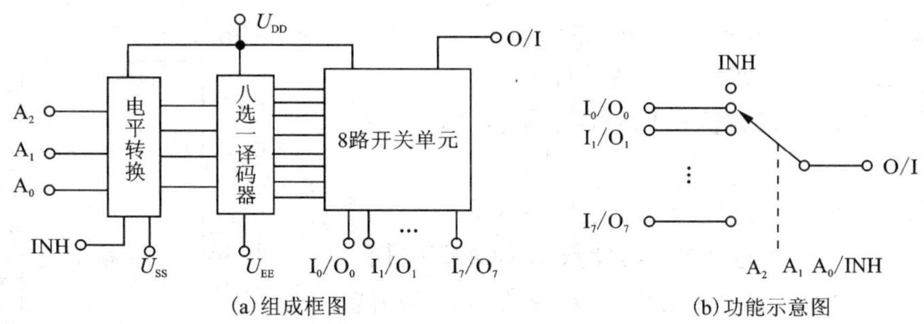

图 3－19－2　CC4051 功能框图

CC4051 集成电路是 CMOS 八选一多路模拟选择开关，其电路功能方框图如图 3－19－2所示，外引线排列图如图 3－19－3 所示。共包括三个部分：

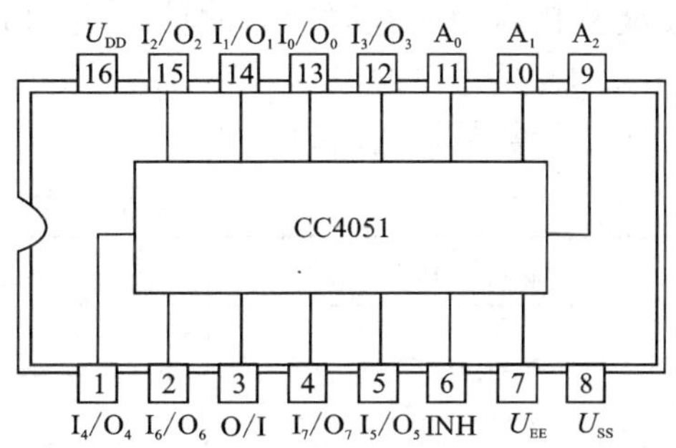

图 3－19－3　CC4051 的外引线排列图

电平转换电路将地址输入 A_2、A_1、A_0 和禁止输入 INH 的 4 个输入电平 U_{DD} ~ U_{SS} 转换到 U_{DD} ~ U_{EE}，以使 8 个通道 I_0/O_0 ~ I_7/O_7 和 O/I 可传递 U_{DD} ~ U_{EE} 之间的模拟信号。由于是 CMOS 模拟开关，因此可以双向传输，I－O 可用于 8 到 1 的转换，O－I 可用于 1 到 8 的转换。

八选一译码器是由地址 A_2、A_1、A_0 控制的译码器，其功能表如表 3－19－1 所示。

表 3－19－1　CC4051 功能表

输　入				被选择通道
INH	A_2	A_1	A_0	O/I
0	0	0	0	I_0/O_0
0	0	0	1	I_1/O_1
0	0	1	0	I_2/O_2
0	0	1	1	I_3/O_3
0	1	0	0	I_4/O_4
0	1	0	1	I_5/O_5
0	1	1	0	I_6/O_6
0	1	1	1	I_7/O_7
1	×	×	×	无

8 通道开关是由 8 个模拟开关组成，当 INH 输入为“0”时，由地址 A_2、A_1、A_0控制的译码器来选通开关，使得输入和输出通道接通。当 INH 输入为“1”时，8 个通道全部断开。

2. 控制电路的设计

从系统的设计要求可知，控制电路要完成以下三个方面的功能：

(1)能完成音量的自动增、减调节控制；

(2)当音量增加到最大值(或减小到最小值)时，音量应保持不变；

(3)刚通上电时，音量处于一个适中的位置。

选用 4 位二进制/十进制加/减计数器 CC4029 进行设计。CC4029 的外引线排列如图3－19－4所示，其功能表见表 3－19－2 所示。图中，$B/\overline{D}$ 是二进制/十进制工作方式控制端，$U/\overline{D}$ 是加/减计数控制端，$\overline{CI}$是时钟脉冲使能控制端，CP 是时钟脉冲输入端，LD 是预置数据控制端，$\overline{CO}$是进位输出端，$D_3 \sim D_0$是并行数据输入端，$Q_3 \sim Q_0$是计数数据输出端。

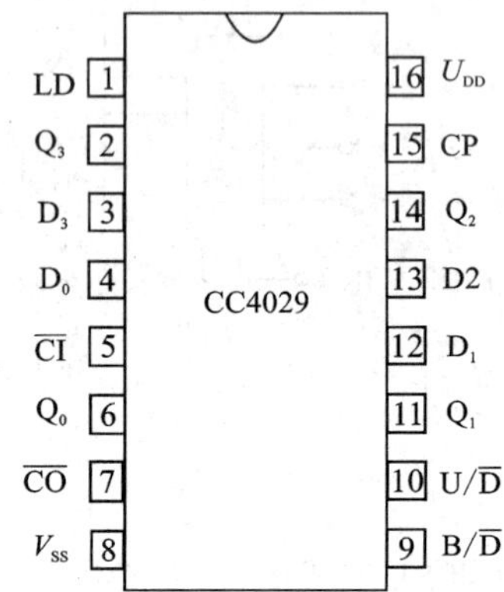

图 3－19－4　CC4029 的外引线排列图

表 3－19－2　CC4029 功能表

输入控制端	逻辑电平	功　　能
$B/\overline{D}$	1	二进制计数
	0	十进制计数
$U/\overline{D}$	1	加法计数
	0	减法计数
LD	1	预置数据
	0	禁止预置数据
$\overline{CI}$	1	禁止时钟在上升沿时计数
	0	允许时钟在上升沿时计数

CC4029 的工作原理是：

(1)当 LD＝1 时，完成置数功能，即 $Q_3Q_2Q_1Q_0 = D_3D_2D_1D_0$；当 LD＝0 时，对计数器进行清零。

(2)当$\overline{CI}$＝0，LD＝0，在时钟脉冲的上升沿，计数器计数。CO 端一般输出高电平，只有在加计数到最大值(15 或 9)或者减计数至全零时，输出低电平。

(3)当 $B/\overline{D}$＝1 时，以二进制计数；反之，以十进制计数。

(4)当 $U/\overline{D}$＝1 时，为加计数器；反之，为减计数器。

以 CC4029 和门电路为主设计的控制电路如图 3－19－5 所示。图中，G_1、G_2、G_3是由 CC4069 反相器组成的多谐振荡器，为计数器电路提供时钟脉冲，其振荡周期为：

$$T = RC\ln\left[\frac{U_{DD}^2}{(U_{DD}-U_{th})\cdot U_{th}}\right]$$

式中，U_{th}为反相器的阈值电压。若 $U_{th}=\frac{U_{DD}}{2}$，则上式变为

$$T = RC\ln4 \approx 1.4RC$$

注意：振荡器的频率决定了音量调挡的速度，频率越高，则音量调挡速度越快。一般来说，振荡器的频率在 1 ~3 Hz 内比较合适。

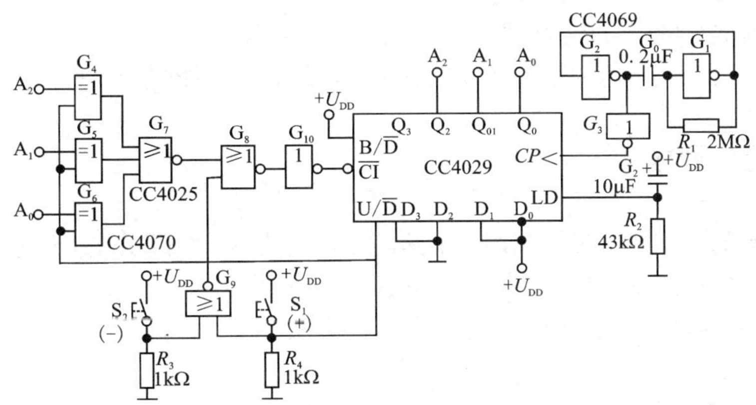

图 3 −19 −5　音量调节控制电路

自动音量调节电路是由 CC4029 加/减计数器组成的。CCA029 接成二进制计数器的形式，取 Q_2、Q_1、Q_0的输出作为 CC4051 的通道选择控制信号(A_2、A_1、A_0)，Q_2 ~ Q_0的变化范围是 000 ~111，能满足控制的需要。图中，LD 端接有 R_2、C_2组成的上电预置数据电路，在刚接通电源时，由于 C_2的电压不能突变，所以 LD =1，使 $Q_2Q_1Q_0=011$，于是 CC4051 的输出选通 I_3，电源接通后，电容 C_2被充满电荷，于是 LD =0，从而完成了功能(3)的要求。图中，G_4 ~ G_{10}是完成功能(1)、(2)的控制电路，其工作原理如下：

(1)当 S_1、S_2均不闭合时，$U/\overline{D}=0$，CC4029 处于递减计数工作状态，但门 G_9的输出为 1，G_8的输出为 0，从而使$\overline{CI}=1$，CC4029 的时钟使能端无效，CC4029 不能计数。

(2)当按下 S_2键时，门 G_9的输出为 0；又因为 $A_2A_1A_0=011$(上电预置)，于是 G_5、G_6的输出均为 1，G_7输出 0，所以，G_8输出 1，$\overline{CI}=0$，CC4029 的时钟使能端有效，于是在时钟脉冲的上升沿作用下，CC4029 进行减 1 计数。当减计数到全零(即 $A_2A_1A_0=000$)时，门 G_4、G_5、G_6的输出全为零，G_7输出 1，G_8输出 0，从而使$\overline{CI}=1$，CCA029 的输出保持全零不变。此时，即使 S_2键仍处于闭合状态，音量输出始终处于最小状态不变。

(3)当按下 S_1键时，$U/\overline{D}=1$，CC4029 处于加计数状态；门 G_9输出为 0，当门 G_7的输出为 0 时，G_8输出 1，$\overline{CI}=0$，CC4029 在时钟脉冲的上升沿进行增 1 计数。当加计数到使 $Q_2Q_1Q_0=111$ 时，门 G_4 ~ G_6的输出全为零，G_7输出为 1，G_8输出为 0，$\overline{CI}=1$，于是 CC4029 的输出 $Q_2Q_1Q_0$保持 111 不变。此时，即使 S_1键仍处于闭合状态，音量输出始终处于最大状态不变。

三、实验内容与步骤

(1)组装、调试多路模拟开关电路和电阻分压网络电路，在音量输入端加一个幅值适中的1kHz 正弦信号，改变通道控制输入端 A_2、A_1、A_0的数据，用示波器观察并记录音量输出信号的大小，并与理论值进行比较。

(2)组装、调试多谐振荡器电路，用示波器观察并记录输出信号的幅值，用频率计测量输出信号的频率(或周期)，并与理论值进行比较。

(3)组装、调试音量调节控制电路，并完成静音的功能。

(4)完成音量自动调节电路的整体联调，并对各部分的功能进行检查。

四、实验报告要求

(1)画出完整的数字式音量自动调节电路的原理电路图，并说明其工作原理。

(2)观测记录每项测试结果，并作简要说明。

(3)说明实验过程中产生的故障现象及其解决方法。

(4)回答思考题。

(5)写出体会与建议。

五、主要元器件

集成电路：CC4029(1 片)，CC4025(1 片)，CC4070(1 片)，CC4069(1 片)。

电阻：560 Ω(1 只)，1 kΩ(3 只)，2.2kΩ(1 只)，4.7kΩ(1 只)，20kΩ(1 只)，10kΩ(1 只)，43kΩ(1 只)，2 MΩ(1 只)。

电容：0.1 μF(2 只)，10 μF(1 只)。

六、预习要求与思考题

(1)复习数字控制的模拟开关电路和集成的同步加/减计数器的工作原理。

(2)复习由 CMOS 反相器构成的多谐振荡器的工作原理。

(3)分析音量调节控制电路的工作原理，完成静音电路的设计。

(4)画出完整的音量自动调节电路的原理电路图，并对其仿真。

(5)试分析由 CMOS 反相器构成的振荡器的工作原理，并按图 3-19-5 中的参数计算出电路的振荡周期。当改变 R_1、C_1参数时，对音量自动调节电路会产生什么影响?

(6)请你用 4 位二进制同步加/减计数器 CC40193 和门电路，完成音量调节控制电路的设计。

(7)请你说明实验中 CC4051 的电源是如何设置的，并说明理由。

实验3－20　增益可程控的衰减及放大系统

一、实验目的

(1)掌握增益可控衰减及放大系统的设计、组装与调试方法。
(2)熟悉集成电路的使用方法。

二、设计内容及要求

(1)设计增益可程控衰减系统，要求有8种不同等级的衰减。
(2)设计增益可程控放大系统，要求有8种不同等级的放大。
(3)设计区域自动程控放大电路。
(4)设计仿真，组装、调试电路。
(5)画出逻辑电路图，写出总结报告(包括设计要求、电路图、电路原理说明、器件使用说明、调试分析、体会小结)。

三、增益可程控衰减及放大系统的基本原理

增益可程控衰减及放大系统的原理图，见图3－20－1。本系统由两个8位模拟开关控制系统的衰减及放大，通过逻辑输入录址控制产生不同的增益。该系统可用于信号的预处理、电平控制和动态范围的扩展，以及用于遥测和遥控。

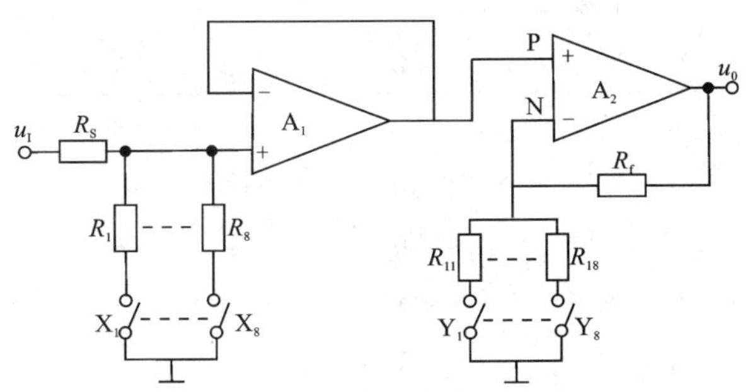

图3－20－1　增益可程控衰减及放大系统

从图3－20－1可以看到X_1～X_8模拟开关控制8种不同的衰减等级：A_1是射随器，它提高了输入阻抗，减小了输出阻抗，放大倍数接近1。系统的衰减值为

$$K=\frac{R_i}{(R_S+R_i)}\quad(i=1,2,\cdots,8)\tag{3-20-1}$$

$Y_1\sim Y_8$模拟开关控制 8 种不同的放大等级。A_2和反馈回路组成电压串联负反馈。根据虚短的概念，信号由同相端输入，反相端不接地，$U_P=U_N\neq 0$，其特点是共模输入，系统的放大倍数为

$$A_u=1+\frac{R_f}{R_i}\quad(i=1,2,\cdots,8)\tag{3-20-2}$$

区域自动程控放大电路应该有基准电压比较信号，比较结果经转换后控制多路开关，实现放大倍数的自动程控。

调试该系统时一定要注意用示波器监视波形不能失真。

四、器件简介

CC4051B 集成电路，是 CMOS 八选一多路模拟选择开关，其电路组成框图如图 3-20-2(a)所示，由电平转换、八选一译码器和八路开关单元 3 个部分组成。

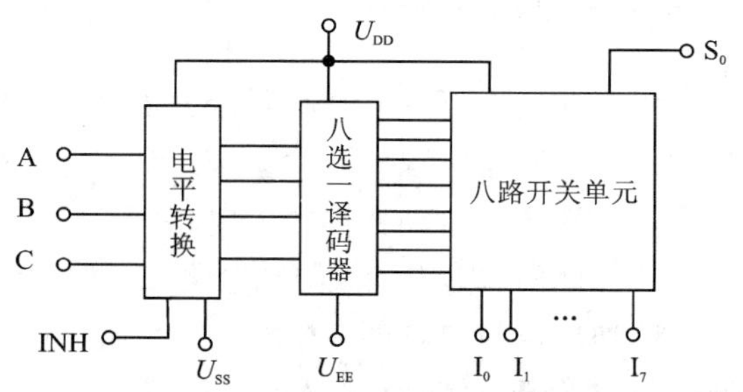

图 3-20-2(a) CC4051B 组成框图

电平转换电路将地址输入端 A、B、C 和禁止输入端 INH 的输入控制电平从 $U_{DD}\sim U_{SS}$ 转换到 $U_{DD}\sim U_{EE}$，以使 8 个通道 $I_0\sim I_7$和 S_0可传递峰-峰值有 $U_{DD}\sim U_{EE}$之间的模拟信号。由于是 CMOS 模拟开关，因此可以双向传输，既可用于八到一的转换，也可用于一到八的转换。

八选一译码是由地址 A、B、C 控制的译码器，其真值表如表 3-20-1 所示。

表 3-20-1 CC4051B 功能表

输入				被选择通道
INH	C	B	A	S_0
1	×	×	×	-
0	0	0	0	I_0
0	0	0	1	I_1
0	0	1	0	I_2
0	0	1	1	I_3
0	1	0	0	I_4
0	1	0	1	I_5
0	1	1	0	I_6
0	1	1	1	I_7

八路开关单元由 8 个模拟开关组成，见图 3－20－2(b)，当 INH 输入为“0”时，由地址 A、B、C 控制的译码器来选通开关，使得输入和输出通道接通。当 INH 输入为“1” 时，8 个通道全部断开。

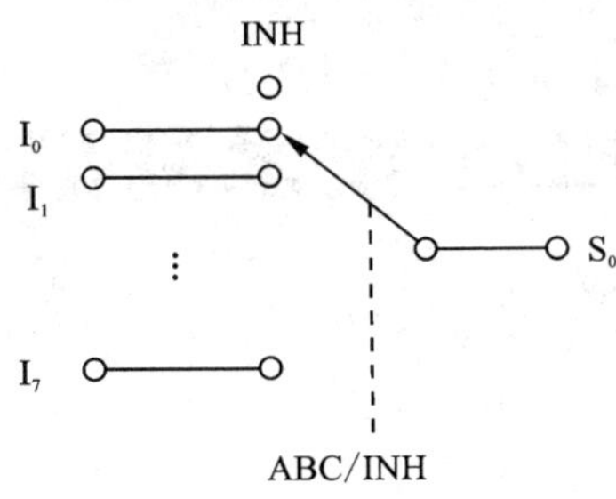

图 3－20－2(b)　八路开关单元的功能示意图

图 3－20－3 是 CC4051B 的管脚排列。

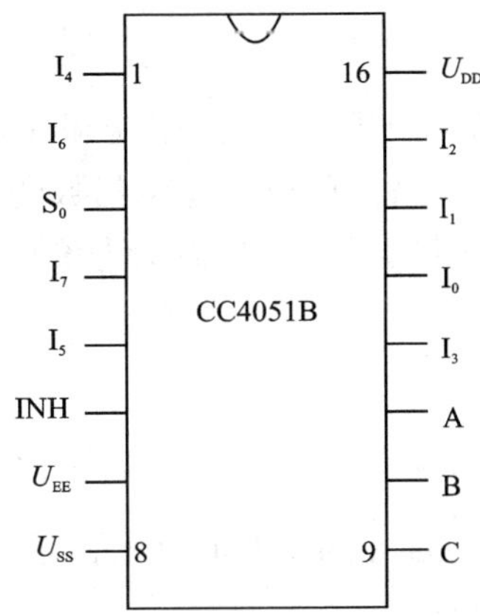

图 3－20－3　CC4051B 管脚排列图

五、供参考选择的元器件

(1) μA741　2 片
(2) CC4051B　2 片
(3) 74LS04　1 片
(4) LM339　2 片
(5) 74LS273　1 片
(6) 74LS148　2 片
(7) 74LS00　1 片

第4部分 EDA技术基础实验与仿真

实验4-1 EDA软件QuartusⅡ的使用——VHDL文本输入法

QuartusⅡ是Altera公司推出的第四代开发软件，提供了方便的设计输入方式、快速的编译和直接易懂的器件编程。能够支持百万门以上逻辑门数的逻辑器件的开发，并且为第三方工具提供了无缝接口。QuartusⅡ软件的设计流程概括为设计输入、设计编译、设计仿真和设计下载等过程。

一、实验目的

以10进制计数器为例掌握QuartusⅡ的VHDL文本设计过程，学习简单时序电路的设计、编译与仿真。

二、实验原理

给出10进制BCD码计数器的VHDL参考源程序：

```
LIBRARY IEEE;
USE IEEE.STD_LOGIC_1164.ALL;
USE IEEE.STD_LOGIC_UNSIGNED.ALL;
ENTITY CNT10 IS
PORT (CLK, RST, EN: IN STD_LOGIC;
      CQ: OUT STD_LOGIC_VECTOR(3 DOWNTO 0);
COUT: OUT STD_LOGIC);
END CNT10;
ARCHITECTURE BEHAV OF CNT10 IS
SIGNAL CQI: STD_LOGIC_VECTOR(3 DOWNTO 0);
BEGIN
```

```
PROCESS(CLK, RST, EN)
   BEGIN
     IF (RST = '1') THEN
                    CQI <= "0000";
         ELSIF (CLK'EVENT AND CLK = '1') THEN
              IF (EN = '1')   THEN
                   IF (CQI < 9)   THEN   CQI <= CQI + 1;
                         ELSE
                              CQI <=  "0000";
                         END IF;
                      END IF;
                   END IF;
              IF CQI = 9 THEN COUT <= '1';
                   ELSE   COUT <= '0';
          END IF;
END PROCESS;
CQ <= CQI;
END BEHAV;
```

三、实验步骤

1. 建立工作库文件夹

为了方便电路设计，设计者首先应当在计算机中建立自己的工程目录，请在学生磁盘（如F盘）下新建一个自己的总文件夹，以后每一个实验的设计相关文件放在该目录下的一个子文件夹里（如"DK0901＊＊/EDAshiyan1、2、3等"）。

2. 创建工程

（1）打开QuartusⅡ集成环境后，呈现如图4－1－1所示的主窗口界面。

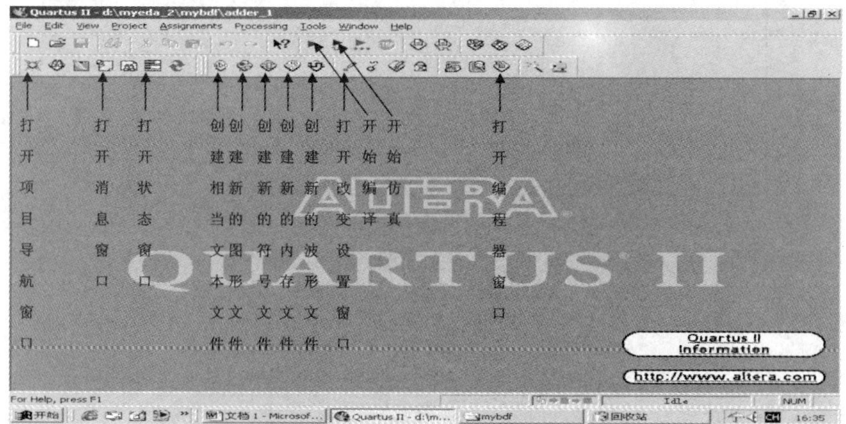

图4－1－1　Quartus II 主窗口界面

(2)执行 File—New Project Wizard 命令，弹出如图4-1-2所示的建立新设计项目的对话框。设置好后按“Next”进入下一步。

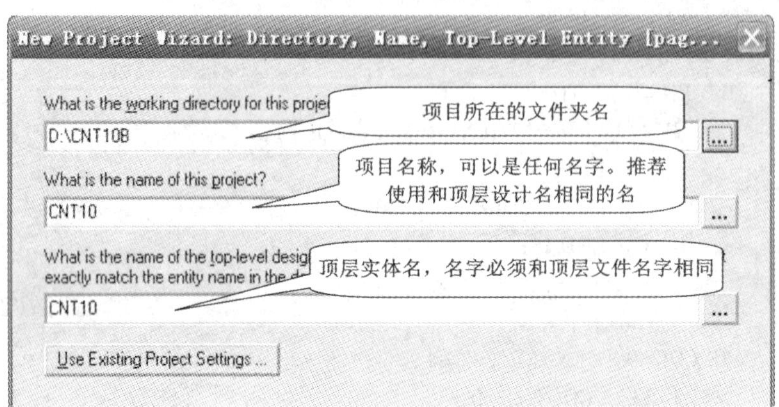

图4-1-2 建立新的项目对话框

(3)加入设计文件，如图4-1-3所示。在这个界面中，你可以将与本设计相关的文件都加入此工程以实现设计共享。只需加入与本设计有关的模块而并不需要将该项目目录下的所有文件都被加入。假如顶层设计和顶层文件的名字不一样的话，则一定要加入顶层文件的名字。如需加入其他设计文件，浏览并找到文件，加入后再按“Next”。如不需要，则直接按“Next”进入下一步。

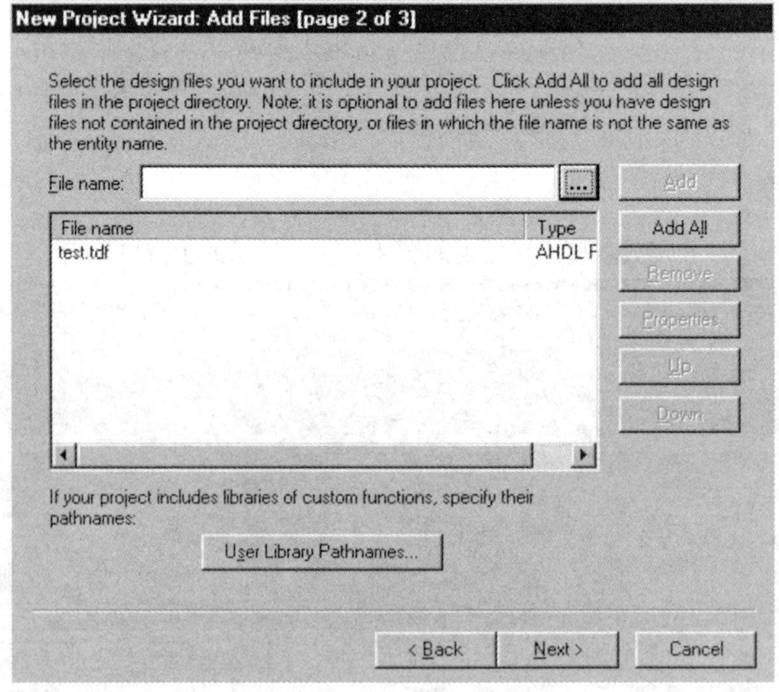

图4-1-3 加入相关设计文件

(4)选择第三方 EDA 软件工具，如图 4－1－4 所示为选择仿真器和综合器类型的窗口。如果选择默认的 None，表示使用 Quartus Ⅱ 中自带的仿真器和综合器。一般无需选择，都选默认的 None 选项。然后直接“Next”进入下一步。

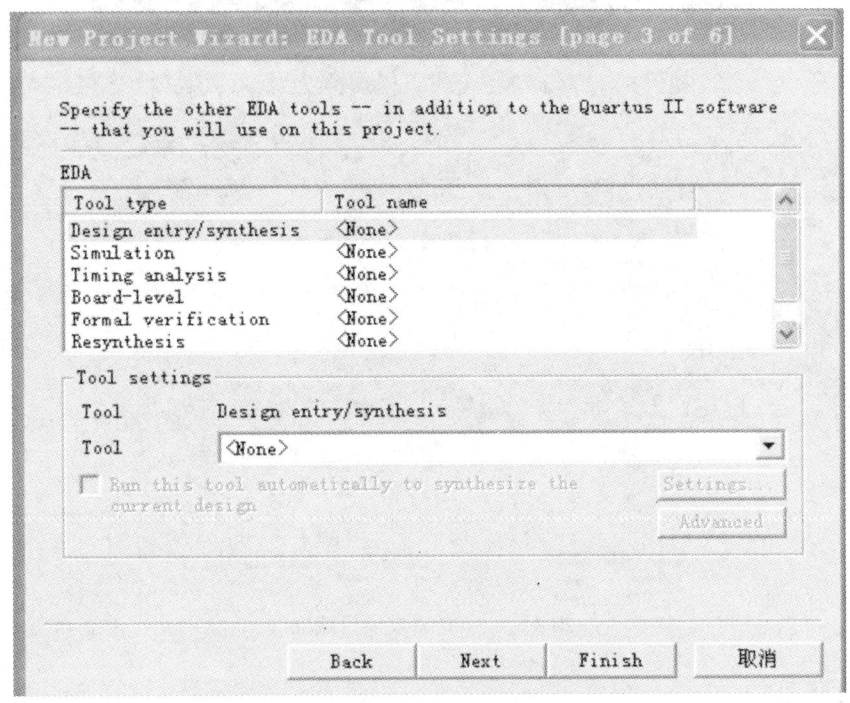

图 4－1－4　选择第三方 EDA 软件工具

(5)选择目标器件，如图 4－1－5 所示。根据系统设计的实际需要选择目标芯片。首先在 Family 栏选择芯片系列，本例选择 Cyclone 系列的 EP1C3T144C8。在此栏下方，询问选择目标器件的方式，选 No 选项，表示允许编程器自动选择该系列中的一个器件；单击 Yes 选项，表示手动选择。完成后“Next”进入最后一步。

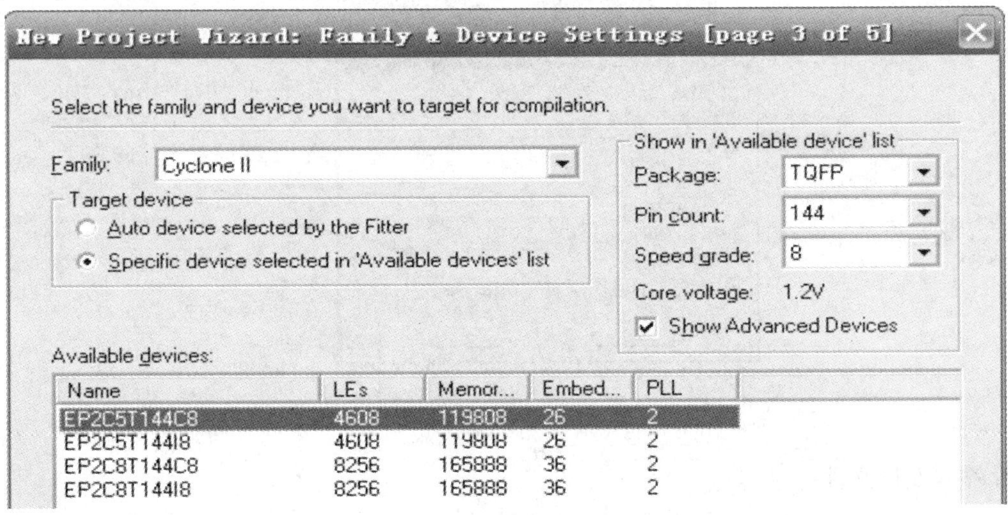

图 4－1－5　选择目标器件

(6)完成项目建立，如图 4－1－6 所示。在这个界面中展示了前几步设置的所有信息。检查结果后点击“finish” 完成项目的建立。

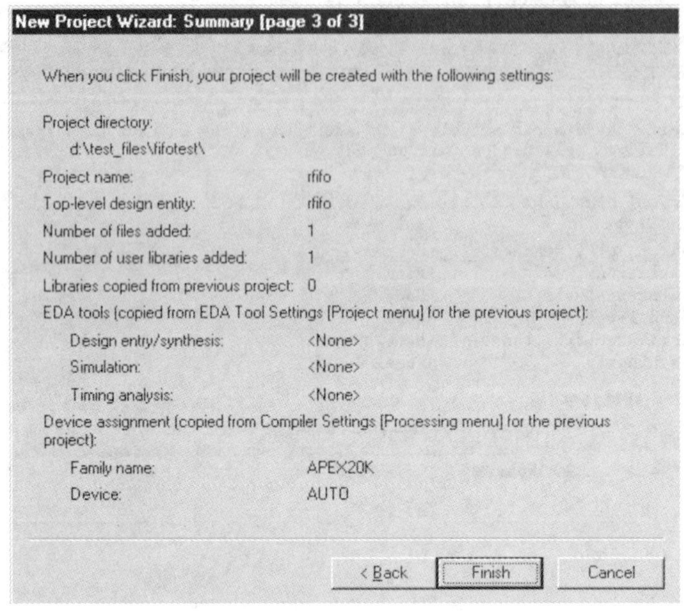

图 4－1－6　完成项目建立

(7)项目修改，如图 4－1－7 所示。执行 Project—General settings… 命令，弹出如图 4－1－7所示的设计项目修改的对话框，在此可进行设计项目的名称等方面的修改。

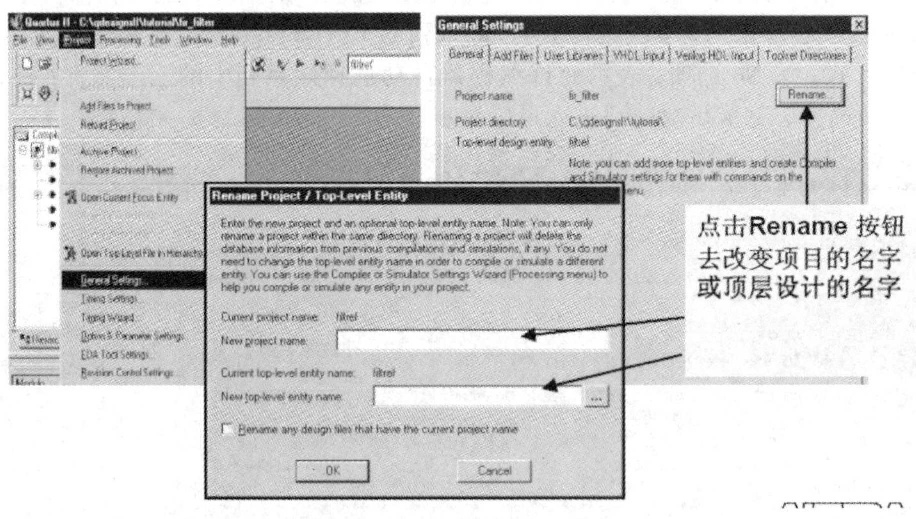

图 4－1－7　设计项目修改

3. 输入设计文件

(1)新建一个 VHDL 文本文件(FILE→NEW→VHDL File)

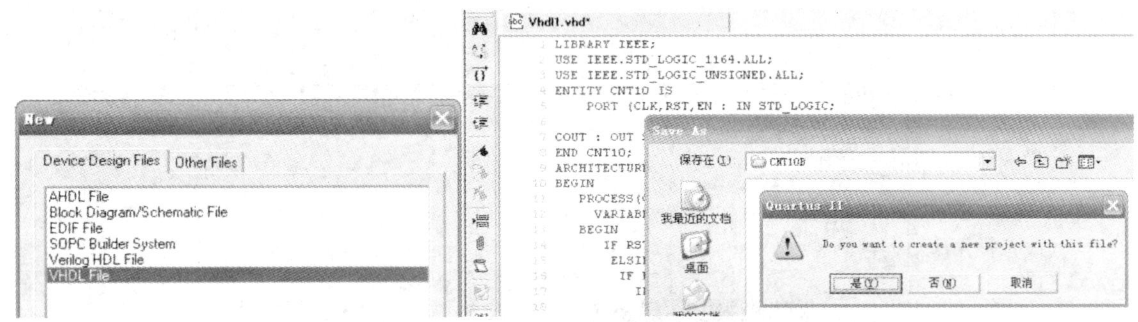

图 4－1－8　新建一个 VHDL 文本文件

(2)编辑输入 VHDL 程序。

(3)保存输入程序(保存到刚建的文件夹中，文件名必须与程序中的实体名一致)。

4. 编译设计文件

(1)将要编译的文件设为顶层文件：菜单 Project→Set as Top－Level Entity。

(2)单击标题栏中的 Processing→Start Compilation 选项(或快捷按钮)，启动全程编译。

(3)如果工程文件中有错误，如图 4－1－9 所示，在下方的信息栏中会显示出来。可双击此条提示信息，在闪动的光标处(或附近)仔细查找，改正后存盘，再次进行编译，直到没有错误为止。编译成功的标志是所有进程都完成，如图 4－1－10。

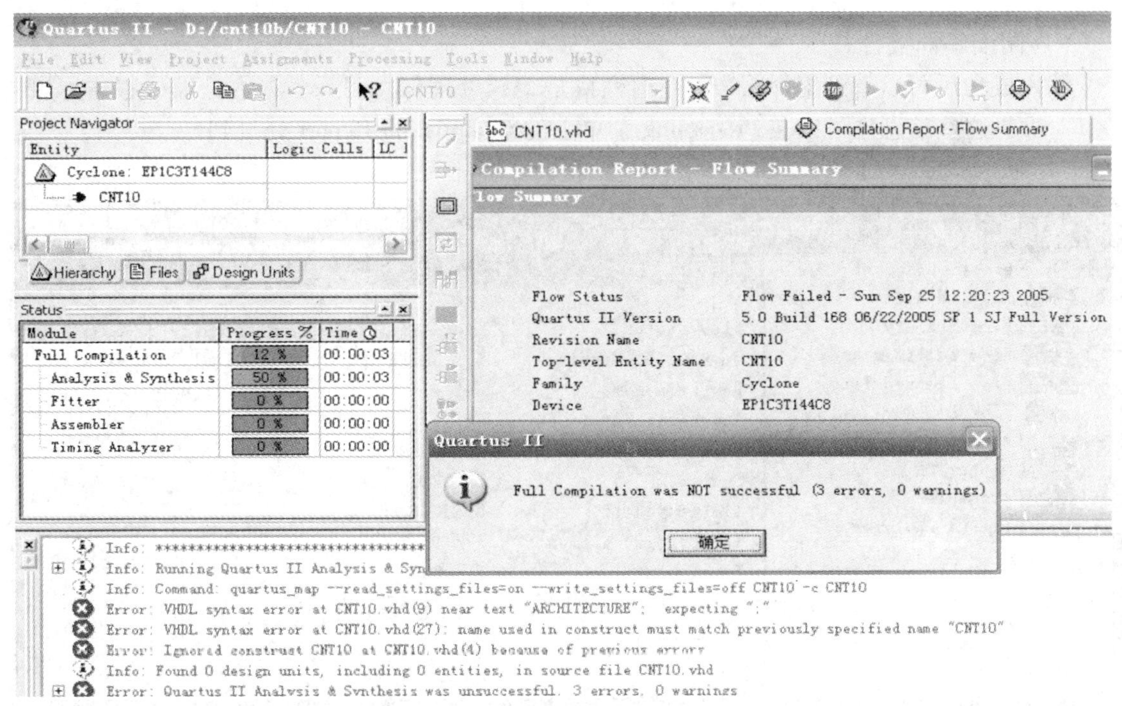

图 4－1－9　全程编译后出现报错信息

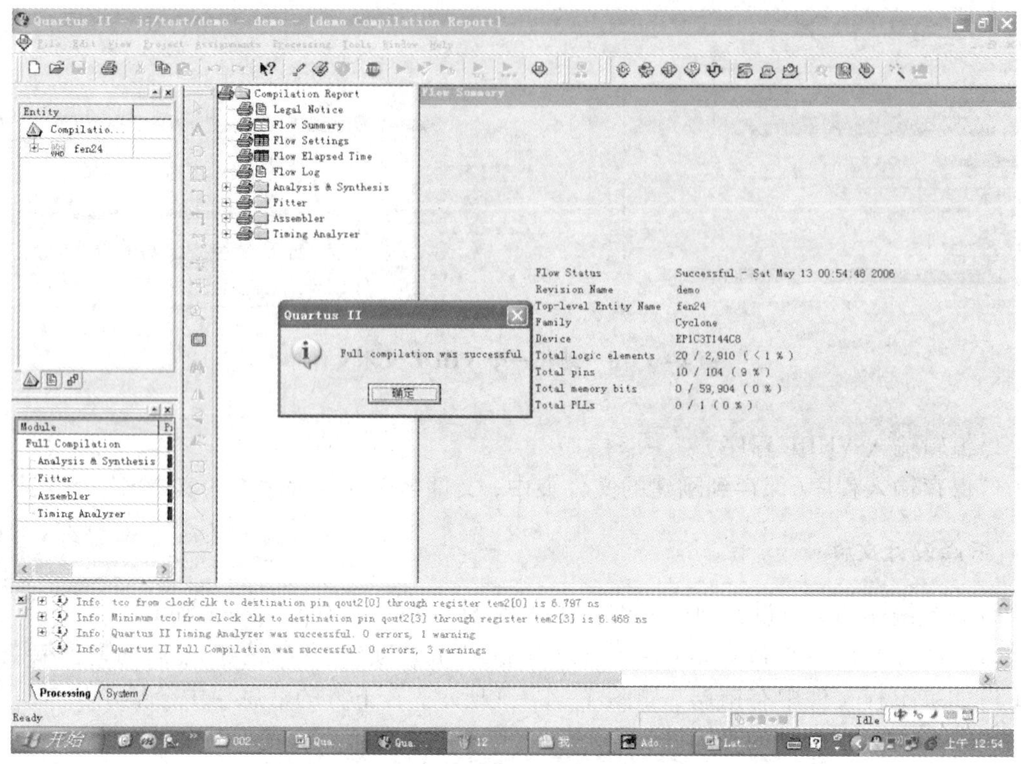

图 4－1－10　编译成功的标志是所有进程都完成

(4)阅读编译报告。

编译成功后可以看到编译报告，左边栏目是编译处理信息目录，右边是编译报告，如图 4－1－11。这些信息也可以在 Processing 菜单下的 Compilation Report 处见到。

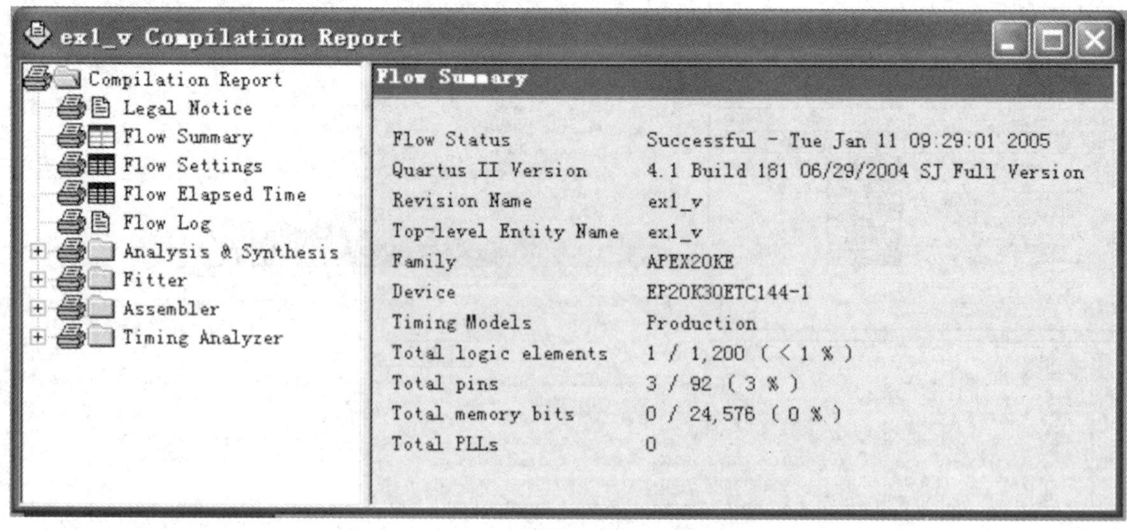

图 4－1－11　阅读编译报告

5. 设计仿真

仿真一般需要经过建立波形文件、输入信号节点、设置波形参量、编辑输入信号、波形文件存盘、运行仿真器和分析仿真波形等过程。

(1)建立波形文件

仿真前必须建立波形文件。单击 File→New 选项，打开文件选择窗口。然后单击 Other Files 选项卡，选择其中的 Vector Waveform File 选项。如图 4-1-12 所示。

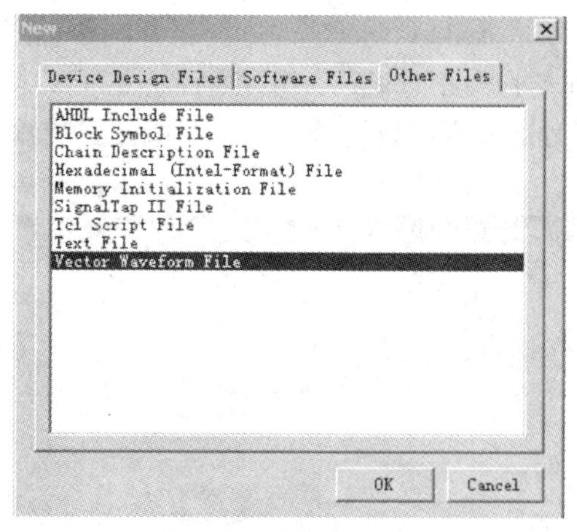

图 4-1-12　新建一个波形文件

(2)打开波形编辑器

单击"OK"按钮，即出现如图 4-1-13 所示空白的波形编辑器。为了使仿真时间设置在一个合理的时间区域上，单击 Edit→End Time 选项，在弹出窗口中的 Time 输入框键入时间值，如 50μs，即整个仿真域的时间设定为 50μs。

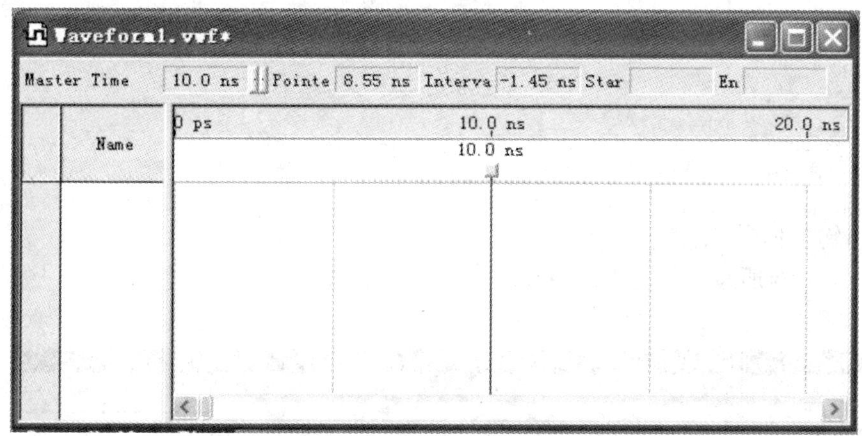

图 4-1-13　波形编辑器窗口

(3)输入信号节点

在波形编辑方式下，执行 Edit—Insert Node or Bus 命令，或在波形文件编辑窗口的 Name 栏中点击鼠标右键，在弹出的菜单中选择"Insert Node or Bus"命令，即可弹出插入节点或总线(Insert Node or Bus)对话框 ，如图 4-1-14 所示。

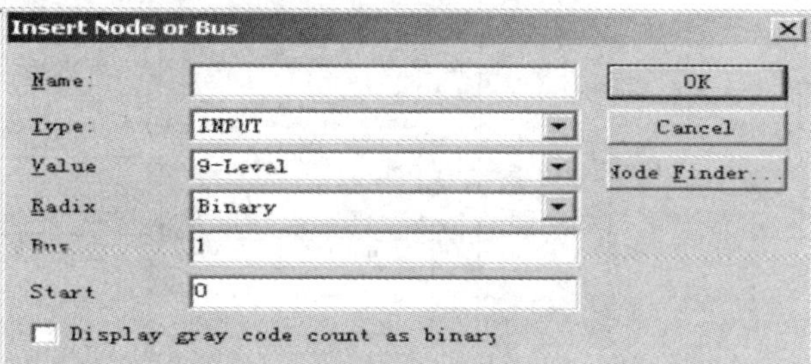

图 4-1-14

单击Node Finder选项，会打开一个如图4-1-15所示 节点编辑对话框。在该对话框的Filter空白栏中选Pins：all，然后点击“list”按钮。在下方右侧的Nodes Found窗口中会出现设计工程的所有端口引脚名。选择所需要的输入输出端口加入到左侧窗口。单击“OK”键结束。

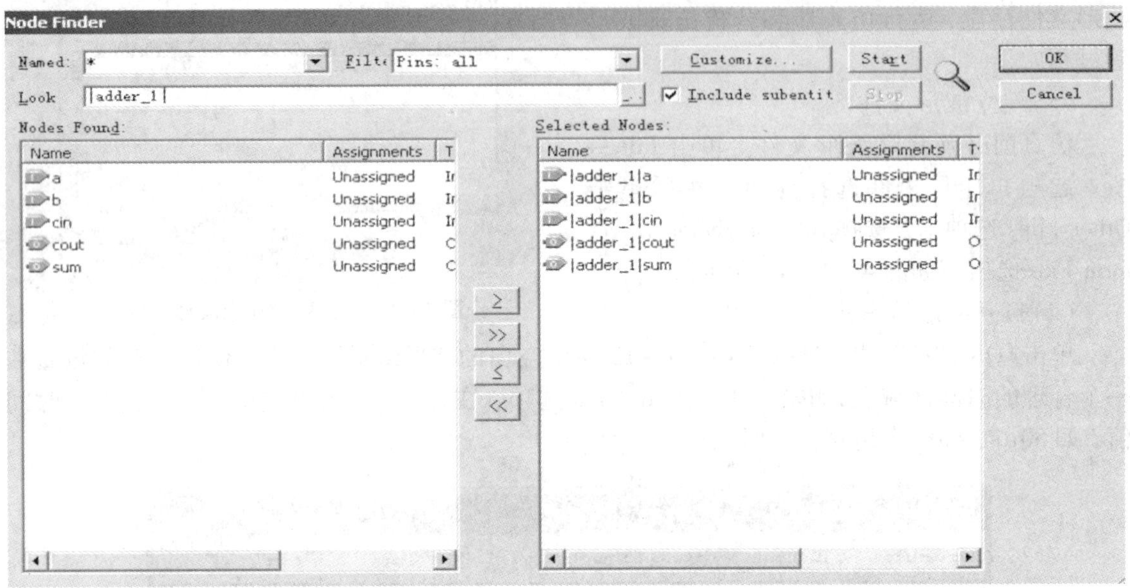

图4-1-15

(4)编辑输入信号

如图4-1-16所示，先选中准备要赋值的部分再添入赋值。

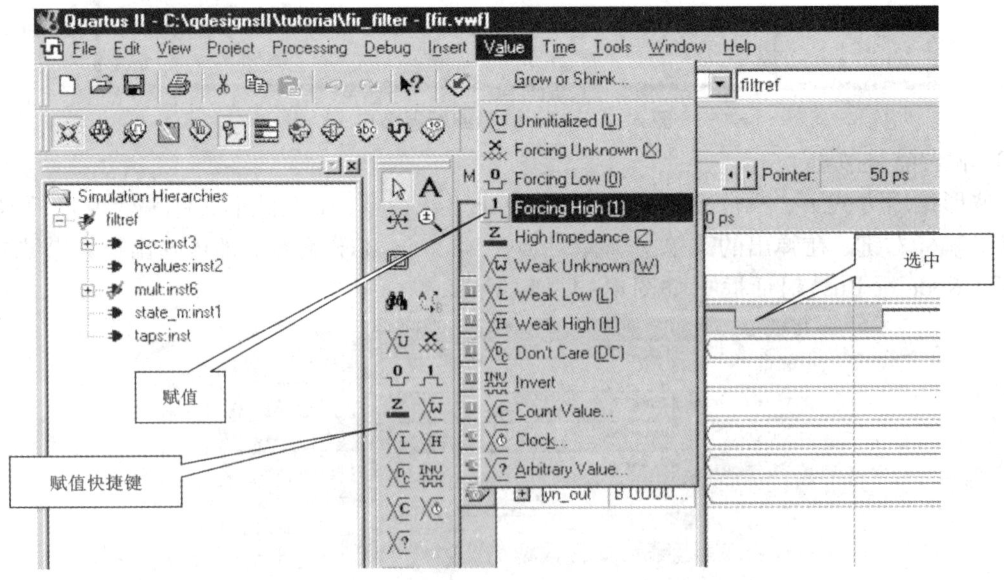

图4-1-16(a)　编辑输入信号

按照程序要求，给输入端口以下赋值：EN =1；RST =0；CLK =100MHz。如图 4 -1 -17 所示。

(5)保存波形文件

执行“File”选项的“Save”命令，在弹出的“Save as”对话框中直接按“OK”键即可完成波形文件的存盘。在波形文件存盘操作中，系统自动将波形文件名设置与设计文件名同名，但文件类型是. vwf。例如，本设计电路的波形文件名为“cnt10. vwf”。

(6)仿真设置及仿真

仿真分为功能仿真和时序仿真两种，在大体操作上基本一致。下面介绍两者操作上的不同之处。点击“Tools - Simulator Tool”，出现图 4 -1 -18所示仿真设置对话框。

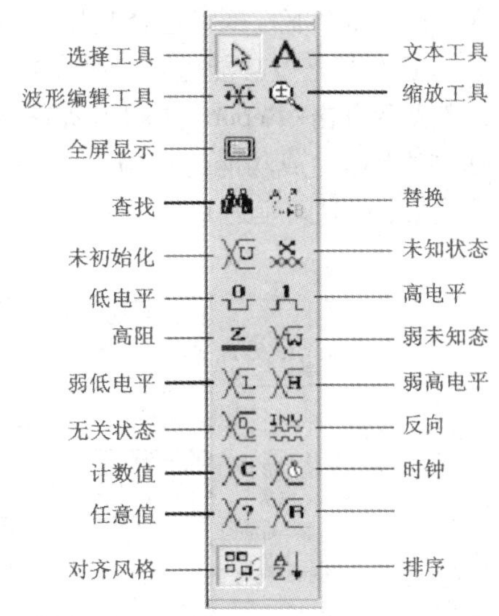

图 4 -1 -16(b)　波形编辑器工具栏

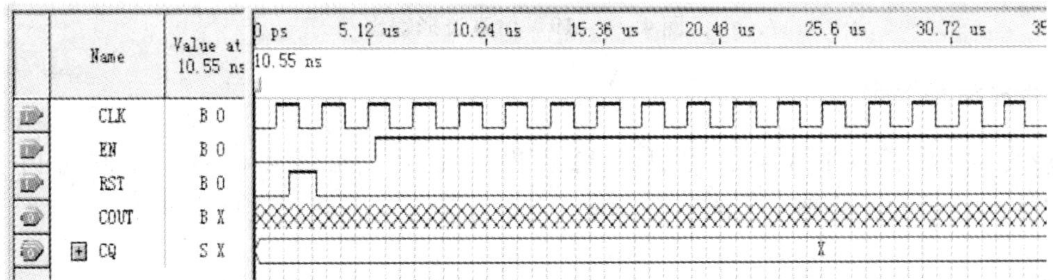

图 4 -1 -17　编辑输入信号

图 4 -1 -18　仿真设置对话框

在 Simulation 下拉框可选择是做功能仿真还是时序仿真。导入刚才新建的波形仿真文件"cnt10. vwf"，若是做功能仿真，则点击功能仿真网表生成按钮，成功后点击"Start "开始功能仿真，完成后点击"Report"可打开如图 4 - 1 - 19 所示的仿真波形(无时间延迟)。若是做时序仿真，则无需生成功能仿真网表，直接点击"Start "开始仿真，完成点击"Report"可打开时序仿真波形(有时间延迟)。

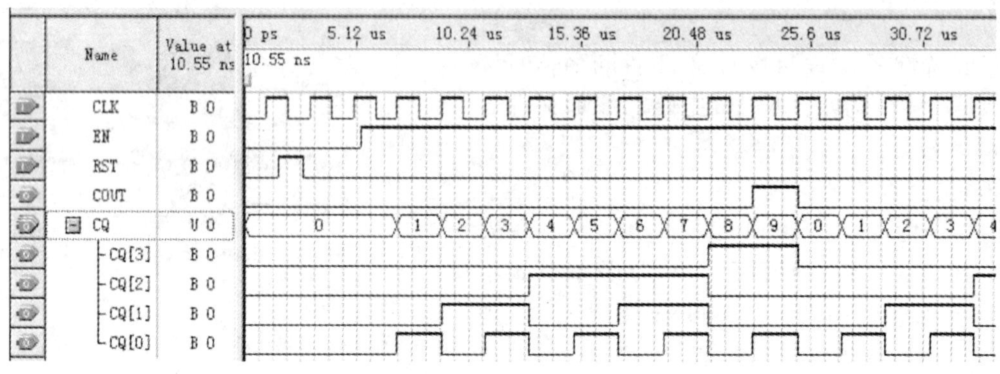

图 4 - 1 - 19　仿真波形输出

6. 生成符号入库

至此，完成了一个 VHDL 设计项目的设计输入、编译和仿真，我们可以按照如图 4 - 1 - 20所示的方法把它生成一个模块符号，以便以后在图形文件中调用。

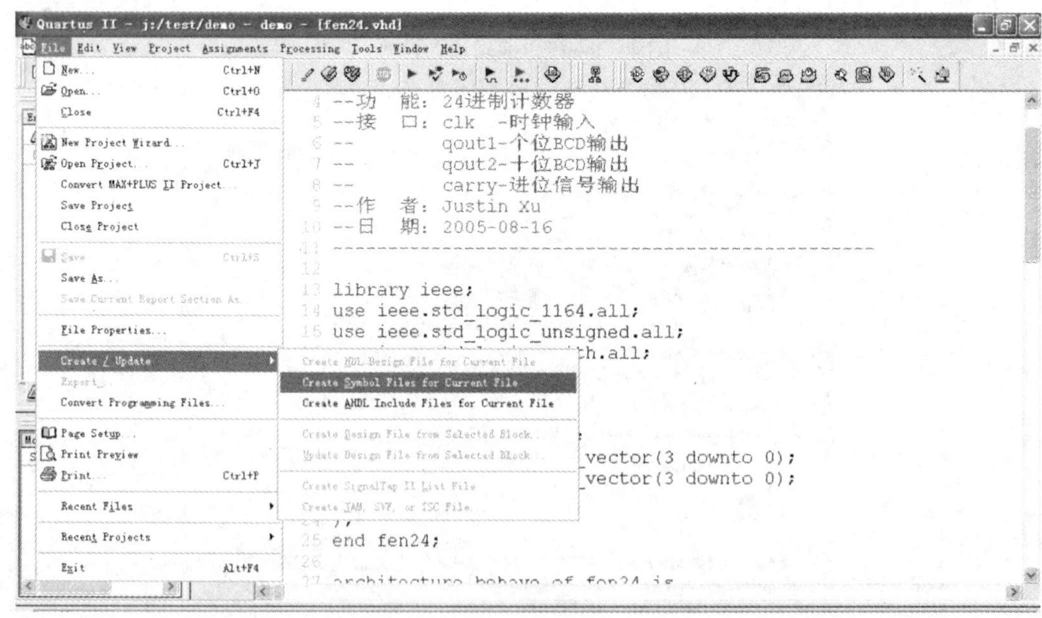

图 4 - 1 - 20　生成模块符号

三、实验内容

(1)利用 Quartus Ⅱ的 VHDL 文本编辑器，输入上述参考源程序，并对其进行编辑、编译、仿真。说明例中各语句的作用，详细描述示例的功能特点。给出其所有信号的功能仿真波形，并将此计数器电路设置成一个硬件符号入库。

(2)修改源程序，将计数器改为 6 进制减法计数器，将清零方式改为同步清零，并重新对其进行命名、编辑、编译、仿真。

(3)设计文件打包上传。

三、实验报告

根据以上的实验内容写出实验报告，包括程序设计、软件编译、仿真波形。

四、思考题

(1)如何修改源程序，将计数器变为 24 进制？

(2)如何修改源程序，使计数器实现同步预置数据的功能？

◆ 常见疑难问题：

1. Q：时序仿真中添加各端口信号时找不到端口？
   A：将要仿真的文件设为顶层文件，再编译一次。
2. Q：启动仿真时提示找不到波形文件或仿真出错？
   A：进行仿真设置(菜单 Assignments→Settings→对话框 Simulator→在 Simulation input 中输入波形文件)。
3. Q：仿真结束后仿真报告内看不到波形？
   A：用放大工具调整观察范围。
4. Q：仿真波形报告不能修改？
   A：保存波形文件时将已有的波形文件删除再保存(不要覆盖保存)。

实验 4－2　四位加法器的设计与仿真——原理图输入法

一、实验目的

通过一个 4 位加法器的设计掌握 QuartusII 的原理图输入方法及层次化设计的方法。

二、原理说明

一个 4 位加法器可以由 4 个一位全加器构成，加法器间的进位可以串行方式实现，即将低位加法器的进位输出 co 与相邻的高位加法器的最低进位输入信号 ci 相接。

三、实验内容与步骤

1. 先设计 1 位全加器

按照参考图 4－2－1 完成全加器的设计，包括原理图输入、编译、仿真，并将此全加器电路设置成一个硬件符号入库。

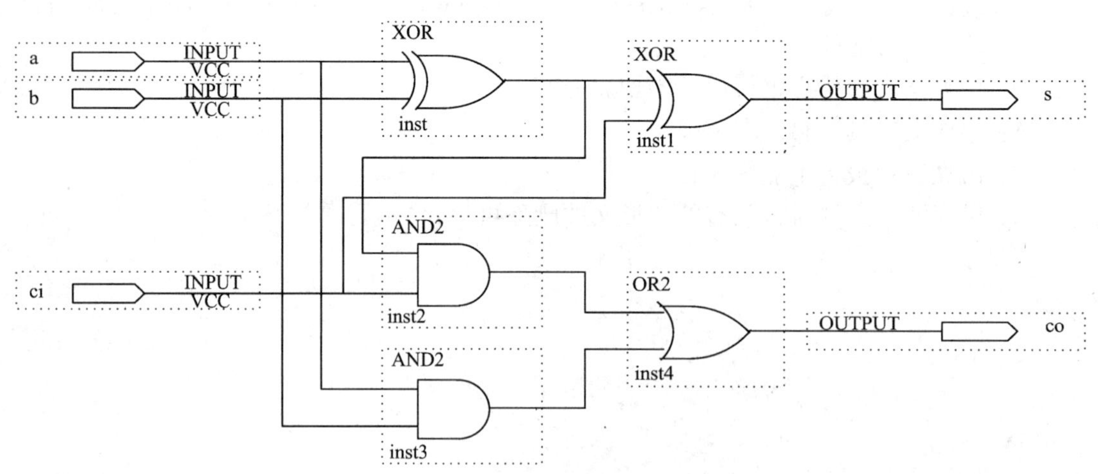

图 4－2－1　全加器的设计电路

操作步骤：

(1) 建立设计项目(Project)：与实验 4－1 的操作相同。

(2) 新建模块/原理图文件，如图 4－2－2 所示，执行 File|New 命令，选择“Block Diagram/Schematic File ”（模块/原理图文件），就可进入如图 4－2－3 所示的图形编辑器方式。

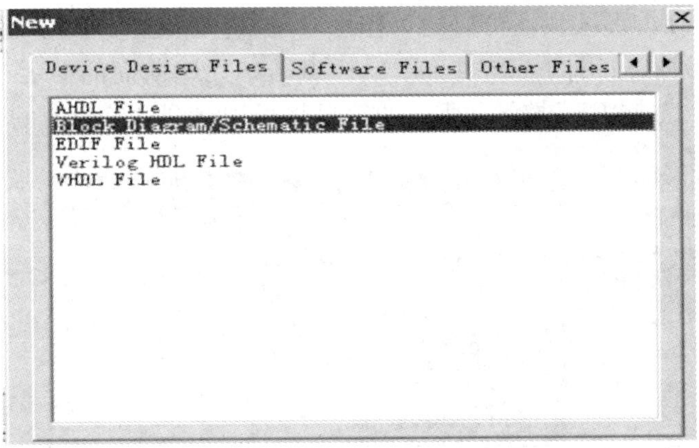

图 4－2－2　新建模块/原理图文件

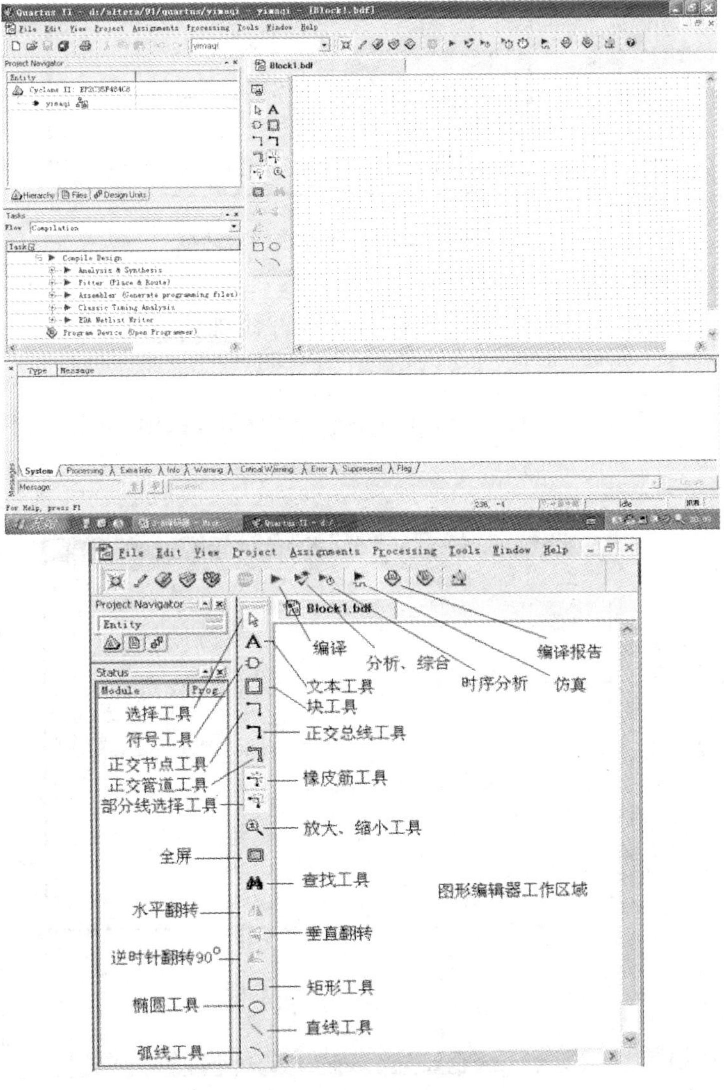

图 4－2－3　原理图编辑界面

(3)选择元件。在图形编辑器窗口的工作区双击鼠标左键，或点击图中的符号工具按钮，将弹出一个元件选择窗，如图 4－2－4。用鼠标点击单元库前面的“＋”号，展开元件库，选择所需要的元器件，点击“OK”按钮，所选的符号将显现在图形编辑器的工作区域。

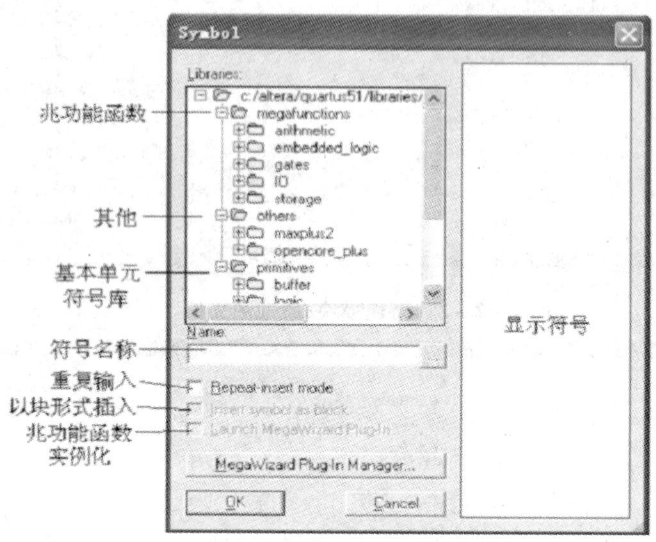

图 4－2－4　元件选择对话框

(4)编辑图形文件

在元件库找到自己想要的元件，放好后连线并添加输入输出端口，画出完整的电路图(如图 4－2－5)。

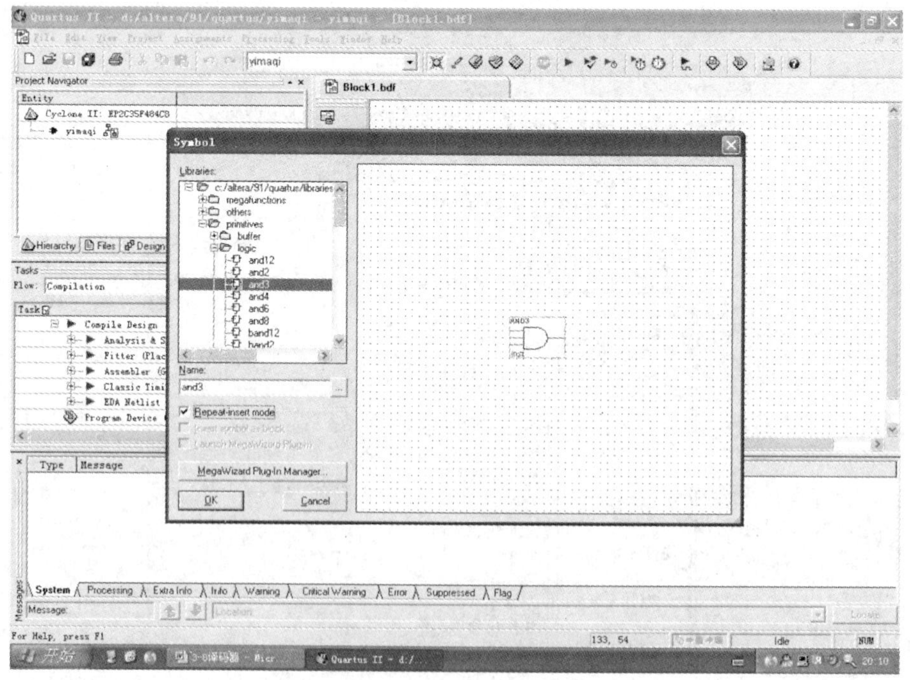

图 4－2－5(a)　选择所需的元件

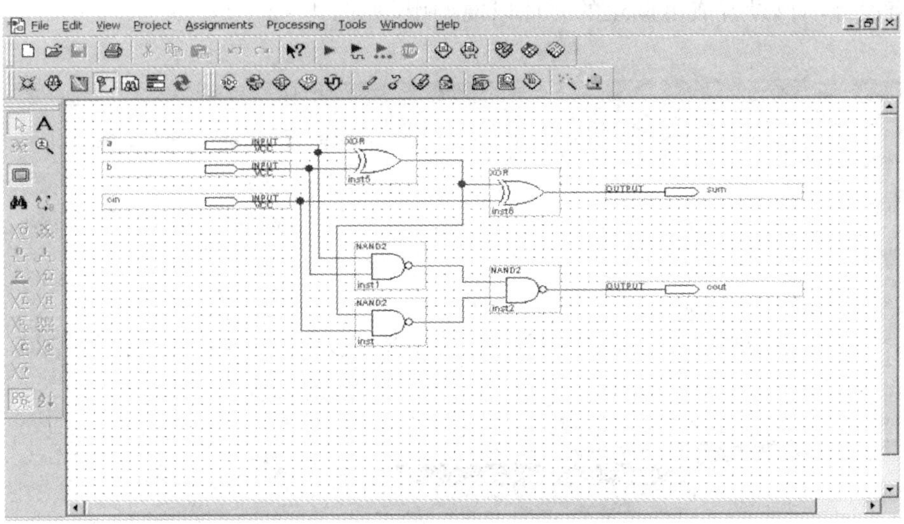

图4-2-5(b)　设计好的一位全加器原理图文件

(5)完成图形编辑的输入后，需要保存设计文件，该原理图文件不是本设计的顶层文件，注意全加器文件的名称不要与工程名一致(如图4-2-6)。

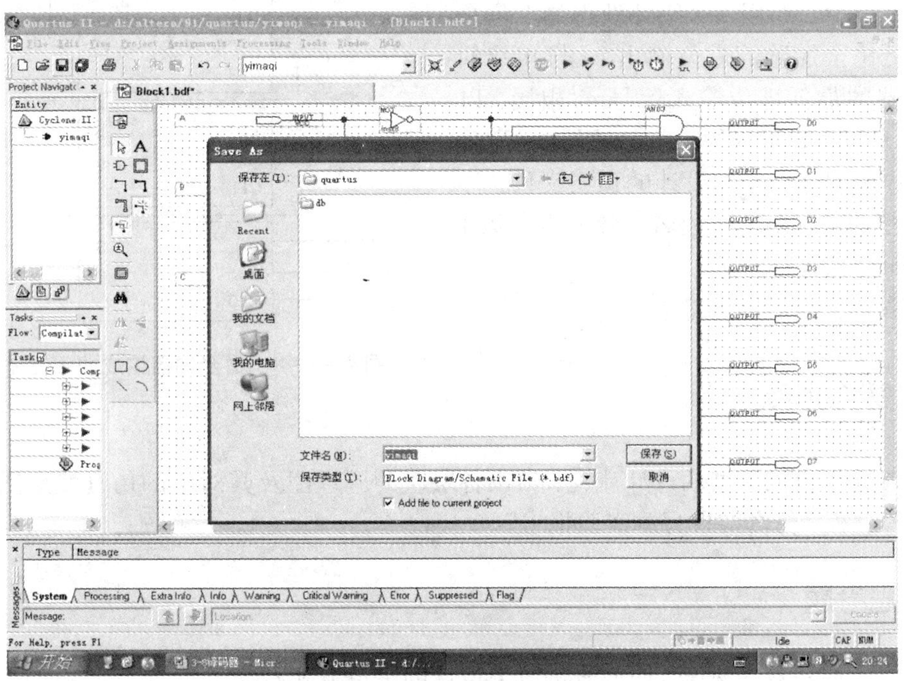

图4-2-6　保存设计文件

(6)对设计文件进行编译：过程和方法与实验4-1相同。点击菜单栏中的Start compiler按钮进行设计文件的全编译。如果文件有错，则在软件的下方会提示错误的原因和位置。整个编译完成，软件会提示编译成功。

(7)对设计项目设置进行仿真：过程和方法与实验4-1相同。

(8)将设计项目设置成可调用的元件以便调用(如图 4－2－7)

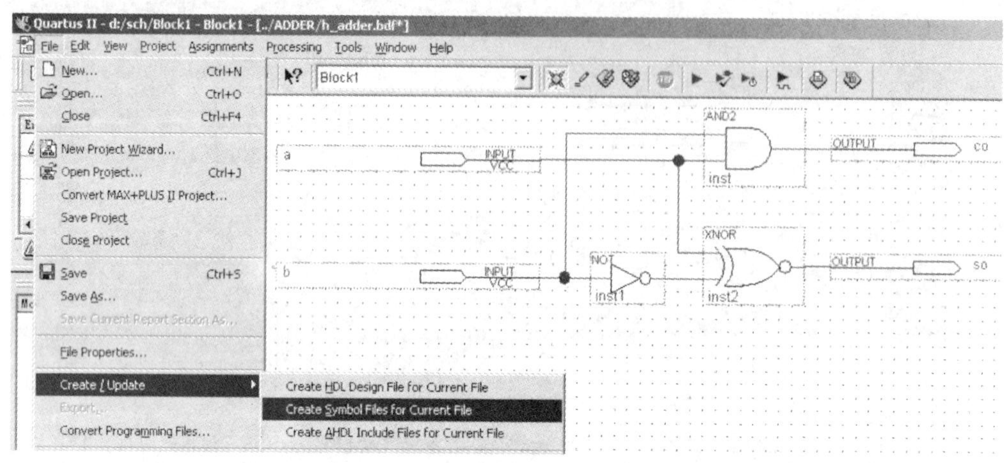

图 4－2－7 将一位全加器模块生成符号入库

2. 再设计 4 位加法器顶层文件

建立一个更高层次的原理图文件作为该项目的顶层文件，调用 4 个刚才获得的 1 位全加器，将低位全加器的进位输出 co 与相邻的高位全加器的最低进位输入信号 ci 相接，以构成如图 4－2－8 所示的 4 位加法器并保存。注意：该原理图文件是本设计的顶层文件，注意顶层文件的名称要与工程名一致。重复第 1 步完成编译、综合、仿真。

上述设计完成后即可打包上传。

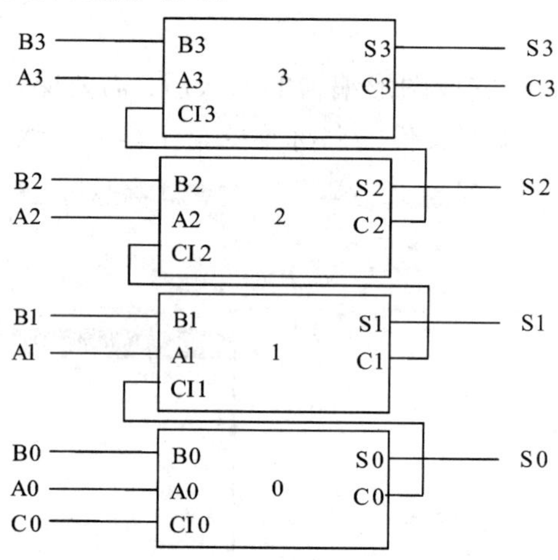

图 4－2－8 由全加器构成的 4 位加法器

四、实验报告

详细叙述 4 位加法器的设计流程；给出各层次的原理图及其对应的仿真波形图；将实验原理、实验过程、仿真结果写进实验报告。

五、思考题

为了提高加法器的速度，如何改进以上设计的进位方式？

六、选作内容

用一片 74163 和一片 74138 构成一个具有 8 路顺序脉冲输出的顺序脉冲产生器。要求在原理图上标明第 1 路到第 8 路输出的位置。

实验4-3　动态扫描显示电路的设计与调试

一、实验目的

(1)进一步熟悉 QuartusⅡ设计的全过程，掌握引脚锁定、器件下载和硬件调试，熟悉EDA实验箱的使用。

(2)了解8位数码管扫描显示模块的工作原理，学习扫描显示电路的设计，设计标准扫描驱动电路模块，以备后面实验调用。

二、实验原理

图4-3-1所示的是8位数码扫描显示电路，其中每个数码管的8个段：h、g、f、e、d、c、b、a(dp是小数点)都连在一起，8个数码管分别由8个选通信号k1～k8来选择。被选通的数码管显示数据。例如，在某一时刻，k3为高电平，其余选通信号为低电平，这时仅k3对应的数码管显示来自段信号端的数据，而其他7个数码管呈现关闭状态。根据这种电路状况，如果希望在8个数码管显示希望的数据，就必须使得8个选通信号k1～k8分别被单独选通，与此同时，在段信号输入口加上希望在该对应数码管上显示的数据，于是随着选通信号的扫变，根据人眼的视觉暂留原理，就能实现动态扫描显示的目的。

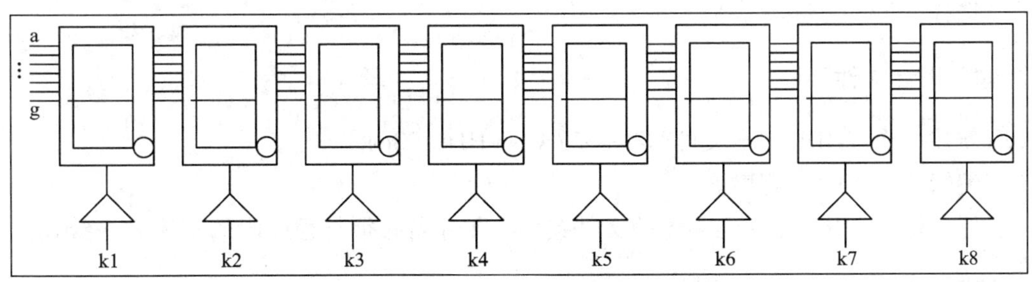

图4-3-1　8位数码扫描显示电路

SCAN_LED. VHD是扫描显示的示例程序，其端口示意图如图4-3-2所示。其中CLK是扫描时钟；SG (6 down to 0)为7段控制电路，由高位至低位分别接图4-3-1中的g、f、e、d、c、b、a 7个段；BT(7 down to 0)是位选控制信号，接图4-3-1中的8个选通信号k1～k8。程序中CNT8是一个3位计数器，作扫描计数信号，由进程P2生成；进程P3是7段译码查表输出程序；进程P1是对8个数码管选通扫描程序，例如当CNT8等于“001”时，k2对应的数码管被选通，同时，A被赋值3，再由进程P3译码输出“1001111”，显示在数码管上即为“3”；当 CNT8 扫变时，将能在 8 个数码管上显示数据：13579BDF。

上述程序的显示数据采取的是直接给出的方式，也使得所有 8 个显示数据都来自其他缓冲器，如来自 A/D 采样的数据、来自各计数器的输出数据等。

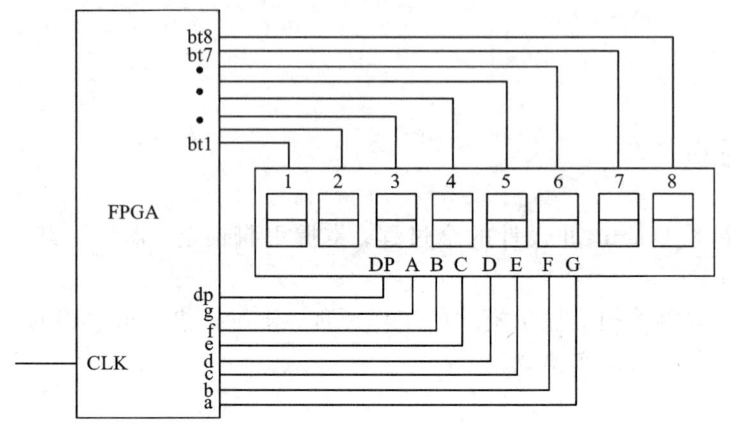

图 4－3－2　动态扫描显示程序端口示意图

三、实验步骤

1. 新建工程

(1)工程名可任意命名，注意顶层设计文件的实体名。

(2)添加文件到工程中(默认)。

(3)选择目标芯片(Cyclone 系列 EP1C3T144C8)。

(4)选择 EDA 工具(默认)。

2. 输入设计文件

(1)新建一个 VHDL 文本文件(File→New→VHDL File)。

(2)编辑输入 VHDL 程序。

(3)保存输入程序(保存到刚建的文件夹中，文件名必须与程序中的实体名一致)。

3. 编译设计文件

(1)将要编译的文件设为顶层文件：菜单 Project→Set as Top－Level Entity。

(2)编译前设置。

(3)启动编译：菜单 Processing→Start Compilation(或快捷按钮)。

4. 仿真

(1)新建一个波形文件(菜单 File→New→标签 Other Files →Vector Waveform File)。

(2)设置仿真范围(菜单 Edit→End Time→50μs)。

(3)添加端口信号节点(在 Name 列表的空白处双击→Node Finder→List→选择要加入的端口信号)。

(4)编辑输入端口的信号波形(先用放大工具将观察范围设置到合适的范围再编辑信号波形)。

(5)保存波形文件，启动仿真(菜单 Processing→Start Simulation，或快捷按钮)。

(6)记录并观察分析仿真波形报告。

◆ 以上操作的详细说明请参阅实验 4 - 1。

5. 引脚锁定

(1)执行 Assignments | Assignments Editor 命令或者直接单击 Assignments Editor 按钮，弹出如图 4 - 3 - 3 所示的引脚编辑对话框，在对话框的 Category 栏目选择 Pin 项。

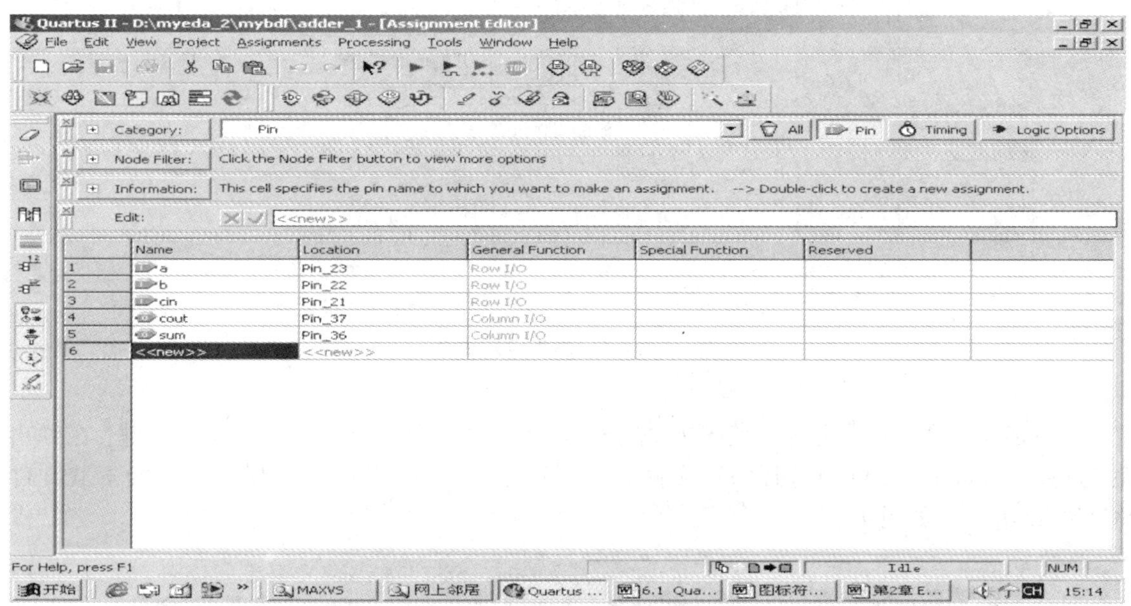

图 4 - 3 - 3　引脚编辑对话框

(2)用鼠标双击 Name 栏目下的 < new >，在其下拉菜单中列出了设计电路的全部输入和输出端口名，例如本例中 SG (6 downto 0)、BT(7 downto 0)和 CLK 等端口。用鼠标选择其中的一个端口后，再用鼠标双击 Location 栏目下的 < new >，在其下拉菜单中列出了目标芯片全部可使用的 I/O 端口，然后用鼠标选择其中的一个 I/O 端口。例如，将图 4 - 3 - 3 中的 a、b、cin、cout 和 sum 端口，分别选择 Pin_23 、Pin_22、Pin_21、Pin_37 和 Pin_36。赋值编辑操作结束后，存盘并关闭此窗口，完成引脚锁定。

(3)锁定引脚后还需要对顶层设计文件重新编译，编译成功后会自动产生设计电路的下载文件(. sof)。

接下来就可下载程序到对应芯片中了。

6. 编程下载设计文件

(1)连接实验箱并口下载线，打开实验箱电源。

(2)设定编程方式。执行 Tools | Programmer 命令或者直接单击 Programmer 按钮，弹出如图 4-3-4 所示的硬件编程窗口。

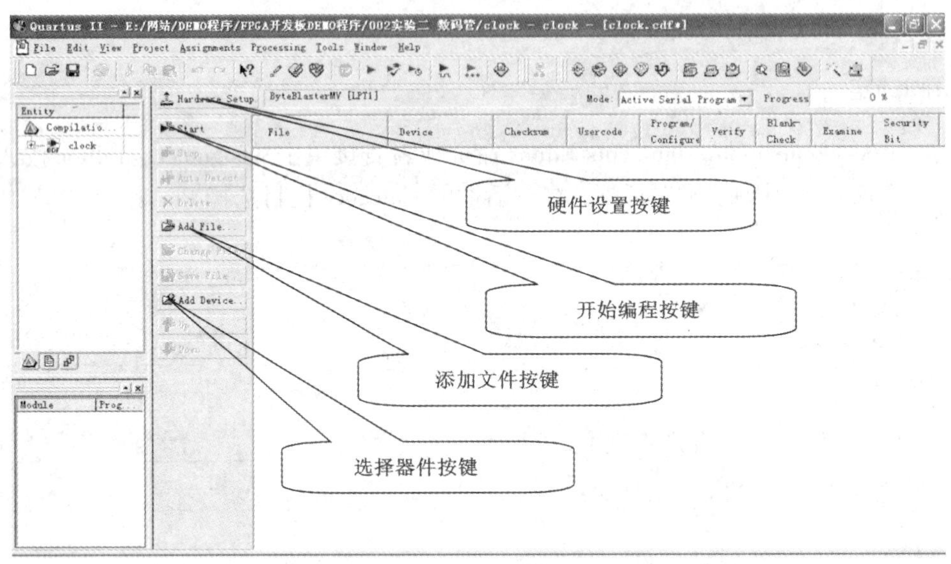

图 4-3-4 硬件编程窗口

(3)选择下载文件：用鼠标点击下载方式窗口左边的 Add File(添加文件)按键，在弹出的 Select Programming File(选择编程文件)的对话框中，选择本设计工程目录下的下载文件 SCAN_LED. sof，如图 4-3-5。

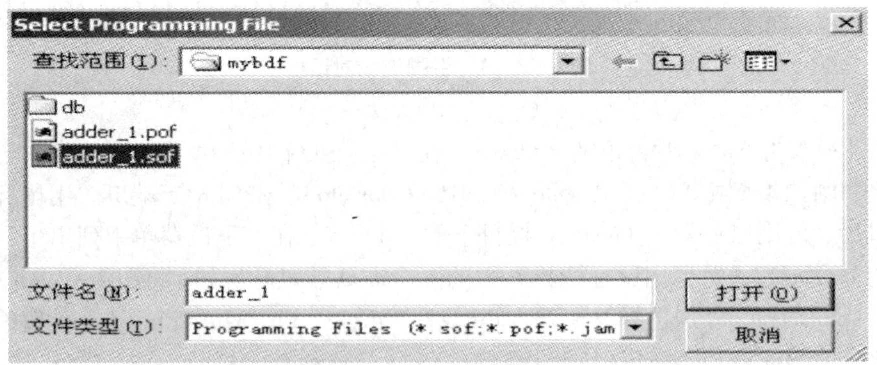

图 4-3-5 选择下载文件对话框

(4)设置编程器。若是第一次使用 Quartus Ⅱ，则首先要安装硬件驱动：在设置编程方式窗口中，点击 Hardwaresettings(硬件设置)按钮，在弹出的如图 4-3-6 所示的 Hardware Setup

硬件设置对话框中点击 Add Hardware 按键，在弹出的 Add Hardware 添加硬件对话框中选择 ByteBlasterMV 或 USB Blaster 编程方式。例如选择 USB Blaster 编程方式后单击“OK”按钮，就可利用计算机的 USB 口直接对 FPGA 进行配置了(一般设置一次即可，以后不必再设)。

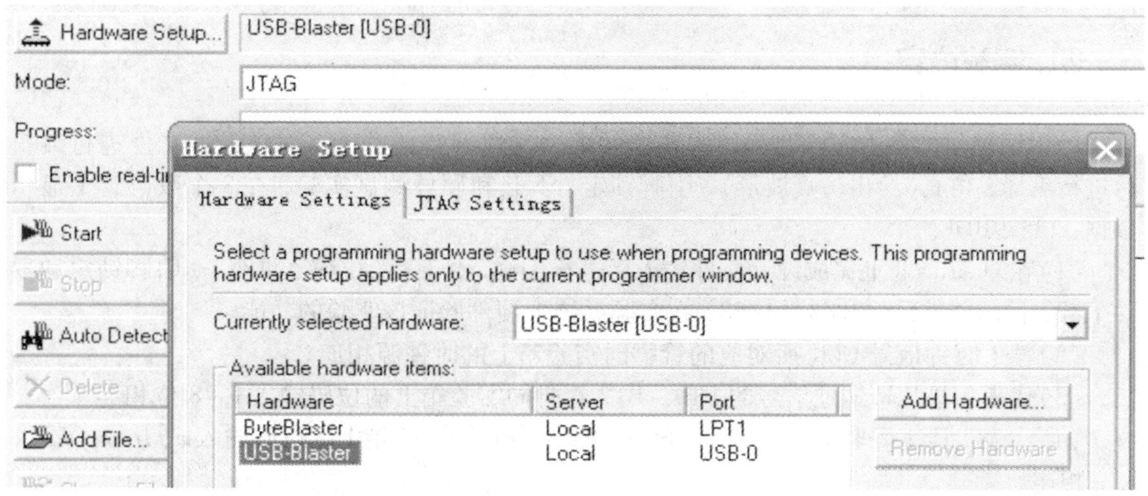

图4-3-6　硬件设置对话框

(5)编程下载：下载模式选择 JTAG 方式，选中要下载的 SOF 文件，勾选 Program/Config，执行 Processing|Stare Programming 命令或者直接按 Start Programming 按钮，即可实现设计电路到目标芯片的编程下载(如图4-3-7)。下载完毕后(右边的 progress 进度条运行到100%)，FPGA 就可以工作了。

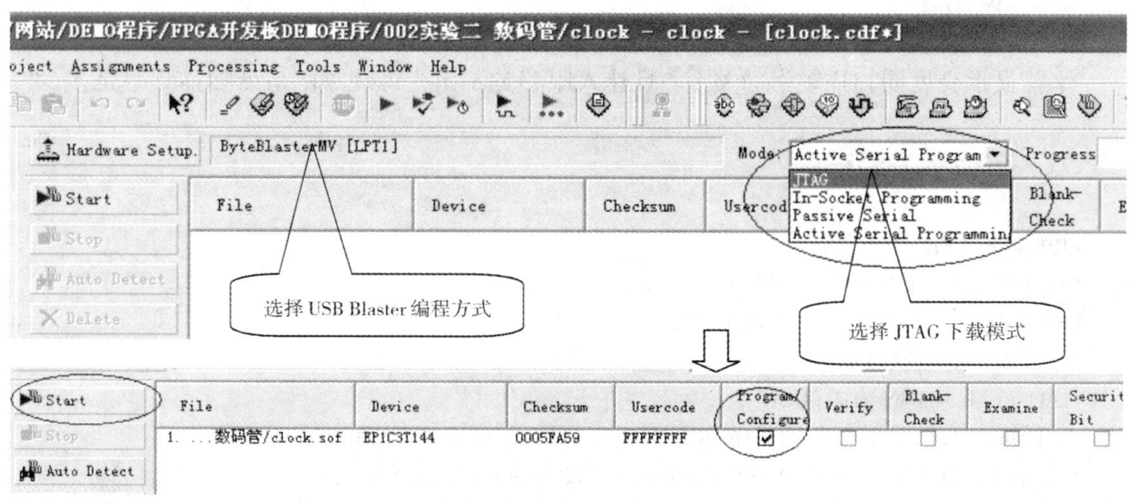

图4-3-7　硬件编程下载

7. 硬件测试

在实验箱上正确连线后观察结果即可。但是 JATG 下载模式是把程序下载到 FPGA 内部的 RAM 中，因此掉电后数据丢失，再次上电后需重新下载。

四、实验内容

1)说明提供的参考实验源程序中各语句的含义以及整体功能。对该设计文件进行编辑后进行编译、仿真(给出仿真波形)、引脚锁定、下载和硬件测试实验，在 8 个数码管上显示数据：13579BDF。

(1)在 QuartusⅡ上完成设计文件输入后进行编译、仿真(给出仿真波形)、引脚锁定和器件下载，目标器件是 EP1C3T144C8；在实验系统上硬件验证该实验的功能。

(2)输入时钟信号 CLK 所对应的管脚同实验箱上的时钟源相连。

(3)代表扫描片选地址信号的 BT0 ~ BT7 管脚同实验箱上的位码输入 1 ~ 8 位相连。

(4)代表 7 段字码驱动信号 SG0 ~ SG6 的管脚分别同实验箱上的段码输入 a，b，c，d，e，f，g 相连。

(5)通过跳线调节时钟频率，感受“扫描”的过程，并观察字符亮度和显示刷新的效果。

2)修改参考实验源程序

(1)修改程序来改变显示内容，使其从左到右依次显示数字 1 ~ 8，并重复以上实验过程在实验系统上硬件验证功能。

(2)修改程序来改变显示字形，使其从左到右依次显示字母 A、b、c、d、E、F、H、P，并重复以上实验过程。

五、思考题

字符显示亮度同扫描频率的关系，且让人眼感觉不出光烁现象的最低扫描频率是多少?

六、实验参考源程序

```
LIBRARY IEEE;
USE IEEE.STD_LOGIC_1164.ALL;
USE IEEE.STD_LOGIC_UNSIGNED.ALL;
ENTITY SCAN_LED IS
PORT (CLK    : IN STD_LOGIC;
SG : OUT STD_LOGIC_VECTOR(6 DOWNTO 0);      --段控制信号输出
BT: OUT STD_LOGIC_VECTOR(7 DOWNTO 0) );  --位控制信号输出
END SCAN_LED;
ARCHITECTURE one OF SCAN_LED IS
    SIGNAL CNT8   : STD_LOGIC_VECTOR(2 DOWNTO 0);
    SIGNAL    A   : INTEGER RANGE 0 TO 15;
```

```
BEGIN
P1: PROCESS( CNT8 )
    BEGIN
        CASE  CNT8  IS
WHEN "000"  = >  BT < = "00000001" ; A < = 1;
        WHEN "001"  = >  BT < = "00000010" ; A < = 3 ;
        WHEN "010"  = >  BT < = "00000100" ; A < = 5 ;
        WHEN "011"  = >  BT < = "00001000" ; A < = 7 ;
        WHEN "100"  = >  BT < = "00010000" ; A < = 9 ;
        WHEN "101"  = >  BT < = "00100000" ; A < = 11 ;
        WHEN "110"  = >  BT < = "01000000" ; A < = 13 ;
        WHEN "111"  = >  BT < = "10000000" ; A < = 15 ;
        WHEN OTHERS = >  NULL ;
    END CASE ;
    END PROCESS P1;
P2: PROCESS(CLK)
        BEGIN
IF CLK'EVENT AND CLK = '1'THEN
CNT8 < = CNT8 + 1;
        END IF;
  END PROCESS P2 ;
P3: PROCESS( A )
BEGIN
       CASE  A  IS
        WHEN 0  = > SG < = "0111111";  WHEN 1  = > SG < = "0000110";
        WHEN 2  = > SG < ="1011011";   WHEN 3  = > SG < = "1001111";
        WHEN 4  = > SG < = "1100110";  WHEN 5  = > SG < = "1101101";
        WHEN 6  = > SG < = "1111101";  WHEN 7  = > SG < = "0000111";
        WHEN 8  = > SG < = "1111111";  WHEN 9  = > SG < = "1101111";
        WHEN 10 = > SG < = "1110111";  WHEN 11 = > SG < = "1111100";
        WHEN 12 = > SG < = "0111001";  WHEN 13 = > SG < = "1011110";
        WHEN 14 = > SG < = "1111001";  WHEN 15 = > SG < = "1110001";
        WHEN OTHERS = >  NULL ;
       END CASE ;
      END PROCESS P3;
END one;
```

实验 4 -4 数控分频器的设计与硬件调试

一、实验目的

(1)进一步熟悉 QuartusⅡ设计的全过程，掌握引脚锁定、器件下载和硬件调试，熟悉 EDA 实验箱的使用。

(2)掌握数控分频器的原理，学习用硬件描述语言进行数控分频器的设计。

二、实验原理

数控分频器的功能就是当在输入端给定不同输入数据时，将对输入的时钟信号有不同的分频比，此数控分频器就是用计数值可并行预置的减法计数器设计完成的，方法是将计数溢出位与预置数加载输入信号相接，即改变计数器的计数器的容量，从而改变计数溢出信号的频率。再将溢出信号二分频以均衡占空比，就可得到输出频率可调的方波信号。

三、实验内容

1)说明提供的参考实验源程序中各语句的含义以及整体功能。对该设计文件进行编辑后进行编译、仿真(给出仿真波形)、引脚锁定。

2)在实验箱上完成硬件测试:

(1)在 QuartusⅡ上完成器件下载，目标器件是 EP1C3T144C8。

(2)输入时钟信号 CLK 所对应的管脚同实验箱上的时钟源 CLOCK5 或 6 相连，使时钟频率稍高(最好确保分频后落在音频范围)。

(3)代表分频系数的 preset 0 ~ preset 7 管脚同实验箱上的拨码开关相连。

(4)输出 outclk 接扬声器。

(5)通过拨码开关改变分频系数输入值，可听到不同音调的声音。

(6)输出 outclk 接 LED 灯，通过跳线把时钟频率调低，重复第 5 步，感受不同的分频效果。

3)修改参考实验源程序：参照上述数控分频器的设计方法，设计出能更多分频系数的数控频率计。

四、思考题

提出此项设计的实用示例，如 PWM 的设计等。

五、实验参考源程序

```
library ieee;
  use ieee. std_logic_1164. all;
  use ieee. std_logic_unsigned. all;
  - -实体说明
  entity divider is
    port( inclk: in std_logic;                            - -输入时钟
          preset : in std_logic_vector(7 downto 0);   - -预置分频系数
          outclk : out std_logic    );                   - -分频输出
  end divider;
  - -结构体描述
  architecture hav of divider is
    signal oclk: std_logic;  - -计数器溢出标志
     signal count : std_logic_vector(7 downto 0);
  begin
    outclk < =oclk;
    process(inclk)
     begin
       if(inclk'event and inclk =1') then           - -从 2 ~256 分频
         if(count ="00000000") then
              count < =preset; - -当计数器减为零溢出时，预置数 PRESET 给计数器 COUNT
oclk < =1';     - -同时分频信号输出高电平
         else
              count < =count -1;  - -否则继续做减 1 计数
              oclk < =0';  - -分频信号输出为低电平
         end if;
        end if;
    end process;
process(oclk) - -将计数器的溢出值二分频以生成方波
variable cnt2: std_logic;
begin
         if(oclk'event and oclk =1') then
cnt2: =not cnt2; - -当计数器减为零溢出时，D 触发器取反，二分频
              if cnt2 =1'; then   outclk < =1'; - -将二分频的计数值输出，得到方波
          else
  outclk < =0';
end if;
        end if;
     end process;
end hav;
```

实验 4－5　计数器及其动态扫描显示的设计与调试

一、实验目的

(1)学习时序电路的设计、仿真和硬件测试，进一步熟悉 VHDL 设计技术。
(2)进一步学习扫描显示电路的设计。
(3)掌握混合输入和层次化设计。

二、实验原理

例 1 是一含计数使能、异步复位功能的 60 进制加法计数器的 VHDL 描述。cr 是异步清信号，低电平有效；clk 是时钟信号；en 为计数使能端。例 2 是扫描显示的示例程序，其中 clk 是扫描时钟；SG 为 7 段控制信号，由高位至低位分别接 g、f、e、d、c、b、a 7 个段；BT 是位选控制信号。本实验可采用 VHDL 先设计 60 进制加法计数器，然后设计动态扫描显示部分，再采用层次化设计(VHDL 的元件例化语句或原理图方式)将两个模块连接起来(顶层原理图示例如图 4－5－1 所示)，由数码管将其结果显示出来。

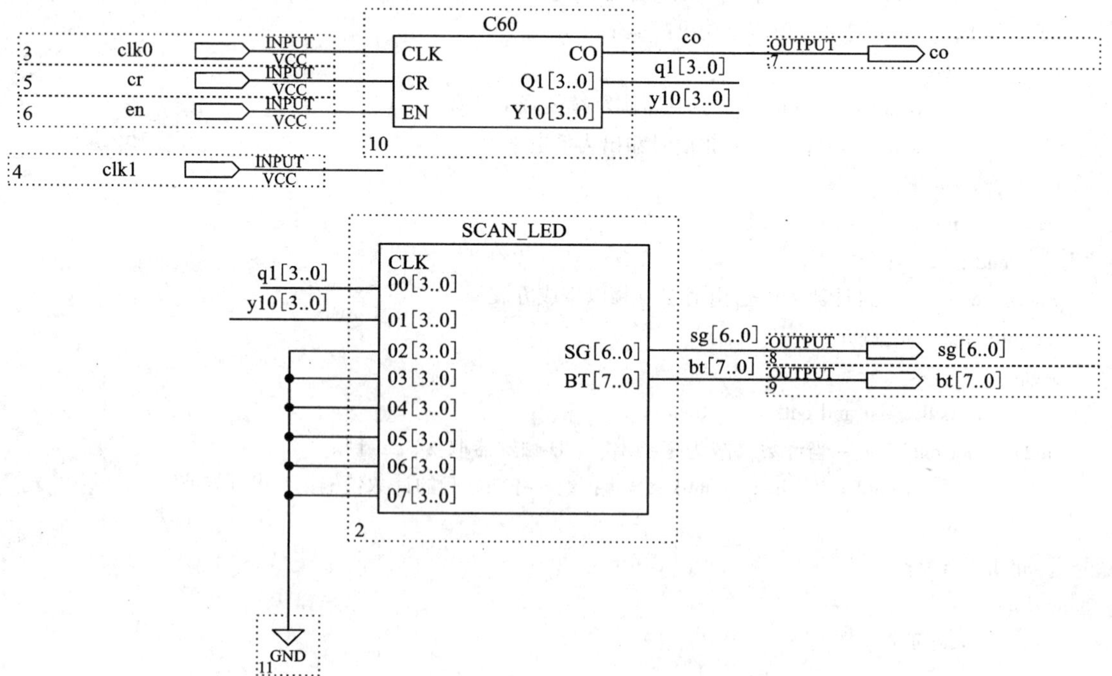

图 4－5－1　顶层原理图

实验源程序如下。

1）顶层原理图如下：

2）【例 1】60 进制加法计数器的 VHDL 示例程序：

```
library ieee;
use ieee. std_logic_1164. all;
use ieee. std_logic_unsigned. all;
ENTITY c60 IS
PORT( clk: INSTD_LOGIC;
cr: INSTD_LOGIC;
en: INSTD_LOGIC;
        co :   OUT   STD_LOGIC;
q1: OUT STD_LOGIC_VECTOR (3 DOWNTO 0);
        y10:     OUTSTD_LOGIC_VECTOR (3 DOWNTO 0)    );
END c60;
ARCHITECTURE a OF c60 IS
SIGNALbcd1n: STD_LOGIC_VECTOR (3 DOWNTO 0);
    SIGNALvcd10n: STD_LOGIC_VECTOR (3 DOWNTO 0);
BEGIN
PROCESS (clk, cr)
BEGIN
IF (cr = 0') THEN
bcd1n < = "0000";
ELSIF (clk'EVENT AND clk = 1') THEN
IF (bcd1n =9) THEN
                    bcd1n < = "0000";
                 ELSE
                  IF (en = 1') THEN
bcd1n < = bcd1n + 1;
ELSEbcd1n < = bcd1n;
END IF;
              END IF;
END IF;
END PROCESS;
q1 < = bcd1n;
    y10 < = vcd10n;
PROCESS (clk, cr)
BEGIN
IF cr = 0'THEN
vcd10n < = "0000";
ELSIF (clk'EVENT AND clk = 1') THEN
IF (bcd1n =9) THEN
                  IF (vcd10n =5) THEN
```

```
                    vcd10n < = "0000" ;
                ELSE
                  IF (en = 1') THEN
vcd10n  < =  vcd10n  +  1;
ELSE
vcd10n  < =  vcd10n;
END IF;
                  END IF;
                END IF;
END IF;
END PROCESS;
process (bcd1n, vcd10n)
    begin
      if (bcd1n =9 and vcd10n =5) then        co < = 1';
      else
          co < = 0';
   end if;
  end process;
end a;
```

3)【例 2】译码显示程序:

```
LIBRARY IEEE;
USE IEEE. STD_LOGIC_1164. ALL;
USE IEEE. STD_LOGIC_UNSIGNED. ALL;
ENTITY SCAN_LED IS
    PORT (     CLK    : IN STD_LOGIC;
      d0, d1, d2, d3, d4, d5, d6, d7: in STD_LOGIC_VECTOR(3 DOWNTO 0);
      SG    : OUT STD_LOGIC_VECTOR(6 DOWNTO 0);
      BT    : OUT STD_LOGIC_VECTOR(7 DOWNTO 0) );
END;
ARCHITECTURE one OF SCAN_LED IS
    SIGNAL CNT8   : STD_LOGIC_VECTOR(2 DOWNTO 0);
    SIGNAL      A   : STD_LOGIC_VECTOR(3 DOWNTO 0);
BEGIN
P1: PROCESS( CNT8 )
    BEGIN
      CASE   CNT8   IS
          WHEN "000"   = >   BT  < =  "00000001"  ; A  < =  d0  ;
          WHEN "001"   = >   BT  < =  "00000010"  ; A  < =  d1  ;
          WHEN "010"   = >   BT  < =  "00000100"  ; A  < =  d2;
          WHEN "011"   = >   BT  < =  "00001000"  ; A  < =  d3  ;
          WHEN "100"   = >   BT  < =  "00010000"  ; A  < =  d4;
          WHEN "101"   = >   BT  < =  "00100000"  ; A  < =  d5;
          WHEN "110"   = >   BT  < =  "01000000"  ; A  < =  d6;
```

```
            WHEN "111"  = >  BT < = "10000000" ; A < = d7 ;
            WHEN OTHERS  = >  NULL ;
          END CASE ;
       END PROCESS P1;
      P2: PROCESS(CLK)
          BEGIN
           IF CLK'EVENT AND CLK  = '1'
            THEN CNT8  < = CNT8  + 1;
           END IF;
     END PROCESS P2 ;
           P3: PROCESS( A )
   BEGIN
         CASE   A   IS
          WHEN "0000" = > SG < = "0111111";   WHEN "0001"  = > SG < = "0000110";
          WHEN "0010"  = > SG < = "1011011";   WHEN "0011"  = > SG < = "1001111";
          WHEN "0100"  = > SG < = "1100110";   WHEN "0101"  = > SG < = "1101101";
          WHEN "0110"  = > SG < = "1111101";   WHEN "0111"   = > SG < = "0000111";
   WHEN "1000" = > SG < = "1111111";   WHEN "1001" = > SG < = "1101111";
          WHEN "1010" = > SG < = "1110111";   WHEN "1011" = > SG < = "1111100";
          WHEN "1100" = > SG < = "0111001";   WHEN "1101" = > SG < = "1011110";
          WHEN "1110" = > SG < = "1111001";   WHEN "1111"  = > SG < = "1110001";
          WHEN OTHERS  = >  NULL ;
         END CASE ;
        END PROCESS P3;
      END;
```

三、实验内容

(1)在 Quartus Ⅱ上对例 1 进行编辑、编译、仿真。说明例中各语句的作用，详细描述示例的功能特点，给出其所有信号的时序仿真波形。

(2)说明例 2 中各语句的含义，以及该例的整体功能。对该例进行编辑、编译、仿真，给出仿真波形。

(3)参考图 4 -5 -1 完成顶层原理图设计，对其进行编辑、编译、仿真，给出仿真波形。

(4)引脚锁定以及硬件下载测试，在实验系统上硬件验证该实验的功能。目标器件是 EP1C3T144C8。

(5)修改参考实验源程序，将计数器变为 24 进制 BCD 码计数器。重复上述过程。

四、附加实验内容(选作)

(1)用 VHDL 例化语句，以例 1 和例 2 为底层元件，完成顶层文件设计，并重复以上实验过程。

(2)在以上实验内容基础上，完成一个可计时、分、秒的简易数字钟的设计。

实验 4－6　基于状态机的彩灯控制器设计与调试

一、实验目的

通过彩灯控制器学习有限状态机的设计、仿真和硬件测试，进一步熟悉 VHDL 设计技术。

二、实验要求

本实验要求用有限状态机的设计方法编写一段用于彩灯控制的 VHDL 程序，实现对 8 路彩灯进行各种显示花样的控制。功能要求如下：

此彩灯控制系统用实验箱上提供的 8 个 LED 来模拟彩灯，在系统时钟的作用下，彩灯按设定的四种花样变化，各种不同花样的变换在外部输入信号 Sel 的控制下进行切换，四种花样分别为：

(1)彩灯从左到右逐次闪亮。

(2)彩灯从左向右逐次点亮，且亮后不熄灭。

(3)彩灯两边同时亮两个，然后逐次向中间点亮。

(4)全部彩灯亮与熄灭交替。

◆ 也可自定花样方案。

三、实验原理

本控制电路采用 VHDL 语言设计。运用自顶而下的设计思想，按功能逐层分割实现层次化设计。根据多路彩灯控制器的设计原理，将整个控制器分为四个部分，分别对应彩灯的四种变化模式。考虑到程序比较长，本电路利用状态机的 VHDL 设计来简化，使得程序层次分明，可读性更强。利用 VHDL 语言实现该功能程序如下：

```
LIBRARY ieee;
USE ieee.std_logic_1164.ALL;
ENTITY color8 IS
    PORT(cLK, rst: IN std_LOGIC;
sel: in std_LOGIC_VECTOR(1 DOWNTO 0);
            abc: OUT std_LOGIC_VECTOR(7 DOWNTO 0) );
      END color8;
ARCHITECTURE color OF color8 IS
TYPE state_1 IS (s0, s1, s2, s3, s4, s5, s6, s7);
```

```
SIGNAL state_2: state_1;
BEGIN
pr_1: PROCESS (CLK, rst)
BEGIN
IF rst = 1'THEN      state_2 < = s0;
ELSIF cLK'event AND cLK = 1'THEN
CASE state_2 IS
WHEN s0 = > state_2 < = s1;
WHEN s1 = > state_2 < = s2;
WHEN s2 = > state_2 < = s3;
WHEN s3 = > state_2 < = s4;
WHEN s4 = > state_2 < = s5;
WHEN s5 = > state_2 < = s6;
WHEN s6 = > state_2 < = s7;
WHEN s7 = > state_2 < = s0;
END CASE;
END IF;
END PROCESS pr_1;
pr_2: PROCESS(sel, state_2)
BEGIN
if  sel = "00" then
CASE state_2 IS      彩灯从左到右逐次闪亮
WHEN s0 = > abc < = "10000000";
WHEN s1 = > abc < = "01000000";
WHEN s2 = > abc < = "00100000";
WHEN s3 = > abc < = "00010000";
WHEN s4 = > abc < = "00001000";
WHEN s5 = > abc < = "00000100";
WHEN s6 = > abc < = "00000010";
WHEN s7 = > abc < = "00000001";
END CASE;
elsif sel = "01"   then        彩灯从左向右逐次点亮，且亮后不熄灭
CASE state_2 IS
WHEN s0 = > abc < = "10000000";
WHEN s1 = > abc < = "11000000";
WHEN s2 = > abc < = "11100000";
WHEN s3 = > abc < = "11110000";
WHEN s4 = > abc < = "11111000";
WHEN s5 = > abc < = "11111100";
WHEN s6 = > abc < = "11111110";
WHEN s7 = > abc < = "11111111";
END CASE;
elsif sel = "10"   then      彩灯两边同时亮两个，然后逐次向中间点亮
```

```
CASE state_2 IS
WHEN s0 = > abc < ="10000001";
WHEN s1 = > abc < ="01000010";
WHEN s2 = > abc < ="00100100";
WHEN s3 = > abc < ="00011000";
WHEN s4 = > abc < ="00100100";
WHEN s5 = > abc < ="01000010";
WHEN s6 = > abc < ="10000001";
WHEN s7 = > abc < ="11111111";
END CASE;
elsif sel ="11"    then        全部彩灯亮与熄灭交替
CASE state_2 IS
WHEN s0 = > abc < ="11111111";
WHEN s1 = > abc < ="00000000";
WHEN s2 = > abc < ="11111111";
WHEN s3 = > abc < ="00000000";
WHEN s4 = > abc < ="11111111";
WHEN s5 = > abc < ="00000000";
WHEN s6 = > abc < ="11111111";
WHEN s7 = > abc < ="00000000";
END CASE;
end if;
END PROCESS pr_2;
END color;
```

在以上程序中，使用TYPE语句定义state_1为s0到s7八种状态。主控时序进程将state_1的内容送给state_2，主控组合进程通过信号state_2中的状态值，进入相应的状态。在进程一中，首先用TYPE语句定义数据对象，以及各个状态之间的转化情况。在进程二中，在IF语句中嵌套CASE语句。在IF语句中，规定四种花样，即用Sel=00表示花色的第一种点亮方式，对应Sel=01，10，11分别表示花色的第二、第三和第四种点亮方式。在CASE语句中，输出八位彩灯的状态用八位二进制数据来代替。彩灯从左到右逐次闪亮，即使1循环右移。彩灯从左向右逐次点亮，且亮后不熄灭，即从左向右逐渐将0转变为1。彩灯两边同时亮两个，然后逐次向中间点亮，即两个1为一组逐渐向内移动。全部彩灯亮与熄灭交替，即全为1与全为0之间的转变。

四、实验内容

（1）在QuartusⅡ上进行编辑、编译、仿真。说明例中各语句的作用，详细描述示例的功能特点，给出其所有信号的时序仿真波形。

（2）引脚锁定以及硬件下载测试，在实验系统上硬件验证该实验的功能。目标器件是EP1C3T144C8。

（3）修改程序来改变彩灯变化控制方式：将手动控制改为自动控制，使彩灯的4种花样自动变换，循环往复。并重复以上实验过程。

(4) 修改程序来改变彩灯变化花样：第 1 种花样为彩灯从右到左，然后从左到右逐次点亮，接着全灭全亮；第 2 种花样为彩灯两边同时亮 1 个，并逐次向中间移动再散开；第 3 种花样为彩灯两边同时亮 2 个逐次向中间移动再散开；第 4 种花样为彩灯两边同时亮 3 个，然后 4 亮 4 灭，4 灭 4 亮，最后 1 灭 1 亮。4 种花样自动变换，循环往复。并重复以上实验过程。

五、实验预习

开始实验前修改程序以上的彩灯控制程序，以完成实验内容 3 和 4 的要求。

六、实验报告

根据以上的实验内容写出实验报告，包括程序设计、软件编译、仿真分析、硬件测试和详细实验过程；设计原程序，程序分析报告、仿真波形图及其分析报告。

实验 4 -7　基于 LPM_ROM 的 LED 流水灯设计与调试

一、实验目的

(1)掌握 QuartusII 采用原理图结合 VHDL 编程方式进行设计的流程。
(2)学会调用 LPM 模块的操作步骤。掌握基于 LPM_ROM 设计的基本方法。

二、实验原理

基于 LPM_ROM 的 LED 流水灯控制器的顶层原理图如图 4 -7 -1 所示。它包含 2 个部分：由 6 位二进制计数器担任的 ROM 的地址信号发生器和由 LPM_ROM 模块构成一个存储显示花样数据的 ROM。在系统时钟的作用下，地址计数器轮流读出 LPM_ROM 中的数据，使实验箱上的 8 个 LED 根据预先存储在 ROM 中的数据按各种花样变化。

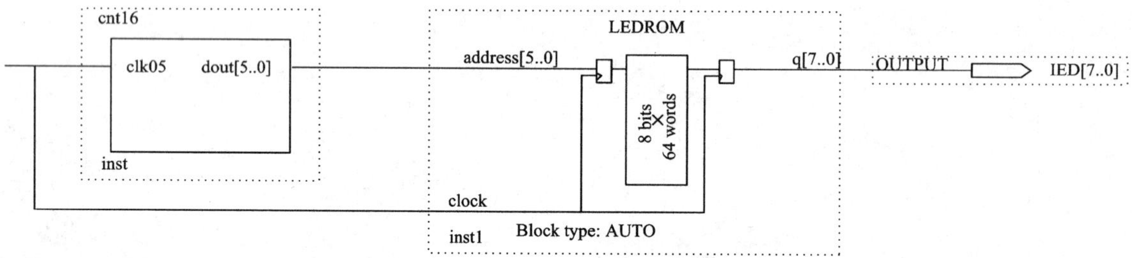

图 4 -7 -1　LED 流水灯控制器的顶层原理图

三、实验步骤

在 QuartusII 中可以用 LPM 模块设计 ROM、RAM、FIFO、PLL，在本实验中将以 ROM 为例，介绍 LPM 功能的使用。

1. 建立工程

在 F 盘建立新的工程。

2. 分模块设计

1)地址计数器模块(CNT16. VHD)设计
a)建立 VHDL 文件，写入程序。(源程序略)

b)编译通过之后，将 VHDL 文档封装生成 CNT16 元件(当前 VHDL 编辑界面下，点击 File—Creat/Update—Creat Symbol Files for current File)。

2)设计 ROM 初始化数据文件

在此首先确定图 4 -7 -1 中 ROM 内的数据文件。QuartusII 能接受的 LPM_ROM 中的初始化数据文件的格式有 2 种：Memory Initialization File (. mif)格式和 Hexadecimal(Intel - Format)File(. hex)格式。实际应用中只要使用其中一种格式文件即可。以下以 64 点 LED 花样显示数据为例说明(. mif)文件的建立。

(1)首先在 Quartus II 中选择 ROM 数据文件编辑窗，即在 File 菜单中选择 New，并在 New 窗中选择 Other files 页，再选择 Memory Initialization File 项，单击“OK”按钮后产生 ROM 数据文件大小选择窗。根据 LED 流水灯的设计要求，可选 ROM 的数据数 Number 为 64，数据宽 Word size 取 8 位。如图 4 -7 -2、图 4 -7 -3 所示。

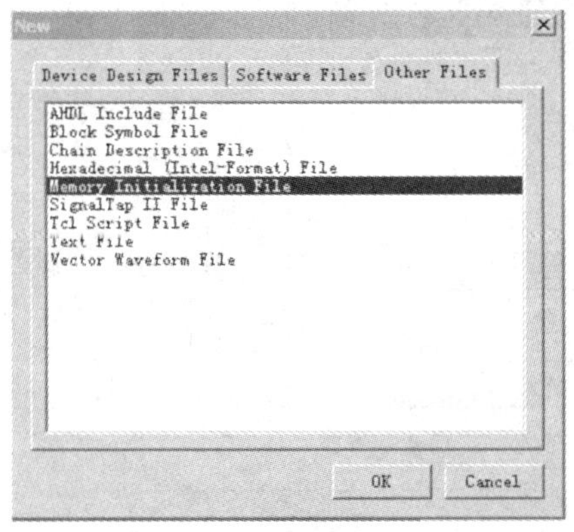

图 4 -7 -2　mif ROM 文件编辑窗

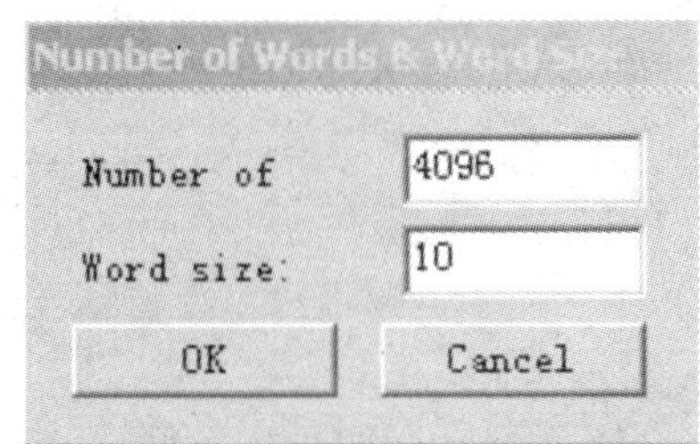

图 4 -7 -3　ROM 大小选择窗口

(2)单击“OK”按钮，将出现如图 4 -7 -4 所示的 mif 数据表格，然后将数据填入此表中，表格中的数据格式可通过鼠标右键点击窗口边缘的地址数据弹出的窗口选择。此表中任一数据(如第四行的 0F)对应的地址为左列与顶行数之和(如 24 + 3 = 27，十六进制为 21H，即 00001111)。其中的数据还可以用 Excel 或者 Matlab 等工具批量生成，具体方法请参阅有关书籍。

liushuid.bdf　　LED.mif*

Addr	+0	+1	+2	+3	+4	+5	+6	+7
0	00000001	00000010	00000100	00001000	00010000	00100000	01000000	10000000
8	10000000	01000000	00100000	00010000	00001000	00000100	00000010	00000001
16	10000001	01000010	00100100	00011000	00100100	01000010	10000001	00000000
24	11111111	00000000	11111111	00001111	11110000	00001111	11110000	11111111
32	11111110	11111100	11111000	11110000	11100000	11000000	10000000	00000000
40	00011000	00111100	01111110	11111111	00000000	00000011	00001100	00110000
48	00000000	00000000	00000000	00000000	00000000	00000000	00000000	00000000
56	11000000	00110000	00001100	00000011	00000111	00001111	11110000	00000000

图 4 -7 -4　mif 数据表格

(3)完成后，在 File 菜单中单击 Save as 按钮，保存此数据文件，在这里不妨取名为 LED. mif。

◆ (.hex)格式文件的建立请参阅教材。

3)LED－ROM 宏模块的定制：

新建一个.bdf 的文件(File—New—BlockDiagram/SchematicFile)

点击 Tools—MegaWizard Plug in Manager，(或者双击原理图纸空白处，在出现的对话框中点击 MegaWizard Plug in Manage，如下图所示)选择 Create a new custom… 项即开始定制一个新的模块(如果要修改一个已编辑好的 LPM 模块，则选择 Edit an existing custom… 项)。

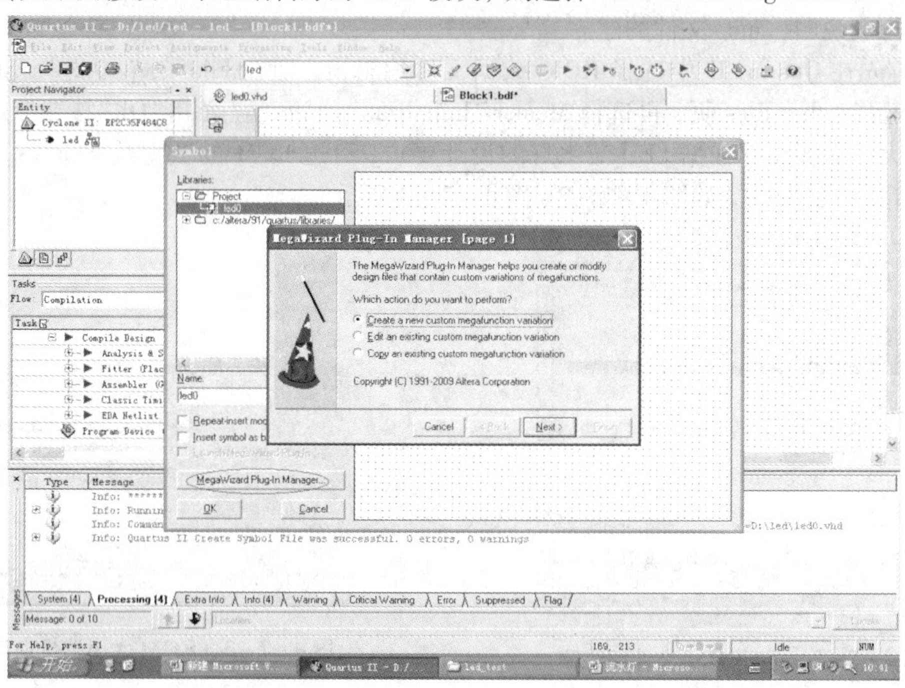

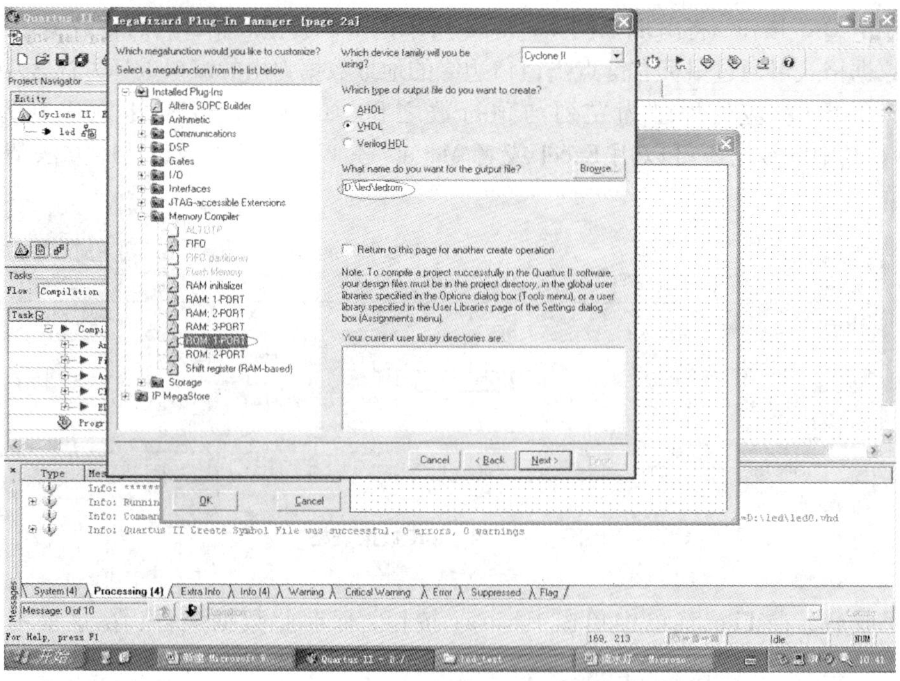

2. 创建宏模块

本设计选择 ROM：1 PORT ，命名为 ledrom；

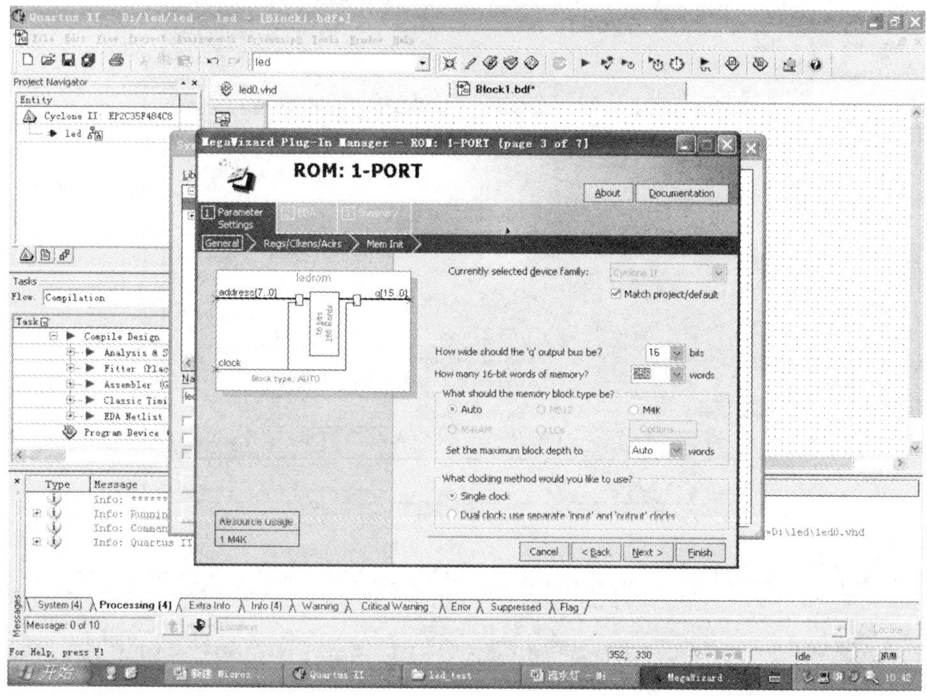

设定 ROM 内为 64 字节的数据，每个字节对应一个 16 位的输出数据的地址；

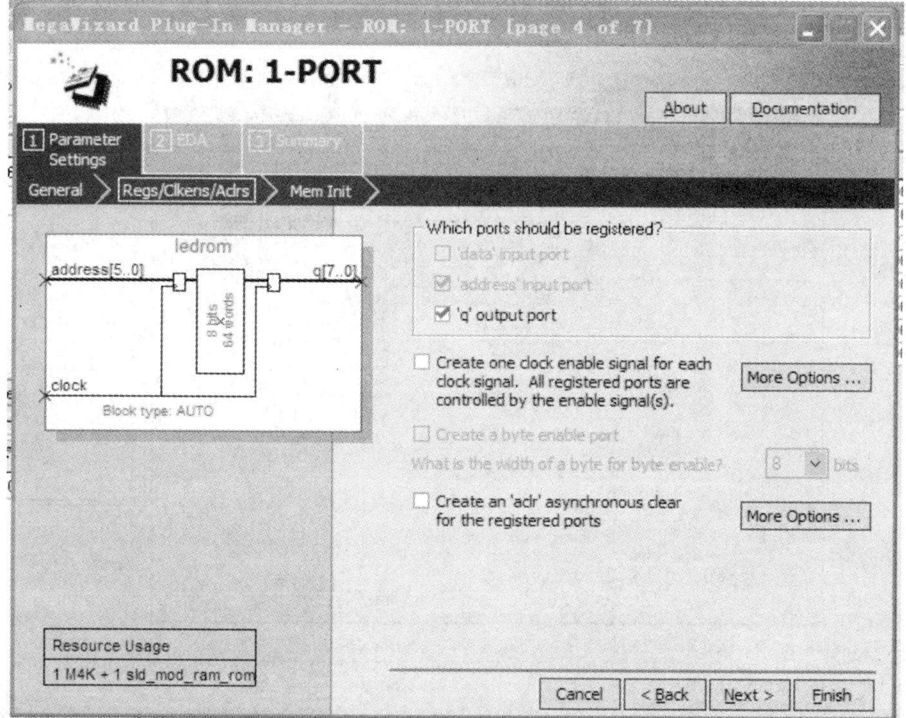

勾选‘q’ output part，选择地址锁存信号 clock。

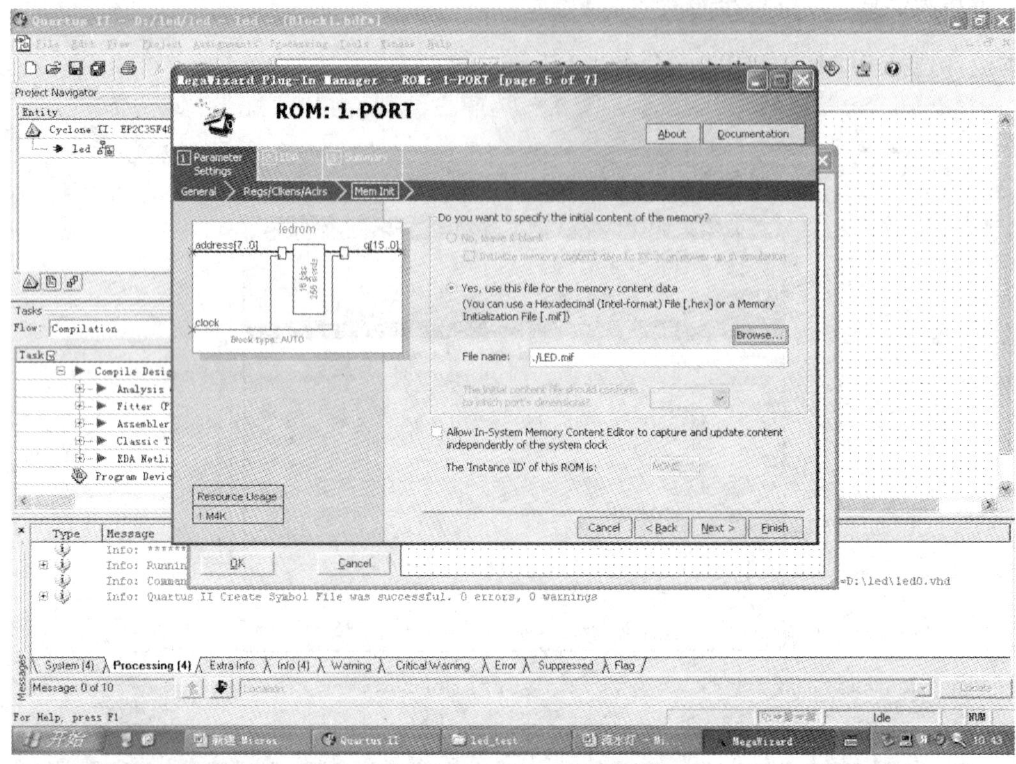

为 ledrom 引入初始化数据，指向的数据为前面已建立好的 led. mif 文件。

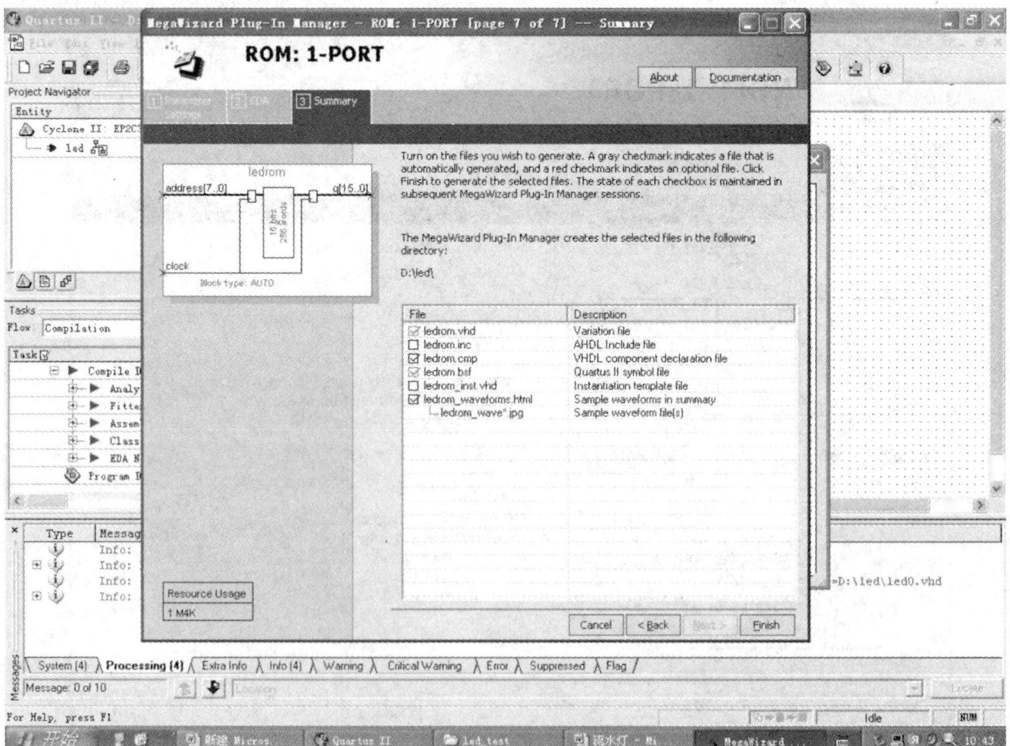

完成宏模块ledrom后将其放置到原理图纸中；在我们新建的.btf文件可以看到已经设置完毕的LPM_ROM。大家可以根据MegaWizard Plug-in Manger用类似的方法自行设计RAM、FIFO等其他宏模块。

4)完成电路原理图连接：

调入宏模块ledrom和CNT16元件后加入输入输出引脚端口，双击端口给其命名：clk，led[7..0](总线型)；完成图4-7-1所示的顶层电路原理图的连接。

3.编译该项目

同实验4-1。

4.进行波形仿真

同实验4-1。

5.管脚分配

同实验4-3。

6.配置FPGA

同实验4-3。

四、实验内容

(1)在QuartusⅡ上进行编辑、编译、仿真。说明例中各语句的作用，详细描述示例的功能特点，给出其所有信号的时序仿真波形。

(2)完成引脚锁定以及硬件下载测试，在实验系统上硬件验证该实验的功能。目标器件是EP1C3T144C8。

(3)通过修改LED-ROM宏模块和对应的地址计数器使LED流水灯具有丰富的变换花样，并重复以上实验过程。

五、实验预习

开始实验前先要熟悉LED-ROM宏模块的定制过程和方法。

六、实验报告

根据以上的实验内容写出实验报告，包括程序设计、软件编译、仿真分析、硬件测试和详细实验过程；设计原程序，程序分析报告、仿真波形图及其分析报告。

实验 4-8 篮球竞赛 24s 倒计时器的设计与调试

一、实验目的

(1)熟悉 EDA 软件的使用和 VHDL 的设计应用。
(2)锻炼综合设计能力，掌握应用 VHDL 语言设计时序逻辑电路的能力。

二、实验要求

用 EDA 技术设计一个用于篮球竞赛的 24s 倒计时器，功能要求如下：

(1)计时器为 24s 递减计时器，其计时间隔为 1s；上电复位后，按启动键倒计时器从 24s 开始进行倒计时，至 00 小时 00 分 00 秒计时结束，倒计时过程中具有暂停/连续功能。

(2)用 2 个数码管实现显示功能，采用动态扫描方式实现。

(3)设置 3 个外部操作开关，分别控制计时器的启动计数、暂停/连续计数、复位功能。

(4)计时器递减计数到零时，数码显示器显示“0”并停止，同时发出报警信号。

三、实验原理

根据系统设计要求，采用自顶向下设计方法，它主要由具有异步复位和计数使能功能的 24 进制 BCD 码减法计数器和显示模块两部分组成。各模块的 VHDL 参考源程序如下：

1.24 进制减法计数器

说明：此程序需要修改才能正确完成系统要求，需要修改的是：增加借位输出、修改计数进制、修改控制关系使新计数器具备到 0 停止功能。

```
library ieee;
use ieee.std_logic_1164.all;
use ieee.std_logic_unsigned.all;
ENTITY jcnt23 IS
PORT(clk: INSTD_LOGIC;
wr: INSTD_LOGIC;
q1: OUT STD_LOGIC_VECTOR (3 DOWNTO 0);
        y10:    OUTSTD_LOGIC_VECTOR (1 DOWNTO 0));
END jcnt23;
ARCHITECTURE a OF jcnt23 IS
SIGNALbcd1n: STD_LOGIC_VECTOR (3 DOWNTO 0);
```

```
    SIGNALvcd10n: STD_LOGIC_VECTOR (1 DOWNTO 0);
BEGIN
PROCESS (clk, wr)
BEGIN
IF (wr = 1') THEN
bcd1n <= "0011";
ELSIF (clk'EVENT AND clk = 1') THEN
IF (bcd1n =0 and vcd10n/ =0) THEN
                    bcd1n <= "1001";
                ELSif (bcd1n =0 and vcd10n =0) THEN
bcd1n <= "0011";
ELSE
bcd1n <= bcd1n - 1;
END IF;
              END IF;
END PROCESS;
q1 <= bcd1n;
   y10 <= vcd10n;
PROCESS (clk, wr)
BEGIN
IF wr = 1'THEN
vcd10n <= "10";
ELSIF (clk'EVENT AND clk = 1') THEN
IF (bcd1n =0) THEN
                    IF (vcd10n =0) THEN
                      vcd10n <= "10";
              ELSE
vcd10n <= vcd10n - 1;
               END IF;
             END IF;
END IF;
END PROCESS;
end a;
```

2. 动态扫描显示驱动程序

```
LIBRARY IEEE;
USE IEEE. STD_LOGIC_1164. ALL;
USE IEEE. STD_LOGIC_UNSIGNED. ALL;
ENTITY SCAN LED IS
   PORT (   CLK    : IN STD_LOGIC;
     d0, d1, d2, d3, d4, d5, d6, d7: in STD_LOGIC_VECTOR(3 DOWNTO 0);
     SG    : OUT STD_LOGIC_VECTOR(6 DOWNTO 0);
     BT    : OUT STD_LOGIC_VECTOR(7 DOWNTO 0) );
```

```
END;
ARCHITECTURE one OF SCAN_LED IS
    SIGNAL CNT8  : STD_LOGIC_VECTOR(2 DOWNTO 0);
    SIGNAL   A   : STD_LOGIC_VECTOR(3 DOWNTO 0);
BEGIN
P1: PROCESS( CNT8 )
    BEGIN
     CASE  CNT8  IS
          WHEN "000"  =>  BT <= "00000001" ; A <= d0 ;
          WHEN "001"  =>  BT <= "00000010" ; A <= d1 ;
          WHEN "010"  =>  BT <= "00000100" ; A <= d2;
          WHEN "011"  =>  BT <= "00001000" ; A <= d3 ;
          WHEN "100"  =>  BT <= "00010000" ; A <= d4;
          WHEN "101"  =>  BT <= "00100000" ; A <= d5;
          WHEN "110"  =>  BT <= "01000000" ; A <= d6;
          WHEN "111"  =>  BT <= "10000000" ; A <= d7 ;
          WHEN OTHERS =>  NULL ;
        END CASE ;
     END PROCESS P1;
    P2: PROCESS(CLK)
        BEGIN
         IF CLK'EVENT AND CLK = 1'
          THEN CNT8 <= CNT8 + 1;
         END IF;
   END PROCESS P2 ;
         P3: PROCESS( A )
BEGIN
       CASE  A  IS
        WHEN "0000" => SG <= "0111111";   WHEN "0001"  => SG <= "0000110";
        WHEN "0010"  => SG <= "1011011";   WHEN "0011"  => SG <= "1001111";
        WHEN "0100"  => SG <= "1100110";   WHEN "0101"  => SG <= "1101101";
        WHEN "0110"  => SG <= "1111101";   WHEN "0111"   => SG <= "0000111";
WHEN "1000" => SG <= "1111111";   WHEN "1001" => SG <= "1101111";
        WHEN "1010" => SG <= "1110111";   WHEN "1011" => SG <= "1111100";
        WHEN "1100" => SG <= "0111001";   WHEN "1101" => SG <= "1011110";
        WHEN "1110" => SG <= "1111001";   WHEN "1111"  => SG <= "1110001";
        WHEN OTHERS  =>  NULL ;
      END CASE ;
     END PROCESS P3;
   END;
```

◆ 由以上模块构成的顶层原理图设计请自行完成。

四、实验内容

(1)用 VHDL 编制各模块程序，完成其编译和功能仿真，并生成符号入库；

(2)用原理图方式调用以上模块完成顶层设计并对其进行编译和仿真。

(3)完成引脚锁定以及硬件下载测试，在实验系统上目标器件是 EP1C3T144C8。

(4)在 EDA 实验箱上完成实际调试，硬件验证系统的功能。

(5)设计文件上传。

实验4－9 汽车尾灯控制器的设计与调试

一、实验目的

（1）熟悉EDA软件的使用和VHDL的设计应用。
（2）锻炼综合设计能力，掌握VHDL语言状态机的应用，掌握汽车尾灯控制器的设计。

二、实验要求

设计一个汽车尾灯控制器30s倒计时读秒器，用6个发光管模拟6个汽车尾灯（左右各3个），用4个开关作为汽车控制信号，分别为：左拐、右拐、故障和刹车。功能要求如下：

车匀速行驶时，6个汽车尾灯全灭；右拐时，车右边3个尾灯从左至右顺序亮灭；左拐时，车左边3个尾灯从右至左顺序亮灭；刹车时，6个尾灯全亮；故障时车6个尾灯一起明灭闪烁。

三、实验原理

根据系统设计要求，采用自顶向下设计方法，它由主控模块、左边灯控制模块和右边灯控制模块三部分组成。各模块都可看做是一个状态机的实例，用VHDL语言编程实现，其顶层设计采用原理图方法设计。各模块的VHDL参考源程序如下。

1. 主控制模块

说明：此程序为系统主控制模块。当左转时，lft信号有效；右转时，rit信号有效；当左右信号都有效时，lr有效。

```
library ieee;
use ieee.std_logic_1164.all;
entity kz is
   port(left, right: in std_logic;
          lft, rit, lr: out std_logic);
end kz;
architecture kz_arc of kz is
begin
   process(left, right)
   variable a: std_logic_vector(1 downto 0);
   begin
```

```
        a: =left&right;
        case a is
when"00" = >lft < =0'; rit < =0'; lr < =0';
            when"10" = >lft < =1'; rit < =0'; lr < =0';
            when"01" = >rit < =1'; lft < =0'; lr < =0';
            when others = >rit < =1'; lft < =1'; lr < =1';
        end case;
    end process;
end kz_arc;
```

2. 左边灯控制模块

说明：此模块的功能是当左转时控制左边的 3 个灯，当左右信号都有效时，输出为全“1”。

```
library ieee;
use ieee.std_logic_1164.all;
entity lfta is
port(en, clk, lr: in std_logic;
l2, l1, l0: out std_logic);
end lfta;
architecture lft_arc of lfta is
begin
process(clk, en, lr)
variable tmp: std_logic_vector(2 downto 0);
begin
if lr =1'then
tmp: ="111";
elsif en =0'then
tmp: ="000";
elsif clk'event and clk =1'then
if tmp ="000" then
tmp: ="001";
else
tmp: =tmp(1 downto 0)&0';
end if;
end if;
l2 < =tmp(2);
l1 < =tmp(1);
l0 < =tmp(0);
end process;
end lft_arc;
```

3. 右边灯控制模块

说明：此模块的功能是控制右边的 3 个灯，与上面模块相似。

```
library ieee;
use ieee.std_logic_1164.all;
entity rita is
    port(en, clk, lr: in std_logic;
         r2, r1, r0: out std_logic);
end rita;
architecture rit_arc of rita is
begin
  process(clk, en, lr)
  variable tmp: std_logic_vector(2 downto 0);
  begin
   if lr = '1' then
      tmp: = "111";
   elsif en = '0' then
      tmp: = "000";
   elsif clk'event and clk = '1' then
      if tmp = "000" then
          tmp: = "100";
      else
        tmp: = '0'&tmp(2 downto 1);
      end if;
  end if;
      r2 < = tmp(2);
      r1 < = tmp(1);
      r0 < = tmp(0);
  end process;
end rit_arc;
```

◆ 由以上模块构成的顶层原理图设计请自行完成。

四、实验内容

(1)用 VHDL 编制各模块程序，完成其编译和功能仿真，并生成符号入库。
(2)用原理图方式调用以上模块完成顶层设计并对其进行编译和仿真。
(3)完成引脚锁定以及硬件下载测试，在实验系统上目标器件是 EP1C3T144C8。
(4)在 EDA 实验箱上完成实际调试，硬件验证汽车尾灯控制器的功能。
(5)设计文件上传。

五、实验扩展

进一步完善汽车尾灯控制器的功能，如考虑夜行灯，把刹车灯和转向灯分别控制等问题。重复上述过程。

实验 4 - 10　多样字符显示控制器的设计与调试

一、实验目的

(1)熟悉 EDA 软件的使用和 VHDL 的设计应用。

(2)锻炼综合设计能力，掌握多种字符显示器的设计。

二、实验要求

用状态机设计一个能使数码管显示多样字符的控制器：

1. 用状态机控制 3 个数码管，按“000—147—258—369—End—000”的顺序轮流显示以上字符，各组字符显示的时间间隔为 1s，字符显示采用动态扫描方式实现。

(2)设置 2 个外部操作开关，分别控制显示复位(复位到 000 状态)、显示暂停/继续功能。

(3)设置状态标志(用 LED 模拟表示)，当显示“000”时点亮一个 LED 灯，当显示“End”时点亮两个 LED 灯。

三、实验原理：略

四、实验内容

(1)在 Quartus II 平台上用 VHDL 编制能使数码管按以上要求显示多样字符的有限状态机，完成其编译和功能仿真，并生成符号入库。

(2)在 Quartus II 平台上用 VHDL 编制扫描显示驱动模块(可调用在实验中做过的现成模块，但需做修改)，该模块可不做仿真。

(3)在 Quartus II 平台上用原理图方式调用以上模块完成顶层设计并编译通过。

(4)在 Quartus II 平台上完成芯片引脚锁定和硬件下载。

(5)在 EDA 实验箱上完成实际调试。

(6)设计文件上传。

五、实验扩展

进一步完善系统功能，设计更灵活更丰富的字符显示器。重复上述过程。

实验 4－11　可控计数器的设计与调试

一、实验目的

(1)熟悉 EDA 软件的使用和 VHDL 的设计应用。
(2)锻炼综合设计能力，掌握可控计数器的设计。

二、实验要求

(1)设计一个五进制计数器，由一个按键控制按以下不同的方式计数：
按第一次，按 0，1，2，3，4，0，1，2，3，4，…顺序循环计数；
按第二次，按 1，3，5，7，9，1，3，5，7，9，…顺序循环计数；
按第三次，按 A，B，C，D，E，A，B，C，D，E，…顺序循环计数；
按第四次，按 8，6，4，2，0，8，6，4，2，0，…顺序循环计数；
再按则依上述循环……
(2)分别用 2 位数码管动态显示控制信号(按 1、2、3、4、1、2、3、4 的顺序循环计数)和计数状态，最好隔开一位；
(3)设置复位键，用以实现复位功能：当该端有效时，状态立即复位到“1”、“0”状态，即计数器从第一次的 0 开始重新计数。

三、实验原理：略

四、实验内容

(1)用 VHDL 编制以上计数器的源程序，完成其编译和功能仿真，并生成符号入库；
(2)用 VHDL 编制扫描显示驱动模块(可调用在实验中做过的现成模块)，该模块可不做仿真；
(3)用原理图方式调用以上模块完成顶层设计并编译通过；
(4)完成芯片引脚锁定和硬件下载；
(5)在 EDA 实验箱上完成实际调试；
(6)在规定时间内完成以上工作，并按照完成步骤计分；
(7)设计文件上传。

五、实验扩展

进一步完善系统功能，设计更灵活更丰富的可控计数器。重复上述过程。

实验 4－12　汉字点阵显示控制器的设计与调试

一、实验目的

(1)熟悉软件的使用和 CPLD/FPGA 的设计过程。
(2)掌握点阵扫描显示输出的接口技术和逻辑电路设计。

二、实验原理

本实验是实现在 16×16 点阵块上的汉字显示。方法是将所需要显示的汉字用汉字提取软件来将汉字生成数据，将这些数据存入 FPGA 的 ROM 中，然后由系统提供的时钟源引入时钟信号，产生行扫描和列扫描的时序，将 FPGA 的 ROM 中的数据读出送到点阵块上显示出来。本模块采用了 16×16 的点阵显示模块，显示时分行列信号，信号 H1～H16 对应行，SEL0～SEL3 经两 138 译码器后对应列。点阵显示模块的硬件电路原理图如下。

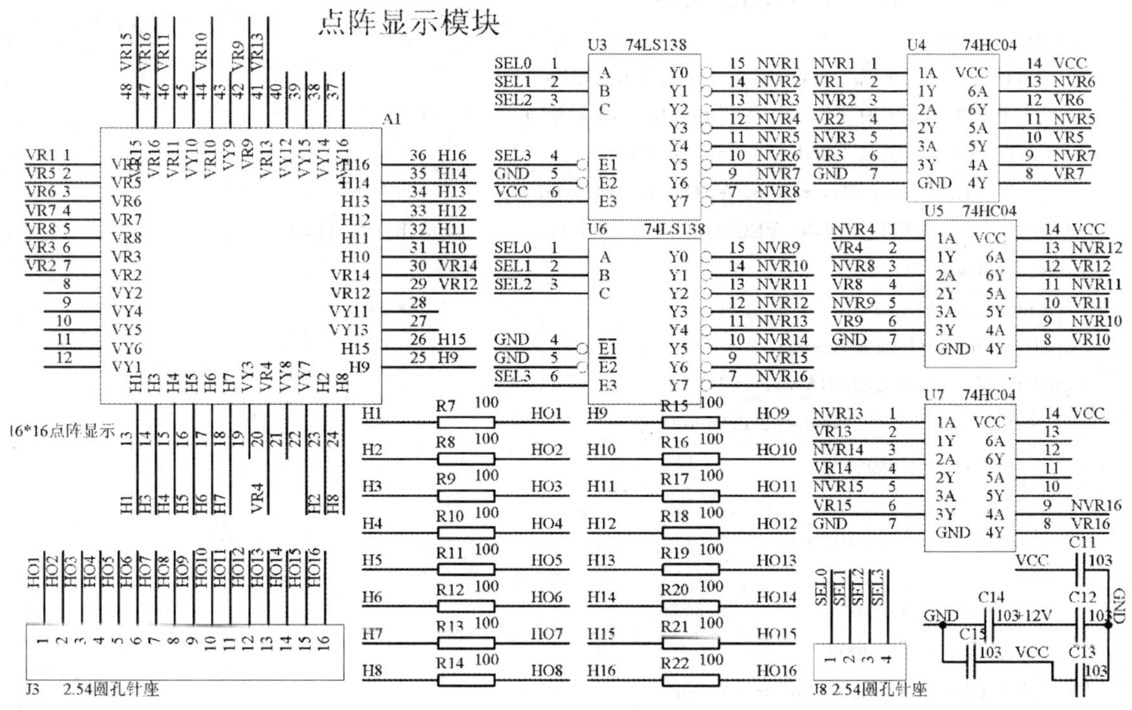

本实验采用层次化设计，汉字显示将由点阵显示和存有汉字数据的 ROM 组成，先将所

需显示的汉字如“欢迎光临”用汉字提取软件生成数据，然后将这些数据存入 FPGA 中的 ROM 所需的配置文件 *. mif 中，然后调用 LPM 中的 LPM_ROM 设置好参数如顶层图中所示。另设计出一个扫描显示并读取 ROM 中数据的时序控制器。这样就完成了汉字点阵显示的设计。

LPM_ROM 的设置请参考实验 4 - 7。

1. 实验顶层图

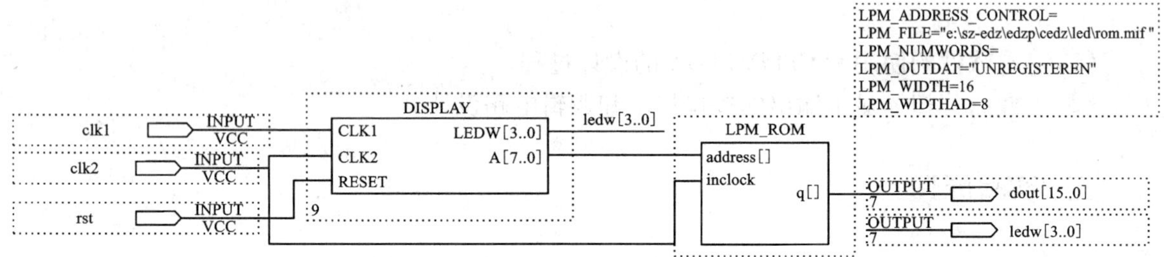

2. 时序控制源程序参考

```
library IEEE;
use IEEE. std_logic_1164. all;
use IEEE. STD_LOGIC_ARITH. ALL;
use IEEE. STD_LOGIC_UNSIGNED. ALL;
entity display is
   port ( CLK1: in STD_LOGIC;  --约 1Hz 的时钟
       CLK2 : in STD_LOGIC;  --约 1K 列扫描时钟
      RESET: in STD_LOGIC;    --复位信号
          LEDW: out STD_LOGIC_VECTOR (3 downto 0);  --列扫描输出
          A: out STD_LOGIC_VECTOR (7 downto 0));  --读取 ROM 的地址
end display;
architecture HAV of display is
signal counter: std_logic_vector(3 downto 0);
signal PAGE : INTEGER RANGE 0 TO 10;
   signal vv: std_logic_vector(2 downto 0);
   signal fp: std_logic;
    begin
   PROCESS(CLK2, RESET)
   BEGIN
    IF RESET = 1'THEN
      counter < = "0000";
  elsif ( CLK2'event and CLK2 = 1') then
      counter < = counter + 1;
  end if;
```

```
        LEDW  <=   counter;
     A(3 DOWNTO 0)  <= counter;
     END PROCESS;
process(clk1)
begin
   if (clk1'event and clk1 = '1') then
      vv <= vv + 1;
end if;
   end process;
   fp <= vv(0);
   PROCESS(fp, PAGE)
    BEGIN
If ( fp'event and fp = '1') then
PAGE <= PAGE + 1;
END IF;
    A(7 DOWNTO 4) <= conv_std_logic_vector(PAGE, 4);
    END PROCESS;
   END HAV;
```

三、实验内容

(1)在 Quartus Ⅱ 上进行编辑、编译、仿真。说明例中各语句的作用，详细描述示例的功能特点，给出其所有信号的时序仿真波形。

(2)完成引脚锁定以及硬件下载测试，在实验系统上硬件验证该实验的功能。目标器件是 EP1C3T144C8。

(3)根据上述所设计方法，设计一个能显示多种汉字和字符的点阵显示控制器。并重复以上实验过程。

(4)设计文件上传。

附：用汉字提取软件生成的“欢迎光临”字模数据(16 进制，横向读取)：

欢：

00H，80H，00H，80H
FCH，80H，05H，FEH
85H，04H，4AH，48H
28H，40H，10H，40H
18H，40H，18H，60H
24H，A0H，24H，90H
41H，18H，86H，0EH
38H，04H，00H，00H

迎：

40H，00H，21H，80H
36H，7CH，24H，44H
04H，44H，04H，44H
E4H，44H，24H，44H
25H，44H，26H，54H
24H，48H，20H，40H
20H，40H，50H，00H
8FH，FEH，00H，00H

光：

01H，00H，09H，80H
09H，00H，49H，FEH
4AH，20H，4AH，10H
4CH，10H，49H，04H
49H，FEH，49H，24H
49H，24H，49H，24H
49H，24H，09H，FCH
09H，04H，00H，00H

临：

01H，00H，21H，10H
19H，18H，0DH，10H
09H，20H，01H，04H
7FH，FEH，04H，40H
04H，40H，04H，40H
04H，40H，08H，42H
08H，42H，10H，42H
20H，3EH，40H，00H

第5部分　附　录

附录A　常用电子仪器的主要使用方法

A.1－1　双踪示波器DS5022M

一、垂直系统

(1)使垂直POSITION旋钮在波形窗口居中显示信号。

垂直POSITION旋钮控制信号的垂直显示位置。当转动垂直POSITION旋钮时，指示通道地(GROUND)的标识跟随波形而上下移动。

(2)改变垂直设置，并观察因此导致的状态信息变化。

可以通过波形窗口下方的状态栏显示的信息，确定任何垂直挡位的变化：

- 转动垂直SCALE旋钮改变“Volt/div(伏/格)”垂直挡位，可以发现状态栏对应通道的挡位显示发生相应的变化。
- 按CH1、CH2、MATH、REF，屏幕显示对应通道的操作菜单、标志、波形和挡位状态信息。按OFF按键关闭当前选择的通道。

注意：OFF按键具备关闭菜单的功能。当菜单未隐藏时，按OFF键可快速关闭菜单。如果在按CH1或CH2后立即按OFF，则同时关闭菜单和相应通道。

测量技巧

①如果通道耦合方式为DC，则可以通过观察波形与信号地之间的差距来快速测量信号的直流分量。

②如果耦合方式为AC，信号里面的直流分量被滤除。这种方式方便用户用更高的灵敏度显示信号的交流分量。

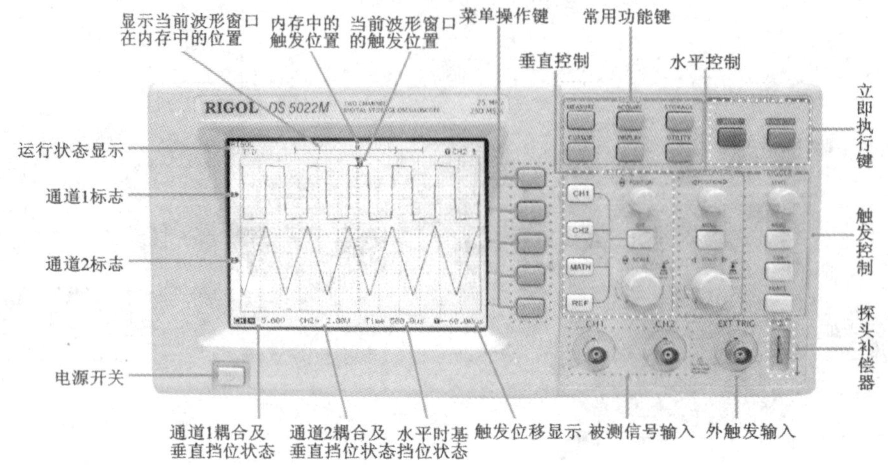

二、水平系统

(1)使用水平[SCALE]旋钮改变水平挡位设置，并观察因此导致的状态信息变化。

转动水平[SCALE]旋钮改变“s/div(秒/格)”水平挡位，可以发现状态栏对应通道的挡位显示发生了相应的变化。水平扫描速度从1μs至50 s，以1—2—5的形式步进。

(2)使用水平[POSITION]旋钮调整信号在波形窗口的水平位置。

水平[POSITION]旋钮控制信号的触发位移或其他特殊用途。当应用于触发位移时，转动水平[POSITION]旋钮，可以观察到波形随旋钮而水平移动。

(3)按[MENU]按钮，显示TIME菜单。在此菜单下，可以开启/关闭延迟扫描或切换Y-T、X-Y显示模式。此外，还可以设置水平[POSITION]旋钮的触发位移或触发释抑模式。

名词解释

触发位移：指实际触发点相对于存储器中点的位置。转动水平[POSITION]旋钮，可水平移动触发点。

触发释抑：指重新启动触发电路的时间间隔。转动水平[POSITION]旋钮，可设置触发释抑时间。

Y-T方式：此方式下Y轴表示电压量，X轴表示时间量。

X-Y方式：此方式下X轴表示通道1电压量，Y轴表示通道2电压量。

秒/格(s/div)：水平刻度(时基)单位。如波形采样被停止(使用[RUN/STOP]钮)，秒/格控制可扩张或压缩波形。

三、触发系统

(1)使用[LEVEL]旋钮改变触发电平设置。

转动 LEVEL 旋钮，可以发现屏幕上出现一条橘红色（单色系列为黑色）的触发线以及触发标志，随旋钮转动而上下移动。停止转动旋钮，此触发线和触发标志会在5 s后消失。

在移动触发线的同时，可能观察到在屏幕上触发电平的数值或百分比显示发生了变化（在触发耦合为交流或低频抑制时，触发电平以百分比显示）。

（2）使用 MENU 调出触发操作菜单（见左下图），改变触发的设置，观察由此造成的状态变化。

（3）按 50% 按钮，设定触发电平在触发信号幅值的垂直中点。

（4）按 FORCE 按钮：强制产生一触发信号，主要应用于触发方式中的“普通”和“单次”模式。

- 按1号菜单操作按键，选择边沿触发
- 按2号菜单操作按键，选择“信源选择”为CH1
- 按3号菜单操作按键，设置“边沿类型”为上升沿
- 按4号菜单操作按键，设置“触发方式”为自动
- 按5号菜单操作按键，设置“耦合”为直流

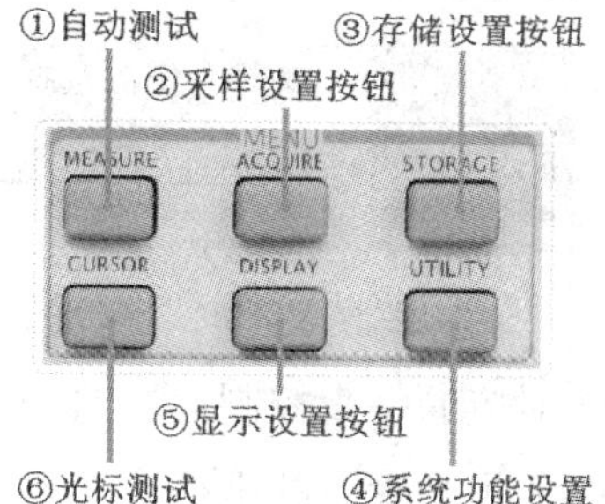

四、常用功能系统的部分使用说明（见右上图）

1. 自动测量

按 MEASURE 自动测量功能键，系统显示自动测量操作菜单。本示波器具有20种自动测量功能。包括峰-峰值、最大值、最小值、顶端值、底端值、幅值、平均值、均方根值、过冲、预冲、频率、周期、上升时间、下降时间、正占空比、负占空比。延迟1→2 ↑、延迟1→2 ↓、正脉宽、负脉宽的测量，共10种电压测量和10种时间测量。

MEASURE
信源选择
CH1
电压测量
时间测量
清除测量
全部测量
关闭

功能菜单	设定	说明
信源选择	CH1 CH2	设置被测信号的输入通道
电压测量		选择测量电压参数
时间测量		选择测量时间参数
清除测量		清除测量结果
全部测量	关闭 打开	关闭全部测量显示 打开全部测量显示

2. 光标测量

光标模式允许用户通过移动光标进行测量。

光标测量分为 3 种模式:

(1) 手动方式: 光标电压或时间方式成对出现, 并可手动调整光标的间距。显示的读数即为测量的电压或时间值。当使用光标时, 需首先将信号源设定成用户所要测量的波形。

功能菜单	设定	说　明
光标模式	手动	手动调整光标间距以测量电压或时间参数
光标类型	电压	光标显示为水平线,用来测量垂直方向上的参数
	时间	光标显示为垂直线,用来测量水平方向上的参数
信源选择	CH1 CH2 MATH	选择被测信号的输入通道

(2) 追踪方式: 水平与垂直光标交叉构成十字光标。十字光标自动定位在波形上, 通过旋转对应的垂直控制区域的 POSITION 旋钮可以调整十字光标在波形上的水平位置。示波器同时显示光标点的坐标。

功能菜单	设定	说　明
光标模式	追踪	设定追踪方式,定位和调整十字光标在被测波形上的位置
光标 A	CH1	设定追踪测量通道 1 的信号
	CH2	设定追踪测量通道 2 的信号
	无光标	不显示光标 A
光标 B	CH1	设定追踪测量通道 1 的信号
	CH2	设定追踪测量通道 2 的信号
	无光标	不显示光标 B

功能菜单	设定	说　明	
坐标	$Cur-A_x$ $Cur-A_y$	光标 A 的水平和垂直坐标	可通过按 4 号菜单操作键切换
	$Cur-B_x$ $Cur-B_y$	光标 B 的水平和垂直坐标	
增量	ΔX 1/ΔX	两光标间的水平增量 水平增量的倒数	可通过按 5 号菜单操作键切换
	ΔY	两光标间的垂直增量	

(3) 自动测量方式: 通过此设定, 在自动测量模式下, 系统会显示对应的电压或时间光标, 以揭示测量的物理意义。系统根据信号的变化, 自动调整光标位置, 并计算相应的参数值。

注意：此种方式在未选择任何自动测量参数时无效。

CURSOR
光标模式
自动测量

功能菜单	设定	说　　明
光标模式	自动测量	显示当前自动测量的参数所应用的光标。

五、立即执行键

AUTO（自动设置）：自动设定仪器各项控制值，以产生适宜观察的波形显示。

按AUTO（自动设置）钮，快速设置和测量信号。

按AUTO后，菜单显示如下选项：

功能菜单	设定	说　明
多周期		设置屏幕自动显示多个周期信号
单周期		设置屏幕自动显示单个周期信号
上升沿		自动设置并显示上升时间
下降沿		自动设置并显示下降时间
（撤消）		撤消自动设置

RUN/STOP(运行/停止):运行和停止波形采样。

注意:在停止状态下,对于波形垂直挡位和水平时基可以在一定的范围内调整,相当于对信号进行水平或垂直方向上的扩展。在水平挡位为 50ms 或更小时,水平时基可向上或向下扩展 5 个挡位。

举例说明

- **用示波器(DS5022M)捕捉单次信号**

对于捕捉脉冲、毛刺等非周期性的信号是该示波器的优势和特点。若捕捉一个单次信号,首先需要对此信号有一定的经验知识,才能设置触发电平和触发沿。例如,如果脉冲是一个 TTL 电平的逻辑信号,触发电平应该设置成 2V,触发沿设置成上升沿触发。如果对于信号的情况不确定,则可以通过自动或普通的触发方式进行观察,以确定触发电平和触发沿。

操作步骤如下:

(1)设置探头和 CH1 通道的衰减系数。

(2)进行触发设定。

①按下触发(TRIGGER)控制区域 MENU 按钮,显示触发设置菜单。

②在此菜单下分别应用 1 ~ 5 号菜单操作键设置触发类型为 边沿触发 、边沿类型为 上升沿 、信源选择为 CH1 、触发方式为 单次 、耦合为 直流 。

③调整水平时基和垂直挡位至适合的范围。

④旋转触发(TRIGGER)控制区域 LEVEL 旋钮,调整适合的触发电平。

⑤按 RUN/STOP 执行按钮,等待符合触发条件的信号出现。如果有某一信号达到设定的触发电平,即采样一次,显示在屏幕上。

利用此功能可以轻易捕捉到偶然发生的事件,例如幅度较大的突发性毛刺:将触发电平设置到刚刚高于正常信号电平,按 RUN/STOP 按钮开始等待,则当毛刺发生时,机器自动触发并把触发前后一段时间的波形记录下来。通过旋转面板上水平控制区域(HORIZIONTAL)的水平 POSITION 旋钮,改变触发位置的水平位置可以得到不同长度的负延迟触发,便于观察毛刺发生之前的波形。

A.1-2 数字存储示波器 GDS-1000 系列

一、面板介绍

(1)前面板(见下图)

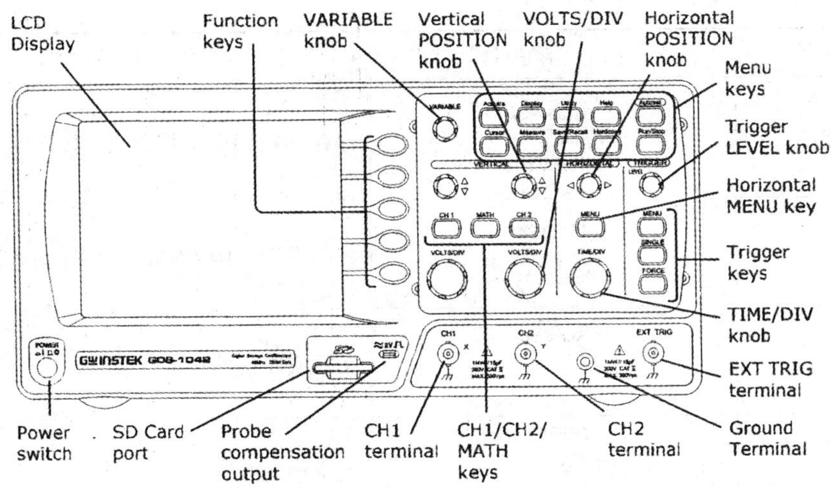

LCD 显示器	彩色 TFT，320×234 分辨率，宽视角 LCD 显示器。	
功能键： F1(上方)至 F5(下方)		启动 LCD 显示器左边所显示的功能。
Variable 旋钮	VARIABLE	增加/减小数值或移动到下/上一个参数。
Acquire 键	Acquire	设置采样模式。
Display 键	Display	显示器设置。
Cursor 键	Cursor	运行游标测量功能。
Utility 键	Utility	设置 Hardcopy 功能，显示系统状态，选择语言，运行自校功能，并设置探棒补偿信号。
Help 键	Help	显示 Help 内容。
Autoset 键	Autoset	根据输入信号自动设定水平、垂直和触发设置。
Measure 键	Measure	设置并运行自动测量功能。

续上表

LCD 显示器	彩色 TFT，320×234 分辨率，宽视角 LCD 显示器。	
Save/Recall 键	Save/Recall	保存/调取图像、波形或面板设定。
Hardcopy 键	Hardcopy	将图像、波形或面板设定保存至 SD 卡。
Run/Stop 键	Run/Stop	运行或停止触发。
触发准位旋钮（level）	TRIGGER LEVEL	设定触发准位。
触发菜单键（MENU）	MENU	设置触发设定。
单次触发键（SINGLE）	SINGLE	选择触发模式。
强制触发键（FORCE）	FORCE	无论触发状态如何，只对输入信号采样一次。
水平菜单键（MENU）	MENU	设置水平视图。
水平位置旋钮		水平移动波形。
TIME/DIV 旋钮	TIME/DIV	选择水平刻度。
垂直位置旋钮		垂直移动波形。
CH1/CH2 键	CH 1	设置每通道的垂直刻度和耦合模式。
VOLTS/DIV 旋钮	VOLTS/DIV	选择垂直刻度。

续上表

LCD显示器	彩色TFT，320×234分辨率，宽视角LCD显示器。	
输入端子	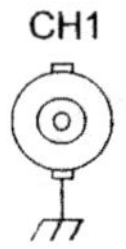 CH1	接收信号：1MΩ±2%输入阻抗，BNC端子。
接地端子		接收被测体接地线以接地。
MATH键	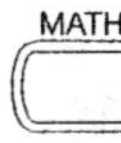 MATH	运行数学运算。
SD卡槽	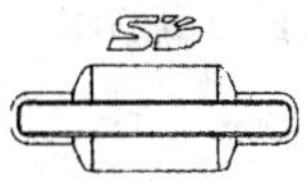 SD	便于转移波形数据、显示图像和面板设定。
探棒补偿输出	 ≈2V	输出2V(p-p)方波信号来补偿探棒或演示。
外部触发输入	 EXT TRIG	接收外部触发信号。
电源开关	 POWER	启动或关闭示波器。

(2)后面板

电源线插座 保险丝座	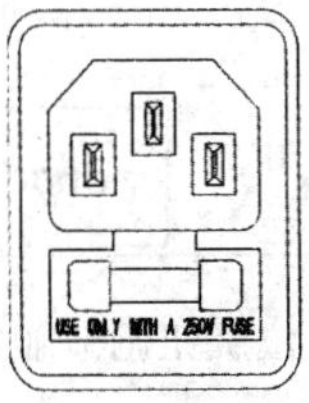 USE ONLY WITH A 250V FUSE	电源插座所接收的交流电规格：100～240V，50/60Hz。 安装在保险丝座中的交流电源保险丝：T1A/250V。
USB slave接口	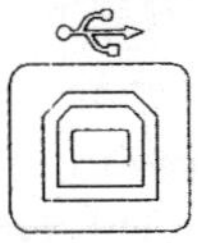	接收B型(slave)公用USB连接器来远程控制示波器。
校正输出	 CAL	输出用于校正垂直刻度精度的校正信号。

二、测量

本节介绍了使用示波器的基本功能观察信号的方法以及使用以下高级功能更详细观察信号的方法：自动测量、游标测量和数学运算。

1. 基础测量

本节描述了采集和观察输入信号的基本操作。关于更详细的操作介绍，见以下部分。

- 测量
- 设置

(1)启动通道

启动通道	按通道键 CH1 或 CH2 启动通道。显示器的左方会显示通道指示器且通道图标随着通道的改变而改变。	CH 1 或 CH 2
关闭通道	按两次通道键关闭通道(若已先按通道菜单，则需按一次)	

(2)使用 Autoset 功能

背景	Autoset 功能通过以下方式自动设置面板设定，从而提供最好的视图条件。 · 选择水平刻度 · 水平移动波形 · 选择垂直刻度 · 垂直移动波形 · 选择触发源的通道 · 启动通道	
步骤	1. 将输入信号与示波器相连，然后按 Autoset 键。 2. 波形出现在显示器中央。	Autoset
退出 Autoset 功能	按 Undo 退出 Autoset 功能(5s 后退出)。	Undo
调节触发准位	若波形仍然不稳定，则使用触发准位旋钮调节触发电平。	LEVEL
限制	Autoset 不适用于以下条件： · 输入信号频率低于 20Hz； · 输入信号幅度低于 30mV。	

(3)运行和终止触发

背景	触发运行模式下，示波器连续搜寻触发条件并且在适合条件时更新信号。 在触发终止模式下，示波器停止触发，显示器中保持最后一次所采集的波形。显示器顶端的触发图标变为 Stop 模式。 按触发 Run/Stop 键在 Run 和 Stop 模式间切换。
波形操作	在 Run 和 Stop 模式下均可移动波形或调节波形刻度。详见水平位置/刻度和垂直位置/刻度。

(4)改变水平位置和刻度

设置水平位置	旋转水平位置旋钮左右移动波形。◁◯▷ 位置指示符随波形移动，波形距中心点的偏移距离显示在显示器中上方。
选择水平刻度	旋转 TIME/DIV 旋钮选择时基(刻度)；左(慢)或右(快)。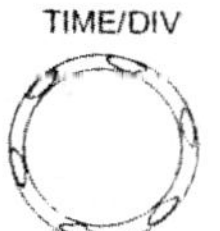

(5)改变垂直位置和刻度

设定垂直位置	旋转垂直位置旋钮上下移动波形。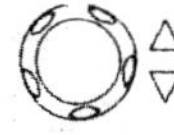 波形移动时，垂直位置游标出现在显示器的左下方。 Run/Stop 模式　在 Run 和 Stop 模式下均可以垂直移动波形。
选择垂直刻度	旋转 VOLTS/DIV 旋钮改变垂直刻度；左(小)或右(大)。 范围:2mV/Div ~ 5V/Div，1—2—5 步进。 显示器左下方的垂直刻度指示符也随着改变。 Stop 模式：在 Stop 模式下，可以设置垂直刻度，但是不能改变波形的形状。

2. 自动测量

自动测量功能测量输入信号的特性并更新其在显示器中的状态。

(1)测量项目

电压测量项目	V_{pp}		正负峰值电压之差($=V_{max}-V_{min}$)
	V_{max}	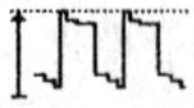	正峰值电压。
	V_{min}	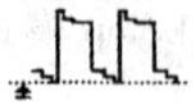	负峰值电压。
	V_{amp}	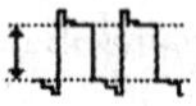	总体高电压与总体低电压之差($=V_{hi}-V_{lo}$)
	V_{hi}	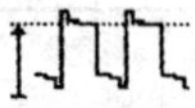	总体高电压。
	V_{lo}	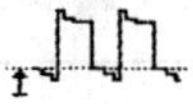	总体低电压。
	V_{avg}	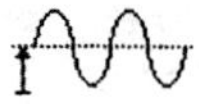	第一周期的平均电压。
	V_{rms}	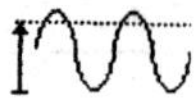	RMS(均方根)电压。
	POVShoot	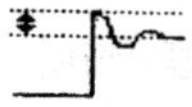	上升过冲电压。
	FOVShoot	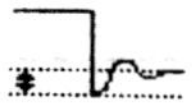	下降过冲电压。
	RPREShoot	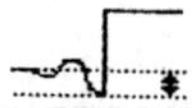	上升前冲电压。
	FPREShoot	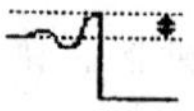	下降前冲电压。
时间测量项目	Frequency	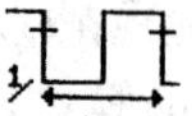	波形频率。
	Reriod	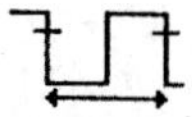	波形周期(=1/Freq)。
	Rise Time	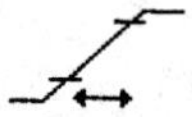	脉冲上升时间(~90%)。
	Fall Time	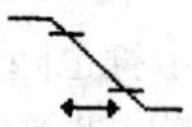	脉冲下降时间(~10%)。
	+Width	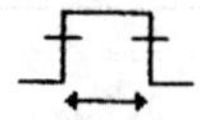	正脉宽。
	-Width	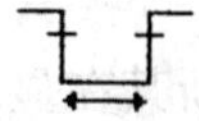	负脉宽。
	Dutycycle	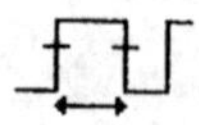	信号脉宽与总周期的比例 = 100 ×(脉宽/周期)

(2)自动测量输入信号

观察测量结果	按 Measure 键。 测量结果显示在菜单条中并且持续更新。按菜单键改变测量项目。	Measure
选择测量项目	1. 重复按 F3 选择测量类型：Voltage 或 Time。	Voltage / Vpp
	2. 旋转旋钮选择测量项目。	VARIABLE
	3. 按 Previous Menu 键确认所选项目并返回测量结果视图。	Previous Menu

3. 游标测量

水平或垂直游标线显示输入信号或数学运算结果的精确位置。水平游标追踪时间、电压和频率，垂直游标追踪电压。

(1)使用水平游标

步骤	1. 按 Cursor 键，出现游标。		Cursor
	2. 按 X↔Y 选择水平游标(X1&X2)。		X↔Y
	3. 重复按 Source 选择触发源通道。 范围：CH1，2，Math		Source / CH1
	4. 游标测量结果显示在菜单中：F2 至 F4。		
参数	X1	左游标的时间/电压位置(相对于0)	
	X2	右游标的时间/电压位置(相对于0)	
	X1X2	X1 和 X2 之间的距离。	
	– μs	X1 和 X2 之间的时间差。	
	– Hz	时间差转换为频率。	
	– V	电压差(X1 – X2)	
移动水平游标	按 X1，然后旋转旋钮移动左游标。		X1 123.4us 212.0mV
	按 X2，然后旋转旋钮移动右游标。		X2 22.9us 0.000V
	按 X1X2，然后旋转旋钮同时移动两组游标。		X1X2 23.6us 11.9Hz 212.0mV

(2) 使用垂直游标

步骤	5. 按 Cursor 键。	Cursor
	6. 按 X↔Y 选择垂直游标(Y1&Y2)。	X↔Y
	7. 重复按 Source 选择触发源通道。 范围: CH1, 2, Math	Source CH1
	8. 菜单栏中显示游标测量结果。	
参数	Y1　　上游标的电压准位。 Y2　　下游标的电压准位。 Y1Y2　　上下游标的电压差。	
移动垂直游标	按 Y1, 然后旋转旋钮移动上游标。	Y1 123.4mV
	按 Y2, 然后旋转旋钮移动下游标。	Y2 12.9mV
	按 Y1Y2, 然后旋转旋钮同时移动两组游标。	Y1Y2 10.5mV

A.2-1 函数信号发生器/计数器 EE1641B1-A

一、使用说明

1) 频率显示窗口

显示输出信号的频率或外测频信号的频率。

2) 幅度显示窗口

显示函数输出信号的幅度。

3) 扫描速率调节旋钮

调节此电位器可以改变内扫描的时间长短。在外测频时, 逆时针旋到底(绿灯亮), 为外输入测量信号经过低通开关进入测量系统。

4) 宽度调节旋钮

调节此电位器可调节扫频输出的扫频范围。在外测频时, 逆时针旋到底(绿灯亮), 为外输入测量信号经过衰减“20dB”进入测量系统。

5) 外部输入插座

当“扫描/计数”键⑬功能选择在外扫描状态或外测频功能时, 外扫描控制信号或外测频信号由此输入。

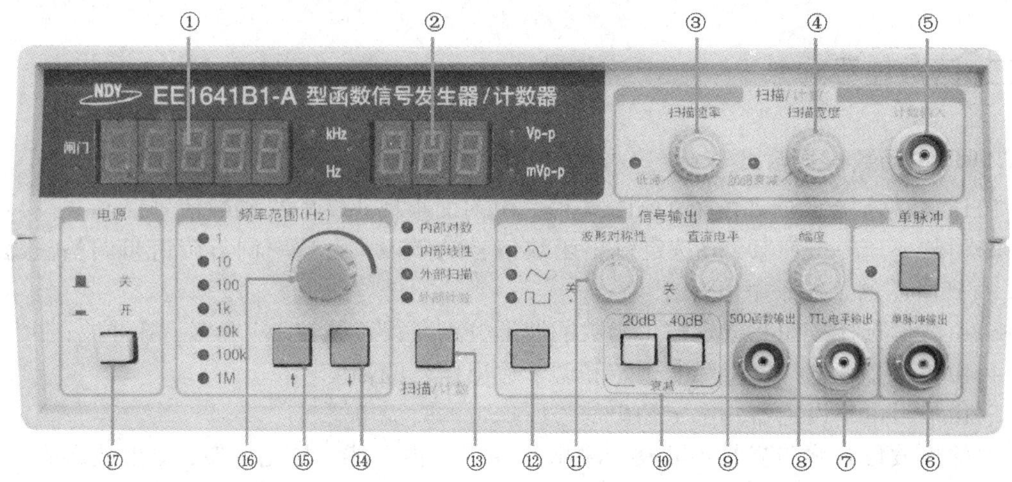

6)单脉冲按键和单脉冲输出端

按一下单脉冲按键，就在单脉冲输出端产生一个单脉冲。

7)TTL 信号输出端

输出标准的 TTL 幅度的脉冲信号，输出阻抗为 600Ω。

8)函数信号输出幅度调节旋钮和函数信号输出端

输出多种波形受控的函数信号，函数信号调节范围为 20dB，最大输出幅度(p－p)25V(1MΩ 负载)，12V(50 Ω 负载)。

9)函数信号输出信号直流电平预置调节旋钮

调节范围：－5V～＋5V(50Ω 负载)，当电位器处在中心位置时，则为 0 电平。

10)输出波形，对称性调节旋钮

调节此旋钮可改变输出信号的对称性。当电位器处在中心位置或"OFF"位置时，则输出对称信号。

11)函数信号输出幅度衰减开关

"20dB"、"40dB"键均不按下，输出信号不经衰减，直接输出到插座口。"20dB"、"40dB"键分别按下，则可选择 20dB 或 40dB 衰减。

12)函数输出波形选择按钮

可选择正弦波、三角波、脉冲波输出。

13)"扫描/计数"按钮

可选择多种扫描方式和外测频方式。

14)上频段选择按钮

每按一次此按钮，输出频率向上调整 1 个频段。

15)下频段选择按钮

每按一次此按钮，输出频率向下调整 1 个频段。

16)频率调节旋钮

调节此旋钮可改变输出频率的一个频程。

17)整机电源开关

此按键按下时，机内电源接通，整机工作。此键释放为关掉整机电源。

二、函数信号输出

1. 50Ω 主函数信号输出

(1)以终端连接 50Ω 匹配器的测试电缆，由前面板插座⑦输出函数信号；

(2)由频率选择按钮⑭、⑮选定输出函数信号的频段，由频率调节旋钮⑯调整输出信号频率，直到所需的工作频率值；

(3)由波形选择按钮⑫选定输出函数的波形分别获得正弦波、三角波、脉冲波；

(4)由信号幅度选择器①和⑧选定和调节输出信号的幅度；

(5)由信号电平设定器⑨选定输出信号所携带的直流电平；

(6)输出波形对称调节器⑩可改变输出脉冲信号占空比，与此类似，输出波形为三角或正弦时可使三角波调为锯齿波，正弦波调变为正与负半周分别为不同角频率的正弦波形，且可移相 180°。

2. TTL 脉冲信号输出⑥

(1)除信号电平为标准 TTL 电平外，其重复频率、调控操作均与函数输出信号一致；

(2)以测试电缆(终端不加 50Ω 匹配器)由输出插座⑥输出 TTL 脉冲信号。

3. 内扫描/扫频信号输出

(1)“扫描/计数”按钮⑬选定为“内扫描方式”；

(2)分别调节扫描速率调节器③和扫描宽度调节器④获得所需的扫描信号。

(3)函数输出插座⑦、TTL 脉冲输出插座⑥均输出相应的内扫描的扫频信号。

4. 外扫描/扫频信号输出

(1)“扫描/计数”按钮⑬选定为“外扫描方式”；

(2)由外部输入插座⑤输入相应的控制信号，即可得到相应的受控扫描信号。

A. 2 -2 TFG1910B 信号发生器

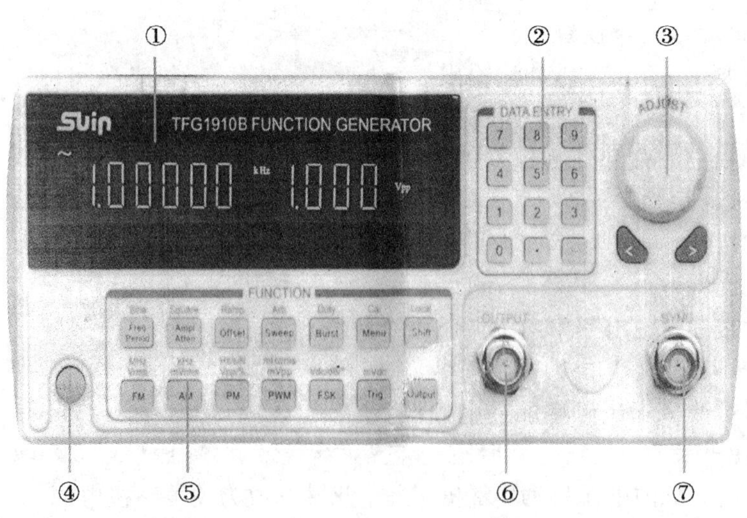

Sine 正弦波	Square 方波	Ramp 锯齿波	Arb 任意波	Duty 占空比	Cal 参数校准	Local 锁定
Freq 频率 Period 周期	Ampl 幅度选择 Atten 幅度衰减选择	Offset 偏移	Sweep 频率扫描	Burst 猝发功能	Menu 菜单	Shift 上档键
MHz 频率兆赫 Vrms 有效值伏	kHz 频率千赫 mVrms 有效值毫伏	Hz/s/N 频率赫兹/秒/个数 Vpp/% 峰峰值伏/百分比	mHz/ms 毫赫兹/毫秒 mVpp 峰峰值毫伏	Vdc/dB/° 偏移伏/衰减电平/起始相位度	mVdc 偏移毫伏	
FM	AM	PM	PWM	FSK	Trig	Output
频率调制	幅度调制	相位调制	脉宽调制	频移键控	触发功能	输出功能

一、键盘说明

仪器前面板上共有28个按键(见前面板图)，各个按键的功能如下。

【0】【1】【2】【3】【4】【5】【6】【7】【8】【9】键：数字输入键。

【.】键：小数点输入键。

【-】键：负号输入键，在“偏移”选项时输入负号。在其他时候可以循环开启和关闭按键声响。

【<】键：光标闪烁位左移键，数字输入时退格删除键。

【>】键：光标闪烁位右移键。

【Freq】【Period】键：循环选择频率和周期，在校准功能时取消校准。

【Ampl】【Atten】键：循环选择幅度和衰减。

【Offset】键：选择偏移。

【FM】【AM】【PM】【PWM】【FSK】【Sweep】【Burst】键：分别选择和退出频率调制，幅度调制，相位调制，脉宽调制，频移键控，频率扫描和脉冲串功能。

【Trig】键：在频率扫描、FSK调制和脉冲串功能时选择外部触发。

【Output】键：循环开通和关闭输出信号。

【Shift】键：选择上档键，在程控状态时返回键盘功能。

【Sine】【Square】【Ramp】键：上档键，分别选择正弦波、方波和锯齿波三种常用波形。

【Arb】键：上档键，使用波形序号选择16种波形。

【Duty】键：上档键，在方波时选择占空比，在锯齿波时选择对称度。

【Cal】键：上档键，选择参数校准功能。

单位键：下排6个键的上面标有单位字符，但并不是上档键，而是双功能键，直接按这6个键执行键面功能，如果在数据输入之后再按这6个键，可以选择数据的单位，同时作为数据输入的结束。

【Menu】键：菜单键，在不同的功能时循环选择不同的选项，如下表：

菜单键选项表

功 能	菜单键选项
连 续	波形相位，版本号
频率扫描	始点频率，终点频率，扫描时间，扫描模式
脉冲串	重复周期，脉冲计数，起始相位
频率调制	调制频率，调频频偏，调制波形
幅度调制	调制频率，调幅深度，调制波形
相位调制	调制频率，相位偏移，调制波形
脉宽调制	调制频率，调宽深度，调制波形
频移键控	跳变速率，跳变频率
校 准	校准值：零点，偏移，幅度，频率，幅度平坦度

二、基本操作

下面举例说明基本操作方法，可满足一般使用的需要，如果遇到疑难问题或较复杂的使用，则可以仔细阅读使用说明中的相应部分。

1. 连续功能

开机后默认连续功能，输出连续信号。

频率设定：设定频率值3.5kHz。

【Freq】【3】【.】【5】【kHz】

频率调节：按【<】或【>】键可移动光标闪烁位，左右转动旋钮可使光标闪烁位的数字增大或减小，并能连续进位或借位。光标向左移动可以粗调，光标向右移动可以细调。其他选项数据也都可以使用旋钮调节，以后不再重述。

周期设定：设定周期值2.5ms。

【Period】【2】【.】【5】【ms】。

幅度设定：设定幅度值为1.5V(p-p)。

【Ampl】【1】【.】【5】【Vpp】。

衰减设定：设定衰减0dB(开机后默认自动衰减Auto)。

【Atten】【0】【dB】。

偏移设定：设定直流偏移-1V。

【OffseL】【-】【1】【Vdc】。

常用波形选择：选择方波(开机后默认正弦波)。

【Shift】【Square】。

占空比设定：设定方波占空比20%。

【Shift】【Duty】【2】【0】【%】

波形选择：选择指数波形(波形号9，见波形序号表)。

【Shift】【Arb】【1】【2】【N】。

以下为功能设置，为方便观测先将连续信号设置为正弦波形，幅度1V(p-p)，偏移0V(DC)。

2. 频率扫描功能

【Sweep】键，输出频率扫描信号。

始点频率设定：设定始点频率5kHz。

【Menu】键，使“Start”字符点亮，按【5】【kHz】。

终点频率设定：设定终点频率2kHz。

【Menu】键，使“Stop”字符点亮，按【2】【kHz】。

扫描时间设定：设定扫描时间5s。

【Menu】键，使“Time”字符点亮，按【5】【s】。

扫描模式设定：设定对数扫描模式。

【Menu】键，【1】【N】。

触发扫描设定：按【Trig】键，扫描到达终点后停止，然后每按一次【Trig】键，触发扫描一次。再按【Sweep】键，恢复连续扫描。

3. 脉冲串功能

连续频率设置1kHz。

【Burst】键，输出脉冲串信号。

重复周期设定：设定重复周期5ms。

【Menu】键，使“Period”字符点亮，按【5】【ms】。

脉冲计数设定：设定脉冲计数1个。

【Menu】键，使“Ncyc”字符点亮，按【1】【N】。

起始相位设定：设定起始相位180。

【Menu】键，使“Phase”字符点亮，按【1】【8】【0】【°】。

触发脉冲串设定：按【Trig】键，脉冲串输出停止，然后每按一次【Trig】键，触发一次脉冲串。再按【Burst】键，恢复连续脉冲串。

4. 频率调制功能

连续频率设置20kHz。

【FM】键，输出频率调制信号。

调制频率设定：设定调制频率10Hz。

【Menu】键，使“Mod_f”字符点亮，按【1】【0】【Hz】。

频率偏差设定：设定频率偏差2kHz。

【Menu】键，使“Devia”字符点亮，按【2】【kHz】。

调制波形设定：设定调制波形三角波。

【Menu】键，使“Shape”字符点亮，按【2】【#】。

5. 幅度调制功能

【AM】键，输出幅度调制信号。

调制频率设定：设定调制频率1kHz。

【Menu】键，使“Mod_f”字符点亮，按【1】【kHz】。

调幅深度设定：设定调幅深度50%。

【Menu】键，使“Depth”字符点亮，按【5】【0】【%】。

调制波形设定：设定调制波形正弦波。

【Menu】键，使“Shape”字符点亮，按【0】【#】。

6. 相位调制功能

【PM】键，输出相位调制信号。

调制频率设定：设定调制频率10kHz。

【Menu】键，使“Mod_f”字符点亮，按【1】【0】【kHz】。

相位偏差设定：设定相位偏差180。

【Menu】键，使“Devia”字符点亮，按【1】【8】【0】【°】。

调制波形设定：设定调制波形方波。

【Menu】键，使“Shape”字符点亮，按【1】【#】。

7. 脉宽调制功能

【PWM】键，输出脉宽调制信号。

调制频率设定：设定调制频率1Hz。

【Menu】键，使“Mod_f”字符点亮，按【1】【Hz】。

脉宽偏差设定：设定脉宽偏差80%。

【Menu】键，使“Devia”字符点亮，按【8】【0】【%】。

8. 调制波形设定

设定调制波形正弦波。

【Menu】键，使“Shape”字符点亮，按【0】【#】。

频移键控功能：波形设置为正弦波。

【FSK】键，输出频移键控信号。

跳变速率设定：设定跳变速率1kHz。

【Menu】键，使“Rate”字符点亮，按【1】【kHz】。

跳变频率设定：设定跳变频率2kHz

按【Menu】键，使“Hop”字符点亮，按【2】【kHz】。

A.3 UT56使用说明书

一、概述

全新“UT50”系统中的UT56是一种性能稳定、高可靠性、手持式4 1/2位数字多用表，整机电路设计以大规模集成电路、双积分A/D转换器为核心并配以全功能过载保护，可用来测量直流和交流电压及电流、电阻、电容、二极管、三极管、频率以及电路通断，是用户的理想工具。

二、安全操作准则

UT56 仪表符合 IEC 1010－1 CAT Ⅰ 1000V、CAT Ⅱ 6000V 和 CAT Ⅲ 300V 超电压标准。请遵循本手册的使用说明，否则仪表所提供的保护可能会受到损坏。

(1)后盖没有盖好前严禁使用，否则有电击危险。

(2)量程开关应置于正确测量位置。

(3)检查表笔绝缘层应完好，无破损和断线现象。

(4)红、黑表笔应插在符合测量要求的插孔内，保证接触良好。

(5)输入信号不允许超过规定的极限值，以防电击和损坏仪表。

(6)严禁量程开关在电压测量或电流测量过程中改变挡位，以防损坏仪表。

(7)必须用同类型规格的保险丝更换坏保险丝。

(8)为防止电击，测量公共端“COM”和大地“⏚”之间电位差不得超过 1000V。

(9)被测电压高于直流 60V 或交流 30V 的场合，均应小心谨慎，防止触电。

(10)液晶显示“⊟”符号时，应及时更换电池，以确保测量精度。

(11)测量完毕应及时关断电源，长期不用时应取出电池。

(12)不要在高温、高湿环境中使用，尤其不要在潮湿环境中存放，受潮后仪表性能可能变劣。

(13)请勿随意改变仪表线路，以免损坏仪表和危及安全。

(14)维护：请使用湿布和温和的清洁剂清洗外壳，不要使用研磨剂或溶剂。

三、电气符号

符号	说明	符号	说明
⊟	机内电池电量不足	⏚	接地
～	AC(交流)	⎓	DC(直流)
回	双重绝缘	▶|	二极管
⚠	警告提示	•)))	蜂鸣通断
⊖	保险丝		
MC	中国技术监督局，制造计量器具许可证		
CE	符合欧洲共同体(European Union)标准		

四、外表结构

见图 A3－1。

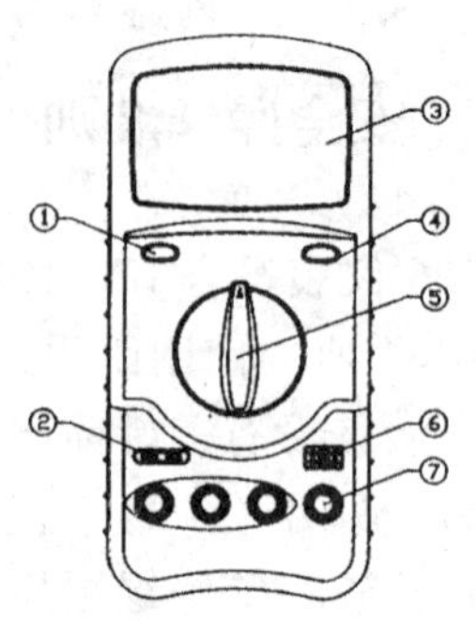

图 A3－1

①电源开关；②电容测试座；③LCD 显示器；④数据保持开关；⑤功能开关；⑥晶体管测试座；⑦输入插座

五、测量操作说明

操作前注意事项：

(1)将 POWER 开关按下，检查 9V 电池，如果电池电压不足，“🔋”将显示在显示器上，这时需更换电池。

(2)测试笔插孔旁边的“⚠”符号，表示输入电压或电流不应超过示值，这是为了保护内部线路免受损坏。

(3)测试之前，功能开关应置于所需要的量程。

1. 直流电压测量

(1)将黑色笔插入 COM 插孔，红表笔插入 V 插孔。

(2)将功能形状置于 V－量程范围，并将测试表笔并接到待测线路上，红表笔所接端子的极性将同时显示。

⚠注意

＊如果不知被测电压范围，将功能开关置于最大量程并逐渐下调。

＊如果显示器只显示“1”，表示过量程，功能开关应置于更高量程。

＊“⚠”表示不要输入高于 1000V 的电压，显示更高的电压值是可能的，但有损坏内部线路的危险。

＊当测量高电压时要格外注意避免触电。

2. 交流电压测量

(1)将黑表笔插入 COM 插孔，红表笔插入 V 插孔。

(2)将功能开关置于 V～量程范围，并将测试表笔并接到待测线路上。

⚠注意

＊参看直流电压“注意”。

＊“⚠”表示不要输入高于 750V 有效值的电压，显示更高的电压值是可能的，但是有损坏内部线路的危险。

＊频率范围：40Hz～400Hz。

3. 直流电流测量

(1)将黑表笔插入 COM 插孔，当测量最大值为 200mA 以下的电流时，红表笔插入 mA 插孔。当测量最大值为 20A 的电流量，红表笔插入“A”插孔。

(2)将功能开关置于 A－量程，并将测试表笔串联接入到待测回路里，电流值显示的同时，将显示红表笔的极性。

⚠注意

＊如果使用前不知道被测电流范围，将功能开关置于最大的量程并逐渐下调。

＊如果显示器只显示“1”，表示过量程，功能开关应置于更高量程。

*“⚠”表示最大输入电流为200mA，过量的电流将烧坏保险丝，应即时再更换，20A量程无保险丝保护。

4. 交流电流的测量

(1)将黑表笔插入COM插孔，当测量最大值为200mA以下的电流时，红表笔插入mA插孔。当测量最大值为20A的电流时，红色笔插入“A”插孔。

(2)将功能开关置于A～量程，并将测试表笔串联接入到待测回路里。

⚠注意

*参看直流电流测量“注意”。

*频率响应：40Hz～400Hz

5. 电阻测量

(1)将黑表笔插入COM插孔，红表笔插入Ω插孔。

(2)将功能开关置于Ω量程，将测试表笔并接到待测电阻上。

⚠注意

*如果被测电阻值超出所选择量程的最大值，将显示过量程“1”，应选择更高的量程，对于大于1MΩ或更高的电阻，要几秒钟后读数才能稳定，对于高阻值读数这是正确的。

*当无输入时，例如开路情况，仪表显示为“1”。

*当检查线路阻抗时，被测线路必须将所有电源断开，电容电荷放尽。

*200MΩ短路时有1000个字，测量时应从读数中减去，如测100MΩ电阻时，显示为110.00，1000个字应从读数中减去(即110.00－10.00＝100MΩ)。

6. 电容测量

连接待测电容之前，注意每次转换量程时复零需要时间，有漂移读数存在不会影响测试精度。

⚠注意

*仪器本身虽然对电容挡设置了保护，但仍须将待测电容先放电然后进行测试，以防损坏仪表或引起测量误差。

*测量电容时，将电容插入电容测试座中。

*测量大电容时稳定读数需要一定的时间。

*单位：$1pF = 10^{-6}\mu F$，$1nF = 10^{-3}\mu F$。

7. 频率测量

(1)将红表笔插入Hz插孔，黑表笔插入COM插孔。

(2)将功能开关置于kHz量程，并将测试笔并接到频率源上，可直接从显示器上读取频率值。

注：被测值超过30V时不保证测量精度并应注意安全，因为此时电压已属危险带电范围。

8. 二极管测试及蜂鸣通断测试

(1)将黑表笔插入COM插孔，红表笔插入VΩ插孔(红表笔极性为“＋”)，将功能开关置于→+·))挡，并将表笔连接到待测二极管，读数为二极管正向压降的近似值。

（2）将表笔连接到待测线路的两端，如果两端之间电阻值低于约 50Ω，内置蜂鸣器发声。

9. 晶体管 h_{FE} 测试

（1）将功能开关置 h_{FE} 量程。

（2）确定晶体管是 NPN 型或 PNP 型，将基极、发射极和集电极分别插入面板上相应的插孔。

（3）显示器上将读出 h_{FE} 的近似值，测试条件：$I_b \approx 10\mu A$，$U_{ce} \approx 3.0V$。

（4）显示范围：0 ~ 1000β。

10. 自动电源切断使用说明

（1）仪表设有自动电源切断电路，当仪表工作时间约 30min，电源自动切断，仪表进入睡眠状态。

（2）当仪表电源切断后若要重新开启电源，请重复按动电源开关两次。

四、保养和维护

⚠注意

该数字万用表是一台精密电子仪器，不要随意更改线路，并注意以下几点：

（1）不要接高于 1000V 直流电压或高于 750V 交流有效值电压。

（2）不要在功能开关处于“电流挡位”、Ω 和→⊢、·))位置时，将电压源接入。

（3）在电池没有装好或后盖没有上紧时，请不要使用此表。

（4）只有在测试表笔移开并切断电源以后，才能更换电池或保险丝。

A.4 多组输出直流电源供应器 GPS – X303/C 系列

一、安全概要

在使用本系列仪器之前，务必详读安全注意事项，它可提供对系列仪器更深一层的了解，并提高仪器使用的寿命及降低人为疏忽所造成的危险状况。

1. 符号标志

● 仪器内部可能出现的符号标志：

危险
注意高压

危险
表面高热

注意

保护接地
(大地)端子

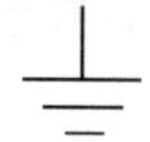
接地端子

2. 特别注意事项

● 电源插座与插头的使用：供给仪器的电源插座及仪器使用的电源插头，请使用极化插头（符合预先规定的位置时才插入插头），和极化插座（能保证交流线的接地侧与设备的相同线端正确相接)，以确保仪器外壳、输出端子与大地相接。

● 请勿开上盖或前后面板：为避免人为破坏，请勿在使用中将上盖或前后面板打开。

● 请勿触摸：上盖及后面板(散热片)为发热体，请避免触摸。

● 温度环境：长期使用中，请将仪器置放于通风良好的环境中(23℃ ±5℃)，请勿将仪器置于大于40℃环境温度中使用。

● 置放：避免其他仪器或易燃物置放于本机上。

● 异常操作：请勿连接或使用超出本机的额定电压、额定电流。请勿将前面板输出端子正极和负极连续瞬间短路。

● 接大地：使用本机时，为确保使用者的安全及周边仪器安全，务必将输出及输入端子地端接大地。

● 故障处置：仪器若有任何异常时，请送交专业技术维修人员，请勿自行检修。

3. 开机前注意事项

● 电源选择(AC SELECTOR)：本系列只提供单组220V AC输入电源。

● 保险丝规格及更换方式：

请依后面板标示值选用保险丝。更换保险丝的步骤为：

(1)将仪器电源开关(POWER)关闭。

(2)将后面板电源线移开。

(3)打开后面板AC座下方的保险丝座(使用扁平起子将保险丝座撬开)。

(4)换下内侧的保险丝。

二、产品介绍

本系列直流电源供应器是一部可调式多功能的工作站、可携带式的仪器，分别由GPS－4303C/4302C提供了四组独立的输出，GPS－3303C提供了两组独立的输出以及一组固定5V直流电压输出，GPS－2303C提供了两组独立的输出。可应用在逻辑线路，可作多种输出电压/电流变化，可应用在追踪式(TRACKING)正负电压误差非常小的精密仪器系统上，非常实用又方便。

GPS－4303C/4302C主要由四组相同、独立、可调整的直流电源供应器组成(GPS－3303C有三组，GPS－2303C有两组)，从前面板的TRACKING选择开关可选择三种模式：独立输出、串联输出或并联输出。当在独立模式(INDEP)状态时，每组电源供应器的输出电压、电流为独立分离输出，而其输出端子到机壳或输出端子到输出端子的隔离度(ISOLATED)有300V。当在追踪模式(TRACKING)状态时，CH1和CH2两个输出端会自动连接成串联模式(SERIES)或并联模式(PARALLEL)，不需另外从输出端接任何导线；在串联模式时，调整CH1输出电压(＋)即有等量的CH2电压(－)输出；并联模式时，调整CH1输出电流，则CH1输出端即有两倍的电流量输出。

每一组电源供应器(除了GPS－3303C的CH3和GPS－4303C/4302C的CH4)是一个完全晶体管化(Transistorized)、可调节式的恒压及恒流源，在最大输出额定电流时，提供了满刻度额定的输出电压或连续调整输出范围内任何定点电压，对相当大负载可作一恒压源，对非常小的负载可作一恒流源。当供给恒压源时(独立模式或追踪模式)，前面板的电流调节器可限制输出电流(Current Limit)(超载或短路)。当供给恒流源时(只有在独立模式时),前面板的电压调节器可限制最大(上限)电压输出;也就是当输出电流达到预定值时,可自动将电压稳定性转变为电流稳定性,反之亦然。当输出电压达到预定值时,可自动将电流稳定性转为电压稳定性。

每一组电源供应器(CH1 ~ CH4),前面板都有一组仪表量测输出电压或电流。使用面板控制开关操作追踪模式时,机器内部会自动连接到自动追踪模式的状态。

若使用在音频线路,仪器内部提供了连续(Continuous)或动态(Dvnamic)负载的连接器,当连接器(J111 和 J309)接到"ON"的位置时,即可提供给音响放大器很稳定的直流电源。

三、产品规格

● 额定电压/电流,和保险丝的值:

型号	最大额定电压/电流			保险丝型式	额定输入		测试导线	
	独立式	串联	并联	输入电压 220V	W	VA	GTL - 104	GTL - 105
GPS - 2303C	0 ~ 30V × 2 0 ~ 3A × 2	60V 3A	30V 6A	T4A 250V	350	450	2	0
GPS - 3303C	0 ~ 3A × 2 0 ~ 3A × 2	60V 3A	30V 6A	T4A 250V	420	550	2	1
GPS - 4303C	0 - 3A × 2 0 ~ 3A × 2	60V 3A	30V 6A	T4A 250V	420	550	2	2
GPS - 4302C	0 - 30V × 2 0 ~ 2A × 2	60V 2A	30V 4A	T2A 250V	320	400	2	2

四、面板介绍

1. 前面板(图 A4 - 1)

(1) POWER :电源开关。

(2) Meter V :显示 CH1 或 CH3 的输出电压。

(3) Meter A :显示 CH1 或 CH3 的输出电流。

(4) Meter V :显示 CH2 或 CH4 的输出电压。

(5) Meter A :显示 CH2 或 CH4 的输出电流。

(6) VOLTAGE Control Knob :调整 CH1 输出电压。并在并联或串联追踪模式时,用于 CH2 最大输出电压的调整。

(7) CURRFNT Control Knob :调整 CHl 输出电流。并在并联模式时,用于 CH2 最大输出电流的调整。

(8) VOLTAGE Control Knob :用于独立模式的 CH2 输出电压的调整。

(9)CURRENT Control Knob　：用于CH2输出电流的调整。

(10)VOLTAGE Control Knob　：用于CH3输出电压的调整(不适用于GPS－2303C/3303C)。

(11)VOLTAGE Control Knob　：用于CH4输出电压的调整(不适用于GPS－2303C/3303C)。

(12)CH1/CH3选择开关　：用于选择CH1或CH3输出电压或电流的开关(不适用于GPS－2303C/3303C)。

(13)CH2/CH4选择开关　：用于选择CH2或CH4输出电压或电流的开关(不适用于GPS－2303C/3303C)。

(14)OVERLOAD指示灯　：当CH3输出负载大于额定值时,此灯就会亮(不适用于GPS－2303C)。

(15)C.V./C.C.指示灯　：当CH1输出在恒压源状态时，或在并联或串联追踪模式，CH1和CH2输出在恒压源状态时，C.V.灯(绿灯)就会亮。当CH1输出在恒流源状态时，C.C.灯(红灯)就会亮。

(16)C.V./C.C.指示灯　：当CH2输出在恒压源状态时，C.V.灯(绿灯)就会亮。在并联追踪模式，CH2输出在恒流源状态时，C.C.灯(红灯)就会亮。

(17)OVERLOAD指示灯　：当CH4输出负载大于额定值时，此灯就会亮(不适用于GPS－2303C/3303C)。

(18)输出指示灯　：输出开关指示灯。

(19)“＋”输出端子　：CH3正极输出端子(不适用于GPS－2303C)。

(20)“－”输出端子　：CH3负极输出端子(不适用于GPS－2303C)。

(21)“＋”输出端子　：CH1正极输出端子。

(22)“－”输出端子　：CH1负极输出端子。

(23)GND端子　：大地和底座接地端子。

(24)“＋”输出端子　：CH2正极输出端子。

(25)“－”输出端子　：CH2负极输出端子。

(26)“＋”输出端子　：CH4正极输出端子(不适用于GPS－2303C/3303C)。

(27)“－”输出端子　：CH4负极输出端子(不适用于GPS－2303C/3303C)。

(28)输出开关　：打开/关闭输出。

(29)TRACKING & 追踪模式按键 (30)　：两个按键可选择INDEP(独立)、SERIFS(串联)、或PARALLEL(并联)的追踪模式,请依据以下步骤：

● 当两个按键都未按下时，是在INDEP(独立)模式，和CH1和CH2的输出分别独立。

● 只按下左键，不按右键时，是在SERIES(串联)追踪模式。在此模式下，CH1和CH2的输出最大电压完全由CH1电压控制(CH2输出端子的电压追踪CH1输出端子电压)，CH2输出端子的正端(红)则自动与CH1输出端子负端(黑)连接，此时CH1和

CH2 两个输出端子可提供 0 ~ 2 倍的额定电压。

● 两个键同时按下时，是在 PARALLEL(并联)追踪模式。在此模式下，CH1 输出端和 CH2 输出端会并联起来，其最大电压和电流由 CH1 主控电源供应器控制输出。CH1 和 CH2 可分别输出，或由 CH1 输出提供 0 ~ 额定电压和 0 ~ 2 倍的额定电流输出。

2. 后面板

(31)保险丝座

(32)电源插座

(33)冷却风扇　　：排出热气避免过热损坏仪器。

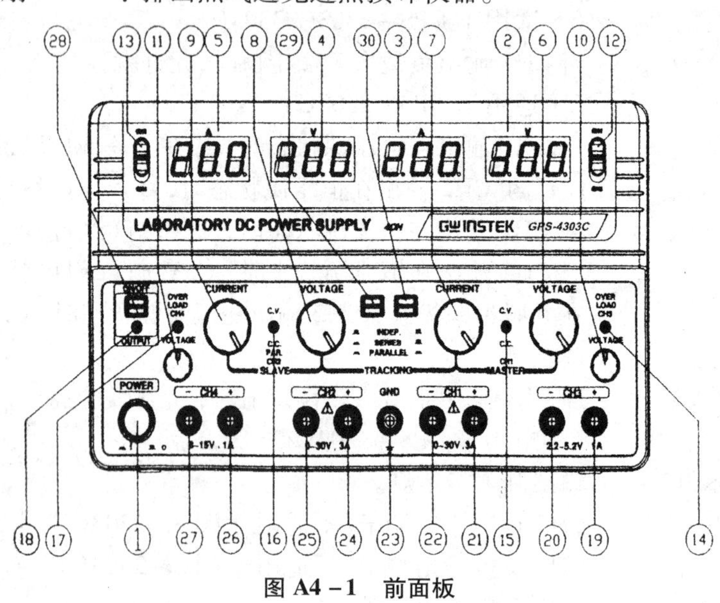

图 A4 - 1　前面板

五、操作说明

1. 操作模式

(1)独立操作模式(Independent)

CH1 和 CH2 电源供应器在额定电流时，分别可供给 0 ~ 额定的电压输出。当设定在独立模式时，CH1 和 CH2 为分别独立的两组电源供应器，可单独或两组同时使用：

A. 同时将两个 TRACKING 选择按键按下，将电源供应器设定在独立操作模式。

B. 调整电压和电流旋钮以取得所需电压和电流值。

C. 关闭电源，连接负载后，再打开电源。

D. 将红色测试导线插入输出端的正极。

E. 将黑色测试导线插入输出端的负极。

F. 连接程序请参照图 A4 - 2 所示。

(2)串联追踪模式(Series Tracking)

当选择串联追踪模式时，CH2 输出端正极将主动与 CH1 输出端子的负极连接。而其最

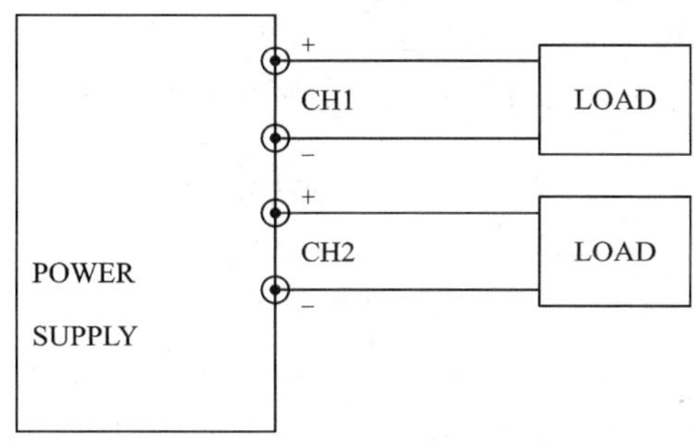

图 A4－2　独立模式操作图

大输出电压（串联电压）即由两组（CH1 和 CH2）输出电压相互串联成一多样化的单体控制电压。由 CH1 电压控制旋钮即可控制 CH2 输出电压，自动设定和 CH1 相同变化量的输出电压。其操作程序如下：

⚠**警告：**超过 60V DC 的电压，将对使用者造成危险。若要输出≥60V DC 的电压时，必须接地。

A. 按下左边 TRACKING 的选择按键，松开右边按键，将电源供应器设定在串联追踪模式。

注：在串联模式下，实际的输出电压值为 CH1 表头显示的 2 倍，而实际输出电流值则可直接从 CH1 或 CH2 电流表头读数得知。

B. 将 CH2 电流控制旋钮顺时针旋转到底，CH2 的最大电流的输出随 CH1 电流设定值而改变。参考"限流点的设定"设定 CH1 的限流点（超载保护）。

另注：在串联模式时，也可使用电流控制旋钮来设定最大电流。流过两组电源供应器的电流必须相等；其最大限流点是取两组电流控制旋钮中较低的一组读值。

C. 使用 CH1 电压控制旋钮调整所需的输出电压。

D. 关闭电源，连接负载后，再打开电源。

E. 假如只需单电源供应，则将测试导线一条接到 CH2 的负端，另一条接 CH1 的正端，而此两端可提供 2 倍主控输出电压显示值及电流显示值。如图 A4－3 的结构。

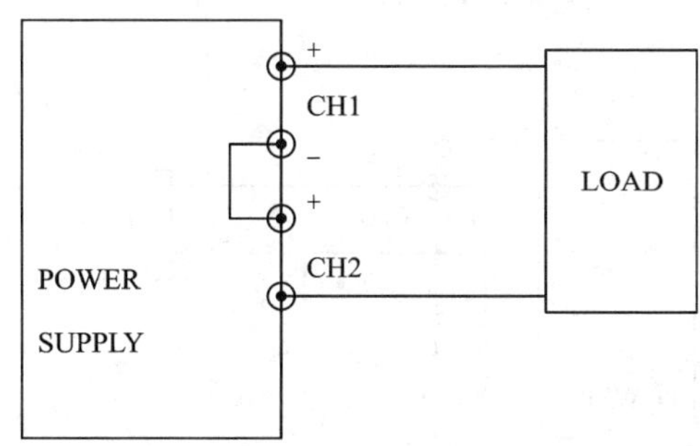

图 A4－3　单电源串联输出操作图

F. 假如想得到一组共地的正负直流电源，则如图 A4－4 的接法，将 CH2 的负端（黑色端子)当作共地点，则 CH1 输出端正极对共地点，可得到正电压(CH1 表头显示值)及正电流(CH1 表头显示值)；而 CH2 输出负极对共地点，则可得到与 CH1 输出电压值相同的负电压，即所谓追踪式串联电压。

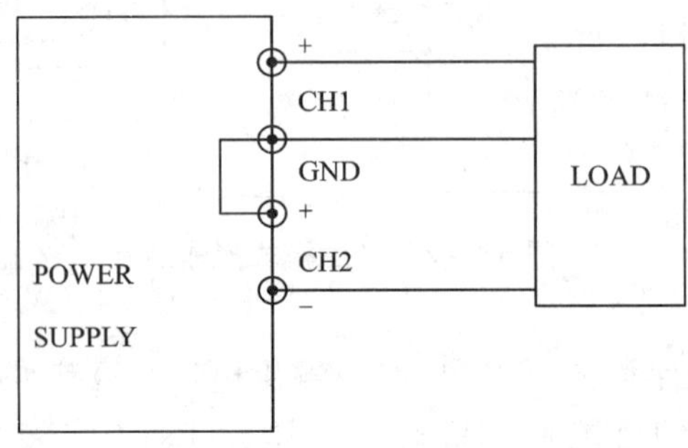

图 A4－4 正/负双电源串联追踪输出操作图

(3)并联追踪模式(Parallel Tracking)

在并联追踪模式时，CH1 输出端正极和负极会自动和 CH2 输出端正极和负极两两相互并联接在一起，而此时，CH1 表头显示 CH1 输出端的额定电压值，及 2 倍的额定电流输出。

A. 将 TRACKING 的两个按键都按下，设定为并联模式。

B. 从 CH1 电压表可读出输出电压值。因每一电源供应等量的电流，故 CH1 电流表可读出 2 倍的输出电流值。

C. 因为在并联模式时，CH2 的输出电压、电流完全由 CH1 的电压和电流旋钮控制，并且追踪于 CH1 输出电压和电流(CH1 和 CH2 的电压和电流输出完全相等)。使用 CH1 电流旋钮来设定限流点(超载保护)，请参考限流点的设定步骤。在 CH1 电源的实际输出电流为电流表显示值的 2 倍。

D. 使用 CH1 电压控制旋钮调整所需的输出电压。

E. 关闭电源，连接负载后，再打开电源。

F. 将装置的正极连接到电源供应器的 CH1 输出端子的正极(红色端子)。

G. 将装置的负极连接到电源供应器的 CH1 输出端子的负极(黑色端子)，请参照图 A4－5。

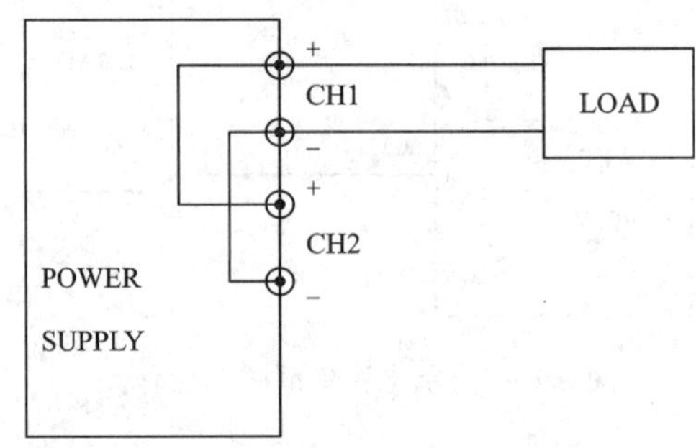

图 A4－5 并联追踪输出操作图

(4)CH3 输出操作

CH3 输出端可提供2.2～5.2V(GPS－4303C/4302C)直流输出电压及3A(GPS－3303C/4302C)和1A(GPS－4303C)的输出电流,对TTL逻辑线路提供其5V(GPS－3303C)的工作电压，非常方便实用。

A. 关闭电源，连接负载后，再打开电源。

B. 将装置的正极连接到电源供应器的CH3输出端的正极(红色端子)。

C. 将装置的负极连接到电源供应器的CH3输出端的负极(黑色端子)。

D. 假如前面板的OVERLOAD红色指示灯亮，则表示已超过最大额定电流(超载)，此时输出电压及电流将逐渐降低以执行保护功能。若要恢复CH3输出，则必须减轻负载量(GPS－3303C/4302C的电流需求量不可超过3A，GPS－4303C不可超过1A)，直到OVERLOAD红色指示灯熄灭。

(5)输出的ON/OFF

输出的ON/OFF是由一个单一的开关控制，按下此开关，输出的LED会亮开始输出，按出此开关，或按下追踪的开关，则停止输出。

附录B 常用电子电路元件、器件的识别与主要性能参数

B.1 电阻、电容和常用半导体器件

Ⅰ电阻器

一、电阻器和电位器的型号命名法(见表B1-1)

表B1-1 符号表示的意义及命名法

第一部分		第二部分		第三部分		第四部分
用字母表示主称		用字母表示材料		用数字或字母表示分类		用数字表示符号
符号	意义	符号	意义	符号	意义	
R	电阻器	T	碳膜	1	普通	
W	电位器	P	硼碳膜	2	普通	
		U	硅碳膜	3	超高额	
		H	合成膜	4	高阻	
		I	玻璃轴膜	5	高湿	
		J	金属膜(箔)	6		
		Y	氧化膜	7	精密	
		S	有机实芯	8	高压或特殊函数	
		N	无机实芯	9	特殊	
		X	线绕	G	高功率	
		R	热敏	T	可调	
		G	光敏	X	小型	
		M	压敏	L	测量用	
				W	微调	
				D	多圈	

①第三部分数字“8”对于电阻器表示“高压”，对于电位器表示“特殊函数”。

二、几种常用电阻器的特点

1）碳膜电阻（RT）

性能一般，成本低。

2）金属膜电阻（RJ）

与碳膜电阻相比，体积更小，各项性能更好，但成本较碳膜高。

3）线绕电阻（Rx）

可做到很高的精确度。工作稳定可靠，耐热性能好，可用于大功率场合。

4）电位器

它是一种具有三个接头的可变电阻器，常用的有下列几种：WTX 型小型碳膜电位器；WTH 型合成碳膜电位器；WHJ 型精密合成膜电位器；WS 型有机实芯电位器；WX 型线绕电位器；WHD 型多圈合成膜电位器。根据不同用途，薄膜电位器按轴旋转角度与实际阻值间的变化关系，可分为直线式、指数式、对数式三种。电位器可以带开关，也可以不带开关。

三、电阻器的主要特性指标

1）额定功率

见表 B1－2，常见的有下列几种：

$\frac{1}{20}$W、$\frac{1}{8}$W、$\frac{1}{4}$W、1W、2W、4W、5W

表 B1－2　电阻器额定功率表

名　称	额定功率/W					
实芯电阻器	0.25	0.5	1	2	5	
绕线电阻器	0.5	1	2	6	10	15
	25.	35	50	75	100	150
薄膜电阻器	0.025	0.05	0.125	0.25	0.5	1
	2	5	10	25	50	100

2）常用电阻器允许偏差等级

允许偏差：±0.5%　　±1%　　±5%　　±10%　　±20%

级　　别：0.05　　0.1　　Ⅰ　　Ⅱ　　Ⅲ

3）常用固定电阻器标称系列（见表 B1－3）

任何固定式电阻器的标称值应符合表列数值或表列数值乘以 10^n，其中 n 为正整数或负整数。电阻器的阻值和误差，一般都用数字标印在电阻器上，但体积很小的电阻和一些合成电阻器，其阻值和误差常以色环表示，如表 B1－4 所示。

表 B1－3 电阻器(电位器、电容器)标称系列及误差表

标称值系列	误差	电阻器		电位器			电容器		标称值	
E24	±5%	1.0	1.1	1.2	1.3	1.5	1.6	1.8	2.0	2.2
		2.4	2.7	3.0	3.3	3.6	3.9	4.3	4.7	5.1
		5.6	6.2	6.8	7.5	8.2	9.1			
E12	±10%	1.0	1.2	1.5	1.8	2.2	2.7			
		3.3	3.9	4.7	5.6	6.8	8.2			
E6	±20%	1.0	1.5	2.2	3.3	4.7	6.8			

表 B1－4 色环电阻表示方法

颜色	左第一位	左第二位	左第三位	右第二位(乘数)	右第一位(误差)
棕	1	1	1	10^{1}	F ±1%
红	2	2	2	10^{2}	G ±2%
橙	3	3	3	10^{3}	
黄	4	4	4	10^{4}	
绿	5	5	5	10^{5}	D ±0.5%
蓝	6	6	6	10^{6}	G ±0.25%
紫	7	7	7	10^{7}	B ±0.1%
灰	8	8	8	10^{8}	
白	9	9	9	10^{9}	
黑	0	0	0	10^{0}	
金				10^{-1}	J ±5%
银				10^{-2}	K ±10%

色环电阻辨认示例：如图 B1－1 所示。

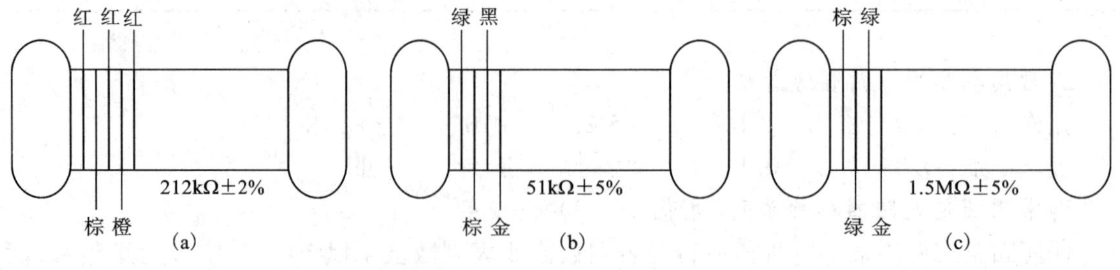

图 B1－1 色环电阻示意图

色环电阻一般有 4 道色环(左 2 道和右 2 道)和 5 道色环(左 3 道和左 2 道)。根据表 B1－3可知电阻的数据。例如图 B1－1(b)和(c)是 4 道色环电阻，左第 1、2 色环表示阻值的第 1、2 位数，右第 2 色环表示 2 位数字乘以 10^n，右第 1 色环表示阻值的误差。依照图 B1－1 中各色环的颜色查表可知。图 B1－1(b)的电阻标称值和误差为 51Ω ±5%，图 B1－1(c)为 1.5MΩ ±5%，又如图 B1－1(a)是 5 道色环电阻，左第 1、2、3 色环表示阻值第 1、2、3 位数，右第 2 色环表示 3 位数字乘以 10^n，右第 1 色环表示阻值的误差。依照图 B1－1(a)中所标的颜色和上述规定，可知电阻的标称值的误差为 212kΩ ±2%。

Ⅱ电容器

一、电容器的型号命名法

电容器的型号命名法和电阻器命名法一样，即由主称、材料、分类和序号四部分组成。

(1)主称、材料部分的符号及意义如表 B1－5 所示。

表 B1－5　电容器上的各种符号及所代表的介质

主称		材料	
符号	意义	符号	意义
C	电容器	C	高频瓷
		T	低频瓷
		I	玻璃釉
		O	玻璃膜
		Y	云母
		V	云母纸
		Z	纸介
		J	金属化纸
		B	聚苯乙烯等非极性有机薄膜
		L	涤纶等极性有机薄膜
		Q	漆膜
		H	纸膜复合
		D	铝电解
		A	钽电解
		G	金属电解
		N	铌电解
		E	其他材料电解

(2)分类部分，除个别类型用字母表示外(如用 G 表示高功率，W 表示微调)，一般都用数字表示，其规定如表 B1 -6 所示。

表 B1 -6 电容器上的数字及所代表的形状

类别 数字 / 电容名称	1	2	3	4	5	6	7	8	9
瓷介电容器	圆片	管形	叠片	独石	穿心	支柱等		高压	
云母电容器	非密封	非密封	密封	密封				高压	
有机电容器	非密封	非密封	密封	密封	穿心			高压	特殊
电解电容器	箔式	箔式	烧结粉液体	烧结粉固体		无极性			特殊

二、常用电容器的种类和特点

(1)纸介电容：它的特点是体积小，容量可做得较大，固有电感和损耗也较大，宜用于低频。

(2)金属化纸介电容器：与纸介电容相比，体积更小。

(3)薄膜电容器：有涤纶或聚苯乙烯介质，涤纶膜电容介电常数较大，体积小，容量大，适用于低频电路；聚苯乙烯膜电容介质损耗小，绝缘电阻高，但温度系数较大，可用于高频电路。

(4)云母电容器：它具有介质损耗小、绝缘电阻大、温度系数小的特性，宜用于高频电路。

(5)瓷介电容器：瓷介电容体积小，容量小，损耗也小，耐热性能好，绝缘电阻高，可用于高频电路。而铁电瓷介电容容量较大，损耗和温度系数较大，宜用于低频电路。

(6)铝电解电容器：它具有正负极性，容量大，漏电也大，稳定性能差，宜用于低频及电源滤波。

(7)钽、铌电解电容器：它以氧化钽(铌)作为绝缘介质，其介电常数很大，因此体积小、容量大，且具有寿命长、漏电小、工作温度范围大等特点。

(8)微调电容器：由一组定片和一组动片组成，其容量随动片的转动而连续改变。它的介质通常有空气和聚苯乙烯两种，前者体积较大，损耗较小，可用于更高频率的场合。

三、电容器的主要特性指标

(1)常用固定电容器的直流工作电压系列如下：

1.6	4	6.3	10	16	25	32*	40	50	63
100	125	160	250	300*	400	450*	500	630	1000

注：1000V 以上至 6000V 还有 20 挡。有 * 者只限电解电容专用。

(2)常用固定式电容器的标称容量系列(见表 B1 -7)

标称电容量为表中数值或表中数值再乘以 10^n，其中 n 为正整数或负整数。

表 B1 -7 各种介质的电容系列值及误差

名 称	允许偏差	容量范围	标称容量系列
纸介电容	±5%	100μF ~ 1μF	1.0 1.5 2.2 3.3 4.7 6.8
金属化纸介电容	±10%		
纸膜复合介质电容	±20%	1 μF ~ 100μF	1 2 4 6 8 10 15 20 30 50 60 80 100
低频(有极性)电容:			
薄膜介质电容	±5%		
高频(无极性)电容:			E_{24}
薄膜介质电容	±10%		E_{12}
瓷介电容	±20%		E_6
玻璃釉电容	±20% 以上	E_6	
云母电容			
铝、钽、铌、钛电解电容	±10%		1 1.5 2.2 3.3 4.7 6.8 (容量单位:μF)
	±20%		
	+50% -20%		
	+100% -10%		

为了熟悉电容器型号命名和对其特性的了解，举例说明如下：

C	C	C	1	-63V	-0.01μF	Ⅱ
主 称	材 料	分 类	序 号	耐压	标称容量	容许误差
电容器	高频瓷	高功率		63V	0.01μF	Ⅱ级 ±20%

它是高功率高频瓷介电容器，耐压63V，容量0.01μF，容许误差为±20%。

电容器容量常按下列规则标印在电容器上：

①小于10000pF 的电容，一般只标明数值而省略单位。例如：330 表示330pF。

②10000 ~ 1000000pF 之间的电容，采用 μF 为单位(往往也省略)，它以小数标印，或以10 乘以10 标印。例如：0.01 表示0.01μF，104 表示 10×10^4pF = 0.1μF，3n9 表示 3.9×10^{-9}F 即 3900pF。

③电解电容器以 μF 为单位标印。

Ⅲ半导体器件

一、常见半导体器件型号命名法(见表 B1 -8)

示例说明如下：由此可知是锗 NPN 型低频小功率三极管。

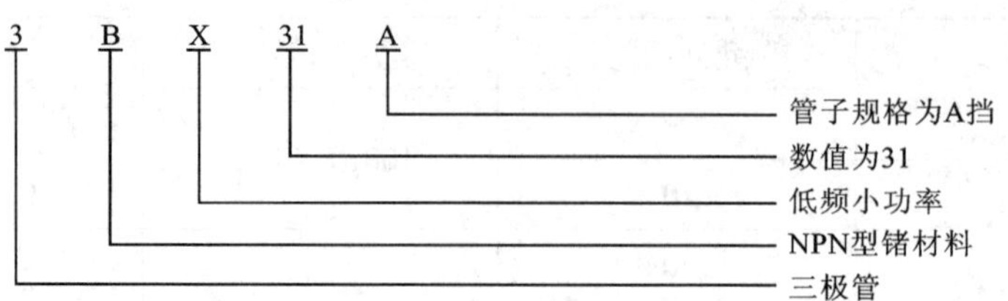

表 B1－8 半导体器件型号命名法

第一部分		第二部分		第三部分		第四部分	第五部分
用数字表示器件的电子数目		用汉语拼音字母表示器件的材料和极性		用汉语拼音字母表示器件的类别		用数字表示器件的序号	用汉语拼音字母表示规格
符号	意义	符号	意义	符号	意义		
2	二极管	A	N 型锗材料	P	普通管		
3	三极管	B	P 型锗材料	V	微波管		
		C	N 型硅材料	W	稳压管		
		D	P 型硅材料	C	参量管		
		A	PNP 型锗材料	Z	整流管		
		B	NPN 型锗材料	L	整流堆		
		C	PNP 型硅材料	S	隧道管		
		D	NPN 型硅材料	N	阻尼管		
				K	开关管		
				X	高频小功率管 $f_0 < 3$MHz、$P_0 < 1$ W		
				G	高频小功率管 $f_0 > 3$MHz、$P_0 > 1$ W		
				D	低频大功率管 $f_0 < 3$MHz、$P_0 \geqslant 1$ W		
				A	高频大功率管 $f_0 \geqslant 3$MHz、$P_0 \geqslant 1$ W		

二、常用半导体器件特性表

1. 常用二极管主要参数表

(1)常用锗二极管主要参数表

型号	最高反向电压/V	最大整流电流/mA	最高工作频率/MHz	型号	最高反向电压/V	最大整流电流/mA	最高工作频率/MHz
2AP1	20	16	500	2AP21	10	50	100
2AP2	30	16		2AP22	30	16	
2AP3	30	25		2AP23	40	25	
2AP4	50	16		2AP24	50	16	
2AP5	75	16		2AP25	60	16	
2AP6	100	12		2AP26	100	16	
2AP7	100	12		2AP27	150	8	
2AP8	20	35		2AP28	100	16	
2AP9	15	5					
2AP10	30	5					

(2)常用稳压二极管主要参数及对照表

部标型号	参考旧型号	稳定电压/V	最大工作电流/mA	最大耗散功率/mW
2CW72	2CW1	7~8.5	33	250
2CW73	2CW2	8~9.5	29	
2CW74	2CW3	9~10.5	26	
2CW75	2CW4	10~12	23	
2CW76 77	2CW5	11.5~14	20	
2CW50	2CW9	1~2.5	100	250
2CW51	2CW10	2~3.5	71	
2CW52	2CW11	3.2~4.5	55	
2CW53	2CW12	4~5.5	45	
2CW54	2CW13	5~6.5	38	
2CW55	2CW14	6~7.5	33	
2CW56	2CW15	7~8.5	29	
2CW57	2CW16	8~9.5	26	
2CW58	2CW17	9~10.5	23	
2CW59	2CW18	10~12	20	
2CW60 61	2CW19	11.5~14	18	
2CW62	2CW20	13.5~17	15	
2CW63	2CW20A	16.5~20.5	12	
2CW65	2CW20B	20~24.5	10	

2. 常用三极管主要参数表

（1）常用 PNP 型锗低频小功率管主要参数及对照表

部标型号	参考旧型号	$U_{(BR)CEO}$/V	P_{CM}/mW
3AX21M	3AX21S	6	150
3AX21A	3AX21	12	
3AX21B	3AX22 24	18	
3AX21C	3AX21	24	
3AX21D	3AX21	12	
3AX21E	3AX23	12	
3AX31A	3AX71A	12	125
3AX31B	3AX71B	18	
3AX31C	3AX71C	24	
3AX31D	3AX71D	12	
3AX31E	3AX71E	12	
3AX31F	3AX71F	12	
3AX31M		6	

（2）常用 PNP 型锗低频小功率高频管及开关管主要参数表

型号	f_r/MHz	$U_{(BR)CEO}$/V	P_{CM}/mW	型号	f_r/MHz	$U_{(BR)CEO}$/V	P_{CM}/mW
3DG4A	200	30	300	3DG12A	100	30	700
3DG4B	200	15		3DG12B	300	45	
3DG4C	200	30		3DG12C	300	30	
3DG4D	300	15					
3DG6A	100	15	500	3DG27A	100	75	100
3DG6B	150	20		3DG27B		100	
3DG6C	250	20		3DG27C		150	
3DG6D	150	30					
3DG8A	100	15	200	3DG687A	40	80	1000
3DG8B	150	25		3DG687B	100	150	
3DG8C	250	25		3DG687C	100	200	
3DG8D	100	60		3DG687D	100	250	
3DK4	100	15	700				
3DK4A		30					
3DK4B		45					
3DK4C		30					

(3)常用塑封硅高频管主要参数表

部标型号	极性	f_r/MHz	P_{CM}/mW	$U_{(BR)CEO}$/V	I_{CM}/mA	β值
9011	NPN	150	300	30	300	54 ~ 198
9012	PNP	150	625	20	-500	64 ~ 202
9013	NPN	150	625	20	500	64 ~ 202
9014	NPN	150	450	45	100	60 ~ 1000
9015	PNP	100	450	45	-100	60 ~ 600
9016	NPN	500	400	20	25	55 ~ 200
9018	NPN	700	400	15	50	40 ~ 200

B.2　集成器件型号的命名规则

一、现行国家标准规定的集成电路命名方法

C	X	XX…	X	X
	器件类型	用阿拉伯数字和字母表示器件系列品种	工作温度范围	封装
中国国际产品	T：TTL 电路 H：HTL 电路 E：ECL 电路 C：CMOS 电路 M：存储器 μ：微型机电路 F：线性放大器 W：稳压器 D：音响、电视电路 B：非线性电路 J：接口电路 AD：A/D 转换器 DA：D/A 转换器 SC：通信专用电路 SS：敏感电路 SW：钟表电路 SJ：机电仪电路 SF：复印机电路	其中 TTL 分为： 54/74 × × × 54/74H × × × 54/74L × × × 54/74S × × × 54/74LS × × × 54/74AS × × × 54/74ALS × × × 54/74F × × × CMOS 分为： 4000 系列 54/74HC × × × 54/74HCT × × × ⋮	C：0 ~ 70℃ G：-25 ~ 70℃ L：-25 ~ 85℃ E：-40 ~ 85℃ R：-55 ~ 85℃ M：-55 ~ 125℃ ⋮	F：多重陶瓷扁平 B：塑料扁平 H：黑瓷扁平 D：多层陶瓷双列直插 I：黑瓷双列直插 P：塑料双列直插 T：金属圆壳 K：金属菱形 C：陶瓷芯片载体 E：塑料芯片载体 G：网络针栅阵列 ⋮

例 1：线性放大器

例 2：TTL 电路

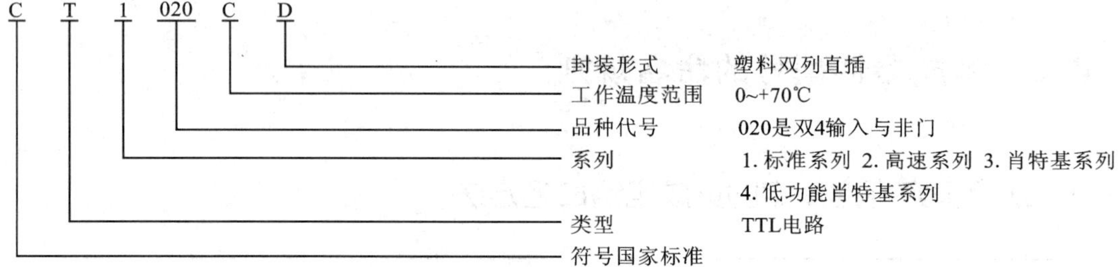

例 3：CMOS 电路

二、国外主要公司 TTL 集成电路型号命名规则

美国德克萨斯公司（TEXAS）的规则为：

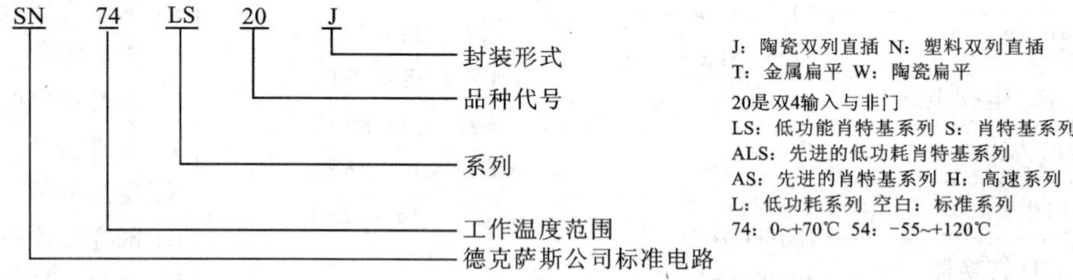

美国摩托罗拉公司（MOTOROLA）

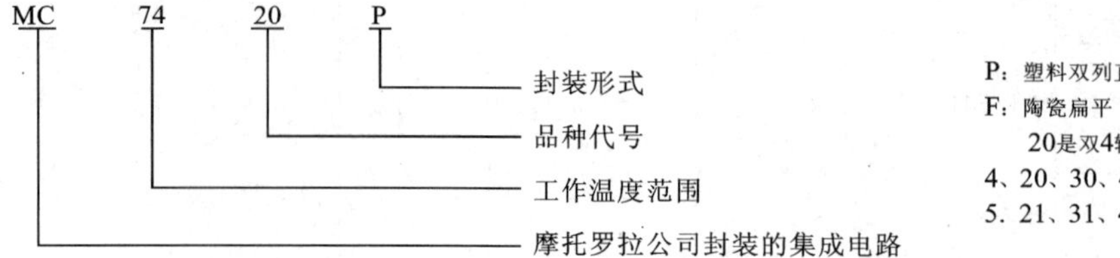

P：塑料双列直插 L：陶瓷双列直插
F：陶瓷扁平
20是双4输入与非门
4、20、30、40、72、74、53：0~+75℃
5. 21、31、43、82、54、93：−55~+125℃

低功耗肖特基 TTL 电路的型号同 TE×AS 公司完全一致，如 SN74LS20J。

美国国家半导体公司(NATIONAL SEMICONDUCTOR)

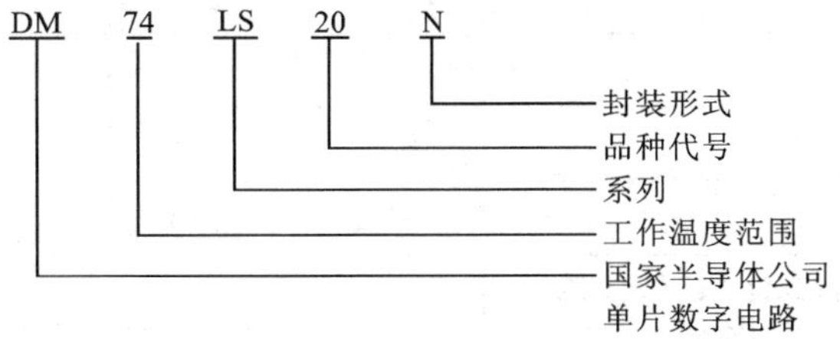

N：塑料双列直插 W：低温陶瓷扁平
F：玻璃-金属扁平 J：低温陶瓷双列直插
D：玻璃-金属双列直插
20是双4输入与非门
LS：低功耗肖特基系列 L：低功耗系列
H：高速系列 S：肖特基系列 空白：标准系列
74、80、81、82、85、87、88：0~+70℃
54、70、71、72、75、77、78、93、96：-55~+125℃
83、86、9：0~+75℃

日本日立公司(HITACHI)的规则为：

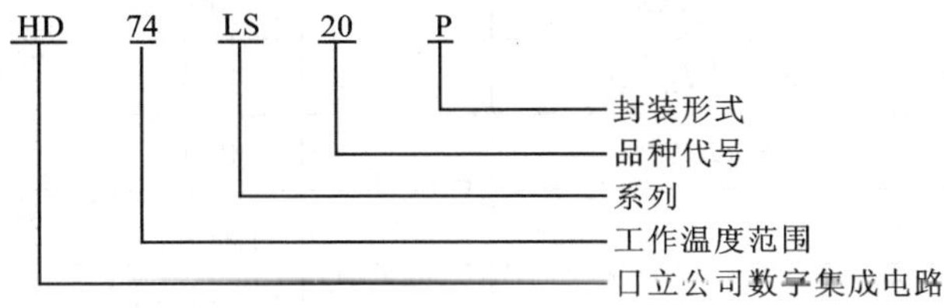

P：塑料双列直插 空白：玻璃-陶瓷双列直插
20是双4输入与非门
Ls：低功耗肖特基系列
S：肖特基系列 空白：标准系列
74：-20~+75℃

B.3　常用模拟集成电路

1. CF741 通用型运算放大器

该电路与国外 LM741 型电路完全一致，是当今最通用的集成运算放大器之一。共模、差模输入电压范围宽、无阻塞、输出端有短路保护，设有外调零端等特点。

用途：广泛用于模拟计算、自动控制、仪器、仪表、通讯及空间电子设备。

封装及外引线排列：

8 引线双列直播式封装

功能	调零	反相输入	同相输入	U_-	调零	输出	U_+	空
引出端	1	2	3	4	5	6	7	8

极限值：

电源电压：CF741M　　±22V

　　　　　CF741C　　±18V

差模输入电压　　±30V

共模输入电压　　±15V

电特性 $U_+=15\text{V}$　　$U_-=-15\text{V}$　　$T_a=25℃$

参数名称	符号	单位	测试条件	最小	典型	最大
输入失调电压	U_{IO}	mV	$R_t \leqslant 10\text{k}\Omega$		1.0	5.0
输入失调电流	I_{IO}	nA			20	200
输入偏置电流	I_{IB}	nA			30	500
输入电阻	R_i	MΩ		0.3	2.0	
输入电压范围	U_{IR}	V		±12	±13	
大信号电压增益	A_{OPP}	dB	$R_L \geqslant 2\text{k}\Omega$　$U_0 = \pm 12\text{V}$			
输出电压幅度	U_{OPP}	V	$R_L \geqslant 2\text{k}\Omega$	±10	±13	
共模抑制比	K_{CMR}	dB	$R_t < 10\text{k}\Omega$　$U_{CM} = \pm 10\text{V}$	80	100	
电源电压抑制比	K_{SVR}	dB	$R_s < 10\text{k}\Omega$	77	96	
上升时间	T_R	μs	单位增益		0.3	
压摆率	S_R	V/μs	单位增益		0.5	
电源电流	I_T	mA			1.7	2.8
功耗	P_C	mW			50	85

注：LW(MHz) = 0.35/T(μs)

2. CF324/CF224/CF124 单电源运算放大器

该电路与国外 LM124 系列相同，是在同一基片上由四个独立性能相同的高增益运算放大器构成。每个运算放大器内部有一个内部补偿电容，为单位增益提供频率补偿。当采用+5V电源时功耗小，特别适宜于电池工作。

用途：可作加法器、多谐振荡器、振荡器、变换放大器、多路放大器、直流装置等多种线路。

封装及外引线排列：采用标准 14 引线双列直插式封装。

接　　法	输入		U_+	输出	地(U_-)
	反相端	同相端			
一、运放引出端	2	3	4	1	11
二、运放引出端	6	5	4	7	11
三、运放引出端	9	10	4	8	11
四、运放引出端	13	12	4	14	11

极限值：

电源电压：CF324　　32V 或 ±16V

差模输入电压　　32V

差模输入电压　　−0.3V ±30V

输入电流($U_t < -0.3$)　　50mA

电特性 $U_+=5V\sim30V$　　$T_a=25℃$

参数名称	符号	单位	测试条件	CF324		
				最小	典型	最大
输入失调电压	U_{IO}	mV	$U_0\approx1.4V$　$R_S=0$		2.0	5.0
输入失调电流	I_{IO}	nA			5.0	200
输入偏置电流	I_{IB}	nA			45	500
电源电流	I_T	mA	$U_+=30V$　$U_0=0V$　$R_L=\infty$ $U_+=50V$　$U_0=0V$　$R_L=\infty$		1.5 0.7	3.0 1.2
大信号开环电压增益	A_{pd}	dB	$U_+=50V$　$R_L=2k\Omega$	88	100	
输出高电平	U_{OH}	V	$U_+=30V$　$R_L=10k\Omega$	27	28	
输出低电平	U_{OL}	mV	$U_+=5V$　$R_L=10k\Omega$		5.0	20
共模抑制比	K_{CMR}	dB	$R_t\leqslant10k\Omega$	65	70	
电源电压抑制比	K_{SVR}	dB		65	100	

注：LW(MHz) = 0.35/T_t(μs)

3. FX555 时基电路

该电路与国外 μA555、CA555、SE555、MCJ555 等型号相似。

用途:FX555 半导体集成时基电路，可供仪器仪表、自动化装置以及各种民用电器时间定时、时间延迟器等电子控制电路所用的时间功能电路。亦可用于单稳态、多谐振荡器、脉冲发生器、脉冲检测器、脉冲宽度和位置的调制电路以及报警器等。用途较广，是一种新型的模拟集成电路。

封闭形式及外引线排列，采用 8 引线双列直插式封装。

功能	地	触发	输出	复位	控制	阈值	放电	U_{CC}
引出端	1	2	3	4	5	6	7	8

电特性：$U_+=5V$　$T_a=25\pm2℃$

	参数名称	符号	单位	测试条件	555		
					最小	典型	最大
必测参数	静态动耗电流	I_{CC}	mA	$R_L=\infty$		10	15
	触发电压	U_{TR}	V		4.8	5	5.2
	触发电流	I_{TR}	μA			0.5	2
	阈值端电流	I_{TH}	μA			0.1	0.25
	控制端电压电平	U_C	V		9.6	10	10.4
	输出低电平电压	U_{OL}	V	50mA 注入		0.4	1
	输出高电平电压	U_{OH}	V	100mA 驱动	12	13.3	

	参数名称	符号	单位	测试条件	555		
					最小	典型	最大
参考参数	最大输出电流	I_{OM}	mA			200	
	复位电压	U_R	V		0.4	0.7	1.0
	复位电流	I_R	μA			0.1	
	最高振荡频率	f_{max}	kHz			300	
	输出上升时间	T_t	ns			100	150
	输出下降时间	T_t	ns			100	150
	时间误差	Δ	%			0.5	2
	时间误差温度漂移	$\frac{\Delta f}{f}/\Delta T$	%.C	0.01		0.05	
	时间误差电压漂移	$\frac{\Delta f}{f}/\Delta U_{CC}$	%ΔV		0.05	0.2	

4. CD4100、CD4101、CD4102 系列功率放大器

简介：CD4100/4101/4102 放大器功率体积比大，单电源、使用方便。主要用于收音机、录音机等小型功率放大电路中。

典型接线图：如图 B3－1 所示。

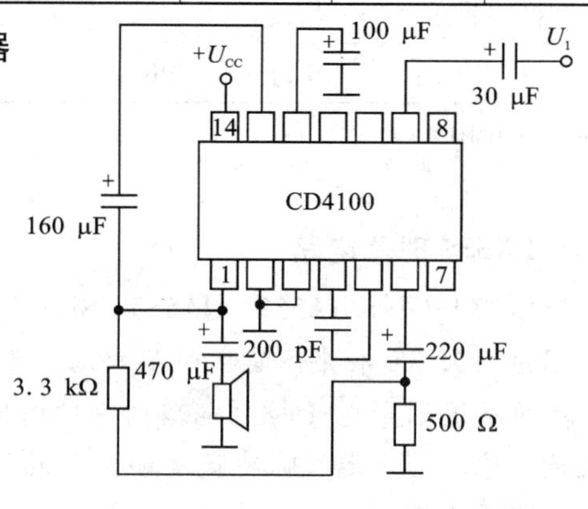

图 B3－1　CD4100 外引线接法

电特性

$$U_{CC}\text{为}\begin{cases}\text{CD4100} & 6\text{V}\\ \text{CD4101} & 7.5\text{V}\\ \text{CD4102} & 9\text{V}\end{cases}$$

$f = 1\text{kHz}$　　$T_S = 25℃$

参数名称		符号	单位	测试条件	CF747		
					最小	典型	最大
直流参数	静态电流	I_{CC}	mA	U_{CC}分别为 6V，7.5V，9V		15	25
	输入电阻	R_t	kΩ	U_{CC}分别为 6V，7.5V，9V	12	20	
交流参数	电压增益	A_V	dB	闭环	42	45	48
				开环		70	
	输出功率	P_0	W	CD4100 $U_{CC}=6\text{V}$，THD = 10%	0.65	1.0(0.6)	
				CD4101 $U_{CC}=7.5\text{V}$，THD = 10%	0.95	1.5(0.9)	
				CD4102 $U_{CC}=9\text{V}$，THD = 10%	1.3	2.1(1.4)	
	总谐波失真	THD	%	$P_0=250\text{mW}$	0.5	1.5	
	输出噪声系统	F_∞	mV	$R_Z=10\text{k}\Omega$			3
				$R_Z=0$			1.0

注：括号内 P_0 为 $R_L=4\Omega$ 时，其余为 $R_L=8\Omega$。

5. CW7805 三端正压稳压器

该电路性能、结构与 μA78M05 完全一致。电路有不影响负载调整率的过流保护，调整管安全工作区保护及芯片过热保护等特点。广泛用于各种无线电设备、仪器仪表中作固定稳压源，适当外接元件还可构成输出电压、电流可调的稳压器。

电特性　$U_I = 11V$　$I_0 = 350mA$　$C_i = 0.33\mu F$　$C_0 = 0.1\mu F$

参数名称	单位	测试条件		最小	典型	最大
输出电压	V			4.75	6.0	5.25
线性调整率	mV	$8V < I_I < 25V$　$I_0 = 200mA$			5.0	60
负载调整率	mV	$5mA < I_0 < 500mA$			20	60
静态电流	mA				4.5	6.0
输出噪声电压	μV	$10Hz < f < 100Hz$			8	40
纹波抑制比	dB	$f = 120Hz$ $9V < U_I < 19V$	$I_0 = 100mA$	59		
			$I_0 = 300mA$	59	80	
短路电流	mA	$V_t = 3.5$			300	500
输出峰值电流	A			0.4	0.7	1.4

外引线排列：如图 B3－2 所示。

图 B3－2　CW7805 的外引线排列

典型接线图：如图 B3－3 所示。

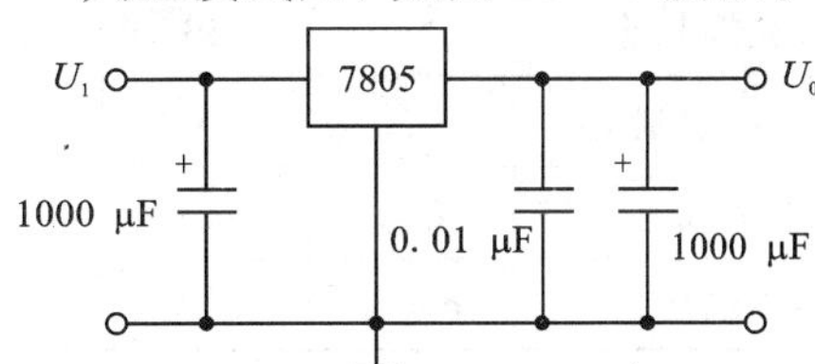

图 B3－3　CW7805 的典型接法

6. CW7905 三端负压稳压器

该电路与国外 μA79M05 完全一致。电路设置不影响负载调整率的过流保护，调整管工作安全区保护及芯片过热保护。广泛用于各种无线电设备、仪器、仪表中作固定稳压源，适当外接元件还可构成输出电压、电流可调的稳压器。

电特性　$U_I = 11V$　$I_0 = 350mA$　$C_i = 0.33\mu F$　$C_0 = 0.1\mu F$

参数名称	单位	测试条件		最小	典型	最大
输出电压	V			-5.25	-5.0	-4.75
线性调整率	mV	$-25V < U_I < -8V$			7.0	60
负载调整率	mV	$5mA < I_0 < 500mA$			80	120
静态电流	mA				1.0	2.0
输出噪声电压	μV	$10Hz < f < 100Hz$			25	80
纹波抑制比	dB	$-19V < U_I < 9V$ $f = 120Hz$	$I_0 = 100mA$	50		
			$I_0 = 300mA$	54	60	
短路电流	A					0.6
输出峰值电流	A			0.4	0.65	1.4

外引线排列：如图 B3 -4 所示。

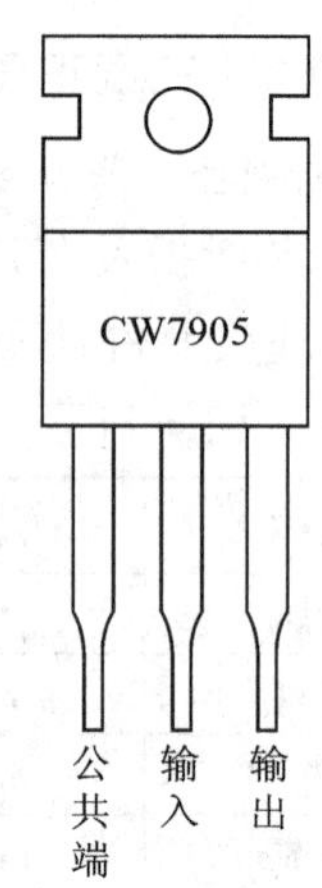

图 B3 -4 CW7905 的外引线排列

7. CW1171217/317 三端可调集成稳压器

该电路是单片式三端可调正电压稳压器，在输出电压为1.2V ~ 32V 范围内连续可调；能提供 1.5 A 的输出电流。应用时只需外接两个电阻和一个电位器就可调整到所要求的输出电压值。稳压器内部没有过流保护、芯片过热保护和安全工作区保护装置。

极限参数：最大输入电压 35V，最大功率耗散 15 W，工作结温范围 0℃ ~ +125℃。

电参数：

参数名称	符号	单位	测试条件	最小	典型	最大
电压调整率	S_V	%/V	$T_3 = 25℃$，$3V \leq U_I - U_0 \leq 32V$		0.01	0.04
电流调整率	S_t	%	$U_0 \geq 5V$，$10mA \leq I_0 \leq I_{omax}$		0.3	1.5
调整端电流范围	I_{ADJ}	μA	$P_0 < P_{omax}$，$10mA \leq I_0 \leq I_{omax}$		0.2	5
纹波抑制比	S_{PP}	dB	$U_0 = 10V$，$C_{ADJ} = 33\mu F$		66	80
电流限制	I_{omax}	A	$T_3 = 25℃$，$3V \leq U_I - U_0 \leq 15V$		1.5	2.2
最小负载电流	I_{omin}	mA	$3V \leq U_I - U_0 \leq 32V$		3.5	10
结壳的热阻	$R_{(th)je}$	℃/W			≤4	

外引线排列：如图 B3 -5 所示。

典型接线图：如图 B3 -6 所示。

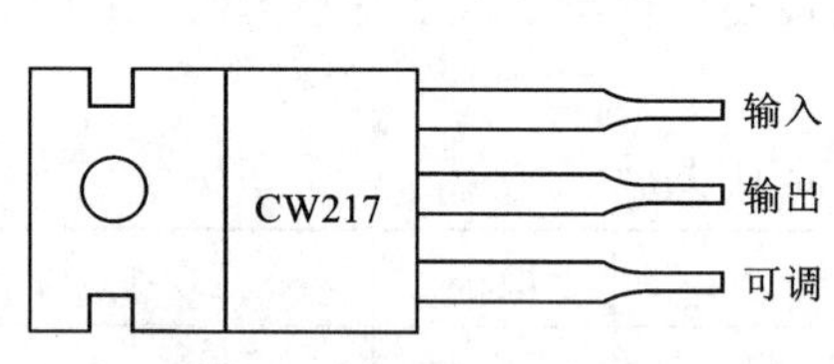

图 B3 -5 CW317 的外接线排列

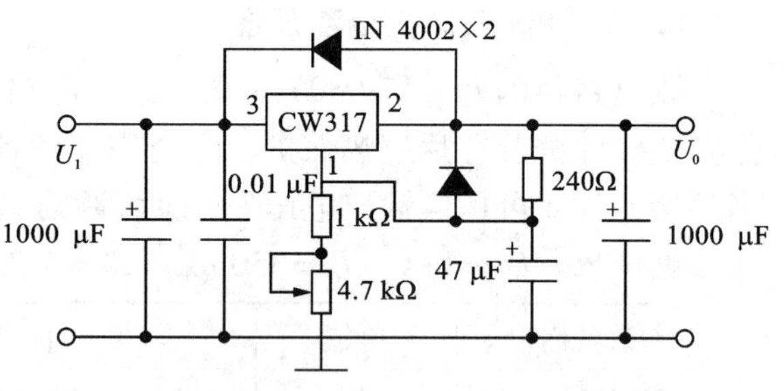

图 B3 -6 CW317 的典型接法

8. 部分国内外同类产品型号对照表

国内型号	国外同类产品型号	国内型号	国外同类产品型号
CF0024	LH0024	CF347	LF347，TL084，μA774
CF101A	LM101A，CA101A，AD101A，SG101A，μA101A	CF348	LM348，μA348
F107	LM107，CA107，SG107，μA107A	CF351	LF351，TL081，μA771

续上表

国内型号	国外同类产品型号	国内型号	国外同类产品型号
CF108	LM108, AD108, μA108, PM108, ICL108	CF353	LF355, TL082, μA772
CF118	LM118	CF355	LF355, PM355
CF124	LM124, CA124, SG124, μA124	CF356	LF356, PM356
CF158	LM158, CA158	CF357	LF357, PM357
CF201A	LM201A, CA201A, AD201A, SG201A, μA201A	CF358	LM358, CA358
CF208	LM208, AD208, μA208, PM208	CF359	LM359
CF210	LM210	CF411	LF411, OP-15
CF218	LM218	CF411A	LF411A
CF224	LM224, CA224, SG224, μA224	CF412	LF412
CF258	LM257, CA258	CF709	LM709, μA709, MC1709
CF301A	LM301A, CA301A, AD301A, SG301A, μA301A	CF725	μA725, LM725, RC725, PM725
CF302	LM302	CF741	μA741, LM741, CA741, MC741, PM741
CF308	LM308, AD308, μA308, PM308, μPC156		OP-02, ICL741, SG741, RM741
CF310	LM310	CF747	μA747, LM747, MC747, CA747, PM747, OP-04
CF318	LM318, μPC159	CF1436	MC1436, SG1436
CF324	LM324, CA324, SG324, μA324, μPC156	CF1439	MC1439
CF343	LM343	CF2500	HA2500

B.4 部分常用 TTL 集成电路

类别	器件名称	国产型号	国外型号(TEXAS)
逻辑门	六反相器	CT1004	SN5404/SN7404
	六反相器(OC)	CT1005	SN5404/SN7405
	双4输入与非门	CT1020	SN5420/SN741S20
	三3输入与非门	CT1010	SN5410/SN7410
	四2输入与非门	CT10000	SN5400/SN7400
	8输入与非门	CT1030	SN5430/SN7430
	四2输入与非门(OC)	CT1003	SN5403/SN7403
	四2输入与非门或缓冲器(OC)	CT1038	SN5438/SN7438
	双4输入或非门	CT1025	SN5425/SN7425
	三3输入或非门	CT1027	SN5427/SN7427

续上表

类别	器件名称	国产型号	国外型号(TEXAS)
逻辑门	四 2 输入或非门	CT1002	SN5402/SN7402
	四 2 输入或非缓冲器(OC)	CT1033	SN5433/SN7433
	四 2 输入或门	CT1032	SN5432/SN7432
	四 2 输入与门	CT4021	SN54LS21/SN74LS21
	三 3 输入与门	CT4011	SN54LS/SN74LS11
	四 2 输入与门	CT1008	SN5408/SN7408
	四 2 输入与门(OC)	CT1009	SN5409/SN7409
	四总线缓冲器(3S)	CT1125	SN54125/SN74125
	四总线缓冲器(3S)	CT1126	SN54126/SN74126
	四 2 输入异或门	CT1086	SN5486/SN7486
	四 2 输入异或门(OC)	CT1136	SN54136/SN74136
	六反相器(有施密特触发器)	CT1014	SN5414/SN7414
	双 4 输入与非门(有施密特触发器)	CT1013	SN5413/SN7413
	四 2 输入与非门(有施密特触发器)	CT1132	SN54132/SN74132
	四总线缓冲器(3 态)	CT1125	SN54125/SN74LS125
	带三态输出的八缓冲器和线驱动器	CT1244	SN54244/SN74LS244
触发器	与门输入上升沿 J－K 触发器(有预置、清除端)	CT1070	SN5470/SN7470
	双主从 J－K 触发器(有清除端)	CT1107	SN54107/SN74107
	与门输入主从 J－K 触发器(有预置、清除端)	CT1072	SN5472/SN7472
	双主从 J－K 触发器(有预置、清除端、有数据锁定)	CT1111	SN54111/SN74111
	与门输入主从 J－K 触发器(有预置、清除端、有数据锁定)	CT1110	SN54110/SN74110
	双上升沿 D 型触发器(有预置、清除端)	CT1074	SN5474/SN7474
	双 J－K 触发器(有预置、清除端)	CT1078	SN5478/SN74LS78
单稳态触发器	单稳态触发器(有施密特触发器)	CT1121	SN54121/SN74121
	可重触发单稳态触发器(有清除端)	CT1122	SN54122/SN74122
运算电路	4 位二进制超前进位全加器	CT1283	SN54283/SN74283
	4 位算术逻辑单元/函数发生器	CT1181	SN54181/SN74181
	4 位数值比较器	CT1085	SN5485/SN7485
	9 位奇偶产生器/校验器	CT1180	SN54180/SN74180
编码器	10 线－4 线优先编码器	CT1174	SN54147/SN74147
	8 线－3 线优先编码器	CT1148	SN54148/SN74148
译码器	4 线－16 线译码器	CT1154	SN54154/SN74154
	4 线－10 线译码器(BCD)	CT1042	SN5442/SN7442
	3 线－8 线译码器	CT1138	SN54138/SN74138
	双 2 线－4 线译码器	CT1155	SN54155/SN74155
	4 线－10 线译码器/驱动器	CT1145	SN54145/SN74145
	4 线七段译码器/高压输出驱动器	CT1247	SN54247/SN74247
	4 线七段译码器/驱动器	CT1048	SN5448/SN7448
	4 线七段译码器/驱动器	CT1049	SN5449/SN7449

续上表

类别	器件名称	国产型号	国外型号(TEXAS)
数据选择器	16 选 1 数据选择器	CT1150	SN54150/SN74150
	8 选 1 数据选择器	CT1251	SN54251/SN74251
	8 选 1 数据选择器	CT1151	SN54151/SN74LS151
	8 选 1 数据选择器	CT1152	SN54152/SN74152
	双 4 选 1 数据选择器	CT1153	SN54153/SN74153
	四 2 选 1 数据选择器	CT1157	SN54157/SN74157
	4 位 2 选 1 数据选择器	CT1298	SN54298/SN74298
计算器	二－五－十计算器	CT1196	SN54196/SN74196
	二－五－十计算器	CT1290	SN54290/SN74290
	二－八－十六计算器	CT1197	SN54197/SN74197
	双 4 位二进制计算器	CT1393	SN54393/SN74393
	十进制同步计算器	CT1160	SN54160/SN74160
	4 位二进制同步计算器(异步清 0)	CT1161	SN54161/SN74161
	4 位二进制同步计算器(同步清 0)	CT1163	SN54163/SN74163
	8 位并行输出串行移位寄存器	CT1164	SN54164/SN74164
	同步十进制可逆计算器	CT1168	SN54168/SN74LS168
	4 位二进制同步加减计算器	CT1191	SN54191/SN74191
	十进制同步加/减计算器(双时钟)	CT1192	SN54192/SN74192
	十进制同步加/减计算器	CT1190	SN54190/SN74190
寄存器	四上升沿 D 触发器	CT1175	SN54175/SN74175
	六上升沿 D 触发器	CT1174	SN54174/SN74174
	4 位 D 锁存器	CT4375	SN54LS375/SN74S375
	双 4D 锁存器	CT1116	SN54116/SN74116
	SD 锁存器	CT1373	SN54373/SN74LS373
	4 位移动寄存器	CT1195	SN54195/SN74195
	8 位移动寄存器	CT1199	SN54199/SN74199
	4 位双向移位寄存器(并行存取)	CT1194	SN54194/SN74194
	8 位双向移位寄存器	CT1198	SN54198/SN74198
	4 位移位寄存器(并行存取)	CT1095	SN5495/SN7495
	8 位移位寄存器(串、并行输入，串行输出)	CT1166	SN54166/SN74166

B.5 部分常用 CMOS 集成电路

类别	器件名称	国产型号	国外型号(TEXAS)
逻辑门	六反相器	CC4096	MC14096
	双 4 输入与非门	CC4012	MC14012
	三 3 输入与非门	CC4023	MC14023
	四 2 输入与非门	CC4011	MC14011
	8 输入与非门	CC4068	MC14068
	双 4 输入或非门	CC4002	MC14002
逻辑门	三 3 输入或非门	CC4025	MC14025
	四 2 输入或非门	CC4001	MC14001
	8 输入或非门	CC4078	MC14078
	双 4 输入或门	CC4072	MC14072
	三 3 输入或门	CC4075	MC14075
	四 2 输入或门	CC4071	MC14071
	双 4 输入与门	CC4082	MC14082
	三 3 输入与门	CC4073	MC14073
	四 2 输入与门	CC4081	MC14081
	双 2－2 输入与或非门	CC4085	CD4085
	六反相缓冲/变换器	CC4009	CD4009
	六同相缓冲/变换器	CC4010	CN4010
触发器	双方从 D 型触发器	CC4013	MC14013
	双 J－K 触发器	CC4027	MC14027
	3 输入端 J－K 触发器	CC4096	CM4096
	双单稳态触发器	CC14528	MC14528
	四 4 输入端施密特触发器	CC4093	MC14093
	6 施密特触发器	CC40106	CN40106
运算电路	四异或门	CC4070	MC14070
	4 位超前进位全加器	CC4008	MC14008
	BCD 加法器	C14560	MC14560
译码器	4 位数值比较器	CC14585	MC14585
	BCD－7 段译码/大电流驱动器	CC14547	MC14547
	BCD－7 段译码/液晶驱动器	CC4055	CD4055
	BCD－锁存/7 段译码/驱动器	CC4511	MC14511
	十进制加/减计算器/锁存/7 段译码/驱动器	CC40110	CD40110
	十进制计数/7 段译码器	CC4026	CD4026
	BCD 码－十进制译码器	CC4028	MC14028
	4 位锁存/4 线－16 线译码器(输出“1”)	CC4514	MC14514
	4 位锁存/4 线－16 线译码器(输出“0”)	CC4515	MC14515
	双二进制 4 选 1 译码器/分离器(输出“1”)	CC4555	MC14555
	双二进制 4 选 1 译码器/分离器(输出“0”)	CC4556	MC14556

续上表

类别	器件名称	国产型号	国外型号(TEXAS)
双向开关、数据选择器	四双向模拟开关	CC4066	MC14066
	单八路模拟开关	CC4051	MC14051
	双四路模拟开关	CC4052	MC14052
	单十六模拟开关	CC4067	CD4067
	双八路模拟开关	CC4097	CD4097
	四 2 选一数据选择器	CC4019	CD4019
	八路数据选择器	CC4512	MC14512
	双四路数据选择器	CC14539	MC14539
计数器	7 位二进制串行计数器/分频器	CC4024	MC14024
	12 位二进制串行计数器/分频器	CC4040	MC14040
	14 位二进制串行计数器/分频器	CC4060	MC14060
	双 BCD 同步加计数器	CC4518	CD4518
	双 4 位二进制同步加/减计数器	CC4520	MC14520
	可预置 4 位二进制同步加/减计数器	CC4516	MC14516
	可预置 BCD 加/减计数器(双时钟)	CC40192	CD40192
	可预置 BCD 加/减计数器(单时钟)	CC4510	MC14510
	八进制计数/分配器	CC4022	MC14022
	十进制计数/分配器	CC4017	MC14017
	可预置 BCD 加计数器	CC40160	CD40160
	可预置 4 位二进制加计数器	CC40161	CD40161
寄存器	18 位串入 – 串出移位寄存器	CC4006	MC14006
	双 4 位串入 – 串出移位寄存器	CC4015	MC14015
	8 位并入/串入 – 串出移位寄存器	CC4014	MC14014
	4 位并入/串入 – 并出/串出移位寄存器(左移 – 右移)	CC40194	CD40194
	4 位并入/串入 – 并出/串出移位寄存器	CC4035	CD14035
	8 位通用总线寄存器	CC4034	MC14034
定时电路	单定时器	CC7555	ICL7555
	双定时器	CC7556	ICL7556
锁相环	锁相环	CC4046	MC14046
A/D 转换器	$3\frac{1}{2}$位双积分 A/D 转换器	CC7106 CC7107 CC7126	ICL7106 ICL7107 ICL7126

B.6 芯片管脚及功能介绍

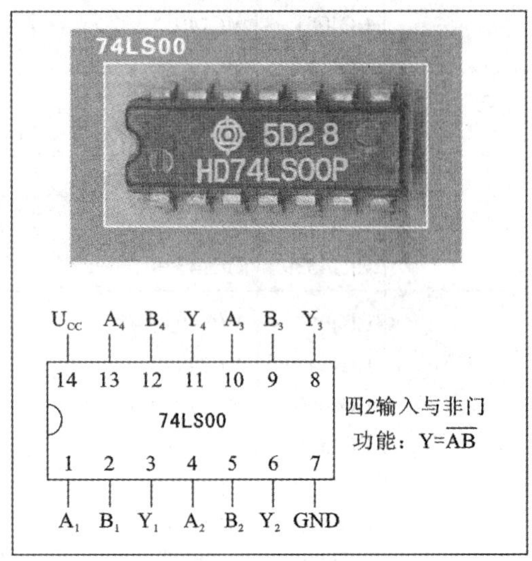

四2输入与非门

功能：$Y=\overline{AB}$

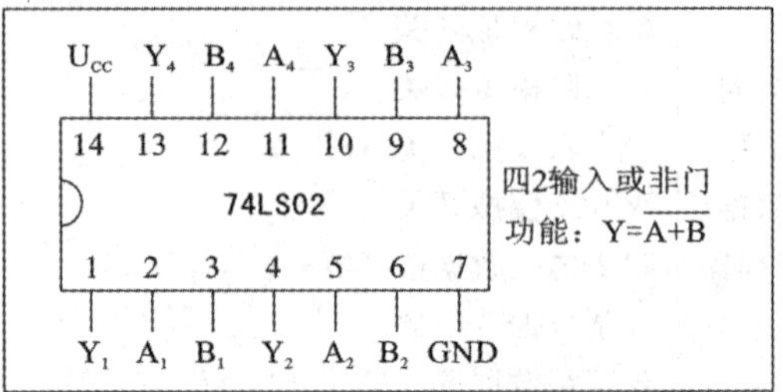

四2输入或非门

功能：$Y=\overline{A+B}$

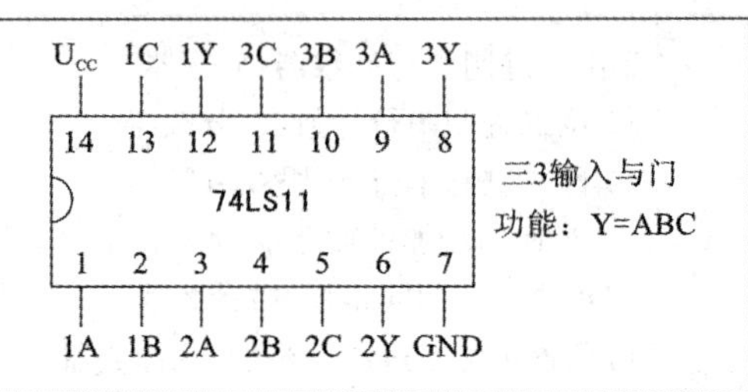

三3输入与门

功能：Y=ABC

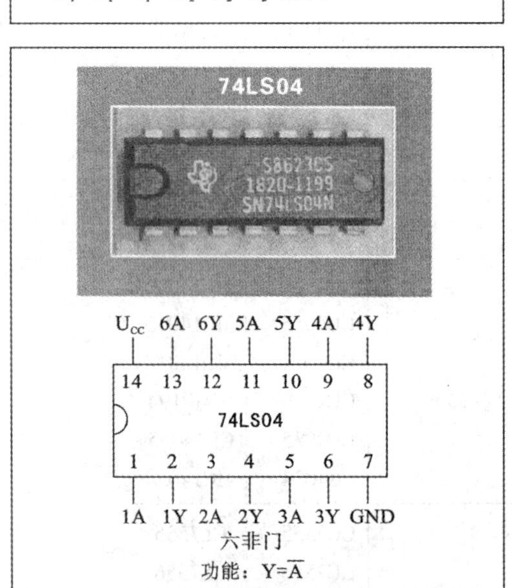

六非门

功能：$Y=\overline{A}$

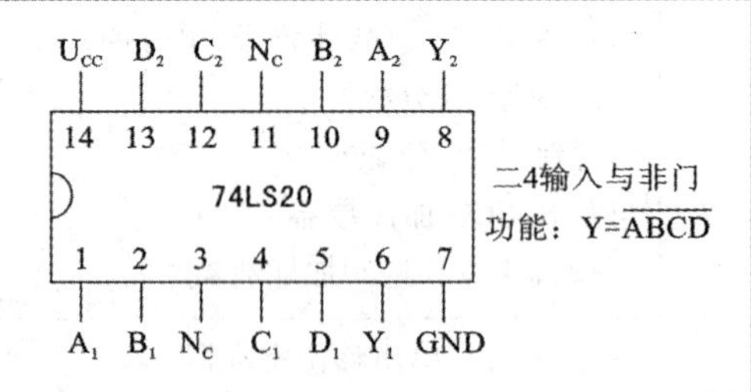

二4输入与非门

功能：$Y=\overline{ABCD}$

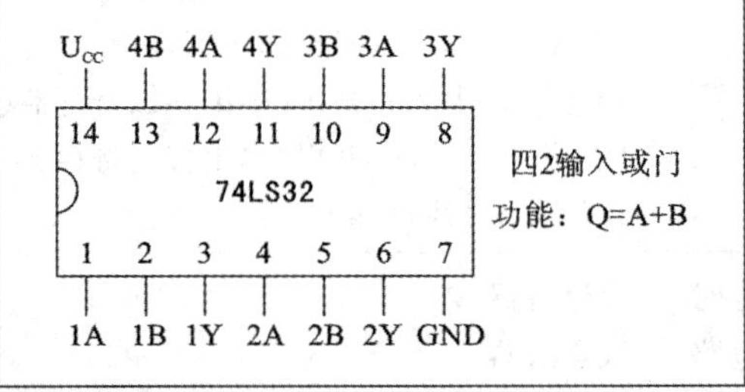

四2输入或门

功能：Q=A+B

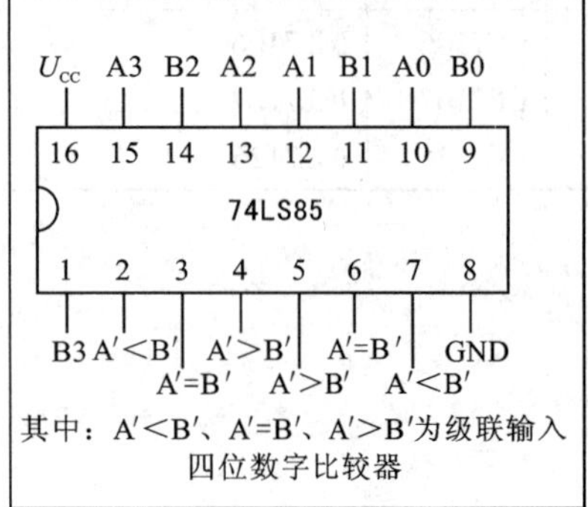

其中：A′<B′、A′=B′、A′>B′为级联输入

四位数字比较器

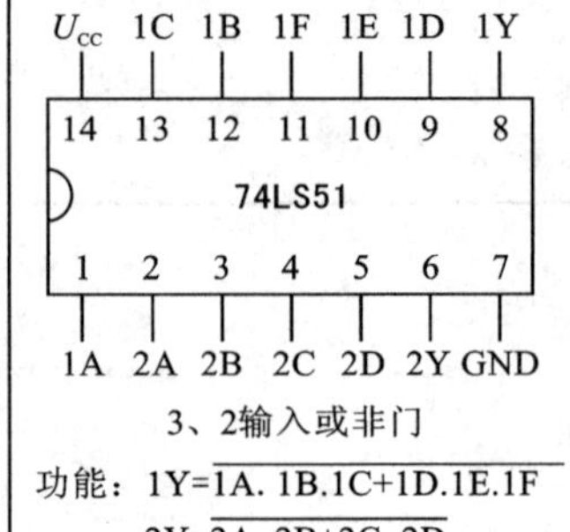

3、2输入或非门

功能：$1Y=\overline{1A.1B.1C+1D.1E.1F}$

$2Y=\overline{2A.2B+2C.2D}$

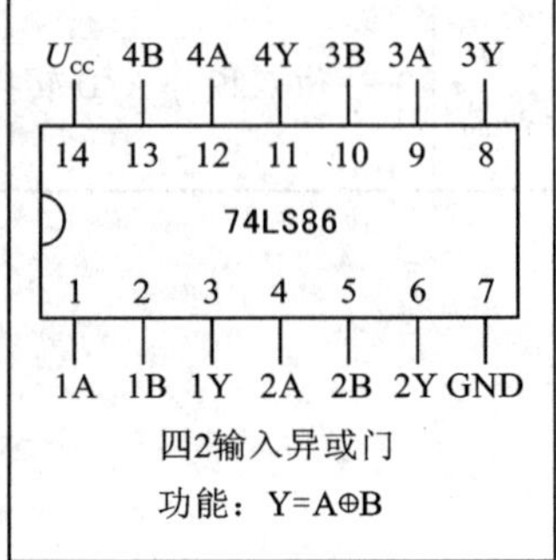

四2输入异或门

功能：$Y=A\oplus B$

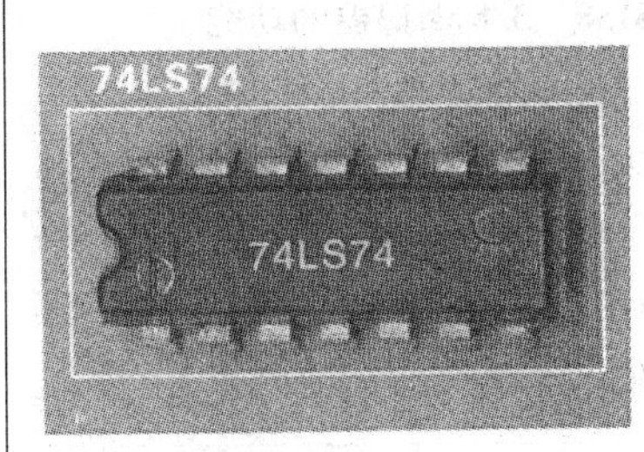

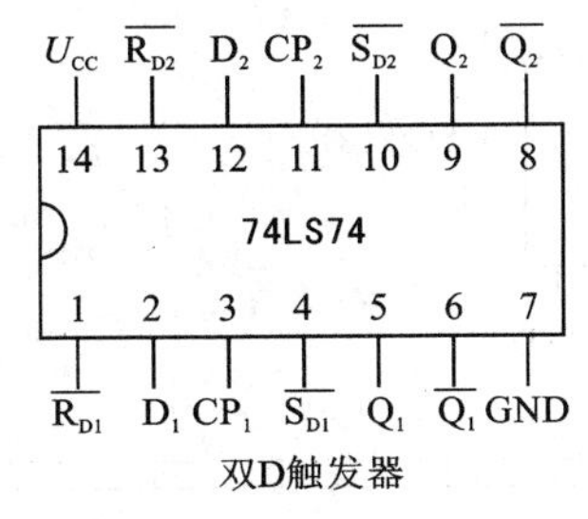

双D触发器

74LS74 功能表

输入				输出	
$\overline{S}_D$	$\overline{R}_D$	CP	D	Q	$\overline{Q}$
0	1	×	×	1	0
1	0	×	×	1	0
0	0	×	×	1	1
1	1	↑	1	1	0
1	1	↑	0	0	1
1	1	0	×	保持	

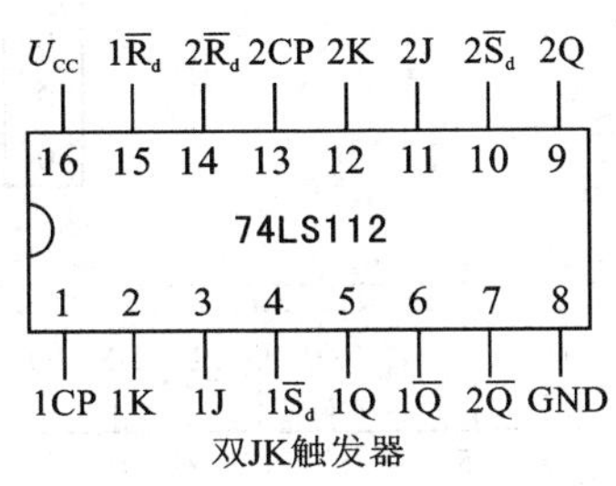

双JK触发器

74LS112 功能表

输入					输出	
$\overline{S}_d$	$\overline{R}_d$	CP	J	K	Q	$\overline{Q}$
0	1	×	×	×	1	0
1	0	×	×	×	0	1
0	0	×	×	×	1	1
1	1	↓	0	0	保持	
1	1	↓	1	0	1	1
1	1	↓	0	1	0	0
1	1	↓	1	1	计数	
1	1	1	×	×	保持	

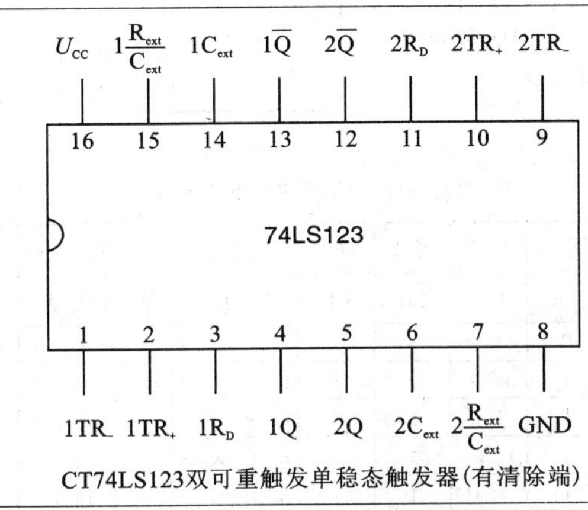

CT74LS123双可重触发单稳态触发器(有清除端)

74LS123 功能表

输入			输出	
CR	A	B	Q	Q
0	×	×	0	1
×	1	×	0	1
×	×	0	0	1
1	0	↑	⎍	⊔
1	↓	1	⎍	⊔
↑	0	1	⎍	⊔

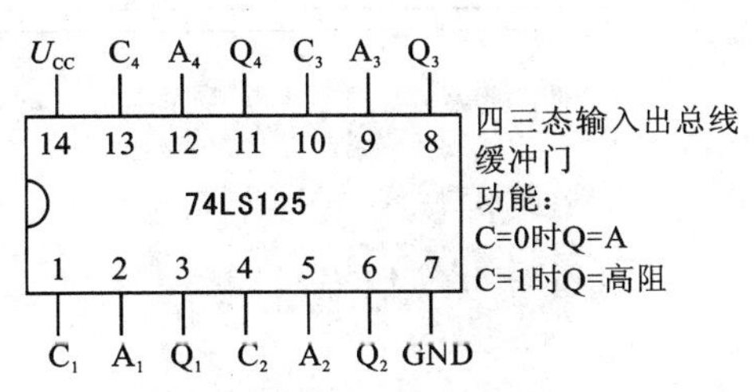

四三态输入出总线缓冲门
功能：
C=0时Q=A
C=1时Q=高阻

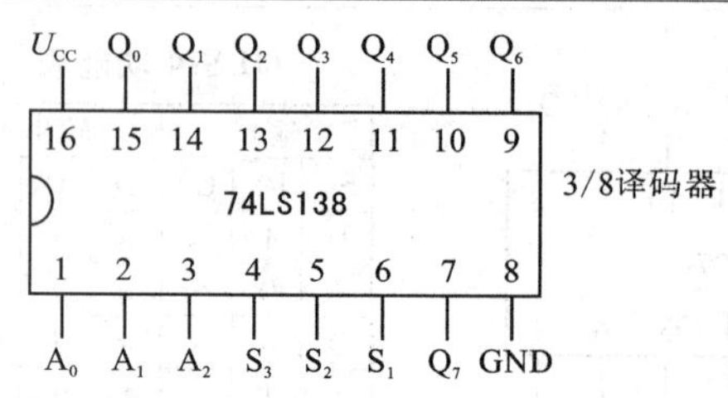

3/8译码器

74LS138 3/8 译码器的功能

$S_1=0$ 或 $S_2=S_3=1$ 时；

$Q_0 \sim Q_7$ 均为高电平。

$S_1=1$、$S_2=S_3=0$ 时；

$A_0A_1A_2$ 的八种组合状态分别在 $Q_0 \sim Q_7$ 端译码输出。

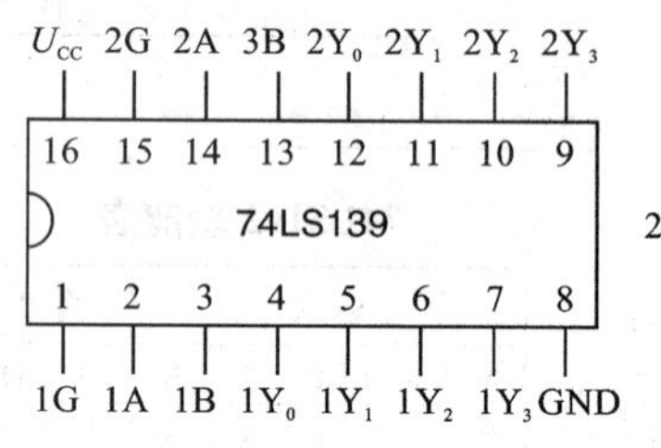

2/4译码器

2/4 译码器的功能

G	B	A	Y_0	Y_1	Y_2	Y_3
1	×	×	1	1	1	1
0	0	0	0	1	1	1
0	0	1	1	0	1	1
0	1	0	1	1	0	1
0	1	1	1	1	1	0

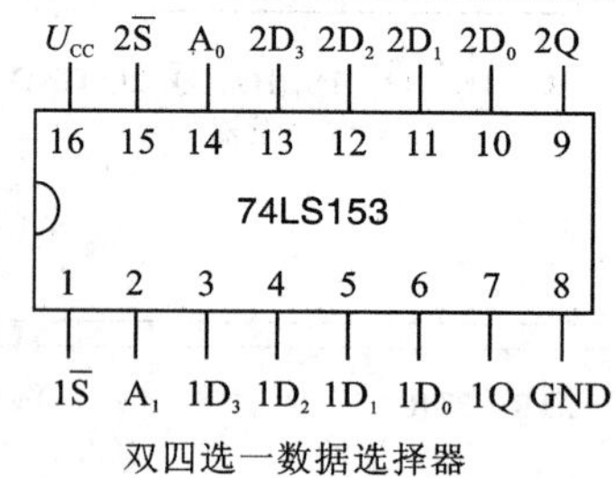

双四选一数据选择器

74LS153 功能表

输入				输出
$\overline{S}$	A_1	A_0	D	Q
1	×	×	×	0
0	0	0	D_0	D_0
0	0	1	D_1	D_1
0	1	0	D_2	D_2
0	1	1	D_3	D_3

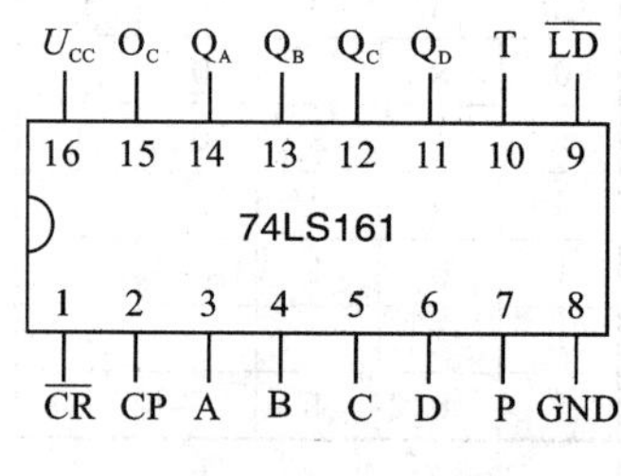

四位同步可预置二进制计数器

74LS161 功能表(模十六)

清零	使能	置数	时钟	数据	输出
$\overline{CR}$	P T	$\overline{LD}$	CP	D C B A	$Q_DQ_CQ_BQ_A$
0	× ×	×	×	× × × ×	0 0 0 0
1	× ×	0	↑	d c b a	d c b a
1	1 1	1	↑	× × × ×	计数
1	0 ×	1	↑	× × × ×	保持
1	× 0	1	↑	× × × ×	保持

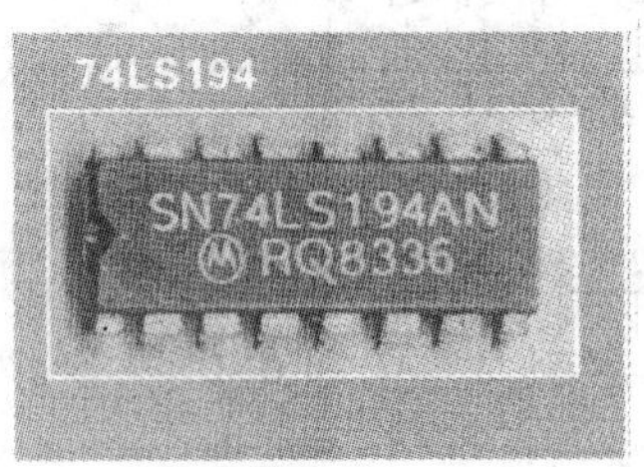

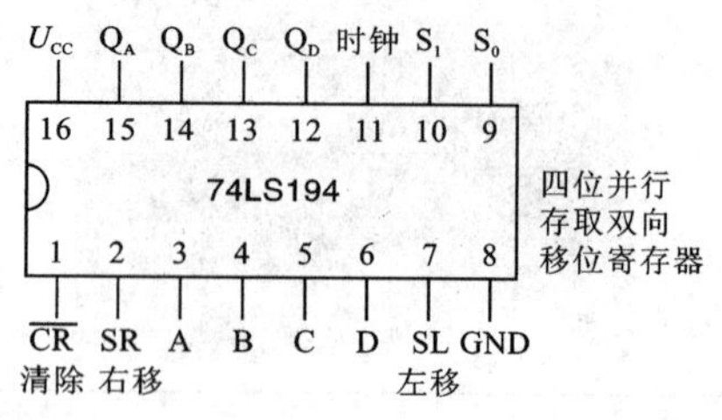

四位并行存取双向移位寄存器

74LS194 功能表

序	输入										输出				功能
	$\overline{CR}$	S_1	S_0	SL	SR	A	B	C	D	CP	Q_A	Q_B	Q_C	Q_D	
1	0	×	×	×	×	×	×	×	×	×	0	0	0	0	清零
2	1	×	×	×	×	×	×	×	×	1	Q_{An}	Q_{Bn}	Q_{Cn}	Q_{Dn}	保持
3	1	1	1	×	×	D_A	D_B	D_C	D_D	↑	D_A	D_B	D_C	D_D	送数
4	1	1	0	1	×	×	×	×	×	↑	Q_B	Q_C	Q_D	1	左移
5	1	1	0	0	×	×	×	×	×	↑	Q_B	Q_C	Q_D	0	
6	1	0	1	×	1	×	×	×	×	↑	1	Q_A	Q_B	Q_C	右移
7	1	0	1	×	0	×	×	×	×	↑	0	Q_A	Q_B	Q_C	
8	1	0	0	×	×	×	×	×	×	×	Q_{An}	Q_{Bn}	Q_{Cn}	Q_{Dn}	保持

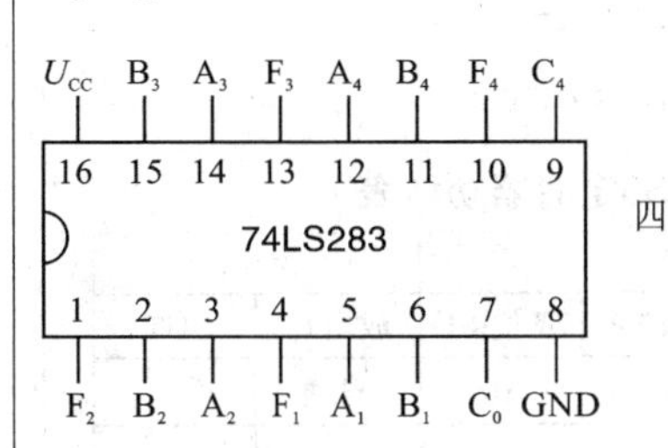

四位二进制全加器

74LS283功能

$$\begin{array}{r} A_4\ A_3\ A_2\ A_1 \\ B_4\ B_3\ B_2\ B_1 \\ +\qquad\qquad C_0 \\ \hline C_4\ F_4\ F_3\ F_2\ F_1 \end{array}$$

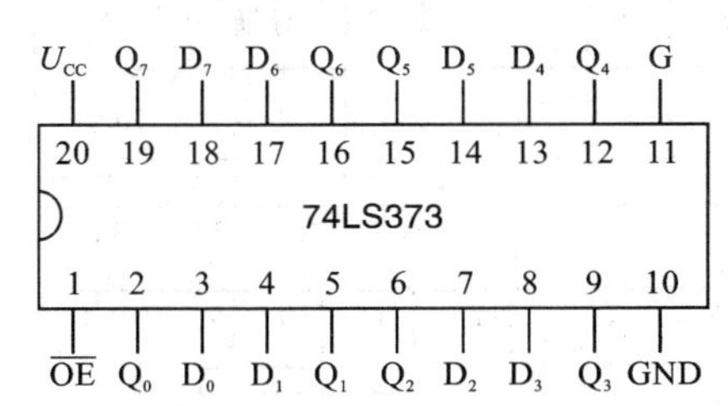

八D锁存器

74LS373 功能表

输入			输出
$\overline{OE}$	G	D	Q
0	1	1	1
0	1	0	0
0	0	×	Q_n
1	×	×	高阻

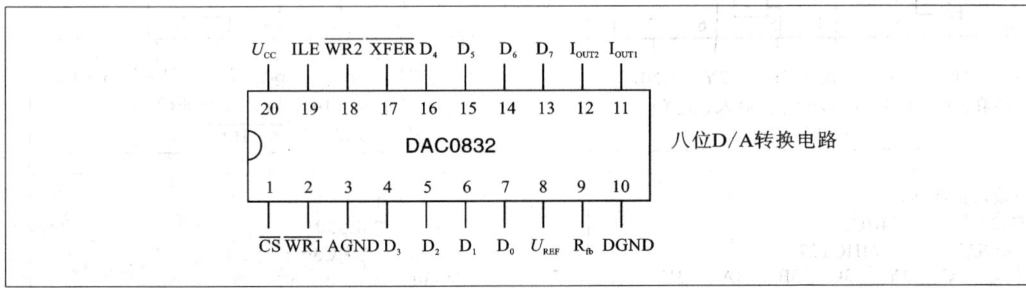

八位D/A转换电路

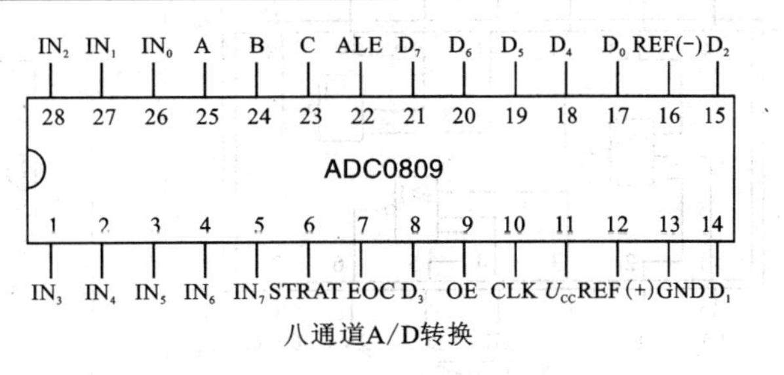

八通道A/D转换

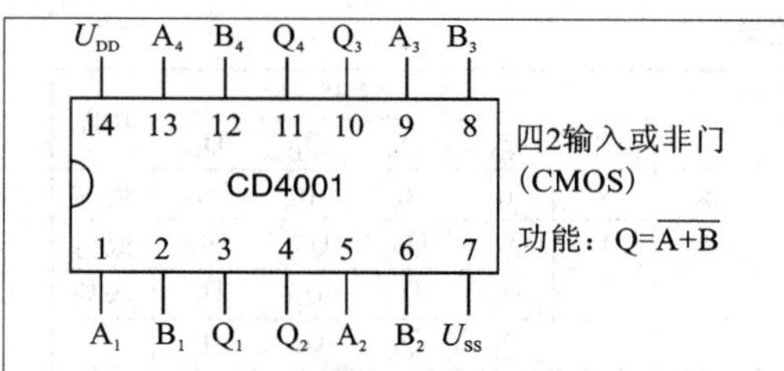

四2输入或非门
(CMOS)
功能：$Q=\overline{A+B}$

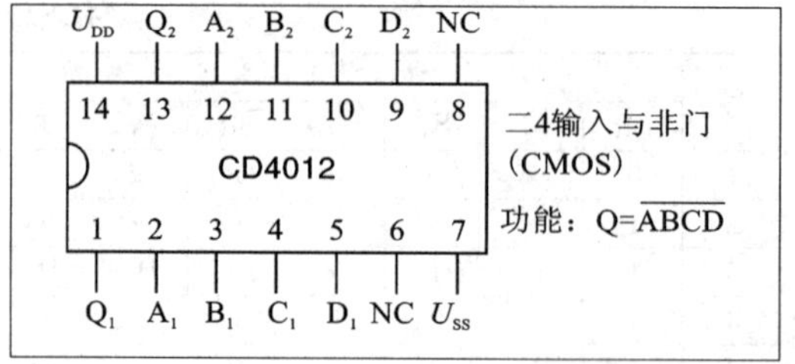

二4输入与非门
(CMOS)
功能：$Q=\overline{ABCD}$

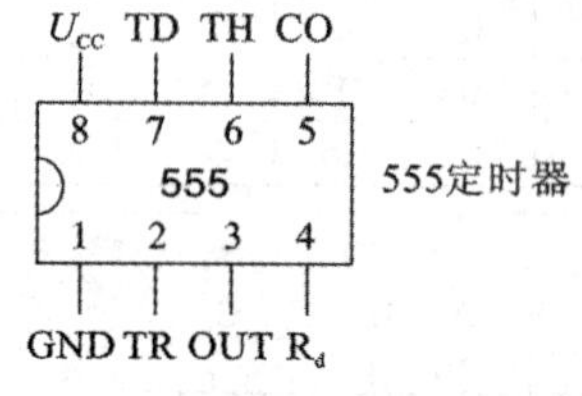

555定时器

555定时器功能表

输入			输出	
阈值TH	触发TR	复位Rd	放电T_D	OUT
×	×	0	导通	0
$<\frac{2}{3}U_{CC}$	$<\frac{1}{3}U_{CC}$	1	截止	1
$>\frac{2}{3}U_{CC}$	$>\frac{1}{3}U_{CC}$	1	导通	0
$<\frac{2}{3}U_{CC}$	$>\frac{1}{3}U_{CC}$	1	不变	不变

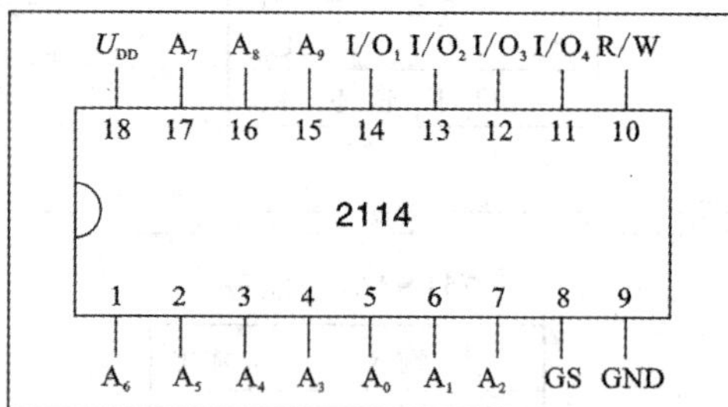

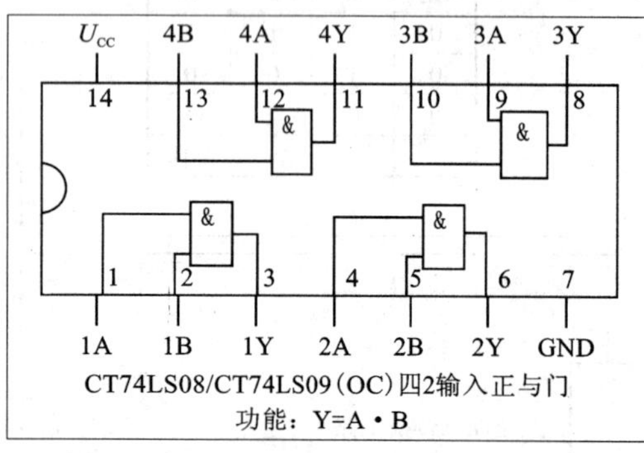

CT74LS08/CT74LS09(OC)四2输入正与门
功能：Y=A·B

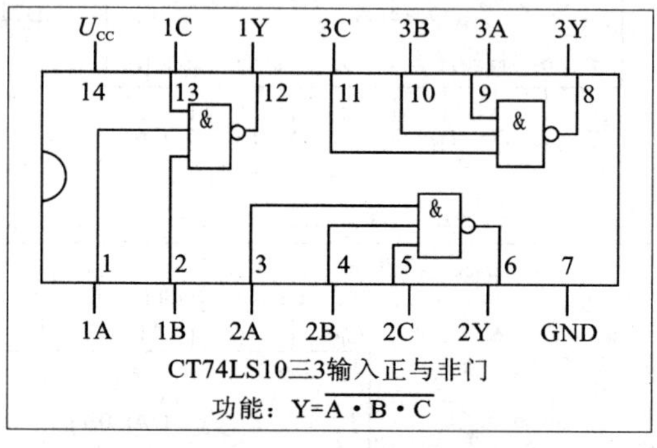

CT74LS10三3输入正与非门
功能：$Y=\overline{A\cdot B\cdot C}$

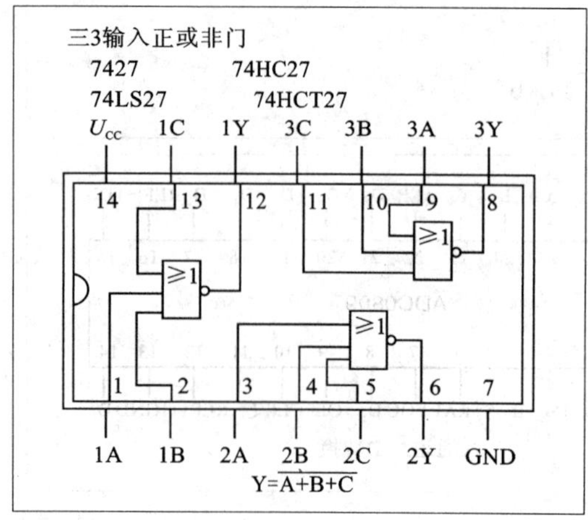
三3输入正或非门
7427 74HC27
74LS27 74HCT27

$Y=\overline{A+B+C}$

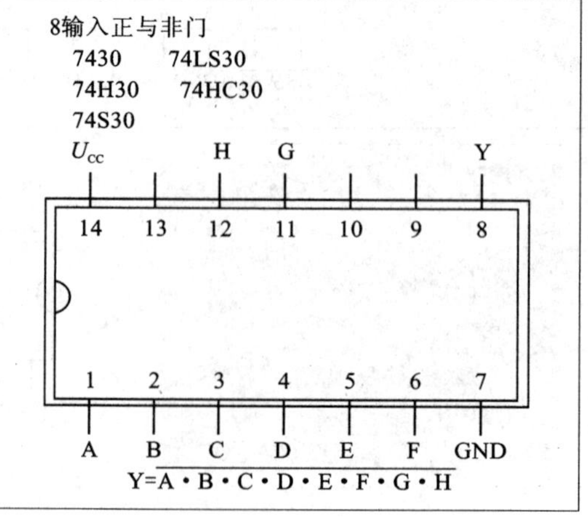
8输入正与非门
7430 74LS30
74H30 74HC30
74S30

$Y=\overline{A\cdot B\cdot C\cdot D\cdot E\cdot F\cdot G\cdot H}$

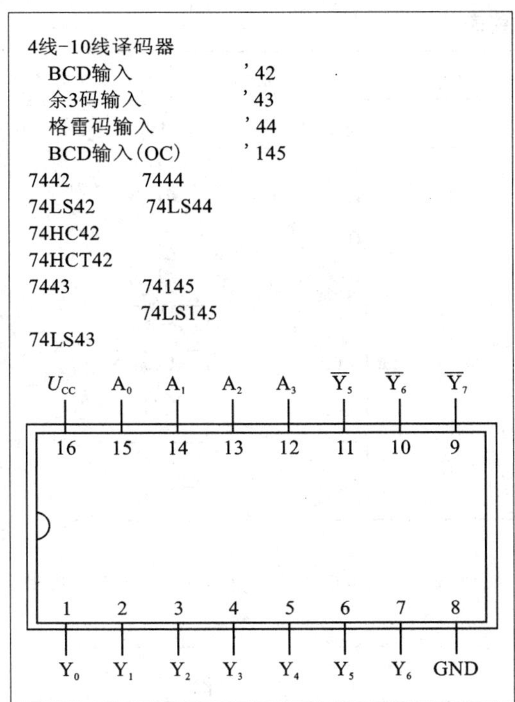

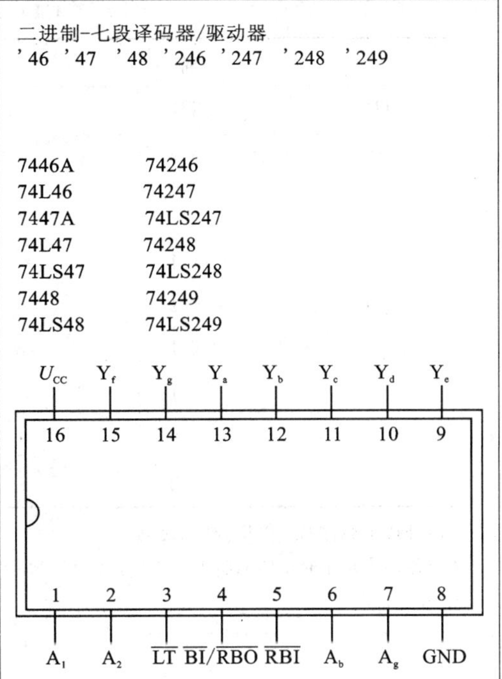

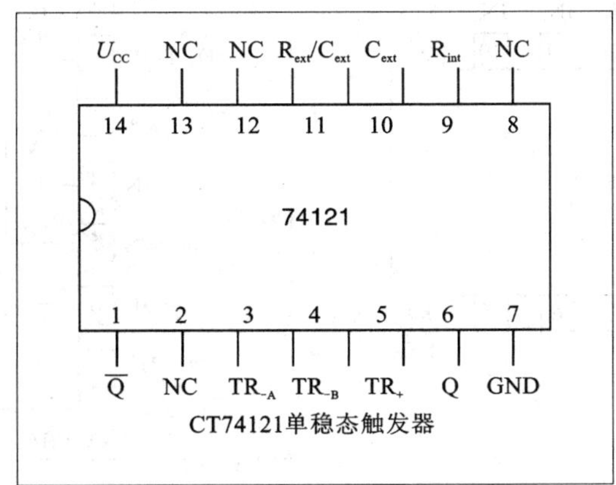

CT74121单稳态触发器

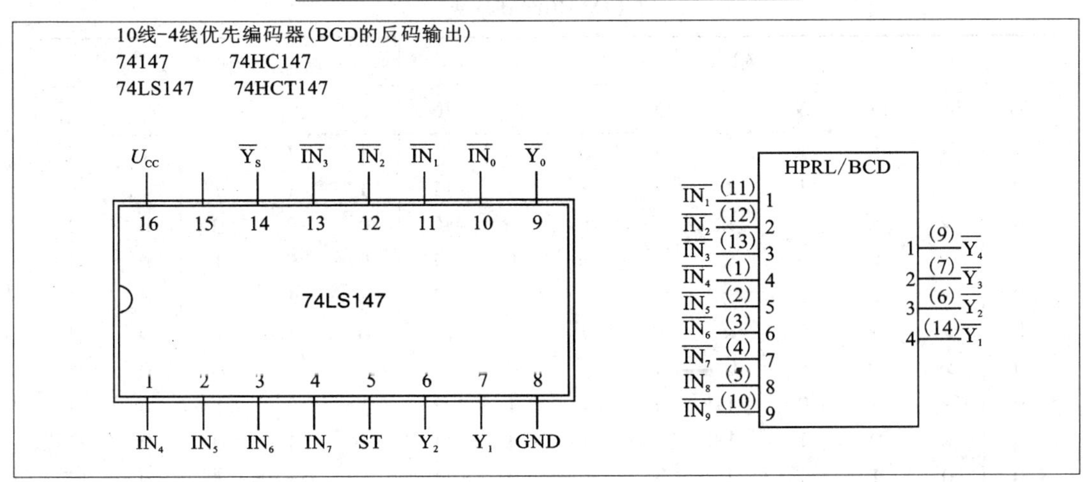

CT74121 功能表

输入			输出	
TR_{-A}	TR_{-B}	TR_{+}	Q	$\overline{Q}$
0	×	1	0	1
×	0	1	0	1
×	×	0	0	1
1	1	×	0	1
1	↓	1	⊓	⊔
↓	1	1	⊓	⊔
↓	↓	1	⊓	⊔
0	×	↑	⊓	⊔
×	0	↑	⊓	⊔

注：(1)外接电容接 C_{ext} 和 R_{ext}/C_{ext} 之间。

(2)使用内部定时电阻时将 R_{int} 接 U_{CC} 为提高脉冲宽度的精度和重复性，可在 R_{ext}/C_{ext} 和 U_{CC} 之间外接一电阻，而将 R_{int} 开路。

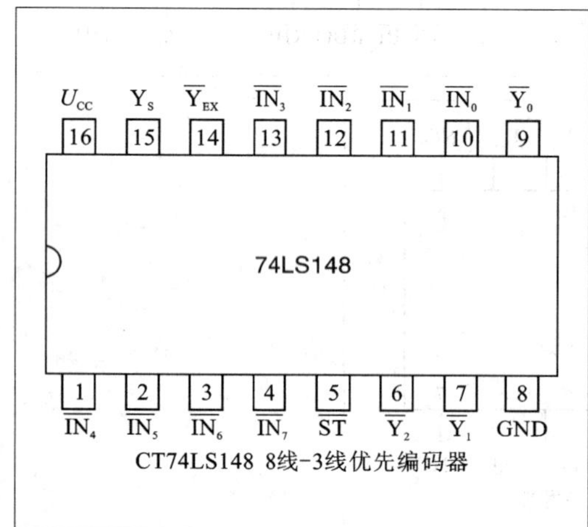

CT74LS148 8线-3线优先编码器

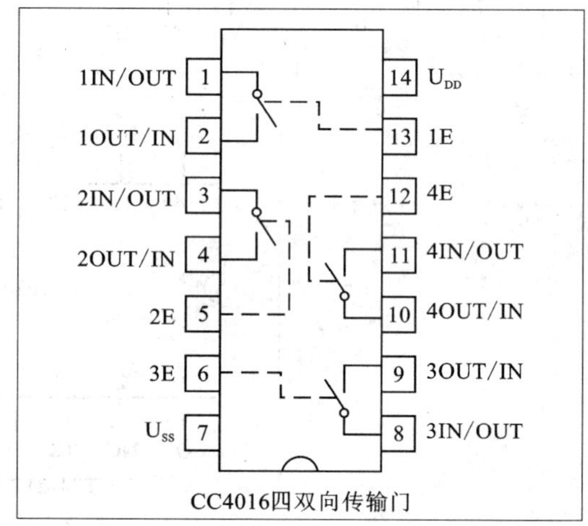

CC4016四双向传输门

CT74LS148 功能表

输入									输出				
$\overline{ST}$	$\overline{IN_0}$	$\overline{IN_1}$	$\overline{IN_1}$	$\overline{IN_3}$	$\overline{IN_4}$	$\overline{IN_5}$	$\overline{IN_6}$	$\overline{IN_7}$	$\overline{Y_2}$	$\overline{Y_1}$	$\overline{Y_0}$	$\overline{Y_{EX}}$	Y_a
1	×	×	×	×	×	×	×	×	1	1	1	1	1
0	1	1	1	1	1	1	1	1	1	1	1	1	0
0	×	×	×	×	×	×	×	0	0	0	0	0	1
0	×	×	×	×	×	×	0	1	0	0	1	0	1
0	×	×	×	×	×	0	1	1	0	1	0	0	1
0	×	×	×	×	0	1	1	1	0	1	1	0	1
0	×	×	×	0	1	1	1	1	1	0	0	0	1
0	×	×	0	1	1	1	1	1	1	0	1	0	1
0	×	0	1	1	1	1	1	1	1	1	0	0	1
0	0	1	1	1	1	1	1	1	1	1	1	0	1

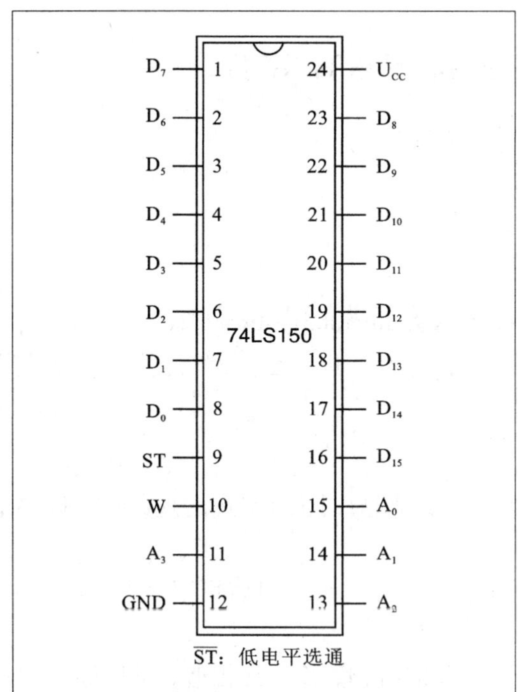
D7 1
D6 2
D5 3
D4 4
D3 5
D2 6
D1 7
D0 8
ST 9
W 10
A3 11
GND 12
24 Ucc
23 D8
22 D9
21 D10
20 D11
19 D12
18 D13
17 D14
16 D15
15 A0
14 A1
13 A2
74LS150
ST：低电平选通

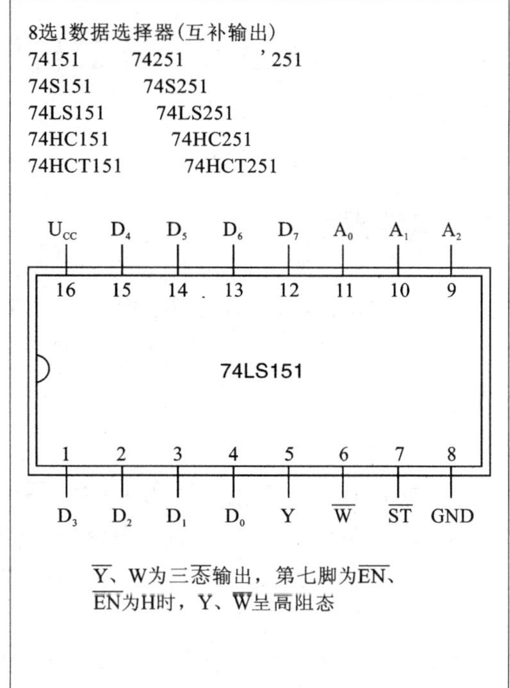
8选1数据选择器(互补输出)
74151 74251 ’251
74S151 74S251
74LS151 74LS251
74HC151 74HC251
74HCT151 74HCT251
Ucc D4 D5 D6 D7 A0 A1 A2
16 15 14 13 12 11 10 9
74LS151
1 2 3 4 5 6 7 8
D3 D2 D1 D0 Y W ST GND
Y、W为三态输出，第七脚为EN、
EN为H时，Y、W呈高阻态

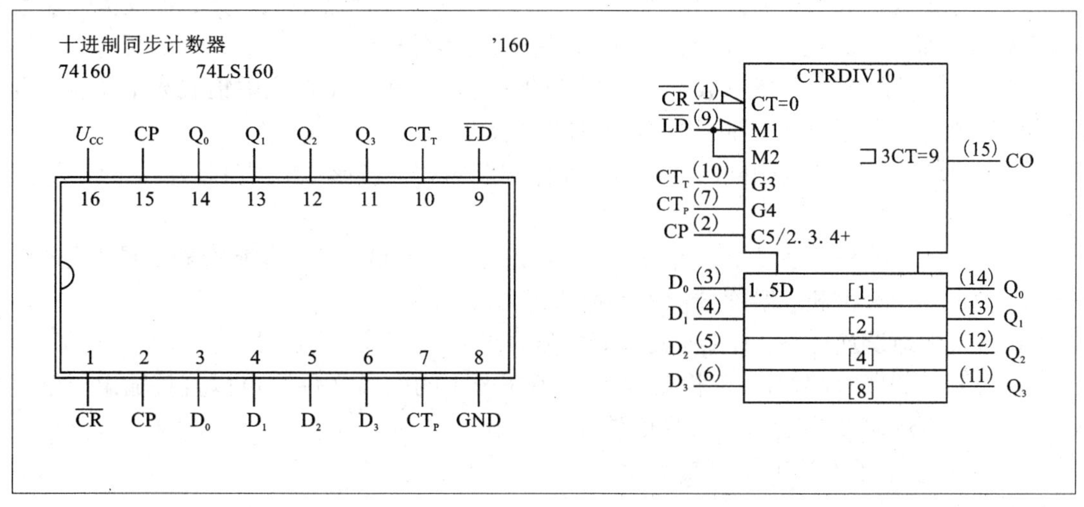
十进制同步计数器 ’160
74160 74LS160
Ucc CP Q0 Q1 Q2 Q3 CTT LD
16 15 14 13 12 11 10 9
1 2 3 4 5 6 7 8
CR CP D0 D1 D2 D3 CTP GND
CTRDIV10
CR (1) CT=0
LD (9) M1
M2
3CT=9 (15) CO
CTT (10) G3
CTP (7) G4
CP (2) C5/2. 3. 4+
D0 (3) 1. 5D [1] (14) Q0
D1 (4) [2] (13) Q1
D2 (5) [4] (12) Q2
D3 (6) [8] (11) Q3

附录C　计算机仿真软件EWB简介

一、软件界面

EWB(Electronics Workbench，电子工作平台)是加拿大Interactive Image Technologies公司推出的电路分析和设计软件，是电类实验和课程设计的有力工具，被誉为“计算机里的电子实验室”。

1. EWB的特点

(1)界面直观。绘制电路图需要的元器件、测试仪器都是以图标方式出现，而且仪器的操作开关、按钮同实物非常相似，很容易学会和使用。

(2)易学易用。具有一般电子技术基础知识的人员，只需几个小时就可以掌握EWB的基本操作。

(3)仿真的手段与实际相符。仪器和元器件的选用和实际情形非常相似，可以通过对电路的仿真，即掌握电路的性能，又熟悉仪器的正确使用方法。

(4)具有齐全丰富和可扩充的元器件库。提供了数千种元器件供选用，不仅提供了元器件的理想值，而且有的元器件还提供了实际厂家的元器件模型。

(5)具有完整的混合模拟与数字信号模拟的功能。可任意在系统中集成数字及模拟元器件，会自动地进行信号转换。测试具有即时的显示功能。

(6)在对电路进行仿真的同时，还可以存储实验数据、波形、元器件清单、工作状态等，并可打印输出。

(7)提供了各种分析手段。有静态分析、动态分析、时域分析、频域分析、噪声分析、失真分析、离散傅里叶分析、温度分析等各种分析方法。

(8)可人为地设置短路、开路、漏电等故障分析。

(9)与PSPICE软件兼容，可相互转换。EWB产生的电路文件还可以直接输出至常见的Protel、Tango、Orced等印制电路板排版软件。

(10)提高了电子设计工作的效率。

2. 软件安装

(1)EWB系统要求。EWB5.0C以上版本是32位应用软件，必须在Windows 3.1、Windows95/98或Windows NT3.51以上版本使用，具体要求如下：

①Windows95/98。

②Microsoft相容的鼠标。

③486以上计算机，至少8MB RAM(建议使用16MB以上RAM)及20MB硬盘空间。

(2)EWB5.0的安装和启动。EWB5.0版的安装文件是EWB50C. EXE。新建一个目录EWB5.0作为EWB的工作目录，将安装文件复制到工作目录上，双击运行即可完成安装。安装成功后，在工作目录下会产生可执行文件 EWB32. EXE 和其他一些文件，双击 EWB32. EXE 的图标即可运行 EWB。也可以在 Windows 的桌面上创建 EWB32. EXE 的快捷方式，通过此快捷方式启动 EWB。

3. EWB 的主窗口

启动 EWB5.0，可以进入 EWB 的主窗口，如图 C－1 所示。它包括了菜单栏、常用工具栏、元件库栏、电路工作区、电路描述区和状态栏几个部分。

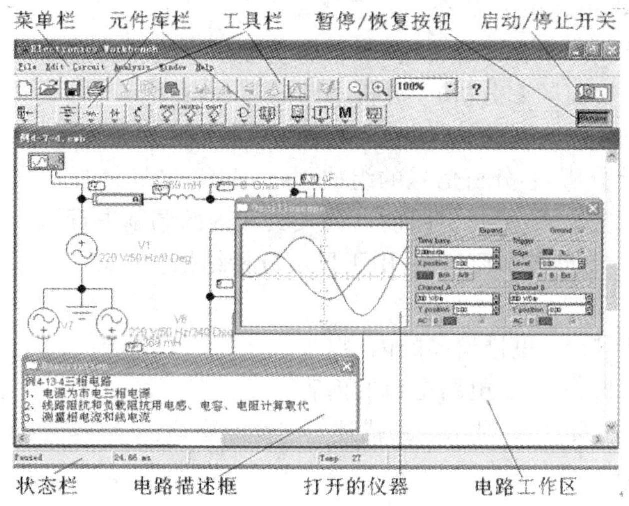

图 C－1　EWB 主窗口

菜单栏内包含了提取元件之外的所有操作，工具栏内为一些常用的基本操作命令按钮，元器件库栏内包含了电阻、电容、电感、电源、开关等常用元件和各种常用的集成元件及各种仪器仪表。中间最大区域为电路工作区，在这里可以建立仿真电路，并进行各种分析和测量。在电路工作区内的下方是电路描述区，其大小和位置可自由调整，可以用来对电路进行注释和说明。

4. EWB 的菜单命令

EWB 主窗口菜单由文件、编辑、电路、分析、窗口、帮助等菜单组成。文件和编辑菜单与所有的常用应用软件（如 Word）大致相同，包括建立文件、打开文件、存盘、打印、复制、粘贴等命令，这里不再介绍，其他菜单简要介绍如下。

（1）电路菜单（Circuit）：包括元件的操作及元件属性和形成子电路方面的命令，现分析如下：

①Rotate（旋转元器件）：按顺时针方向一次旋转 90°。

②FlipHorizontal（水平翻转元器件）：以 Y 轴为中心旋转 180°。

③FlipVertical（垂直翻转元器件）：以 X 轴为中心旋转 180°。

④Component Properties（元器件属性）：设置元器件的各项属性。

⑤Create Subcircuit（创建子电路）：创建一个常用的单元电路。

⑥Zoom In（放大窗口）：放大显示窗口。

⑦Zoom Out(缩小窗口)：缩小显示窗口。

⑧Schematic Options(原理图选项)：设置仿真电路的显示参数等。

(2)分析菜单(Analysis)：用于设置电路的分析选项，常用的有以下几项：

①Activate(进行电路分析)：和 Stop 一起相当于面板上的启动/停止开关。

②Pause(暂停分析)：分析暂停，另在面板上设置有暂停/恢复快捷按钮。

③Stop(停止电路分析)：停止。

④Analysis Options(分析选择)：设置有关分析计算和仪器使用方面的内容。一般仿真不需要设置，设置不当会出现很大误差。

⑤DC Operating Point(直流工作点分析)：分析显示直流工作点结果。

⑥AC Frequency(交流频率分析)：分析电路的频率特性。

⑦Transient(瞬态分析)：分析电路的瞬时响应。

⑧Fourier(傅里叶分析)：分析信号的组成。

⑨Distortion(失真分析)：分析电路的谐波失真和内部调制失真。

⑩Display Graphs(图形显示窗口)：用于显示分析结果。

(3)窗口菜单：

①Arrange(重排窗口)：重排窗口的内容。

②Circuit(电路窗口)：显示电路窗口的内容。

③Description(描述窗口)：显示电路描述、注释的窗口。

5. EWB 的工具栏

各按钮的作用如图 C－2 所示，它们的功能也都可以通过菜单栏实现，但比菜单操作命令快捷、简单。

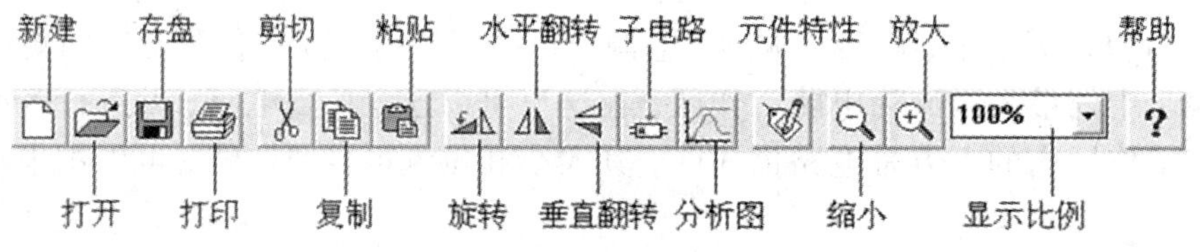

图 C－2　EWB 的工具栏

6. EWB 的元件库栏

EWB5.0 软件拥有庞大的元器件库。元器件总数近万种，其中二极管(含 FET 和 VMOS 管)2900 种，运算放大器 2000 种，给电路仿真实验带来了极大的方便。元件主要包括：电源、电阻、电容、电感、二极管、双极性晶体管、FET、VMOS、传输线、控制开关、DAC 和 ADC、运算放大器与电压比较器、TTL74 系列与 CMOS4000 系列数字电路、时基电路等。图 C－3所示为 EWB 的元器件库栏。

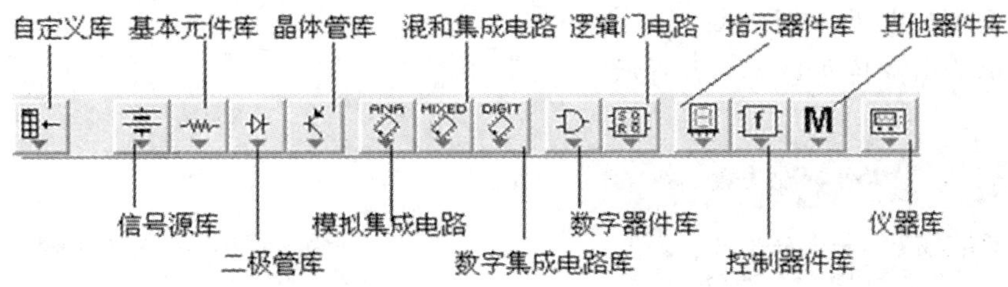

图 C－3　EWB 的元器件库栏

单击元器件库的某一个图标，即可打开该元件库。下面对将要用到的主要元器件库中的元器件逐一给出标注。

(1)信号源库如图 C－4 所示。

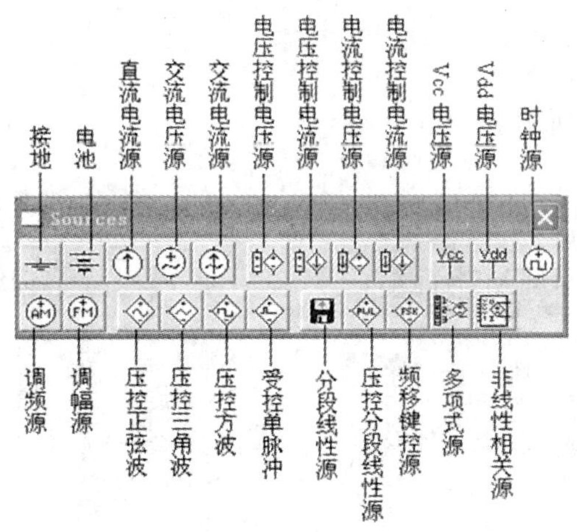

图 C－4　信号源库

(2)基本器件库如图 C－5 所示。

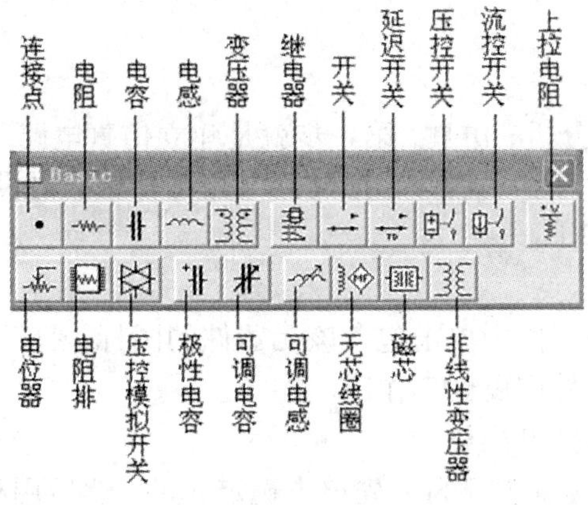

图 C－5　基本元件库

(3)二极管库如图 C－6 所示。

(4)模拟集成电路库如图 C－7 所示。

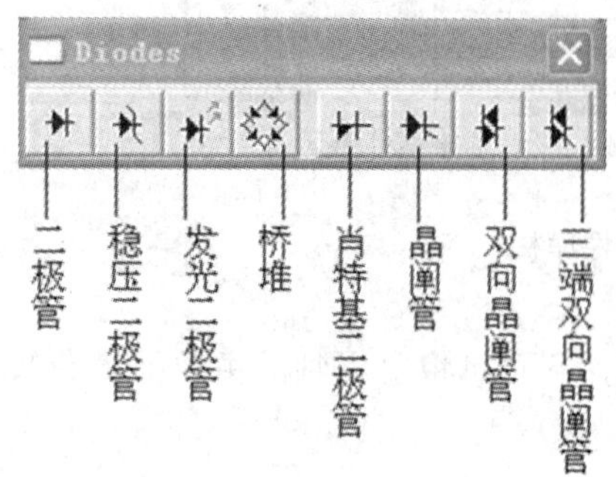

图 C－6 二极管库

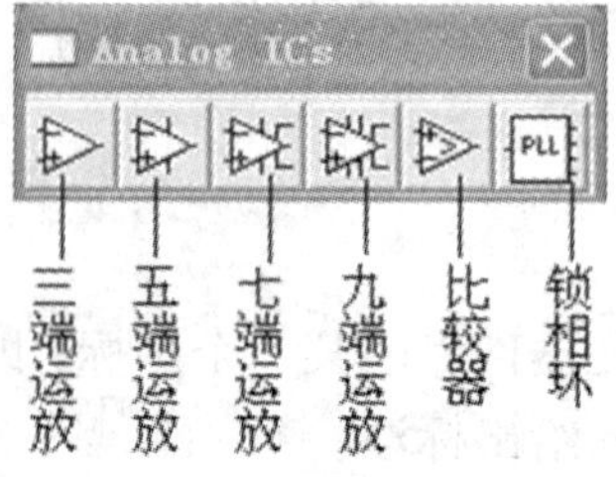

图 C－7 模拟集成电路库

(5)指示器件库如图 C－8 所示。

(6)仪器库如图 C－9 所示。

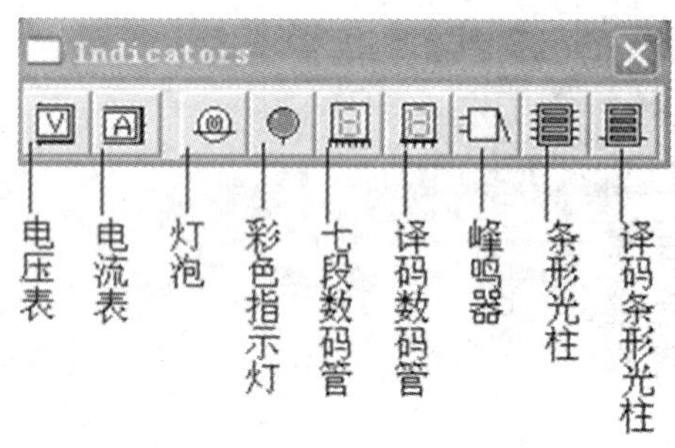

图 C－8 指示器件库

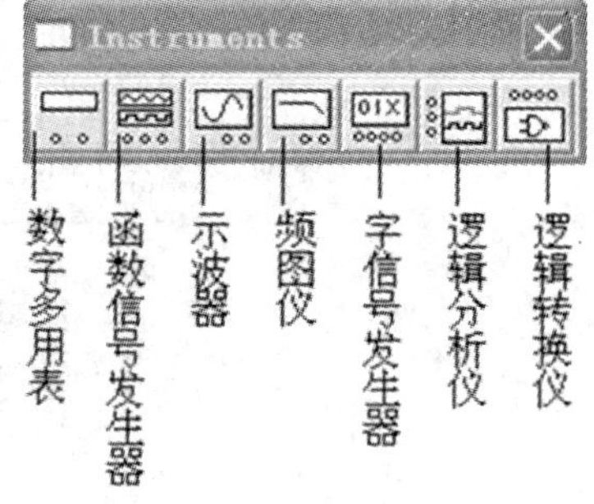

图 C－9 仪器库

二、EWB 的基本操作方法

1. 创建电路

用 EWB 软件进行电路分析、仿真，第一步就是建立仿真电路。电路的建立，首先要进行元件的选取，即将需要的元件从元器件库拖放到电路工作区，再设定元件的参数，连接导线建立电路图。其方法说明如下。

(1)元器件的操作

①元件选用：在元器件库栏中单击包含该元器件的图标，打开该元件库。用鼠标选中元件图形，按住左键将元件符号拖曳到工作区。

②元件的移动：用鼠标拖曳操作。

③元件的旋转、反转、复制和删除：先单击选定元件，然后用相应的菜单、工具栏，或单击右键激活弹出菜单，执行相应的操作。

④元器件参数设置：选定元件，点击工具栏中的器件特性按钮，或从右键弹出的菜单中

选 Component Properties，可以设定元器件的标签（Label）、编号（Reference ID）、数值（Value）和模型参数（Model）、故障（Fault）等内容。

元器件各种特性参数的设置可通过双击元器件弹出的对话框进行。元器件编号（Reference ID）通常由系统自动分配，必要时可以修改，但必须保证编号的唯一性。故障（Fault）选项可供人为设置元器件的隐含故障，包括开路（Open）、短路（Short）、漏电（Leakage）、无故障（None）等。

（2）导线的操作

①导线的连接：先将鼠标指向元件的端点，使其出现小圆点后，按下左键并拖曳导线到另一个元件的端点或其他导线上，待出现小圆点后松开鼠标左键，两端之间将自动出现导线连接。

②导线的删除和改动：选定该导线，单击鼠标右键，在弹出菜单中选 Delete。单击鼠标右键，在弹出菜单中还可以选择另一项来设置导线的颜色。

③连接点：连接点是一个小圆点，存放在基本元件库中，一个连接点最多可以连接来自四个方向的导线。向电路插入元器件，可直接将元器件拖曳放置在导线上，待其两端变为蓝色后再释放即可。

（3）电路图选项的设置

点击菜单 Circuit 选 Schematic Option 项，在弹出的对话框中可设置电路的标识、编号、数值、模型参数、节点号等的显示方式及有关栅格（Grid）、显示字体（Fonts）的设置，该设置对整个电路图的显示方式有效。其中节点号是在连接电路时，EWB 自动为每个连接点分配的。也可以在电路工作区的空白地方点击鼠标右键，在弹出菜单中选 Schematic Option 项进行这些操作。

2. 部分常用仪器在仪表的使用

（1）仪器、仪表的基本操作

在进行电路仿真时，首先要将虚拟的仪器、仪表接入电路中。在连接电路时，仪器、仪表以图标方式连入，连入方法同元器件的拖放。需要观测实验数据或对仪器仪表进行调节时，可以双击仪器图标打开仪器面板，仪器的操作与实际仪器的操作非常相似。

（2）电压表和电流表

选定电压表或电流表，将其拖曳到电路工作区中，可以点击工具栏上的旋转操作按钮来改变其引脚的方向，图标中粗线边框的引脚为负，电压表和电流表可以多次选用。

（3）数字多用表

可以自动调整量程。按面板上的 Settings（参数设置）按钮可以在弹出对话框中设置各项参数。图 C－10 是其图标和面板及参数设置对话框的标注。

（4）示波器

此示波器为模拟式双踪示波器，其图标和面板如图 C－11 所示。

其中：Expand 为面板扩展按钮，点击该按钮可以将面板扩展；

Time base 为时基控制；

Y position 为 Y 轴位置控制。

AC、0、DC 为 Y 轴输入方式按钮：AC 耦合只显示交流分量，0 耦合时，在 Y 轴设置的原点位置显示一条水平线，DC 耦合将显示信号的交流和直流分量之和。

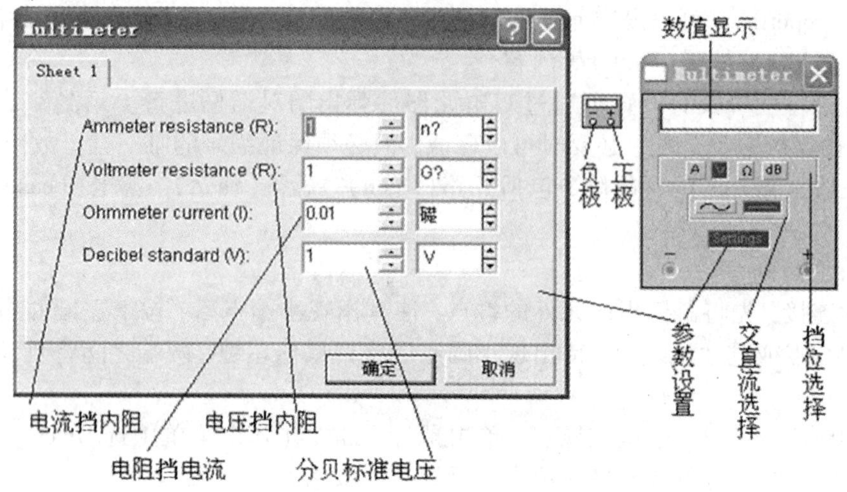

图 C－10　数字多用表

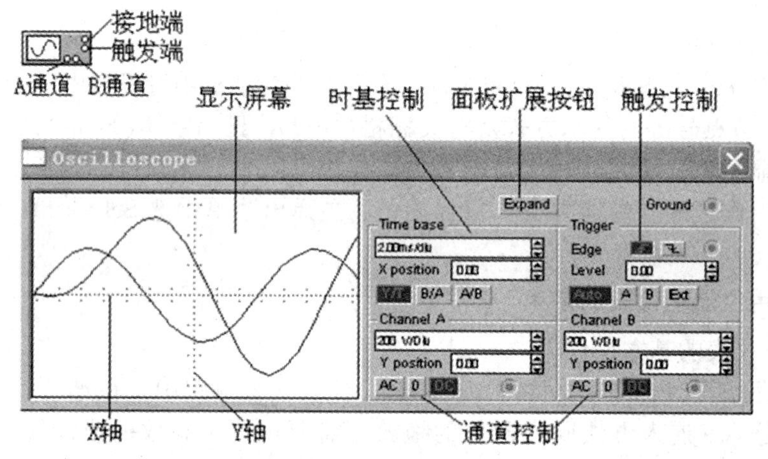

图 C－11　示波器

Trigger 为触发控制，包括：Edge——上升（下降）沿触发；Level——触发电平；Auto——自动触发按钮；A、B——A、B 通道触发按钮；Ext——外触发按钮。

Y/T、B/A、A/B 为显示方式选择按钮：Y/T——表示 Y 方向显示输入信号，X 方向显示时间基线；B/A——表示 Y 方向显示 B 通道输入信号，以 A 通道为 X 方向扫描信号；A/B——表示 Y 方向显示 A 通道输入信号，以 B 通道为 X 方向扫描信息。

为了能更细致地观察波形，可以按示波器面板上的 Expand 按钮，将面板进一步展开，如图 C－12 所示。通过拖曳指针可以详细读取波形上任一点的数值及两指针间的各数值之差。按 Reverse 按钮可改变 ASCII 码格式存储波形读数。在动态显示时，单击“Pause”按钮或按 F9 键后，可通过改变“X position”设置来左右移动波形。

（5）信号发生器

可以产生正弦、三角波和方波信号，其图标和面板如图 C－13 所示。信号发生器的信号

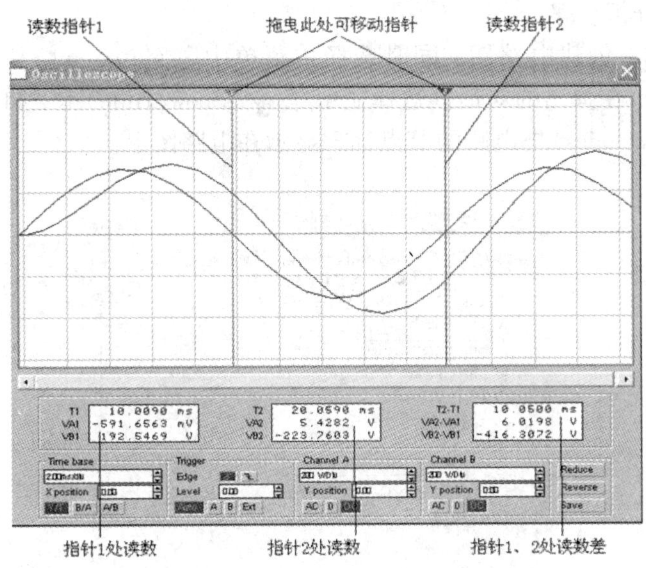

图C-12 扩展的示波器面板

可由任意两端输出，也可由三端输出两路信号。“+”端与“Common”端(公共端一般接电路的公共地)输出信号为正极性信号，而“-”端和“Common”端之间输出负极性信号。两信号幅度相等，极性相反。要改变输出信号应先按“启动/停止”开关，关闭正在进行的仿真，再调整信号发生器的设置，调整好后再启动仿真，才能输出改动后的信号波形。

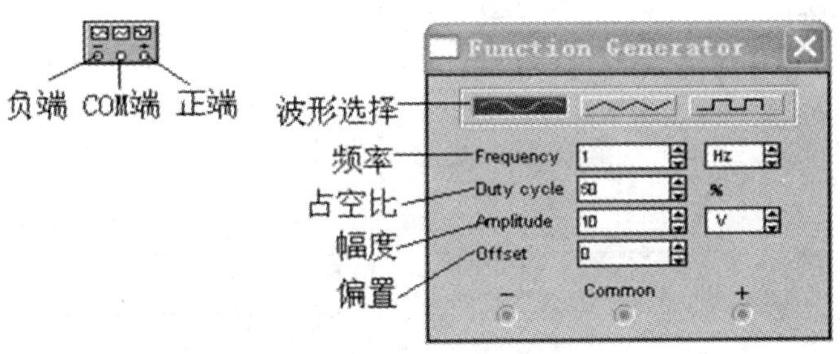

图C-13 函数信号发生器图标和面板

三、电子电路的基本分析方法

1.直流工作点分析(DC Operating Point Analysis)

在进行直流工作点分析时，电路中的交流源将被置零，电容开路，电感短路。直流工作点分析的结果是对电路进一步分析的基础，如在对晶体三极管电路进行交流分析时，首先需要了解它的直流工作点。

直流工作点的分析步骤：

(1)在工作区内，创建电路图，同时选择主菜单中电路(circuit)栏中的“电路图选项”(Schematic Options)，在弹出的对话框选择显示/隐含(Show/Hide)卡，如图 C-14 所示，选定“显示节点号”(Show nodes)把电路的节点标志显示在电路图上。

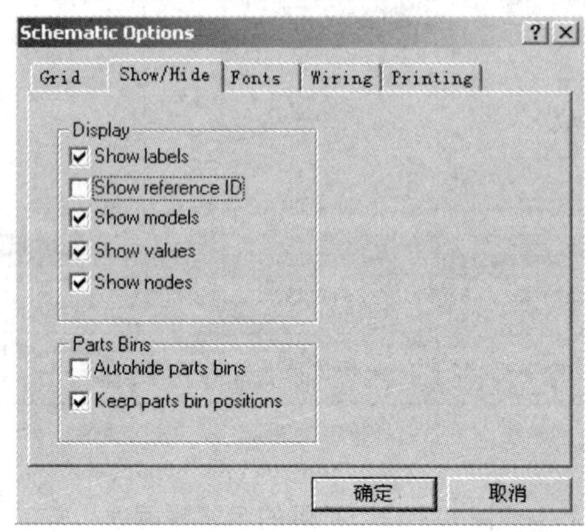

图 C-14 显示/隐含(Show/Hide)对话框

(2)在“分析”(Analysis)栏内，选择“直流工作点”(DC Operating Point)项，则电路中所有节点的电压数值和电源支路的电流数值，显示在图形显示(Display Graph)窗口中。

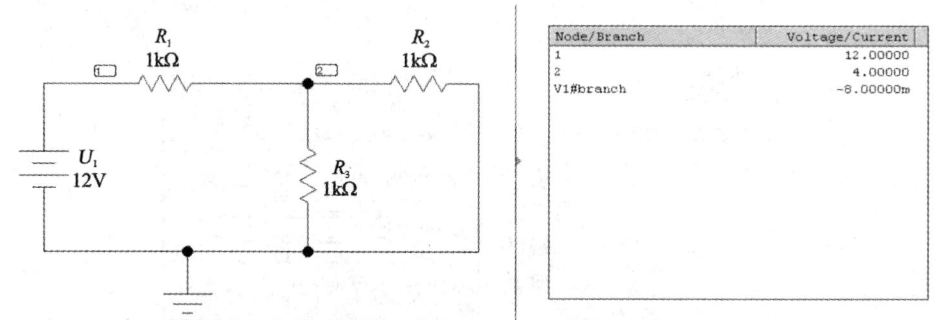

图 C-15 直流工作点分析结果显示

2. 交流频率分析(AC Frequency Analysis)

交流分析就是计算电路各节点的幅频特性和相频特性。在进行交流分析之前，首先进行直流工作点分析。交流分析时，电路中的直流源将自动置零，交流电源、电容、电感均处在交流模式，输入信号也设定为正弦波形式。

若把函数信号发生器的其他信号作为输入激励信号，在交流频率分析时，会自动把它作为正弦信号输入，因此所有输出量都是频率的函数。

交流频率分析步骤如下：

(1)创建电路，决定欲分析的节点，确定交流输入源的幅度和相位，同时选择分析

(Analvsis)栏中的“交流频率”(AC frequency)项，如图 C－16 所示。

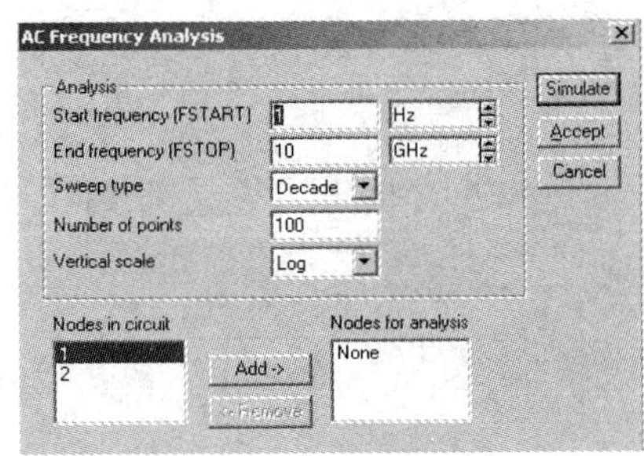

图 C－16　交流分析参数设置框

(2)设置分析对话框

开始频率(Start Frequency)

终止频率(End Frequency)

扫描形式(Sweep Type)

十倍频(Decade)、线性(Linear)、倍频(Active)

显示点数(Number Point)

垂直轴标尺(Vertical Scale)：

线性(Linear)、对数(Log)、分贝(Decibei)

定义欲分析的节点(Node for Analiysis)：

将电路中的节点(Node in Circuit)加以(Add)欲分析的节点(Node for Analysis)框中。

(3)按一下仿真(Simulate)钮，进行仿真。

分析结束后，图形显示窗口内呈现被分析节点的频率特性波形(幅频特性和相频特性)。如果用波特图仪连至电路的输入端和被测节点，同样也可以获得相同结果。

3. 瞬时分析(Transient Analysis)

瞬态分析又称为时域分析，是指对所选定的电路节点的时域分析。在计算中，直流电源保持常数，交流信号源输出随时间而改变，电容和电感都是能量储存模式元件。

瞬态分析时，一般选择欲分析节点的直流分析结果作为瞬态分析的初始条件。

瞬态分析步骤：

(1)创造电路，决定分析节点，选择分析(Analysis)栏中的瞬态分析(Transient)项，打开如图 C－17 所示对话框。

(2)设置分析对话框

- 初始条件(Initial Conditions)设置

设置为零(Set to Zero)：若初始条件设置为零，则瞬态分析就从零开始分析，缺省设置：无。

用户定义(User Defined)：由用户定义初始条件。

缺少设置：无。

计算直流工作点(Calculate DC Operating Point)：

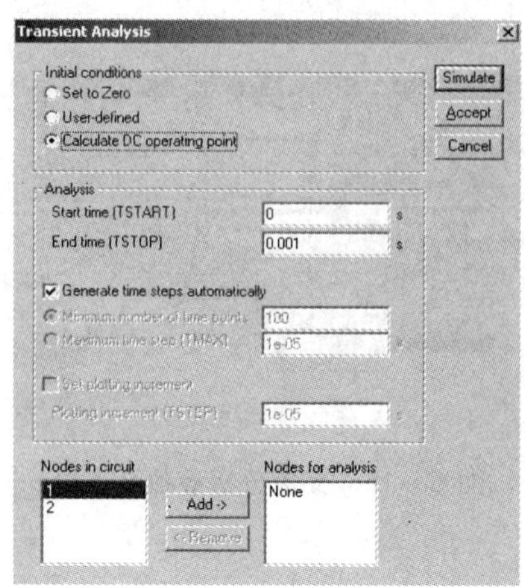

图 C-17 瞬态分析参数设置框

• 直流工作点分析结果就作为瞬态分析的初始条件，缺省设置：选用。

分析设置(Analysis)

开始时间(Start Time)：分析起始时间，必须大于零，小于终点时间。缺少设置：0s。

结束时间(End Time)：分析终点时间，必须大于起始时间。缺省设置：0.001s。

• 时间步长选择

自动产生分析步长(Generate Time Step Automatically)：自动选择一个较为合理的或最大的时间步长，缺省设置：选用。

人工设置步长：

最小时间点数(Minimum Number of Time Point)：仿真输出图上，从起点到终点时间的点数，起始设置：100 点。

最大时间步长(Maximum Time Step)：仿真时能达到的最大时间步长，缺省设置：1 ~5s。

设置输出图增量(Plotting Inorement)：仿真输出图的时间间隔，缺省设置：1 ~5s。

• 定义欲分析的节点(Node for Analysis)

将电路中的节点(Node in circuit)加到(Add)欲分析的节点(Node for Analysis)窗口中。

按一下仿真按钮(Simulate)进行仿真，则该节点的电压曲线将显示到图形显示窗口，若用示波器，观察欲分析节点的波形，可以得到相同的结果，但采用瞬态分析方法，可以通过设置，更好地观察到波形起始部分的变化情况。

说明：

上述各类分析，如果都采用缺省设置，则分析步骤就变得十分简单，即只要确定欲分析的节点一项，然后按一下仿真按钮(Simulate)就可以得到分析图形。

另外，EWB 软件的分析方法和仪器还有很多，这里只介绍了部分常用的内容。若需详细了解，读者可参阅其他教材和相关资料。

参考文献

[1] 秦曾煌. 电工学(上、下册). 5 版. 北京：高等教育出版社，1998
[2] 唐介. 电工学. 北京：高等教育出版社，1999
[3] 任永益. 电工技术. 长沙：国防科技大学出版社，1993
[4] 康华光，陈大钦. 电子技术基础(模拟部分). 4 版. 北京：高等教育出版社，1999
[5] 康华光. 电子技术基础(数字部分). 4 版. 北京：高等教育出版社，1998
[6] 童诗白. 模拟电子技术基础. 2 版. 北京：高等教育出版社，1988
[7] 阎石. 数字电子技术基础. 4 版. 北京：高等教育出版社，1988
[8] 陈大钦. 电子技术基础实验. 2 版. 北京：高等教育出版社，2000
[9] 陈明义. 电工电子学实验教程. 长沙：中南大学出版社，2001
[10] 王俊峰. 电工与电子技术实验教程. 郑州：黄河水利出版社，2001
[11] 谢自美. 电子线路设计・实验・测试. 2 版. 武汉：华中理工大学出版社，2000
[12] 薄爱平. 电子电路实验与虚拟技术. 济南：山东科学技术出版社，2001
[13] 高吉祥. 电子技术基础实验与课程设计. 北京：电子工业出版社，2001
[14] 傅恩锡. 电路分析简明教程. 北京：高等教育出版社，2004
[15] 张永瑞等. 电子测量技术基础. 西安：西安电子科技大学出版社，1999
[16] 彭华林等. 虚拟电子实验平台. 长沙：湖南科技出版社，1999
[17] 何金茂. 电子技术基础实验. 3 版. 北京：高等教育出版社，1991
[18] 孙梅生，李美莺，徐振英. 电子技术基础课程设计. 北京：高等教育出版社，1989
[19] 廖常初编著. 可编程序控制器应用技术. 重庆：重庆大学出版社，1995
[20] 陈意军. 电路实验指导. 北京：高等教育出版社，1992
[21] 王丽敏. 电路仿真与实验. 哈尔滨：哈尔滨工程大学出版社，2000
[22] 孙桂英，齐凤艳. 电路实验. 哈尔滨：哈尔滨工业大学出版社，2001
[23] 李立. 电工学实验指导. 北京：高等教育出版社，2005
[24] 孙胜麟，郭照南. 电子技术基础实验与仿真. 长沙：中南大学出版社，2008
[25] 郭照南. 电子技术与 EDA 技术课程设计. 长沙：中南大学出版社，2010

参考文献

图书在版编目(CIP)数据

电子技术与EDA技术实验及仿真／郭照南，孙胜麟主编.
—长沙：中南大学出版社，2012.4(2025.8重印)

ISBN 978-7-5487-0459-1

Ⅰ.①电… Ⅱ.①郭… ②孙… Ⅲ.①电子技术②电子电路—电路设计—计算机辅助设计 Ⅳ.①TN②TN702

中国版本图书馆CIP数据核字(2012)第007109号

电子技术与EDA技术
实验及仿真

主编　郭照南　孙胜麟

□出 版 人　林绵优
□责任编辑　邓立荣
□责任印制　唐　曦
□出版发行　中南大学出版社
社址：长沙市麓山南路　　邮编：410083
发行科电话：0731-88876770　　传真：0731-88710482
□印　　装　长沙印通印刷有限公司

□开　　本　787 mm×1092 mm　1/16　□印张 21.75　□字数 533 千字
□版　　次　2012 年 4 月第 1 版　□印次 2025 年 8 月第 8 次印刷
□书　　号　ISBN 978-7-5487-0459-1
□定　　价　48.00 元